W0011952

Als die Wörter tanzen lernten

Wolfgang Steinig ist Professor für Germanistik an der Universität Siegen. Zuvor hat er an Universitäten und Hochschulen in Großbritannien, Griechenland und den Niederlanden sowie in München und Heidelberg gearbeitet. Seine Forschungsschwerpunkte liegen in den Bereichen Soziolinguistik, Deutsch als Fremdsprache, Sprachdidaktik und Schreibforschung.

Wolfgang Steinig

Als die Wörter tanzen lernten

Ursprung und Gegenwart von Sprache

Spektrum
AKADEMISCHER VERLAG

Bibliografische Information der Deutschen Nationalbibliothek
Die Deutsche Nationalbibliothek verzeichnet diese Publikation in der Deutschen Nationalbibliografie; detaillierte bibliografische Daten sind im Internet über http://dnb.d-nb.de abrufbar.

Springer ist ein Unternehmen von Springer Science+Business Media
springer.de

1. Auflage 2006, unveränderter Nachdruck 2010
© Spektrum Akademischer Verlag Heidelberg 2010
Spektrum Akademischer Verlag ist ein Imprint von Springer

10 11 12 13 14   5 4 3 2

Planung und Lektorat: Frank Wigger, Bettina Saglio
Redaktion: Martina Wiese
Umschlaggestaltung: wsp design Werbeagentur GmbH, Heidelberg,
    unter Verwendung des Bildes: Jagdszene (Wandgemälde), Spanische Schule (20. Jhdt.) /
    La Coveta Alta de la Roca del Lladoner en Valltorta, Spanien, Index /
    Bridgeman Art Library
Satz: TypoStudio Tobias Schaedla, Heidelberg

ISBN 978-3-8274-2088-6

Inhaltsverzeichnis

Vorwort **9**

Zum Beginn **11**

1   Ein Anfang mit Handicaps **17**
   Linguistik und Biologie 20
   Evolution und Selektion 24
   Sprachwandel und der Kampf ums Dasein 27
   Das Handicap-Prinzip 33
   Sexuelle Selektion 35
   Sprachliche Normen 37
   Wozu taugt eine komplexe Sprache? 39
   Kommunikation bei den Eipo 43
   Seinen Platz behaupten 46
   Zuverlässigkeit von Signalen 49
   Literatur 52

2   Selektion von Signalen **53**
   Verständigung und mehr 55
   Akzeptanz, Missbrauch und Täuschung 57
   Sprache und Geld 61
   Standardisierung und Vergleichbarkeit .65
   Natürliche Selektion und Signalselektion 68
   Wörter mit hohen Signalkosten 71
   Beurteilung von Sprechern 72
   Qualitäten von Hominiden 76
   Egoismus und Altruismus 82
   Literatur 86

3   Verschlungene Wege zum Menschen **87**
Der aufrechte Gang 88
Mehrfacher Exodus aus Afrika 95
Homo sapiens 100
Große Köpfe 104
Wandlungen im Verhältnis der Geschlechter 113
Sex für Fleisch: die Domestizierung der Männer 118
Kontrolle sexueller Begierde 123
Grabbeilagen und Brandopfer 125
Höhlenzeichnungen und Jagdmeditationen 129
Illusionstheater mit rotem Ocker 133
Literatur 139

4   Als die Wörter tanzen lernten **141**
Tierische Kommunikation und Sprache 142
Das Baukastenprinzip 144
Rekursivität 154
Tanz auf zwei Beinen 160
Beschränkungsregeln 171
Vom Tanz zur Grammatik 176
Sätze in Baumkronen 180
Literatur 188

5   Grammatik und Semantik kommen ins Spiel **191**
Vom Tanz zur Musik 196
Von der Musik zur Sprache 201
Die Alten mischen sich ein 202
Grammatik kommt in den Alltag 208
Namen und Bezeichnungen 218
Entwicklung der Alphabetschrift 233
Literatur 239

6 **Sprachliche Fossilien**............................ **241**
Mit der Zunge schnalzen 241
Klang und Aussprache von Klicks......................242
Alte Völker im Süden Afrikas...........................246
Von protosprachlichen Lautclustern zur komponentiellen
Silbenstruktur.......................................248
Stimmen im Kopf 256
Fossilien ritueller Sprache.............................260
Kognition des Bewusstseins...........................264
Reden, Gespräche und Denken 267
Die allmähliche Verfertigung der Gedanken in Gesprächen
und Reden..271
Die Integration von Gespräch und Rede..................276
Denken und Sprechen 282
Literatur...286

7 **Ritual und Sprache** **289**
Warum Rituale?.....................................290
Bedeutsame Signale mit geringer Bedeutung 294
Mantras..297
Religiöse Texte 301
Risiken beim Kontakt mit dem Heiligen 304
Kosten und Handicaps von Ritualen 307
Sprachpflege 312
Sprache in Ritualen und im Alltag 316
Literatur...318

8 **Grammatik für Gespräche** **319**
Gespräche bei einem Klassentreffen....................319
Sich lausen, singen und Gespräche führen................323
Passende Anschlüsse 326
Die Sequenzierung von Gesprächen durch Grammatik........328
Fragen und Befehle 336
Sein Rederecht behaupten............................338
Literatur...341

9 Essen und Sprechen: Risiken in Mund und Rachen **343**
Sich verschlucken. 343
Präzise Bewegungen in Mund und Rachen 348
Flirts beim Essen. 352
Literatur. 356

10 *Homo didacticus* **357**
Der Wunsch, es allen zu zeigen 357
Zeigende Wesen 367
Immer höflich und zum Flirt bereit. .372
Weitergabe nützlicher Informationen 378
Statusgewinn durch gut verpackte Informationen 383
Wahrheit und Fiktion 390
Kommentare zu Informationen 393
Sprachliche Kostenerhöhung 395
Literatur. 399

11 In Kinder und Sprache investieren **401**
Hilflose Traglinge 402
Ein akustisches Band 404
Elterliche Didaktik 411
Gute Mütter und Väter sind gefragt .420
Partnerwahl im Patriarchat. 424
Literatur. 435

Zum Schluss **437**

Vorwort

Ein Buch über die Evolution der Sprache zu schreiben, ist Reiz und Wagnis zugleich. Für mich lag der Reiz in der detektivischen Neugier, ein Geheimnis zu ergründen, das im Dunkel unserer Vergangenheit liegt. Und das Wagnis bestand in dem Versuch, einen alternativen Ansatz zum Verständnis der biologischen und kulturellen Wurzeln unserer Sprachlichkeit vorzulegen, der wohl kaum mit dem übereinstimmt, was Sie bislang zu diesem Thema gehört oder gelesen haben. Ich möchte Sie einladen, Ihr gewohntes Bild von Sprache loszulassen und zu einer anderen Sicht zu gelangen – zu einer Sicht, die uns, so meine Hoffnung, besser verstehen lässt, wie es zur Entstehung von Sprache kam und wie der Ursprung bis heute unseren Umgang mit Sprache prägt.

Dem Buch wird man kaum noch anmerken, wie viele Entwürfe während des Schreibens entstanden und wie viele Ideen und Gedankensplitter im Papierkorb gelandet sind. Während des ganzen Weges hat mich Jörg Sommer begleitet, mit dem ich auf vielen Waldspaziergängen hoch über dem Neckar bei Heidelberg oft so heftig diskutiert habe, dass uns nur Jacques, sein Hund, von unseren Gesprächen abzulenken vermochte. Jörg wie auch die Freunde und Kollegen Hans-Werner Huneke, Clemens Knobloch und Klaus-Peter Schleisiek haben mir Hinweise zum Manuskript gegeben. Am genauesten und kritischsten hat Martina Wiese den Text gelesen. Ihre Kommentare haben mich über manches noch einmal neu nachdenken lassen. Die letzten Korrekturen kamen von Ludger Roth, meinem studentischen Mitarbeiter aus Siegen. Allen möchte ich herzlich danken.

Auch beim Essen bin ich häufig mit meiner Frau Marianne und meinen Kindern Simon und Hanna weit zu unseren sprachlichen Ursprüngen zurückgegangen. Über so manchen Gedanken haben sie sich gewundert, aber glücklicherweise ist ihnen nie ein Bissen im Halse stecken geblieben.

Bonn, im September 2006   Wolfgang Steinig

Zum Beginn

Sie möchten sich also auf ein wissenschaftliches Abenteuer einlassen! Sie möchten wissen, wie wir zu unserer Sprache kamen. Sie möchten mit mir tief in die Vergangenheit eintauchen bis etwa 7 Millionen Jahre zurück, als unsere Vorfahren sich mit dem aufrechten Gang auf den Weg machten und irgendwann – unterwegs – das Sprechen lernten.

Wir werden uns anschauen, wie ihre Reise verlaufen ist und wie sie zur Sprache kamen. Aber es wird keine Reise in eine Richtung geben. Wir werden uns nicht mit unseren Vorfahren in den Zug setzen und mit ihnen gemeinsam in Richtung Zukunft fahren, sondern öfter die Fahrtrichtung wechseln. Wir werden zuerst langsam und dann mit zunehmend höherer Taktzahl zwischen unserer Gegenwart und unterschiedlichen Stationen in der Vergangenheit pendeln. Ich hoffe, Sie werden diese Wechsel gut vertragen!

Bevor es losgeht, schauen wir uns zunächst einmal in unserer sprachlichen Gegenwart um. Wir suchen nach Indizien, die vielleicht wichtig sein könnten, bevor wir uns auf die Fahrt begeben. Dann erst steigen wir in den Shuttle, der uns tief in den Brunnen der Vergangenheit führt. Dort nehmen wir die Fährte auf. Wir suchen nicht blind, sondern lassen uns leiten von dem, was wir aus der Anthropologie über die Vorläufer des Menschen wissen und was wir in unseren heutigen Sprachen finden können. Wir suchen zunächst in der Gegenwart nach sprachlichen Fossilien – nach Merkmalen, Funktionen und Eigenschaften unserer Sprachen, die bis zurück auf ihren Ursprung weisen könnten.

Und wir schauen uns an, wie wir Sprache verwenden und welche
Probleme wir haben, wenn wir miteinander sprechen oder eine
Rede halten. Wenn uns etwas merkwürdig erscheint und wir
glauben, eine heiße Spur gefunden zu haben, fahren wir in die
Vergangenheit, überprüfen unsere Hypothesen und versuchen
sie mit dem, was wir dort finden oder annehmen können, zu
erklären.

Aber wir fahnden auch in umgekehrter Richtung. Wenn wir
vor Tausenden von Jahren etwas Spannendes entdeckt haben,
nehmen wir rasch unseren Shuttle zurück in die Gegenwart und
prüfen, ob es heute, in unseren Sprachen, noch Spuren gibt, die
sich auf archaische Wurzeln zurückführen lassen. Auch tierische
Kommunikation und biologische Prinzipien wie die natürliche
und sexuelle Selektion werden in unserer Recherche einbezogen.
Wir verfolgen jede Spur, die uns helfen könnte, das Geheimnis
des Sprachursprungs zu klären.

Wir gehen wie Detektive vor, die menschliche und tierische
Kommunikation, Gegenwart und Vergangenheit miteinander vergleichen und daraus Schlüsse ziehen. Aus der Vergangenheit
werden wir allerdings keine Beweise finden können, denn außer
ein paar alten Knochen und wenigen Artefakten wie Faustkeilen,
rotem Ocker und Grabbeilagen gibt es kaum Spuren aus der Zeit,
in der Sprache vermutlich entstanden ist. Wir müssen deshalb
die wenigen Indizien, die wir finden, so aufeinander beziehen,
dass sich ein stimmiges Bild ergibt. Die vielen Puzzleteilchen
aus Biologie, Kultur, Vergangenheit und Gegenwart müssen zu-
sammenpassen. Gelingt uns dies, dann bekommen wir so etwas
wie einen Indizienbeweis: eine Theorie des Sprachursprungs, die
einigermaßen plausibel ist. Absolute Sicherheit werden wir nicht
erreichen können, aber wir können hoffentlich am Ende unserer
Reise sagen: So könnte es gewesen sein.

Aber vielleicht bekommen wir am Schluss nicht nur ein plau-
sibles Bild über den Ursprung unserer Sprache. Wir könnten
möglicherweise auch vieles in unseren heutigen Sprachen und
in dem, wie wir miteinander sprechen, besser verstehen, wenn
wir wüssten, wie alles angefangen hat. Die Linguistik ist eine

Wissenschaft, die inzwischen sehr genau Sprache beschreiben kann – ihre Grammatik, ihre Lexik, ihre Phonetik und ihr Funktionieren in der Kommunikation. Sie hat zahlreiche Hypothesen und Theorien entwickelt, die sich aber immer nur auf bestimmte Teilbereiche beziehen und nie Sprachsystem und Sprachgebrauch als Ganzes in den Blick bekommen. Linguisten, die sich für die Regeln der Grammatik interessieren, analysieren nicht das Funktionieren von Gesprächen oder setzen gar beide Bereiche in Bezug zueinander. Und wer das Verhältnis von Sprache und Denken zu ergründen versucht, schert sich nicht um die Aussprache einzelner Laute oder Silben. Um aber überhaupt alles in der Sprache irgendwie aufeinander beziehen zu können, benötigt man ein Wissen über den Ursprung. Nur mit einer Theorie über den Beginn lässt sich erkennen und erklären, wie sich die einzelnen Bereiche von Sprache zueinander verhalten – in welchem dynamischen Verhältnis sie zueinander stehen und wie sie sich über die Jahrtausende verändert haben.

In der Astronomie wäre es unvorstellbar, etwas über die Erde, das Sonnensystem, die Milchstraße und andere Galaxien sagen zu wollen, ohne eine Vorstellung von ihrer Entstehung zu haben. Die mineralische Zusammensetzung einer Gesteinsformation oder eines Meteoriten, die Bewegungen der Gestirne oder die kosmische Hintergrundstrahlung – alles kann man aufeinander beziehen und in einen Bezug zum Ursprung setzen, bis zurück zum Urknall, der heute gültigen Ursprungstheorie. Sicherlich gibt es auch hier noch viele ungeklärte Zusammenhänge. Möglicherweise wird auch irgendwann einmal die Theorie vom Ursprung unseres Weltalls revidiert werden müssen. Aber man wird immer eine Theorie benötigen, um einzelne Phänomen erklären zu können. Je umfassender eine Theorie ist, desto besser kann es gelingen, Phänomene, die auf den ersten Blick wenig miteinander zu tun haben, aufeinander zu beziehen und gemeinsam zu erklären. Vor Einstein hätte sich niemand vorstellen können, dass der Raum in einem bestimmten Verhältnis zu der Zeit stehen könnte. Erst mit seiner Theorie wurde klar, dass es für beide Phänomene einen gemeinsamen Bezugsrahmen gibt.

Auch in der Linguistik sollte es gelingen, Phänomene, die augenscheinlich wenig miteinander zu tun haben, mit einer einheitlichen Theorie zu erklären. Sprachliche Randphänomene sind deshalb der eigentliche Test dafür, ob eine umfassende Theorie etwas taugt. Wenn man sich, wie in Grammatiken üblich, nur wohlgeformte Sätze als Beispiele für eine Regel ausdenkt, stößt man nicht zu den Rändern der Sprache vor. Aber gerade an den Rändern zeigt sich, wie viel Erklärungskraft eine Theorie besitzt. Deshalb werden wir uns mit Phänomenen beschäftigen, um die Linguisten normalerweise einen großen Bogen machen, die sie als unwesentlich disqualifizieren oder mit denen sich nur wenige Spezialisten befassen.

Es wird deshalb um Musik, Tanz und Gesang gehen, um Gebete und Mantras, um Klicklaute südafrikanischer Buschmänner, um Stimmenhören von Schizophrenen und von Propheten aus dem Alten Testament, um Risiken beim Sprechen mit vollem Mund, um Versprecher und Satzabbrüche, um die Kommunikation zwischen Müttern und Säuglingen, um Gespräche beim Flirten, auf Klassentreffen, auf urzeitlicher Jagd oder in modernen Medien, um Klatsch und Tratsch, um das Sprachverhalten bei Reden und in Ritualen, den Sprachwandel indoeuropäischer Sprachen und den Beginn der Alphabetschrift bei den Phöniziern, um Sprachkritik und Sprachpflege und um Kostenvoranschläge von Handwerkern. Außerdem geht es um Warnlaute von Affen, Wolfsgeheul, Vögelgezwitscher, Sprachverstehen von Hunden und Sprachproduktion von Menschenaffen. Bitte erschrecken Sie nicht, aber das ist noch längst nicht alles. Lassen Sie sich überraschen!

Bei der Vielzahl der angesprochenen Bereiche darf man nicht erwarten, dass sie umfassend diskutiert werden können. Ich weiß, dass für jedes einzelne der zahlreichen Phänomene andere Erklärungen kursieren oder denkbar wären. Zu jedem Bereich ließe sich ein gewichtiges Buch schreiben, in dem alle Argumente mit Verweisen auf Hunderte von Untersuchungen gegeneinander abgewogen werden könnten. Ich habe mich aber gehütet, zu sehr in die Einzelheiten zu gehen, da dann der rote

Faden verloren gegangen wäre. Mir geht es nicht um ein Panoptikum linguistischer Kuriositäten, sondern um eine Theorie des Sprachursprungs, mit der sich all die verschiedenen Phänomene vielleicht erklären lassen.

Bedenken Sie aber bitte, dass meine Theorie noch auf wackeligen Beinen steht. Sie muss erst noch den aufrechten Gang durch die Wissenschaft lernen. Eigentlich müsste ich meine Aussagen ständig mit einem einschränkenden *vielleicht, möglicherweise* oder *vermutlich* relativieren und in den Konjunktiv setzen. Aber das würde umständlich, vorsichtig und akademisch distanziert wirken. Ständig formulierte Einschränkungen und Zweifel würden dazu führen, dass Sie sich nicht auf meine Überlegungen, Ideen, Hypothesen einließen, sondern gleich Ihre kritische Notbremse zögen. Ich möchte Sie aber mit diesem Buch zum Mit- und Weiterdenken anregen. Ich bin mir sicher, dass Ihnen beim Lesen selbst viele Ideen kommen, die sich in meinen theoretischen Denkrahmen einfügen lassen. Aber selbstverständlich auch Beispiele, die für ein Gegenargument taugen.

Genug der Vorrede! Steigen Sie nun in unseren Zeit-Shuttle ein und fahren mit mir an die unterschiedlichsten Orte, in denen heute kommuniziert wird und vor Tausenden von Jahren kommuniziert wurde. Wenn alles gut geht, lernen Sie nicht nur etwas über Ursprung und Gegenwart der Sprache. Sie lernen sich vielleicht auch selbst ein wenig besser verstehen. Schnallen Sie sich gut an – es geht los!

1

Ein Anfang mit Handicaps

Sprache ist widerborstig. Allzu oft tut sie einfach nicht, was wir von ihr wollen. Die richtigen Worte für die eigenen Gedanken zu finden, gleicht einem Dressurakt. Das, was man ausdrücken möchte, verändert sich, während man es ausspricht oder schreibt, und oft wundert man sich über das, was man formuliert hat. Eigentlich wollte man es doch ganz anders sagen und hat es ja auch ganz anders gemeint. Die Grammatik macht die Sache nicht leichter – im Gegenteil. Welcher längere Satz gelingt vom ersten bis zum letzten Wort ohne *Ähs*, ohne Abbrüche oder falsche Bezüge? Wie oft verspricht man sich! Und beim Schreiben stellt man nach dem ersten Lesen fest, dass die Sätze eigentümlich klingen. Irgendwie nicht glatt. Also streicht man sie und versucht es noch einmal. Wer sprachliche Nuancen wahrnimmt, wer ein Ohr für Sprache hat, ist ständig unzufrieden mit seinen Formulierungen. Es müsste doch noch besser gehen! Man könnte sich doch gewiss noch präziser, verständlicher, schöner ausdrücken. Warum macht es die Sprache einem bloß so schwer?

> **Warum macht es die Sprache einem bloß so schwer?**

Wenn Sprache tatsächlich ein solch bemerkenswertes Kommunikationsmittel ist, das uns Menschen vor allen anderen

Lebewesen auszeichnet, warum kann es dann nicht in allen Lebenslagen effizient und problemlos funktionieren? Warum gibt es diesen fortwährenden Kampf mit der eigenen Muttersprache, über den nicht nur Deutschlehrer klagen? Warum kauen Schüler verzweifelt an ihren Bleistiften, bevor sie den ersten Satz zu Papier bringen? Warum verhaspelt man sich, wenn man vor mehreren Menschen etwas sagen möchte? Warum wird man rot und bekommt Lampenfieber, wenn man eine Rede halten soll? Kurz: Warum ist Sprache mit einem so unangenehm hohen *Handicap* behaftet? Auf den ersten Blick erscheint diese Frage banal, auf den zweiten Blick wundert man sich, warum sie nie so direkt gestellt, geschweige denn beantwortet wurde. Und auf den dritten Blick – beim Lesen dieses Buches – wird man verwundert feststellen, dass sich hinter ihr die gesamte Evolution menschlicher Sprachfähigkeit verbirgt.

Die unangenehme Tatsache sprachlicher Widerborstigkeit, des ständigen Unvermögens trotz der geradezu fantastischen Möglichkeiten von Sprache, wurde von Ferdinand de Saussure, dem Begründer der modernen Linguistik, in seinem 1916 veröffentlichten *Cours de Linguistique Générale* auf geniale Weise unter den Teppich gekehrt. Er unterschied nämlich zwischen einer „Langue" als abstraktem System von Zeichen und Regeln und der „Parole" als der konkreten Realisierung von sprachlichen Äußerungen. Linguisten sollten sich seiner Meinung nach nur mit der Langue, also dem Sprachsystem, beschäftigen, denn das funktioniere reibungslos nach strengen grammatischen Regeln, vergleichbar mit den Regeln eines Schachspiels. Diese Regeln gelte es zu beschreiben. Die Parole, all das, was einzelne Sprecher wirklich sagen, ihre unvollständigen Sätze, ihre grammatischen Entgleisungen, dürfe einen Linguisten nicht interessieren.

Noam Chomsky, der wie kein anderer die Linguistik seit Ende der Fünfzigerjahre des vorigen Jahrhunderts bis heute beeinflusst hat, hielt sich an die Vorgabe von de Saussure, ja, verschärfte sie sogar noch. Er führte die Unterscheidung zwischen „Kompetenz" und „Performanz" ein, wobei Kompetenz nicht einfach nur ein abstraktes Sprachsystem bezeichnet, sondern

eine hypothetische universale Grammatik, die sich als genetisch
verankertes neuronales Modul in der Großhirnrinde eines jeden Menschen befinden soll. Diese
Kompetenz sei aber leider nicht
realisierbar, denn jeder reale Sprecher sei schlicht zu unvollkommen,
um dem hohen linguistischen Anspruch des Sprachsystems zu genügen. Deshalb entwickelte Chomsky
das Konstrukt eines idealen Sprechers, der alle Sätze grammatisch korrekt formuliert und nie einen Fehler macht – eine Art
grammatischer Homunkulus. Die Performanz hingegen ist laut
Chomsky, genau wie bei de Saussure die Parole, die tatsächliche
Sprachverwendung, die beide jedoch unberücksichtigt ließen.

> **Saussure und Chomsky
> kehrten die gesprochene
> Sprache einfach unter
> den Teppich**

   Die theoretische Linguistik, die Grammatikforschung wie
auch die kognitive Psychologie, die die Verarbeitung von Sprache im Gehirn untersuchen, haben sich aufgrund der ungemein
einflussreichen Theorien de Saussures und Chomskys über-
wiegend mit der Entwicklung abstrakter Grammatikmodelle
befasst, sodass bislang keine evolutionäre Sprachtheorie formuliert wurde, die dem tatsächlichen Sprachverhalten gerecht
werden könnte – eine Theorie, mit der die evolutionär bedingten
genetischen Veränderungen in unseren Gehirnen wie auch die
Veränderungen von Sprache selbst, ihr Wandel vom Ursprung
bis zur Gegenwart, erklärt werden können. Seit einigen Jahren,
seitdem man mit bildgebenden Verfahren, etwa der Computerto-
mographie, unsere Gehirne bei der Sprachverarbeitung beobachten kann, wird in der kognitiven Psychologie die Frage nach dem
Ursprung zunehmend nachdrücklicher gestellt.
   Begibt man sich in die Niederungen der gesprochenen Sprache, die ständig gegen sprachliche Normen verstößt und immer wieder an ihren Satzkonstruktionen scheitert, stößt man
zwangsläufig auf die eingangs gestellte Frage, *warum* sich
Sprache als ein derart problemträchtiges Kommunikationsmedium erweist. Vor allem auch: warum es in der Evolution nicht
gelungen ist oder gelingen konnte, Sprache zu einem weniger

anfälligen Medium für den Gebrauch im Alltag zu formen. Wenn man die unangenehme Tatsache unserer eigenen Unzulänglichkeit gegenüber der Sprache, die uns am deutlichsten von allen anderen Lebewesen unterscheidet, nicht schamvoll verschweigt oder als eine unwesentliche Begleiterscheinung abtut, dann könnte man möglicherweise zu dem Schluss kommen, Menschen hätten grundsätzlich und vielleicht sogar notwendigerweise ein problematisches Verhältnis zur Sprache. Sprachliche Handicaps seien ein konstitutives Merkmal des Sprachgebrauchs und ein unverzichtbarer Bestandteil menschlicher Sprachlichkeit. Dieser Vermutung möchte ich nachgehen. Um sie zu begründen, werde ich weit in die menschliche Evolutionsgeschichte zurückgehen, aber auch versuchen, im heutigen Sprachleben Indizien für diese „Handicap-Hypothese" zu finden.

> **Sprachliche Handicaps gehören zur menschlichen Sprachlichkeit**

Linguistik und Biologie

Seit 1866 die damals maßgebliche Linguistische Gesellschaft in Paris keine Veröffentlichungen zum Sprachursprung mehr zuließ und das Thema als zu spekulativ und mithin unwissenschaftlich verbannte, haben sich Linguisten lange Zeit nicht mehr getraut, evolutionsbiologische Lehrmeinungen für ihre Sprachtheorien heranzuziehen.

Diejenigen, die sich explizit auf Charles Darwin (1859) und seine von ihm entdeckten Gesetzmäßigkeiten natürlicher Zuchtwahl beriefen, wie etwa im 19. Jahrhundert der Sprachwissenschaftler August Schleicher (1865), waren bald dem Spott ihrer Kollegen ausgesetzt, die der Auffassung waren, dass Sprache als ein kulturelles Phänomen sich nicht mit einem biologischen Paradigma in den Griff bekommen ließe. Merkwürdig, ja geradezu ironisch ist dabei allerdings, dass ausgerechnet Noam Chomsky

in jeder seiner Sprachtheorien eine biologisch-genetische Basis
der Sprachkompetenz voraussetzte. Nach ihm seien die Prinzipien und Parameter einer universalen, also für alle Sprachen
der Welt grundlegenden Grammatik genetisch verankert und in
separaten Modulen im Gehirn verortet, woraus folge, dass alle
Sprachen der Welt lediglich unterschiedliche Erscheinungsfor-
men dieser einen Universalgrammatik seien. Somit gebe es auch
keine Sprachen, die höher ständen als andere – alle Sprachen
seien grammatisch und funktional gleich gut oder gleich schlecht.
Ebenso wenig vermochte Chomsky eine Weiterentwicklung von
Sprachen in bestimmte Richtungen zu entdecken. Er setzte sich
nicht damit auseinander, dass die biologisch-genetische Basis
der Sprachkompetenz, wie alle biologischen Phänomene, evolutionären Prozessen unterliegt. Dementsprechend blieb er auch
hinsichtlich des Sprachursprungs vage.[1]

Vor einigen Jahren hat er jedoch seine Zurückhaltung aufgegeben und sich – zusammen mit zwei Kollegen – in den
immer stärker werdenden Diskurs
zur Sprachevolution eingeschaltet
(Hauser/Chomsky/Fitch 2002). In
der evolutionären Linguistik hatte
sich nämlich seit den Neunzigerjahren geradezu eine Goldgräber-
stimmung entwickelt. Auf internationalen Kongressen kommen
Fachleute aus unterschiedlichsten Disziplinen wie Anthropologie, Linguistik, kognitive Psychologie, Archäologie, Zoologie und
Medizin regelmäßig zusammen, um Fragen nach dem Ursprung
von Sprache gemeinsam auszuloten. Eine intensive Forschungs-
tätigkeit lässt einerseits vermuten, dass wir uns rasch einer Lö-

**Fachleute aus
unterschiedlichsten
Disziplinen ergründen
den Ursprung von
Sprache**

---

[1] Zur Entwicklung grammatischer Fähigkeiten schreibt er: »... these skills may
well have arisen as a concomitant of structural properties of the brain that
developed for other reasons« (Chomsky 1995: 167).

sung des Problems nähern[2], andererseits werfen die zahlreichen neuen Erkenntnisse immer wieder neue Fragen auf, sodass man auch den Eindruck gewinnen könnte, eine zufriedenstellende Theorie, in der die zahlreichen Puzzlestücke aus unterschiedlichen Forschungsgebieten ihren Platz finden und erklärt werden könnten, sei noch in weiter Ferne.

Zahlreiche Anthropologen nähern sich optimistisch und ideenreich der „Ursprungsfrage", etwa Robin Dunbar mit seiner „Klatsch-Hypothese" (Dunbar 1996), wonach Hominiden auf die Sprache gekommen seien, weil ihre Horden zu groß wurden und deshalb die für Primaten typische gegenseitige Fellpflege, das so genannte Lausen, mit dem Partner und Verbündeten zur Stärkung der sozialen Position in einer Hackordnung gewonnen werden sollen, unökonomisch wurde, da immer nur ein möglicher Partner körperliche Zuwendung bekommen konnte,

> **Die Entstehung der Grammatik scheint der eigentliche Knackpunkt zu sein**

während man sich mit Sprache gleichzeitig mindestens drei Gesprächspartnern intensiv zuwenden kann – eine reizvolle und vielfach beachtete Theorie, auf die ich auch noch zurückkommen werde, die aber leider nicht ins linguistische Detail geht, vor allem nicht dorthin, wo die Sprache grammatisch wird. Während sich Anthropologen die Entstehung von Lauten, Wörtern und kurzen, festen Äußerungssequenzen relativ plausibel erklären können, kneifen sie vor der Grammatik, dem komplexesten Teil von Sprache. Die Entstehung der Grammatik scheint aber der eigentliche Knackpunkt zu sein, denn ohne sie ist keine menschliche Sprache denkbar.

---

[2] Vgl. die Einführung von Aitchison (1996) und die Sammelbände von Hurford/Studdert-Kennedy/Knight (1998), Wray (2002), Knight/Studdert-Kennedy/Hurford (2001) und Christiansen/Kirby (2003).

Für kognitive Linguisten, die sich mit Grammatik befassen, sind primitivere Sprachstufen mit einem eingeschränkten grammatischen Regelapparat und einer langsamen Entwicklung hin zu immer komplexeren Regeln schwer vorstellbar. Deshalb nahm Derek Bickerton (1981), der mit dem Konstrukt eines „Bioprogramms" noch entschiedener als Chomsky von einem genetisch bereitgestellten Grammatikmodul ausging, eine Art sprachlichen Urknall an. Danach entwickelte sich die Sprachfähigkeit als eine Mutation in kurzer Zeit und relativ spät (vor nicht mehr als 100 000 Jahren) und stand dann als komplettes Bioprogramm für alle Menschen und Sprachen der Welt zur Verfügung. Von diesem Urknall an bestand die Möglichkeit, innerhalb der vom Programm vorgegebenen Grenzen alle denkbaren Sprachsysteme und Varianten zu „entwickeln", wobei dies aber keine Entwicklung im Sinne der Evolutionstheorie Darwins war, sondern ein Spiel mit gewissen Möglichkeiten innerhalb eines geschlossenen Rahmens, eingekapselt in einem neuronalen Sprachmodul.

Alle kognitiven Linguisten in der Nachfolge Chomskys, die die menschliche Sprachfähigkeit vor allem als Kompetenz verstanden, grammatisch korrekte Sätze auf der Grundlage eines weitgehend autonom arbeitenden neuronalen Moduls zu produzieren, kamen zu dem Schluss, dass diese Struktur keinem evolutionären Wandel ausgesetzt sei, sondern als ein einmal in der Evolution erworbenes Verhaltensprogramm die Grundlage für alle möglichen Sprachen und Dialekte biete. Diese könnten sich somit innerhalb eines weiten, wenn auch begrenzten Rahmens entfalten und ständig verändern, ohne dass damit jedoch ein Fort- oder Rückschritt verbunden sei. Alle nach dem evolutionären Sprachurknall aufgetretenen sprachlichen Veränderungen seien Variationen des immer gleichen Themas, die durch ihren Formenreichtum faszinierten, aber ihre einmal entwickelten Grundlagen nicht verlassen könnten. Alle Sprachen seien demnach auch ähnlich komplex – gleichgültig, ob es sich um Sprachen von Stammesgesellschaften handele, die sich auf einer steinzeitlichen Kulturstufe befänden, oder um die Sprachen hochmoderner Industrienationen und Wissensgesellschaften.

Evolution und Selektion

Evolution im Sinne von Charles Darwin ist ein ständiger Prozess
von kleinen oder größeren Veränderungen, die auf bereits erworbenen Merkmalen aufbauen, sie modifizieren und schließlich
zu neuen Merkmalen führen. Sprache entstand nicht aus dem
Nichts, sondern hat Vorläufer, die weit zurückreichen. Und Sprache verändert sich nicht in dem geschlossenen Kreislauf einer
Universalgrammatik oder eines Bioprogramms, sondern in eine
Richtung, die durch die Evolution
bestimmt wird. Linguisten finden
keinen plausiblen Denkrahmen,
die kleinschrittige evolutionäre
Dynamik eines über große Zeiträume verlaufenden Prozesses auf
die Entwicklung von Sprache anzu-
wenden. Auf die Frage nach möglichen Vorstufen grammatischer
Regeln und evolutionären Anpassungen, die zu diesen Regeln
geführt haben könnten, haben sie bislang keine befriedigenden
Antworten gefunden. Aber auch für die Sprache als Krönung
der Schöpfung, als das, was uns zu Menschen macht, kann man
keine Sonderbedingungen geltend machen. Alles Lebende steht
in einer Kette evolutionärer Prozesse, so auch Menschen mit
ihrer Sprache. Sprache unterliegt, wie alles in der Biologie, den
Gesetzen der Evolution; dies gilt für die Zeit vor, während und
nach ihrem Ursprung. Deshalb sind Ursprung und Wandel auch
keine voneinander unabhängigen Phänomene, sondern Teil eines
evolutionären Kontinuums.

> **Alles Lebende steht
> in einer Kette
> evolutionärer Prozesse,
> auch die Sprache**

Der für die Evolution grundlegende Wirkmechanismus der
natürlichen Selektion zielt darauf ab, Merkmale und Lebens-
funktionen den Erfordernissen der Umwelt so anzupassen, dass
einzelne Individuen einer Spezies eine größere Überlebenschance
bekommen. Diejenigen Formen und Eigenschaften, die für das
Überleben in einer bestimmten Umwelt besser geeignet sind als
andere, werden von ihr adaptiert. Für die Evolution der Sprache würde dies bedeuten: Wer effizienter mit Sprache umgehen

kann, also mit gleichem oder sogar geringerem Kraftaufwand zu sagen vermag, was er möchte, und dabei eine möglichst optimale Wirkung erzielt, hat einen Selektionsvorteil. Dieser Vorteil erhöht die Chance, dass sich die Gene, die dem Individuum diese effiziente Sprachverwendung ermöglichen, in dessen Gruppe stärker durchsetzen als die Gene von weniger sprachbegabten Individuen. Demnach machen effizientere sprachliche Eigenschaften die Spezies *Homo sapiens* überlebens- und leistungsfähiger. Auf diese Weise würde sich das Prinzip des „Survival of the fittest" nicht nur auf besser angepasste Sinne oder Organe beziehen, sondern auch auf sprachliche Strukturen.

In welchen Szenarien könnten diejenigen Menschen, die dank ihres Sprachvermögens effizienter kommunizieren als andere, einen Selektionsvorteil erlangen? Hätten sie eine höhere Überlebenschance, weil sie von ihren Mitmenschen leichter verstanden werden? Oder würden sie älter und blieben länger gesund, weil sie besser um Nahrungsmittel und Besitz betteln oder feilschen können? Das wäre denkbar.

Sprachvermögen als Selektionsvorteil?

Eine größere Fitness im Sprachverhalten könnte möglicherweise dazu führen, dass Sprache in der gesamten Gruppe effizienter und ökonomischer wird. Aber gut entwickelte sprachliche Fähigkeiten einzelner Mitglieder führen nicht zwangsläufig zu einer evolutionären Dynamik, zu einem Selektionsdruck, der die Ökonomie und Effizienz der Sprache einer Gemeinschaft insgesamt steigert.

Ein weiteres Szenario, das für einen Selektionsdruck zur Entwicklung von Sprache sorgen könnte, wären kämpferische Auseinandersetzungen in der Gruppe. Geschickte Redner werden möglicherweise seltener in körperliche und kriegerische Auseinandersetzungen verwickelt, weil sie es besser verstehen, den Gegner zu besänftigen und Streit zu schlichten. Es kann ein selektiver Vorteil sein, einfühlsam und klug sprechen zu können, um einen Kampf auf Leben und Tod zu vermeiden. So könnte auch bei diesem Szenario die kommunikative Fitness einzelner

Individuen einen Selektionsdruck auf die Entwicklung eines effizienten Mediums erzeugen, doch reicht dieser Druck aus, um ein derartig komplexes Kommunikationsmittel wie Sprache entstehen zu lassen? Beobachtungen bei anderen Säugern zeigen, dass wesentlich einfachere Mittel, etwa Unterwürfigkeitsgesten, mögliche Kämpfe verhindern können. Warum eine Sprache mit einer aufwändigen Grammatik entwickeln, wenn das Ziel, Kämpfe durch bestimmte Signale zu vermeiden, wesentlich leichter zu erreichen ist?

Kommen wir schließlich zu einem letzten Szenario, dem Spracherwerb. Hier könnte sich ein selektiver Vorteil durch die leichtere Erlernbarkeit einer Sprache einstellen. Eine Sprache, die einfacher zu lernen wäre, böte Kindern die Chance, früher mit ihren Eltern zu kommunizieren und somit auch früher mit dem sprachlich vermittelten Lernprozess zu beginnen, der die soziale und kognitive Entwicklung des Kindes fördert. Das hätte beispielsweise die praktische Konsequenz, dass man Kinder früher über mögliche Gefahren aufklären könnte, die dann leichter zu vermeiden wären. Im Sinne der natürlichen Selektion würde dies zu einem deutlichen Vorteil führen und die Überlebenschancen erhöhen. Aber hier ginge der evolutionäre Druck in Richtung einer größeren grammatischen Einfachheit, nicht zu größerer Komplexität. Wäre eine effiziente und ökonomische Mutter-Kind-Kommunikation die evolutionäre Triebfeder zur Sprache, dann hätte eine komplexe Grammatik keine Chance gehabt. In diesem Szenario hätte sich eher eine Sprache mit wenigen Handicaps entwickeln müssen – also eine mit möglichst wenigen oder einfach auszusprechenden Lauten, mit Wörtern, die eine einfache Silbenstruktur haben, sowie mit grammatischen Merkmalen, die eindeutig einer bestimmten Funktion zuzuordnen, so leichter zu durchschauen und besser erlernbar wären. Erwachsene bemühen sich im Umgang mit ihren kleinen Kindern um eine solche Sprache, indem sie beispielsweise schwierig auszusprechende Namen zu einer „Koseform" umformen. Aber nicht nur das: In vielen Kulturen versuchen Mütter ihr Sprachverhalten in der Kommunikation mit ihren Kindern systematisch zu vereinfachen. Sie verwenden eine an die kindlichen Bedürfnisse angepasste Sprachvariante, das so genannte Mutterisch[3], und erreichen dadurch eine bessere Verständlichkeit.

Es wird also auch in diesem dritten Szenario des Spracherwerbs nicht zu einem ausreichend starken Selektionsdruck gekommen sein, der zu einer komplexen Sprache mit einem aufwändigen grammatischen Regelapparat geführt hätte. Wenn wir aber unser Ziel, einen evolutionären Druck hinter der Entwicklung zu einer grammatischen Sprache zu entdecken, nicht aufgeben wollen, dann müssen wir in anderen Richtungen weiter suchen.

Sprachwandel und der Kampf ums Dasein

Im deutlichen Gegensatz zu vereinfachten Sprachvarianten, die Mütter gegenüber ihren Kindern verwenden, zeigen sich in jeder Sprache Entwicklungen, die Phonetik, Grammatik und Wortschatz weder einfacher und funktionaler machen, noch zu einer höheren Effektivität beitragen – ja, vielmehr führen sie oft sogar in die entgegengesetzte Richtung. Es ist unklar, wie die evolutionäre sprachliche Reise in der Vergangenheit verlaufen ist: in Richtung zunehmender Einfachheit und Ökonomie oder in Richtung größerer Komplexität und einer aufwändigen Grammatik? Falls der Weg vom Komplexeren zum Einfacheren verlaufen wäre, dann müsste es am Anfang wirklich, wie Bickerton (1981) annimmt, eine Art sprachlichen Urknall gegeben haben, bei dem gewissermaßen aus dem Nichts eine außergewöhnlich komplexe

Es ist unklar, wie die evolutionäre sprachliche Reise verlaufen ist

---

[3] Mutterisch wird öfters auch in der deutschsprachigen Literatur mit dem englischen Begriff Motherese bezeichnet. Vgl. dazu Kapitel 11.

und gleichzeitig wenig effektive Grammatik sowie ein schwierig auszusprechender Wortschatz entstanden sind. Warum aber
hätte ein derart „unhandliches" Kommunikationsmittel gleichsam aus dem Nichts entstehen sollen? Evolution verläuft normalerweise von einfachen und rudimentären Formen zu komplexeren und elaborierteren. Warum sollte es bei der Sprache anders
gewesen sein? Um es ironisch zu sagen: Die Sprache wird nicht
deshalb unmittelbar nach ihrem Entstehen so komplex gewesen
sein, damit sie von allen späteren Generationen – vor allem von
Müttern mit ihren Kindern – systematisch vereinfacht und ver-
vollkommnet werden konnte. Wenn alle Generationen nach der
sprachlichen Morgendämmerung nichts anderes im Sinne gehabt
hätten, als Sprache ständig in Richtung eines leicht zu erlernenden, ökonomischen und effektiven Kommunikationsmediums
zu verbessern, dann wären alle menschlichen Sprachen heute
zumindest auf dem Niveau des Esperanto angekommen, einer
von dem ostjüdischen Gelehrten Ludwig Zamenhof Ende des 19.
Jahrhunderts konstruierten Sprache mit einer einfachen Grammatik, die leicht zu erlernen ist, mit der sich aber dennoch all
das ausdrücken lässt, was man ausdrücken möchte. Esperanto
oder andere Plansprachen konnten sich jedoch nicht durchsetzen
(Blanke 1985 und Janton 1993). Einfachheit oder Ökonomie von
Sprachen beeinflussen uns kaum bei unserer Entscheidung, sie
zu erlernen. Ausschlaggebend sind Verbreitung, kommunikativer
Nutzen und das Prestige von Sprachen. Jeder, der sich auf das
Abenteuer einlässt, eine Fremdsprache zu lernen, weiß, wie viel
Aufwand dies erfordert und wie sehr grammatische Handicaps
den Erwerb erschweren.

Die Sprachevolution kann also offenbar schlecht den Weg
vom Komplexen zum Einfachen gegangen sein. Aber auch der
umgekehrte Weg – vom Einfachen zum Komplexen – ist schwer
vorstellbar. Es lassen sich dafür empirisch keine Indizien finden.
Sprachen von Völkern, die bis heute auf einer steinzeitlichen
Kulturstufe leben, sind keineswegs

**Vom Komplexen zum Ein-
fachen? Vom Einfachen
zum Komplexen?**

einfacher als die Sprachen moderner Industrienationen, eher im Gegenteil.

Da sich die Annahme eines gerichteten Sprachwandels, in welcher Richtung auch immer, bislang nicht bestätigen ließ, hat sich die Linguistik – sieht man von wenigen Ausnahmen ab (Bichakjian 2002) – nicht auf das darwinistische Entwicklungsparadigma der natürlichen Selektion eingelassen. Sprachlichen Wandel auf lautlicher, grammatischer oder lexikalischer Ebene sucht man vielmehr durch gesellschaftliche Entwicklungen, durch den Kontakt mit anderen Sprachen und durch ständige Veränderungen im System einer Sprache, also systemimmanent, zu erklären. Das Problem, wie und warum sich Sprachen ständig verändern, wird dabei von der Frage nach den Ursprüngen menschlicher Sprachen abgekoppelt. Einschlägige linguistische Theorien bleiben deshalb auf einem vorläufigen und wenig überzeugenden Niveau. Würde ein Geologe die Veränderung von Erdformationen erklären und dabei nicht die Entstehung der Erde in seinen Denkrahmen einbeziehen, bliebe seine Theorie ein Torso. Bringt man aber den Ursprung der Sprache ins Spiel, kommt man an Darwin nicht vorbei. Das Entstehen einer derart speziellen Form der Kommunikation, wie sie durch Sprache ermöglicht wird, lässt sich nur im Rahmen eines evolutionären Paradigmas erklären. Wenn Ursprung und Wandel zusammengehören und in einer einheitlichen Theorie erklärt werden sollen, dann wird man für die Erklärung von Sprachwandel zwangsläufig auch die Erkenntnisse der Evolutionstheorie heranziehen müssen. Mit der Linguistik allein lässt sich das Rätsel nicht lösen.

Aber auch mit Darwins Theorie *Über die Entstehung der Arten durch natürliche Zuchtwahl oder die Erhaltung der begünstigten Rassen im Kampfe ums Dasein* (1859) lassen sich Ursprung und Wandel, wie an den Beispielen aus unterschiedlichen Szenarien deutlich wurde, kaum erklären. Wenn bestimmte Tiere, die in Baumkronen leben, Hände entwickelt haben, die besonders gut greifen können, dann wird das Prinzip der natürlichen Selektion unmittelbar einsichtig: Der betreffenden Art verschafft eine gut funktionierende Greifhand einen Vorteil „im Kampfe ums

Dasein" und sie hat bessere Aussichten, in ihrer ökologischen Nische zu überleben. Bei Nachkommen, deren Hände schlechter greifen können, ist dagegen die Wahrscheinlichkeit höher, dass sie bei ihren Sprüngen von Ast zu Ast abstürzen, sich verletzen und früher sterben. Finger und Daumen werden sich deshalb im Verlauf ihrer Evolutionsgeschichte so entwickeln, dass mit den Händen immer sicherer, ökonomischer und effektiver nach Ästen gegriffen werden kann.

Sprachliche Veränderungen lassen sich nicht in analoger Weise erklären. Dazu ein Beispiel: Seit einigen Jahrzehnten besteht im Deutschen die Tendenz, den Genitiv in bestimmten Positionen seltener zu verwenden. Es wäre jedoch unsinnig zu behaupten, dieser Trend sei dadurch zu erklären, dass er denjenigen Sprechern des Deutschen, die den Genitiv vermeiden, einen selektiven Vorteil verschaffen könnte. Man würde dadurch sicherlich nicht kommunikativ erfolgreicher agieren, mehr Prestige und Einfluss gewinnen oder gar einen besseren Zugang zu Ressourcen bekommen und so die Wahrscheinlichkeit erhöhen, älter und genetisch erfolgreicher zu werden. Falls hier überhaupt ein Effekt nachzuweisen wäre, ginge er eher in die umgekehrte Richtung: Diejenigen Mitglieder der deutschen Sprachgemeinschaft, die den Genitiv – obwohl er im Schwinden begriffen ist – immer noch häufig und normgerecht verwenden können, werden eher an Prestige und Einfluss gewinnen als diejenigen, die ihn nicht mehr aktiv verwenden. Die Variante *der Humor meines Vaters* ist gegenüber *der Humor von meinem Vater* prestigeträchtiger, vor allem in öffentlichen Situationen. Man kann Pluspunkte holen, wenn man auch seltener werdende grammatische Regeln noch beherrscht, vor allem dann, wenn man flexibel zu anderen Varianten wechseln kann, etwa jugendsprachlichen, die gerade besonders „hip" sind, also auf eine möglichst vielfältige Weise die Möglichkeiten der Grammatik situativ und partnergerecht aus-

> **Sprachliche Veränderungen lassen sich nicht analog zu Darwins Evolutionstheorie erklären**

zuschöpfen versteht – grammatische Formen, Wortschatz und Aussprache zu beherrschen, die einer hohen Stilebene und der Standardnorm entsprechen, aber gleichzeitig auch in der Lage ist, die Sprache des „einfachen Volkes" zu verwenden.

Ähnlich verhält es sich bei der Verwendung des Konjunktiv I gegenüber einer Umschreibung mit „würde", wie in:

Sie sagt, sie hole mich morgen ab.

Sie sagt, sie würde mich morgen abholen.

Auch hier ist die Variante, die im Schwinden begriffen ist, die Prestigevariante. Wer den Konjunktiv I noch immer adäquat zu verwenden versteht, kann damit Bildung signalisieren und Eindruck machen. Allgemeiner gesprochen: Mit denjenigen sprachlichen Varianten, die seltener sind, die aus dem Strom der normalen und erwartbaren Äußerungen wie leuchtende Bojen herausragen und offensichtlich auch schwieriger zu produzieren sind, kann ein Sprecher mehr Ansehen gewinnen als mit dem erwartbaren sprachlichen Mittelmaß und abgedroschenen Allerweltsformulierungen. Ein Sprecher, der eine weniger geläufige und schwierigere Formulierung wählt, geht gewissermaßen ein Handicap ein: Die Gefahr, bei einer außergewöhnlichen Formulierung zu scheitern, ist deutlich höher, als wenn man bei der erwartbaren sprachlichen Normalität bleibt.

Es scheint, als werde bei der Sprache das Prinzip der natürlichen Selektion geradezu auf den Kopf gestellt – während es bei den Händen eines Baumbewohners darauf ankommt, dass sie voraussagbar, zuverlässig und sicher greifen, und sich die Fitness eines Individuums erweist, wenn sein Bewegungsapparat beim Schwingen von Ast zu Ast sicher und ökonomisch funktioniert, zeigt sich

> **Es scheint, als werde bei der Sprache das Prinzip der natürlichen Selektion geradezu auf den Kopf gestellt**

die Überlegenheit und das Prestige eines kommunizierenden Menschen darin, dass er vom erwartbaren Ablauf üblicherweise benutzter Sprachformen abweicht und so ein Handicap eingeht, um seine sprachliche Fitness zu demonstrieren.

Nun könnte es aber auch sein, dass sich ein Baumbewohner, beispielsweise ein Gibbon, nicht einfach nur von Ast zu Ast fortbewegt, sondern seiner Horde signalisieren möchte, dass er sich besonders geschickt, schnell und sicher durch das Astwerk hangeln kann. Um seinen Artgenossen zu imponieren, wird er also möglicherweise riskante Schwünge, gewagte Kletterpartien und unerwartete Kapriolen vorführen – und dabei auch nach Ästen greifen, die ihm normalerweise zu unsicher wären. Mit anderen Worten: Wenn nicht mehr die eigentliche Fortbewegung im Vordergrund steht, sondern mit dieser Fortbewegung eine besondere Fitness demonstriert werden soll, muss das Handicap erhöht werden, womit, ähnlich wie bei einem Akrobaten in der Zirkuskuppel, auch die Wahrscheinlichkeit eines Sturzes steigt.

Wenn es um Kommunikation geht und ein Individuum durch Signale seine besondere Fitness signalisieren will, dann scheinen die Gesetze der natürlichen Selektion als Erklärung nicht mehr auszureichen. Die natürliche Selektion bewirkt, dass sich bei einer Spezies überhaupt so etwas wie Fitness entwickelt. Möchte ein Individuum jedoch, beispielsweise vor einem Kampf oder bei der Balz, demonstrieren, dass es ausreichend fit ist, um den Kampf siegreich zu bestehen oder als Geschlechtspartner hochwertige Gene für seinen Nachwuchs zu liefern, so muss es seine Botschaft glaubwürdig vermitteln können, damit Konkurrenten oder Umworbene davon überzeugt werden, dass es sich nicht um ein Täuschungsmanöver handelt. Dies gelingt nur, wenn das Individuum seine Grenzen auslotet, wenn es Risiken eingeht, wenn es Signale einsetzt, die einen besonders großen Aufwand erfordern – kurz, wenn es Handicaps in Kauf nimmt.

Während die natürliche Selektion dem Prinzip des geringsten Widerstands und der Ökonomie folgt, produzieren Lebewesen, die ihre Fitness demonstrieren wollen, Signale, die einen besonders hohen Aufwand sowie außergewöhnliche Anstrengungen erfordern und somit höhere biologische Kosten verursachen. Erfolgreich ist ein Sig-

Erfolgreich ist ein Signal dann, wenn es genau, verlässlich und kostspielig ist

nal dann, wenn es genau, verlässlich und kostspielig ist. Damit wird garantiert, dass es schwer zu fälschen ist. Demnach werden vor allem diejenigen Signale beachtet und ernst genommen, deren Verwendung problematisch ist und die für den Benutzer ein Handicap darstellen. Ein kommunikatives Handicap wäre also evolutionsbiologisch gesehen eher von Vorteil.

Das Handicap-Prinzip

Der israelische Ornithologe und Verhaltensforscher Amotz Zahavi hat dieses „Handicap-Prinzip" bereits 1975 als grundlegendes Verhaltensmuster in der Kommunikation entdeckt. Seine Funktion und Wirkung konnte er in unterschiedlichsten biologischen Populationen, von Säugetieren über Ameisen bis hin zu Einzellern, als Signalaustausch zwischen Rivalen, bei der Partnerwahl, in der Kommunikation unter Eltern sowie zwischen Eltern und ihrem Nachwuchs nachweisen. Das Buch *Signale der Verständigung* (1998), in dem er und seine Frau Avishag Zahavi dieses Prinzip verständlich und anregend an zahlreichen Untersuchungen demonstrierten, beginnt mit einem anschaulichen Beispiel:

> Wir gehen aus von dem Bild einer Gazelle, die in der Wüste ruht oder grast. Sie ist fast unsichtbar; die Farbe ihres Fells verschmilzt mit der Farbe der Landschaft. Da taucht ein Wolf auf. Man erwartet, dass die Gazelle erstarrt oder sich duckt und alles tut, um nicht gesehen zu werden. Aber nein: Sie steht auf, bellt und tritt den Boden mit den Vorderhufen, während sie den Wolf nicht aus den Augen läßt. Die Schläge ihrer Hufe auf den Wüstenboden sind weithin zu hören; an ihrem gekrümmten Gehörn und der hell-dunklen Zeichnung ihrer Stirn ist leicht zu sehen, daß die Gazelle ihren Feind anschaut.
> Wenn der Wolf näher kommt, erwartet man wiederum, daß die Gazelle so rasch wie möglich flieht. Aber dies geschieht wiederum nicht: Oft springt die Gazelle mehrmals

mit allen vier Beinen in die Luft. Wenn sie dann läuft, schwingt sie ihren schwarzen Schwanz auffällig vor ihrem weißen, schwarz umrandeten Rumpf hin und her. Diese Prellsprünge haben offensichtlich mit dem nahenden Wolf zu tun. Eine Gazelle, die einer sie unmittelbar bedrängenden Gefahr entkommen will – etwa Jägern in einem Jeep – flieht ganz anders: Sie rast schweigend davon und nutzt dabei die örtlichen Gegebenheiten, um nicht gesehen zu werden.

Warum zeigt sich die Gazelle einem Feind, der sie vielleicht noch gar nicht bemerkt hat? Warum verschwendet sie Zeit und Energie auf das Prellen, statt so rasch wie möglich wegzulaufen? Indem die Gazelle ihrem Feind signalisiert, dass sie ihn gesehen hat, und indem sie ihre Zeit mit Luftsprüngen „vergeudet", statt Reißaus zu nehmen, versichert sie dem Wolf, dass sie in der Lage ist, ihm zu entkommen. Wenn der Wolf sieht, das er keinerlei Aussicht hat, seine Beute zu überraschen, und dass diese Gazelle in ausgezeichneter körperlicher Verfassung ist, beschließt er vielleicht, in ein anderes Revier weiter zu ziehen oder sich auf die Suche nach einer verheißungsvolleren Beute zu machen.   (Zahavi/Zahavi 1998, S. 13f)

Nach den Zahavis gilt das Handicap-Prinzip nicht nur in Situationen, in denen es um Leben und Tod, um die Eroberung eines Geschlechtspartners oder um die Dominanz innerhalb einer Gruppe geht, sondern sorgt für das Gelingen von Kommunikation schlechthin, weil es Signale aufwändig, wertvoll und mithin zuverlässig macht. Doch bei der menschlichen Sprache machen die Autoren eine Ausnahme und behaupten, »dass die verbale Sprache keine Komponente enthält, die ihre Verlässlichkeit garantiert« (Zahavi/Zahavi 1998, S. 373). Ich möchte zeigen, dass sich

Das Handicap-Prinzip ist auch auf den Ursprung und Wandel der menschlichen Sprache anwendbar

die Zahavis hier irren und das Handicap-Prinzip auch auf den Ursprung und Wandel der menschlichen Sprache anwendbar ist. Anhand von theoretischen Überlegungen und Beispielen – von den ersten Vorläufern sprachlicher Entwicklung bis zur Sprache der Gegenwart – soll deutlich werden, dass das Handicap-Prinzip der Dynamik sprachlicher Evolution zugrunde liegt.

Sexuelle Selektion

Und wo bleibt dabei Charles Darwin? Zwölf Jahre nach Erscheinen seines Buches *Über die Entstehung der Arten* veröffentlichte er *The Descent of Man, and Selection in Relation to Sex* (1871), das im Jahre 1875 auf deutsch unter dem Titel *Die Abstammung des Menschen und die geschlechtliche Zuchtwahl* erschien. In diesem Buch wurde die sexuelle Selektion als zweites Prinzip der Evolution neben die natürliche Selektion gestellt. Geoffrey Miller (2000) sah in diesem zweiten Prinzip die Triebfeder für die Evolution des menschlichen Geistes. Seiner Meinung nach nahm die Entwicklung des menschlichen Gehirns von den ersten Anfängen im Übergangsstadium zwischen Tier und Mensch bis hin zum *Homo sapiens* quantitativ und qualitativ einen so außergewöhnlichen Verlauf, da Menschen ihre mentalen Fähigkeiten vor allem in der Balz oder Brautwerbung einsetzten. Sprache, Literatur, Musik und Kunst seien nicht entstanden, weil man sie zum Überleben in einer schwierigen Umwelt gebraucht hätte, sondern weil Menschen ihren Geschlechtspartnern imponieren wollten, um mit ihnen Nachkommen zu zeugen.

Zu welchen Kapriolen die Evolution durch sexuelle Selektion fähig sei, sehe man am Beispiel des Pfauenhahns, dessen bunt schillerndes Rad beim Überlebenskampf eher hinderlich sei, aber Hennen beeindrucken könne. Und auch Menschen seien laut Miller im Wesentlichen keine rational denkenden, problemlösenden Wesen, sondern vielmehr eine Spezies, die den Schmuck, das Ornamentale, das Schöne in ihren vielfältigsten Formen über die Notwendigkeiten des Alltags stellten, weil sie einen Vorteil

bei der Reproduktion ihrer Gene suchten. Dafür scheuten sie
keine biologischen Kosten. Die Triebfeder für das Entstehen von
Sprache wäre nach Miller ein ästhetisches Motiv: Partner und
Konkurrenten der eigenen Spezies mit Schönheit und Überfluss
um des sexuellen Vorteils willen zu beeindrucken.

Sexuelle Selektion durch Partnerwahl ist ein sinnvolles Evo-
lutionsprinzip, weil die Entwicklung außergewöhnlicher Merkmale wie schimmernde Federn, die
nicht einmal zum Fliegen taugen,
dabei hilft, die Fitness eines potenziellen Geschlechtspartners zu
signalisieren. Die Pfauenhenne erkennt nämlich sehr genau die feinen Unterschiede im Gefieder ihrer
Freier und bevorzugt diejenigen,
deren Federn besonders schön im
Sonnenlicht glänzen, denn ihre Ma-
kellosigkeit und Brillanz sind untrügliche Indizien für körperliche
und genetische Fitness. Entsprechend gilt für die Menschen, dass
diejenigen, die besonders anregend Geschichten erzählen, einen
mit ihrem Humor zum Lachen bringen oder durch brillante Rhetorik beeindrucken können, eher Prestige, Macht, Einfluss und
attraktive Geschlechtspartner gewinnen, weil ihre verbalen Fähigkeiten ebenfalls auf eine hohe genetische Qualität hindeuten.

So brachte Geoffrey Miller wieder Charles Darwin ins Spiel
– nicht mit dessen Theorie zur natürlichen Selektion, sondern
mit der später entstandenen und weniger bekannten Theorie zur
sexuellen Selektion. Die Zahavis gingen ihrerseits mit dem Handicap-Prinzip über Darwin hinaus und präzisierten die Theorie der
sexuellen Selektion als ein grundlegendes Prinzip der Evolution
kommunikativen Verhaltens. Während die sexuelle Selektion bei
Darwin und Miller ihre kreativen Kapriolen blindlings in Form
von Pfauenrädern oder Operetten schlug, gaben ihr die Zahavis
eindeutige und harte Kriterien: Kosten und Handicaps. Nach ihrer
Theorie entfalten die Signale von Lebewesen nur dann zuverlässig
ihre Wirkung, wenn sie die hohen Kosten eines aufwändigen und

> **Menschen, die besonders
> anregend Geschichten
> erzählen oder durch
> ihre brillante Rhetorik
> beeindrucken, gewinnen
> eher attraktive
> Geschlechtspartner**

risikoreichen Signalsystems eingehen können. Dazu muss das System aber Vergleichsmöglichkeiten bieten – das heißt, für jedes Individuum müssen die gleichen schwierigen Vorgaben gelten. Ginge es, wie Miller annimmt, nur um Kreativität und Vielfalt, so hätten kritische Beobachter keine Vergleichsgrundlage und könnten nicht entscheiden, welches Mitglied einer Gruppe seine Fähigkeiten am besten signalisieren kann.

Sprachliche Normen

Menschen haben sich mit ihrer Sprache ein komplexes Kommunikationsmedium geschaffen, das reich an Handicaps ist und zudem in zweifacher Hinsicht ideale Vergleichsmöglichkeiten bietet. So bestehen zum einen weltweit grundlegende Gemeinsamkeiten in den Strukturen menschlicher Sprachen, worauf sowohl Chomsky und seine Schule mit dem mentalistischen Konstrukt einer Universalgrammatik als auch Joseph Greenberg (1966) und seine Anhänger aufgrund empirischer Untersuchungen hingewiesen haben. Aus der Handicap-Perspektive betrachtet, mussten diese einheitlichen Grundlagen entwickelt werden, um eine zuverlässige Vergleichbarkeit zu schaffen. Zum anderen existieren in jeder einzelnen Sprache Normen, an die sich die Sprachgemeinschaft zu halten sucht. Die Linguistik betrachtet diese Normen als notwendige Voraussetzung für eine zuverlässige Übermittlung von Informationen in der Kommunikation. Dies erklärt ihre Existenz meiner Ansicht nach jedoch nicht ausreichend, denn auch wenn einzelne Sprecher, besonders Fremdsprachler, gegen sprachliche Normen verstoßen, werden sie in der Regel gut verstanden. Das andere, häufig wiederholte Argument, Normen erleichterten es den Mitgliedern einer Sprachgemeinschaft, sich mit ihrer Gruppe zu identifizieren und Gemeinsamkeit zu signalisieren, halte ich ebenfalls für unzureichend. Vielmehr ist auch für die Evolution sprachlicher Normen entscheidend, dass sie den Sprechern einer Sprache einen gemeinsamen Maßstab liefern, mit dem diese ihre sprachliche Fitness messen können.

Die sprachliche Messlatte liegt für alle Mitglieder einer Sprachgemeinschaft hoch: Ein präzise austariertes, mit hohen Kosten
und zahlreichen Handicaps ver-
sehenes Kommunikationsmedium,
**Sprachliche Normen
erlauben
Vergleichbarkeit**
das für jeden die gleichen Bedingungen garantiert, gilt es immer
wieder neu und in jeder Situation,
in der gesprochen oder geschrieben
wird, zu meistern. Als Analogie hierzu sollte man nicht – wie de
Saussure vorgeschlagen hat – das Schachspiel wählen, sondern
eher das Springreiten – ein Wettbewerb, bei dem die Teilnehmer
eines Reitturniers vor den strengen Augen der Preisrichter auf
einem vorgeschriebenen Parcours innerhalb einer bestimmten
Zeit eine bestimmte Anzahl von Hindernissen zu bewältigen
haben. Vor dem Turnier werden die Teilnehmer in verschiedene
Klassen, vom Anfänger bis zum Meister, eingeteilt, damit ihre
unterschiedlichen Voraussetzungen berücksichtigt werden und
die Hindernisse überwindbar bleiben. Das Handicap ist gerade
so groß, dass es – mit entsprechender Vorbereitung und Anstrengung – von jedem zu bewältigen ist. Für alle Teilnehmer einer
Klasse sind die Bedingungen gleich, und an jedem Hindernis, sei
es Gatter, Oxer, Wassergraben oder Wall, kann man patzen. Nach
jedem Durchgang wird das Handicap erhöht, sodass die Teilnehmer nach und nach an ihre Grenzen gelangen und schließlich der
beste Reiter ermittelt wird.

Diese Regeln lassen sich analog auf die Mitglieder einer
Sprachgemeinschaft übertragen: Um die Chancengleichheit
beim Sprachgebrauch zu gewährleisten, gelten für alle die gleichen Bedingungen – zur Verfügung stehen jeweils, in normierter
Form, die gleichen Laute, die gleiche Grammatik und der gleiche
Wortschatz. Bei der Bewertung des Sprachverhaltens wird berücksichtigt, dass die zu überwindenden sprachlichen Handicaps
der jeweiligen Gruppe angemessen sind. So gelten für Kinder,
Jugendliche und Erwachsene sowie für Menschen, die in der
Öffentlichkeit stehen, jeweils unterschiedliche Maßstäbe – wenn
auch auf der gleichen sprachlichen Basis. Beispielsweise wird

man von Zehnjährigen nicht erwarten, dass sie den Konjunktiv I beherrschen, und von einem wissenschaftlichen Laien kein Fachvokabular. Das sprachliche Handicap lässt sich zudem jederzeit erhöhen – etwa dann, wenn man vom privaten Gespräch zur öffentlichen Rede wechselt oder einen Text schreibt.

Wie jede Analogie hat auch diese ihre Schwachstellen, aber sie verdeutlicht dennoch recht gut die Richtung, in der ich meine Sprachtheorie entwickeln möchte: Kosten und Handicaps sind der evolutionäre Motor für Ursprung und Wandel menschlicher Sprache. Wie dieser Motor angesprungen ist und langsam auf Touren kam, werden wir später auf unserer Entdeckungsreise in die Vergangenheit sehen.

Wozu taugt eine komplexe Sprache?

Menschen sind stolz auf ihre Sprache. Nicht zu Unrecht, möchte man meinen, haben sie doch ein Kommunikationsmittel geschaffen, das allen tierischen Formen der Kommunikation weit überlegen ist. Die Linguistik bestärkt uns in dieser Auffassung, denn die Komplexität sprachlicher Strukturen und die Vielfalt sprachlicher Möglichkeiten scheinen unermesslich zu sein. So ist es bisher keinem Linguisten gelungen, auch nur eine Sprache in ihrer ganzen Komplexität zu beschreiben und in Regeln zu fassen. Immer wieder entdeckt man neue Eigenschaften und Muster, die wiederum zu neuen Modellen, Theorien und Grammatiken führen. Und darüber hinaus bieten Wortschatz und Grammatik bei der Produktion von Sätzen unerschöpflich viele Möglichkeiten, denn jeder Mensch kann jederzeit eine Äußerung formulieren, die es so noch nie gegeben hat. Die Zahl möglicher Sätze ist unendlich groß.

Warum wurde dieses unendliche Spiel mit Wort- und Satzkombinationen geschaffen? Wem nützen all die Ausdrucksmöglichkeiten, die ein einzelner Mensch, ja nicht einmal eine ganze Sprachgemeinschaft je ausschöpfen kann? Linguisten antworten auf diese Frage gewöhnlich mit dem Hinweis, dass Menschen

> **Wem nützen all die Ausdrucksmöglichkeiten, die nicht einmal eine ganze Sprachgemeinschaft je ausschöpfen kann?**

diese Vielfalt an Ausdrucksmöglichkeiten benötigen, um all das mitteilen zu können, was sie mitteilen wollen – der Ausdrucksreichtum menschlicher Sprachen entspreche dem Reichtum des menschlichen Denkens, Fühlens und Handelns.

Doch diese Begründung weckt erhebliche Zweifel. Schauen wir uns zunächst einmal unsere Gefühlswelt an. Eigentlich müssten wir Menschen doch fähig sein, unsere momentane Gefühlslage genau zu beschreiben. Erkundigt man sich jedoch bei jemandem nach seinem Befinden, so bekommt man in der Regel nur stereotype Antworten, wie *„danke, ganz gut"* oder *„es geht"*. Wir nutzen die vielfältigen Möglichkeiten der Sprache also keineswegs aus, um einen möglichst präzisen Einblick in unser Gefühlsleben zu geben. Freilich spielen hier gesellschaftliche Konventionen eine Rolle – warum sollte man sein Gefühlsleben ohne Not offenbaren? Doch auch in einer intimen Situation, etwa zwischen zwei guten Freunden oder Liebenden, in der man seine

> **Sprache ist trotz ihrer unendlichen Möchlichkeiten nicht geeignet, menschliches Fühlen und Denken auszudrücken**

Gefühle möglichst genau beschreiben möchte, versagt die Sprache oft. Das, was man wirklich fühlt und denkt, lässt sich nur schwer in Worte fassen. Selbst Schriftstellern, die genügend Muße haben, ihre Formulierungen aufs Papier zu bringen, gelingt es nur schwer,

Gefühlszustände adäquat zu beschreiben. Aber vielleicht ist dies schlichtweg unmöglich, weil Sprache trotz ihrer unendlichen Möglichkeiten doch nicht wirklich geeignet ist, menschliches Fühlen und Denken auszudrücken.

Leichter ist es dagegen, äußere Gegebenheiten sprachlich darzustellen, wie etwa bei einer Wegbeschreibung oder der Planung einer Jagd. Aber auch hier muss man fragen, warum dazu ein derart komplexes Kommunikationsmittel wie unsere Sprache entwickelt werden musste. So gelingt es beispielsweise Löwen oder Wölfen ganz ohne Sprache, raffinierte Jagdmethoden erfolgreich durchzuführen. Schimpansen wiederum können sich gegenseitig präzise über bestimmte Orte informieren und Hinweise darauf geben, wo sich versteckte Dinge aufspüren lassen. Sie orientieren sich, wie alle Tiere, auf ihre spezifische Weise erfolgreich im Raum, ohne dass sie über sprachliche Mittel verfügen.

Ein weiteres, häufig angeführtes Argument lautet, dass die Bearbeitung von Werkzeugen und die Tradierung von Arbeitstechniken an jüngere Gruppenmitglieder nur über Sprache erfolgen kann. Aber auch hier lehrt die Erfahrung, dass man einem geschickten Handwerker, der etwa einen Faustkeil bearbeitet oder eine Lampe repariert, besser über die Schulter schaut, als sich einen Arbeitsvorgang umständlich erklären zu lassen. Meist reichen nur wenige kurze, einfache Bemerkungen, um sein Handeln zu erläutern. Kaum jemand verlangt nach expliziten und tief schürfenden Erklärungen, erst recht nicht in menschlicher Frühzeit.

Zweifel an der Notwendigkeit unbegrenzter sprachlicher Ausdrucksmöglichkeiten beschleichen einen auch, wenn man an Menschen denkt, die einen kleinen Wortschatz haben und deren Äußerungen und Sätze recht gut voraussagbar sind. Menschen aus Kulturen, die keine Schrift kennen, oder aus bildungsfernen Schichten unserer Kultur verwenden häufiger Redewendungen, sprachliche Klischees, auch Sprichwörter, deren Wortfolgen eine geringere Varianz zeigen. Diesen Menschen ein armes Gefühlsleben oder einfach Dummheit nachzusagen, wäre falsch. Das Sprachverhalten erlaubt keine direkten Rückschlüsse auf Intelligenz und Psyche. Und geringere Ausdrucksmöglichkeiten führen nicht notwendigerweise zu einem eingeschränkten Menschsein. Auch Menschen, die weder hören noch sprechen können und sich in einer Gebärdensprache verständigen müssen, sind von ihrer Psyche und Kognition her keineswegs unterentwickelt.

Die Unendlichkeit sprachlicher Ausdrucksmöglichkeiten bleibt grundsätzlich auch bei einem kleineren Wortschatz bestehen, aber Menschen nutzen das Potenzial, das jede Sprache mit ihrem Variantenreichtum bietet, höchst unterschiedlich aus. Wer sich eher in gewohnten sprachlichen Bahnen bewegt, wer selten sprachliche Wagnisse eingeht, wer sich nicht die Mühe macht, nach einem präziseren Ausdruck zu suchen, dessen Sprachverhalten ist voraussagbarer.

Und schließlich: Denkt man an Menschen, die in Jäger- und Sammlergesellschaften leben und deren Leben sich in traditionellen und ritualisierten Bahnen bewegt, dann verwundert es, dass ihre Sprachen keineswegs einfacher oder gar primitiver sind als die Sprachen von Menschen, deren Kulturen Schriften, Computer und Mondraketen entwickelt haben. Warum ist das Englisch eines Stephen Hawking nicht wesentlich komplexer als der Stammesdialekt eines Medizinmannes aus der Kalahari? Mit einigem Erstaunen muss man oft sogar feststellen, dass die grammatische Komplexität von Stammessprachen größer ist als die von Sprachen moderner Nationen.

Es gibt also keine eindeutige Antwort auf die Frage, warum die Sprache mit ihrer grandiosen Komplexität entwickelt wurde. Eine wesentlich einfachere Version hätte es vielleicht auch getan, vor allem, wenn man an Stammesgesellschaften denkt oder an Menschen, die vor 30 000 Jahren durch das eiszeitliche Europa streiften. Dennoch gibt es anscheinend keine Hinweise auf primitivere sprachliche Vorstufen. Sprache mit all ihren Möglichkeiten muss sich in einer einfacher strukturierten Umwelt geradezu aus dem Nichts entwickelt haben.

Sollten die Menschen sich dann nicht selbstzufrieden zurücklehnen und einfach stolz darauf sein, dass ihnen diese Leistung irgendwann in ihrer Geschichte gelungen ist? Dass Sprache bedeutend komplexer und variabler ausgestaltet wurde, als es eigentlich nötig gewesen wäre, sollte uns doch nur Recht sein. Warum sich einen Golf wünschen, wenn man bereits einen Rolls Royce hat? Freilich handelt man sich mit zunehmender Komplexität aber auch immer Nachteile ein, und die Wahrscheinlichkeit erhöht sich, dass etwas nicht richtig funktioniert oder dass man den Überblick verliert. Komplexität verursacht zusätzlichen Aufwand und Kosten.

Warum sich einen Golf wünschen, wenn man einen Rolls Royce hat?

Der Ursprung der menschlichen Sprache liegt nach wie vor im Dunkeln. Schlüssige Beweise für die eine richtige Theorie wird es vermutlich nie geben, aber man könnte versuchen, Licht in das Dunkel zu bringen, indem man aufzeigt, dass bestimmte Annahmen plausibler sind als andere. Klarer wird man bereits sehen können, wenn man weiß, aus welchen Gründen und mit welchen Absichten Menschen Sprache verwenden, worüber und, vor allem, wie sie sprechen. Bei den vielen Antworten, die die Linguistik auf diese Fragen gegeben hat, gab es jedoch immer ein Problem: Linguisten sind Männer und Frauen der Schrift; sie leben in Schriftkulturen und ihr Sprechen und Denken ist durch diese Schriftlichkeit geprägt. Darum sind ihre Vorstellungen und Vermutungen darüber, wie diejenigen Menschen sprechen, denken und handeln, deren Gesellschaften keine Schrift kennen, meist sehr theoretisch. Auch Linguisten, die die Sprache schriftloser Gemeinschaften untersuchen, können sich von ihrer schriftsprachlichen Sozialisation schlecht frei machen. Umso wichtiger ist es, möglichst genau zu beschreiben, wie Sprache in Stammesgesellschaften verwendet wird.

Kommunikation bei den Eipo

Auf die Frage, wozu Sprache dient, hieß es meist, dass Menschen miteinander sprechen, um Informationen auszutauschen. Hat man keine Kenntnis über einen bestimmten Sachverhalt, so stellt man jemandem, der Bescheid weiß, Fragen, um die Wissenslücke zu füllen. Dementsprechend basieren sprachliche Modelle meist auf Informationsmodellen, in denen Sender Empfängern eine Nachricht übermitteln. Diese Modelle sind jedoch ganz wesentlich durch unsere Schriftkultur geprägt: Sie erinnern an Briefschreiber, deren Briefe durch Postboten zu den Adressaten gebracht werden. Dank ihrer Unveränderlichkeit und Langlebigkeit ist die Schrift als Medium hervorragend geeignet, um Informationen zu einem beliebigen Zeitpunkt – sei es in ein paar Minuten, in einem Jahr oder in hundert Jahren – an all diejenigen, die lesen können, zu übermitteln. Aber wie ist es in einer schriftlosen Kultur, etwa in einer Stammesgesellschaft, die sich kulturell auf dem Niveau einer steinzeitlichen Horde befindet? Drei Anthropologen, Irenäus Eibl-Eibesfeldt, Wulf Schiefenhövel und Volker Heeschen, haben die Kommunikation bei den Eipo, einer im zentralen Bergland von West-Neuguinea lebenden Stammesgesellschaft, untersucht und dabei verblüffende Verhaltensweisen beobachtet.

Bei Beratungen beispielsweise fallen sich die Eipo häufig ins Wort und lassen einander nicht ausreden. Es scheint, als sei jeder nur daran interessiert, sich selbst reden zu hören. Offenbar geht es kaum darum, den Gesprächspartner zu informieren oder dessen Argumente zu hören und abzuwägen.

Die Eipo haben eine eigentümliche Art von Kommunikation

Die Abfolge der Gesprächsbeiträge scheint wenig geregelt zu sein. Man könnte den Eindruck gewinnen, einem mehrstimmigen Konzert beizuwohnen: Nach einer längeren Pause fängt jemand an zu sprechen, dann fallen nach und nach andere ein, das Gespräch schwillt an, ebbt ab, dann herrscht wieder Stille (Eibl-Eibesfeldt/Schiefenhövel/Heeschen 1989, S. 33).

Fragen und Antworten lassen sich bei den Eipo nur zwischen Müttern und Kindern beobachten, also dort, wo die Kinder von ihren Müttern etwas lernen können. Unter Erwachsenen werden Fragen vermieden, weil sie als lästig, bedrohlich oder beleidigend empfunden werden. Man möchte die Befragten nicht zum Antworten oder zu Entscheidungen zwingen und das angenehme sprachliche Miteinander nicht gefährden. Besonders nach Dingen, die einen besonders interessieren, darf nicht gefragt werden. Da die Gemeinschaft überschaubar ist und alle Handlungen eingespielt und voraussagbar sind, muss man auch keine wesentlichen Informationen einholen. Der Alltag funktioniert ohne unsere westlichen Frage-und-Antwort-Dialoge.

Wenn aber der Austausch von Informationen in dieser Stammesgesellschaft von relativ geringer Bedeutung ist, wenn sich

das Meiste ohne sprachliche Handlungen erschließt, wenn alles
eigentlich immer klar und selbstverständlich ist, warum wird
dann doch ständig so viel miteinander gesprochen? Für welche
sprachlichen Handlungen ist Sprache denn tatsächlich notwendig? Vielleicht für Aufforderungen und Befehle, um das Denken
und Handeln anderer möglichst direkt beeinflussen zu können?
Einige ältere Sprachursprungstheorien gingen davon aus, dass
die ersten Sprechakte Aufforderungen und von ihrer Form her
Imperative waren. Doch für die Eipo gilt dies nicht: Mit Impera-
tiven gehen sie äußerst zurückhaltend um. Sie werden überwie-
gend gegenüber Kindern und, in höhnischer Weise, gegenüber
Feinden verwendet.

Allgemein, so scheint es, hat Sprechen wenig mit bestimmte
eindeutig identifizierbaren Sprechakten zu tun, wie etwa Fragen stellen oder Anordnungen geben. Es zielt vielmehr darauf
ab, fortwährend auf höchst subtile Weise den Status einzelner Mitglieder einer Gemeinschaft zu bestimmen, die auf
engstem Raum mit den anderen
zusammenleben und auskommen
müssen. Mit Sprechen signalisiert
jeder zunächst einmal, dass er
geistig und körperlich anwesend
und als Mitglied der Gemeinschaft
ernst zu nehmen ist. So erscheint
das Sprechen in einer Stammesgesellschaft wie den Eipo wie ein

**Sprechen zielt darauf ab,
fortwährend auf höchst
subtile Weise den Status
einzelner Mitglieder
einer Gemeinschaft zu
bestimmen**

auf- und abschwellendes Artikulieren von Äußerungen, das
jedem erlaubt, den anderen als mehr oder weniger wichtig in
diesem gemeinsamen Konzert wahrzunehmen. Ein Gruppenge-
spräch wäre demnach eher mit einem mehrstimmigen Musik-
stück zu vergleichen als mit einem zielgerichteten Austausch
von Informationen. Selbstverständlich geben die Eipo auch
Informationen weiter, etwa über die Wirkungsweise von Heil-
kräutern, aber der größte sprachliche Aufwand wird offenbar in
Situationen getrieben, in denen der Informationsaustausch eher
nebensächlich ist.

Dieses Verhalten erinnert ein wenig an Hofhunde in einem Dorf, die eine Zeitlang miteinander bellen, um anschließend wieder ruhig zu werden, oder auch an Frösche in einem Teich, Vögel auf Bäumen oder Löwen in der Savanne. Auch sie signalisieren, dass sie existieren und im Kreise der Anwesenden, die einander hören können, von Bedeutung sind. Nur was bedeuten sie? Wie bedeutend ist jeder Einzelne unter denjenigen, die sich am Konzert der Stimmen beteiligen?

Seinen Platz behaupten

Es geht nicht nur darum zu signalisieren, dass man existiert und ein Daseinsrecht in der Gruppe beansprucht. Die Lautäußerungen machen darüber hinaus deutlich, welchen Platz man in seiner Gruppe einnimmt oder einnehmen möchte. Deshalb muss jede Äußerung bestimmte Merkmale enthalten, die den Zuhörern eine Einstufung des jeweiligen Mitglieds erlauben. Bei Fröschen ist dies relativ einfach – dort kommt es im Wesentlichen auf die Frequenzen des Quakens an. Je tiefer ein Frosch quakt, desto bedeutender ist er in der Gruppe; unter den Männchen wird er als stärkster potenzieller Rivale wahrgenommen und unter den Weibchen gilt er als besonders attraktiver möglicher Geschlechtspartner. Bei zahlreichen Singvögeln spielt der Variationsreichtum ihres Gesanges die entscheidende Rolle: Je variabler ihre Strophen aufgebaut sind, desto stärker beeindrucken sie die anderen Männchen wie auch die Weibchen.

Diese Mechanismen zur Bestimmung von Dominanz hat Peter Hacks in seiner Satire *Der Bär auf dem Försterball*, in der ein als Förster verkleideter Bär den echten Förstern den Rang abläuft, tierisch gut auf den Punkt gebracht: Auf einem Maskenball mit verkleideten Förstern ist deren sozialer Status aufgrund der Verkleidung nicht zu erkennen, und darum spielt es auch keine

Der Bär auf dem Försterball

Rolle, was die einzelnen Personen zu sagen haben. Wichtig ist allein die Qualität der Stimme. Da der Bär den tiefsten Brummton hervorbringt, wird er ganz selbstverständlich als Oberförster und mithin als Anführer der Gruppe akzeptiert.

Unter Menschen kommt es sicherlich nicht – zumindest nicht ausschließlich – wie bei den Fröschen oder auf dem Hacksschen Försterball auf die Tiefe der Stimme an. Sie ist aber als ein Kriterium unter vielen für die Dominanz eines Menschen in einer Gruppe relevant. Ein Indiz hierfür sind unter anderem die unterschiedlichen Stimmlagen von Männern und Frauen: Männer sprechen deutlich tiefer und üben zugleich in nahezu allen Gesellschaften der Welt mehr Einfluss und Macht als Frauen aus. Männer mit einer besonders hohen Stimmlage haben Probleme, ernst genommen zu werden. Männer, die besonders tief sprechen, finden leichter Gehör. Dennoch geht es nicht nur um die Stimmlage, wenn man in der Kommunikation mit anderen Anerkennung finden möchte; sich verständlich zu artikulieren, sich möglichst wenig zu versprechen und spannende Geschichten erzählen zu können, ist mindestens ebenso wichtig. Jeder, der diese stimmlichen und sprachlichen Fähigkeiten besitzt, hat größere Chancen, eine bedeutendere soziale Rolle spielen zu können als andere mit geringeren Fähigkeiten.

Bei jedem sozialen Zusammentreffen ist es wichtig, allen Anwesenden immer wieder aufs Neue die soziale Rangordnung in der Gruppe zu verdeutlichen. Besonders die ranghöheren Mitglieder haben ein Interesse daran, jedem Anwesenden klar zu machen, wo sie stehen und welchen Rang sie einzunehmen. Deshalb sprechen sie auch meistens deutlich mehr als Mitglieder mit einem niedrigeren Rang. Überdies wirkt ihre Dominanz auf untergeordnete Mitglieder einschüchternd, sodass sich diese weniger trauen etwas zu sagen. Jedes soziale Zusammensein stabilisiert so die soziale Rangordnung aller Anwesenden. Sprechen dient demzufolge dazu, soziale Systeme zu stabilisieren und – wenn nötig – immer wieder neu anzupassen

Wenn du nicht redest, kriegst du keine Süßkartoffeln

und auszutarieren. Als die Eipo von den Anthropologen gefragt
wurden, wozu Reden gut sei, antworteten sie:

> »Yupe gumnang malye, yupe lena teleb. An yupe gum
> lenmalam ate, an kwaning gum, an teyang gum.« (Wenn
> man nicht redet, das ist schlecht. Reden ist gut. Wenn du
> nicht redest, dann bekommst du keine Süßkartoffeln und
> kein Teyang-Gemüse.)
> Eibl-Eibesfeldt, Schiefenhövel, Heeschen 1989, S. 33

Das erinnert mich ein wenig an Sitzungen in universitären Gre-
mien: Spricht man hier wenig, so wird man bei der Zuteilung
von Hilfskräften und Forschungsmitteln weniger berücksichtigt.
Sicherlich kommt es auch auf die geschickte Formulierung von
Bitten, Aufforderungen oder Anträgen an. Entscheidend aber
ist, dass man mit all seinen Redebeiträgen ständig sein soziales
Gewicht und seinen Einfluss in einer Gruppe deutlich macht.
Ist man quantitativ als auch qualitativ verbal präsent, hat man
größere Chancen, bei der Verteilung von Süßkartoffeln oder Forschungsmitteln ausreichend berücksichtigt zu werden.

Das Sprechen mit anderen hat noch einen weiteren Nutzen:
Es stärkt die Verbindung zu anderen Menschen. Mit freundli-
chen Gesprächen kann man soziale Netzwerke aufbauen, die
einem in schwierigen Situationen nützlich sein können. Unter-
halte ich mich freundlich mit jemandem, so signalisiere ich ihm,
dass er mir wichtig ist und ich Zuneigung zu ihm empfinde. Indem ich mehr oder weniger lange
mit jemandem spreche, opfere ich
dafür meine Zeit. In Gesprächen
unter vier Augen gelingt es am
besten, soziale Bande zu knüpfen.
Mein „Zeitopfer" ist hier besonders
groß, denn ich versage mir durch meine Zuwendung für einen
anderen, etwas für mich alleine zu tun oder aber gleichzeitig
mit mehreren anderen zu sprechen und so an sozialem Einfluss
in einer Gruppe zu gewinnen. Die Person, mit der ich unter vier

**Sprechen stärkt die
Verbindung zu anderen
Menschen**

Augen gesprochen habe, vergisst diese Zuwendung normalerweise nicht, sondern behält sie in guter Erinnerung und hilft mir
möglicherweise irgendwann bei etwaigen Auseinandersetzungen
mit anderen Gruppenmitgliedern oder feindlichen Gruppen.

Zurück zu den Eipo: Der überraschende Befund zu ihrem
Gesprächsverhalten zeigt, dass konkrete Informationen offenbar
relativ unwichtig sind. Das, was man am ehesten mit Sprechen
in Verbindung bringt, nämlich das gegenseitige Informieren über
Sachverhalte aus unserer Lebenswelt, spielt eine denkbar geringe
Rolle. Vielmehr dient Sprechen eher zur sozialen Einordnung der
Gruppenmitglieder. Bei dieser Einordnung geht es für jedes Mitglied naturgemäß darum, die besten Plätze zu ergattern, welche
wiederum den größten Einfluss in einer Gruppe und sexuellen
Erfolg versprechen. Denn wer eine hohe soziale Anerkennung ge-
nießt, ist sexuell attraktiv und als Geschlechtspartner begehrt.

Die Untersuchung der Kommunikation bei den Eipo lässt
nicht den Schluss zu, dass es in allen Stammesgesellschaften so
ähnlich zugehen müsse, auch nicht, dass in unserer evolutionären Frühzeit in dieser Form miteinander gesprochen wurde, aber
wir können annehmen, dass wir auf einer guten Spur sind, die
wir weiter verfolgen sollten.

Da alle Lebewesen und selbstverständlich auch Menschen
nach dieser Anerkennung streben, ist vermutlich jeder bemüht,
sich die Merkmale, die Macht und Attraktivität signalisieren,
gezielt anzueignen. Wenn das aber gelänge, gäbe es für die übrigen Gruppenmitglieder, vor allem für potenzielle Geschlechtspartner, keine zuverlässigen Kriterien zur Differenzierung und
Auswahl, womit die Merkmale als Signale wertlos würden. Wie
ließe sich garantieren, dass sie zuverlässig funktionieren und die
Gruppenmitglieder nicht auf Betrüger hereinfallen?

Zuverlässigkeit von Signalen

Die einzige Garantie für die Zuverlässigkeit von Prestige- und
Machtsignalen besteht darin, dass sie nicht wohlfeil und ein-

fach zu erwerben, zu erlernen oder zu imitieren sind. Es muss vielmehr schwierig und mit hohen Kosten verbunden sein, sich mit derartigen Signalen auszustatten. Ein gutes Beispiel aus unserer Kultur ist der Erwerb materieller Güter: Wer seinen Einfluss mit einem Ferrari oder einer Rolex-Uhr demonstrieren möchte, muss viel dafür bezahlen und sich diese prestigeträchtigen Gegenstände

Signale kosten viel Arbeit, Anstrengung, Sorgfalt, Präzision und manchmal auch Geld, damit sie glaubwürdig sind

auch wirklich leisten können. Wäre man arm und hätte wenig gesellschaftliches Ansehen, so müsste man einen Kredit aufnehmen und damit ein großes finanzielles Risiko eingehen. Der Erwerb des Prestigeobjekts würde sich nicht lohnen – vielmehr würde man leicht in eine prekäre Lage geraten und Gefahr laufen, die bereits schwache soziale Position noch weiter zu verschlechtern. Somit ist für diejenigen, die ihre Mitmenschen blenden möchten, die Täuschung zu riskant. Der Signalgeber muss also offenbar viel Arbeit, Anstrengung, Sorgfalt, Präzision und manchmal auch Geld in sein Signal investieren, damit seine Botschaft glaubwürdig ist.

Amotz Zahavi waren im Verhalten von Graudrosslingen, einer Finkenart, allerlei Merkwürdigkeiten aufgefallen – beispielsweise ihre Warnrufe, die viel lauter sind, als sie als Warnung für die eigene Gruppe sein müssten. Zahavis Erklärung lautet, dass sie ein zuverlässiges Signal für einen möglichen Beutegreifer sein sollen; dieser weiß dann, dass er gesehen wurde und ihm kein Überraschungsangriff mehr gelingen kann (Zahavi/Zahavi 1998, S. 24ff). Graudrosslinge gehen darüber hinaus ein zusätzliches Risiko ein, indem sie sich dem Feind sogar nähern und sich so in Todesgefahr begeben. Sie signalisieren ihm damit, dass er keine realistische Chance hat, sie zu ergreifen. Dadurch wird die Zuverlässigkeit ihres Signals – laute Warnrufe und das kalkulierte Risiko der Annäherung – erhöht. Der Feind geht in der Regel nicht zum Angriff über, da das Signal für ihn bedeutet: Der Vogel ist so flink, dass er es sich sogar leisten kann, mich auf ihn aufmerksam zu machen und sich mir zu nähern. Das Signal erreicht seinen Zweck, weil es aufgrund seines Handicaps ernst genommen wurde.

Das Handicap-Prinzip scheint nicht nur bei Graudrosslingen, sondern bei allen Tieren zu wirken: Der Pfau schlägt ein Rad, der Hahn hat einen auffälligen roten Kamm, leuchtend rote „Augen" zieren die Flügel von Schmetterlingen und Gazellen beeindrucken mit ihren Prellsprüngen hungrige Wölfe. All diese Signale lassen sich nicht als Anpassung an die Umwelt erklären, die das Überleben der Gattung ermöglichen sollen, und beruhen deshalb auch nicht auf dem Prinzip der natürlichen Selektion. Eher im Gegenteil, denn durch die Auffälligkeit der Signale werden Feinde ja geradezu angelockt. Für Signale, die der Verständigung, der Kommunikation dienen, gilt offenbar ein anderes evolutionäres Prinzip – das Handicap-Prinzip. Dies setzt nicht, wie die natürliche Selektion, auf den geringsten Widerstand und die Minimierung biologischer Kosten, sondern – gerade umgekehrt – auf einen höheren Aufwand und größere Anstrengungen, um die Zuverlässigkeit kommunikativer Signale zu erhöhen. Diesen höheren Aufwand muss sich ein Lebewesen leisten können. Beutegreifer beispielsweise wissen dies. Sie greifen demnach nicht die Tiere an, die sich geradezu provozierend in ihre Nähe begeben, sondern die schwachen, die sich zu verstecken suchen.

Das Handicap-Prinzip scheint – in den unterschiedlichsten Formen – für alle Arten tierischer Kommunikation zu gelten. Aber gilt es auch für die menschliche Sprache? Die Zahavis meinen: nein! Für sie besteht Sprache aus einem System willkürlicher Zeichen, bei denen nicht in ihre Zuverlässigkeit investiert werden muss (Zahavi/Zahavi 1998, S. 112f). Sprache funktioniere, ohne dass eine besondere Anstrengung notwendig sei, und käme demnach als einziges Kommunikationssystem ohne das Handicap-Prinzip aus. Dieser Auffassung möchte ich widersprechen. Ich möchte zeigen, dass das Handicap-Prinzip nicht nur auf alle Ebenen der menschlichen Sprache, und in jeder Sprache auf eine etwas andere Weise, seine Auswirkungen hat, sondern entscheidend für den Ursprung wie auch den Wandel von Sprache ist.

Literatur

Aitchison J (1996) The Seeds of Speech. Cambridge: Cambridge University Press.

Bichakjian BH (2002) Language in a Darwinian Perspective. Frankfurt/M. u.a.: Lang.

Bickerton D (1981) Roots of Language. Ann Arbor: Karoma.

Blanke D (1985) Internationale Plansprachen. Eine Einführung. Berlin: Akademie-Verlag.

Chomsky N (1995) The Minimalist Program. Cambridge/Mass.: MIT Press.

Christiansen MH, Kirby S (Hrsg) (2003) Language Evolution. Oxford, New York: Oxford University Press.

Darwin C (1859) On the Origin of Species by Means of Natural Selection. London: John Murray.

Darwin C (1871) The Descent of Man, and Selection in Relation to Sex (2 Bände). London: John Murray.

de Saussure F (1916) *Cours de Linguistique Générale*. Lausanne, Paris: Payot.

Dunbar R (1996) Grooming, Gossip and the Evolution of Language. London, Boston: Faber and Faber.

Eibl-Eibesfeldt, I Schiefenhövel W, Heeschen V (1989) Kommunikation bei den Eipo. Eine humanethologische Bestandsaufnahme. Berlin: Reimer.

Greenberg JH (1966) Language Universals. The Hague, Paris: Mouton.

Hauser MD, Chomsky N, Fitch WT (2002) The Faculty of Language: What Is It, Who Has It, and How Did It Evolve? In: *Science*, 298: 1569–1579.

Hurford JR, Studdert-Kennedy M., Knight C (Hrsg) (1998) Approaches to the Evolution of Language. Cambridge, New York, Melbourne: Cambridge University Press.

Janton P (²1993) Einführung in die Esperantologie. Hildesheim: Olms.

Knight C Studdert-Kennedy M, Hurford JR (Hrsg) (2001) The Evolutionary Emergence of Language. Oxford, New York: Oxford University Press.

Miller G (2000) The Mating Mind. How Sexual Choice Shaped the Evolution of Human Nature. New York u.a.: Doubleday. Deutsche Ausgabe (2001) Die sexuelle Evolution. Partnerwahl und die Entstehung des Geistes. Heidelberg: Elsevier/Spektrum Akademischer Verlag.

Schleicher A(1865) Die Bedeutung der Sprache für die Naturgeschichte des Menschen. Weimar, H. Böhlau.

Wray A (2002) The Transition to Language. Oxford, New York: Oxford University Press.

Zahavi A, Zahavi A (1998) Signale der Verständigung. The handicap principle. Frankfurt/M., Leipzig: Insel.

2

Selektion von Signalen

Wie kommt man an einen guten Handwerker? Man lässt sich von mehreren ein Angebot machen und entscheidet sich dann – hoffentlich – für den besten. Dabei spielt nicht nur der Preis eine Rolle. Besonders bei einer anspruchsvollen Arbeit hofft man auf einen Fachmann, der der Aufgabe gewachsen ist und hohe Qualität bietet. Mein Freund Nicolai, der sein enges Badezimmer in einem Altbau vollkommen neu gestalten wollte, musste sich zwischen zwei Angeboten entscheiden. Das eine war ein mit einem Computer geschriebenes Angebot ohne orthografische Fehler und das andere ein handschriftliches mit zahlreichen Rechtschreibfehlern. Das handschriftliche Angebot war jedoch ausführlicher und in einer gestochen scharfen und ästhetisch ansprechenden Handschrift verfasst. Die Fähigkeit des Schreibers, so wunderbar klar und deutlich zu schreiben, war für Nicolai ein Hinweis, dass dieser Handwerker seine Aufgabe besonders ernst nahm, denn er hatte auf seinen Text offenbar viel Zeit und Mühe verwandt. Seine feine Handschrift deutete darauf hin, dass er mit seinen Händen präzise und sorgfältig umgehen konnte und deshalb wahrscheinlich auch den Marmor im Bad perfekt verlegen würde. So war es denn auch – das Bad wurde zum Schmuckstück des ganzen Hauses.

So führte der Vergleich der beiden Angebote zur richtigen Entscheidung, und es liegt nahe, dass die beiden Texte Signale

enthielten, die eine zuverlässige Grundlage für diese Entscheidung boten. Da ist zum einen die investierte Zeit und Mühe, die
in die Anfertigung der Angebote gesteckt wurde. Für den langen
handschriftlichen Brief wurde wesentlich mehr Zeit und Mühe
aufgewendet als für das am Computer geschriebene knappe An-
schreiben. Wer sich so verhält, geht ein Risiko ein, denn er verliert Zeit, für die er nicht bezahlt wird. Das eingegangene Risiko
und die höheren Zeitkosten wurden vom Kunden aber offenbar
als Fingerzeig auf die Qualität des Handwerkers verstanden:
Wer so lange und mühevoll an einem Angebot feilt und dabei
Zeit und Kosten investiert, der wird wohl wirklich ein qualitativ
hochwertiger Fachmann sein. So lohnte sich für den Handwerker der hohe Aufwand für sein Angebot.

In unserer heutigen von moderner Kommunikationstech-
nik und automatischer Rechtschreibkontrolle geprägten Zeit
erscheint es merkwürdig, dass eine schöne Handschrift mit
orthografischen Fehlern einen fehlerfrei gedruckten Text aus-
sticht. Hätte sich Nicolai jedoch nicht für einen Handwerker,
sondern für einen Rechtsanwalt oder Steuerberater entscheiden müssen, dann hätte er ein handschriftliches Angebot
mit Rechtschreibfehlern sicherlich gleich in den Papierkorb
geworfen oder als Kuriosität aufbewahrt. Bei Signalen kommt
es offenbar nicht nur auf die damit verbundenen Kosten und
den Aufwand an. Wichtig ist auch, ob die Art des Signals etwas
mit dem sachlichen Kontext, in dem es verwendet wird, zu tun
hat. Eine korrekte Rechtschreibung wird in unserer Gesellschaft als ein überaus wichtiger Hinweis für die allgemeine
Befähigung eines Menschen verstanden und deshalb hätte
beispielsweise eine schriftliche Bewerbung mit orthografischen
Fehlern im akademischen Bereich heute keine Chancen. Die
Aufgabe, Marmorplatten ästhetisch ansprechend zu verlegen,
hat aber recht wenig mit orthografischer Kompetenz zu tun,
wohingegen ein schön gestalteter handschriftlicher Brief in
einer gestochen scharfen Schrift darauf hindeutet, dass hier
jemand mit seinen Händen ansprechend, sorgfältig und präzise
arbeiten kann.

Nicht nur Menschen, sondern alle Lebewesen, die miteinander kommunizieren, senden Signale aus, sogar Amöben. Dabei geht es nie nur darum zu verstehen, was der andere möchte, sondern auch darum, ob man den Signalen Vertrauen schenken kann. In unserem Beispiel war es Nicolai als Kunde selbstverständlich klar, dass es sich bei den beiden Briefen um Kostenvoranschläge handelte, mit denen sich die Handwerker um einen Auftrag bewarben. Viel wichtiger aber war es für ihn zu entscheiden, welchem der beiden Angebote er mehr trauen konnte. Die dafür relevante Information entnahm er der Form der Briefe. Die Ausgestaltung der Signale spielte also eine wichtige Rolle.

> **Alle Lebewesen senden Signale aus, sogar Amöben**

Nun könnte man für diese wie für jegliche Art von Kommunikation annehmen, es komme vor allem auf das WAS an, den Inhalt, die Information, die Aussage, und erst in zweiter Linie auf das WIE, auf die Form und Gestaltung eines Signals. In der Evolution von Signalen lassen sich das WAS und das WIE jedoch nicht voneinander trennen. Signale entwickeln sich immer ganzheitlich, Inhalt und Form sind fest miteinander verwoben. In diesem Kapitel sehen wir, wie man sich diesen Prozess vorstellen kann.

Verständigung und mehr

Wie und warum kam es in der Evolution zur Entstehung von Signalen? Die Antwort erscheint einfach: Verständigung und Kommunikation liegen im Interesse aller Lebewesen. Deshalb hat die natürliche Selektion für die Entwicklung von Signalen gesorgt, um Kommunikation zu ermöglichen und so das Leben zu erleichtern. Die Lebewesen, die Signale senden, und die, die sie empfangen, haben gleichermaßen ein Interesse daran, dass die Verständigung funktioniert. Lebewesen leiten soziale Kontakte ein und signalisieren ihr Ende, sie informieren sich über Sachverhalte, zeigen ihre spontanen Gefühle und andauernden Emotionen, sie regulieren ihr Handeln und berücksichtigen dabei unterschiedliche Interessen. Menschen können darüber hinaus Bewertungen und Stellungnahmen ausdrücken und ihre Kommunikation selbst thematisieren. Schließlich können sie einander mit Geschichten, Gedichten, Liedern oder anderen Sprachformen unterhalten und erfreuen. Unabhängig von all den unterschiedlichen Zielen und Zwecken kommt in jeglicher Kommunikation zum Ausdruck, wie man zueinander steht, wie man miteinander umgeht und was man voneinander zu erwarten hat. So gehen Kommunikationspartner, die ein enges Verhältnis zueinander haben, anders miteinander um als distanzierte, fremde oder feindlich gesinnte.

> **In jeglicher Kommunikation kommt zum Ausdruck, wie man zueinander steht, wie man miteinander umgeht und was man voneinander zu erwarten hat**

Häufig werden mit Äußerungen lediglich beruhigende Hinweise gegeben, dass man sich im friedlichen Einklang miteinander befindet, etwa wenn eine Schar Gänse im Stall schnattert oder wenn Menschen im Eisenbahnabteil miteinander reden. Aber auch bei diesem „Konsensgeschnatter" hört jedes Individuum genau hin, auf welchem Niveau der Hackordnung oder sozialen Stufenleiter sich ein jeder befindet und welcher Platz einem selbst angemessen ist. Ein Konsensgeschnatter ist also immer auch ein Konkurrenzgeschnatter, wobei der Konkurrenzdruck sofort größer wird, wenn es um etwas Wichtiges geht. Die Bemühungen, mehr Aufmerksamkeit auf sich zu ziehen, sich zu brüsten oder mit geschliffenen Äußerungen zu brillieren, nehmen im gleichen Maße zu wie die Chancen, mehr Nahrung, mehr Besitz, mehr Ansehen, mehr Macht oder attraktive Geschlechtspartner erringen zu können.

Signale können Machtverhältnisse und Hierarchien in einem sozialen Gefüge für alle Mitglieder sichtbar machen. So werden physische Auseinandersetzungen um Rangplätze minimiert, auch wenn sie nicht gänzlich zu verhindern sind. Versteht der Schwächere das Drohsignal des Stärkeren, so können sich beide einen Kampf ersparen und das Risiko vermeiden, sich zu verletzen oder gar zu sterben. Tiere an der Spitze einer Hierarchie signalisieren dies durch bestimmte Attribute, die ihre Dominanz allen Mitgliedern der Gruppe zuverlässig anzeigen. So signalisiert ein Hirsch seine Stärke durch die Größe seines Geweihs oder die Frequenz und Lautstärke seines Röhrens.

Die ranghöchsten Mitglieder einer Gruppe verbuchen normalerweise den größten Fortpflanzungserfolg. Daher zielen Auseinandersetzungen um Rangplätze auch immer darauf ab, die Chance auf Fortpflanzung zu erhöhen. Dementsprechend betreibt die Evolution einen hohen Aufwand, damit die Signale für den Rangplatz in einer Hierarchie und die sexuelle Attraktivität zuverlässig sind und die gewünschte Wirkung entfalten können, nämlich eine möglichst optimale Verbreitung der eigenen Gene zu garantieren.

Akzeptanz, Missbrauch und Täuschung

Ein wesentliches, wenn nicht entscheidendes Moment bei der Entstehung von Signalen ist ihre Akzeptanz – Signale setzen sich nur dann durch, wenn sie von ihren Empfängern akzeptiert werden. Und dies geschieht nur, wenn Signale ausreichend zuverlässig sind. Der Prozess der Signalselektion sorgt also dafür, dass sie im Laufe der Zeit immer zuverlässiger werden. Können sie kein Mindestmaß an Zuverlässig-

> **Währen Signale leicht zu imitieren, würden sich Lug und Trug wie eine Pest ausbreiten**

keit garantieren, so werden sie aufgegeben und es entstehen modifizierte oder gänzlich neue Signale.

In der Evolution haben sich Signale entwickelt, weil man damit andere Lebewesen in seinem Sinne beeinflussen kann. Das funktioniert aber nur, wenn diese Beeinflussung auch für den Signalempfänger Vorteile hat. Das klingt nach gemeinsamen Interessen und Harmonie. Aber in einer Welt, in der jedes Lebewesen an seinen eigenen Vorteil denkt, ist das Misstrauen groß, getäuscht zu werden. Wären Signale leicht zu imitieren, dann würden sich Lug und Trug wie eine Pest ausbreiten; die Individuen, die am stärksten auf Täuschung setzten, hätten evolutionär die größten Vorteile und würden ihre Gene entsprechend stark verbreiten. Aber damit wäre keinem gedient – wenn alle Individuen einer Art einander ständig täuschten, wäre dies für alle katastrophal. Eine Art, die auf diese Strategie setzte, würde bald aussterben. Damit sich die Täuschung nicht durchsetzen kann, müssen die Signale also so beschaffen sein, dass sie nicht leicht zu imitieren sind. Sie müssen ausreichend komplex und schwierig in der Herstellung sein, damit es sich nicht lohnt, sie zu kopieren.

An dieser Stelle möchte ich eine kleine Geschichte einfügen, die sich der Linguist Rudi Keller ausgedacht hat – die Geschichte vom Affenmenschen Karlheinz (Keller 2003, S. 37–42). Der Protagonist lebt in einer Horde Affenmenschen, die sich in einem Stadium zwischen Affen und Menschsein befinden und noch keine Sprache haben, aber ein reichhaltiges Lautrepertoire besitzen. Für alle möglichen Situationen stehen ihnen spezielle Laute mit der dazugehörigen Mimik und Gestik zur Verfügung: Warnschreie, Angstlaute, Drohgebärden sowie Laute, die Behaglichkeit oder Freude am Spiel ausdrücken. Karlheinz steht in der Hackordnung seiner Horde ganz unten, muss sich beim Fressen hinten anstellen und bekommt immer nur die Reste einer gemeinsamen Mahlzeit. Eines Tages, als er wieder einmal warten muss, bis sich alle satt gefressen haben, glaubt er im Gebüsch die Augen eines Tigers zu sehen. Er stößt unwillkürlich einen schrillen Angstschrei aus, die ganze Horde ergreift die Flucht und Karlheinz, der nach einer Schrecksekunde entdeckt, dass die Augen nicht einem Tiger, sondern einem harmlosen Buschschweinchen gehörten, nutzt die Chance, nun allein am Futterplatz genüsslich die besten Stücke zu verzehren.

Nach diesem Vorfall will er sich nicht länger seinem Schicksal als ständig hungriger Außenseiter ergeben, sondern stößt, nun mit der Absicht zu täuschen, willentlich seinen Angstschrei aus, der die Horde flüchten lässt und ihm wiederum den ungestörten Zugang zum Futter ermöglicht. Da sein Trick problemlos funktioniert, wird er von nun an zunehmend dreister und übertreibt sein Geschrei aus Leichtsinn und Lust am Erfolg. Es bleibt nicht aus, dass ihm nach und nach alle auf die Schliche kommen und den Schrei ebenfalls willentlich einsetzen, um die anderen zu täuschen und Nahrungskonkurrenten auf Distanz zu halten. Der Schrei, der ursprünglich Ausdruck der Furcht eines ängstlichen Affenmenschen gewesen ist und unwillkürlich eine Fluchtreaktion der Horde ausgelöst hat, verändert sich zu einem willentlich geäußerten sprachähnlichen Signal, mit dem man gezielt andere beeinflussen kann. Die Täuschung mit einem simulierten Angstschrei wird so zur ersten kommunikativen Handlung in der Horde. Ohne es zu beabsichtigen hat Karlheinz sie mit einem raffinierten Trick an den Beginn einer neuen Ära der gemeinsamen Sprachkultur geführt.

Wenn man diese Geschichte liest, könnte man meinen, dass die Sprache tatsächlich genauso oder ähnlich zu den frühen Menschen gekommen sein könnte – das erste sprachähnliche Signal als Ergebnis eines Irrtums und einer Täuschung. Aber diese Geschichte hätte sich so nicht abspielen können, denn Signale, denen Artgenossen nicht trauen können, haben in der Evolution keine Chance sich durchzusetzen. Bereits die erste willentlich von Karlheinz herbeigeführte Täuschung hätte kaum die gewünschte Fluchtreaktion herbeigeführt, da zumindest die erfahrenen Hordenmitglieder die Täuschungsabsicht an der Art des imitierten Schreis erkannt hätten. Und selbst wenn die Täuschung gelungen wäre, hätte die spätere inflationäre Zunahme der Täuschungen mit dem Angstschrei-Trick schließlich den Bestand der Horde und der gesamten Art gefährdet, da ihre Mitglieder nicht mehr zuverlässig vor Fressfeinden hätten gewarnt werden können.

Täuschung und Missbrauch spielen bei der Entwicklung von Signalen eine entscheidende Rolle, wenn auch auf ganz andere

Weise als in der Geschichte vom Affenmenschen Karlheinz. Signale, etwa Warnschreie, und später sprachliche Signale können sich nur entwickeln, wenn sie ausreichend fälschungssicher sind. Mit Täuschungsabsicht erzeugte Simulationen erfordern intensive Übung und sind mit einem hohen Risiko behaftet, denn wenn eine Täuschung erkannt wird, drohen Sanktionen aus der düpierten Gruppe. Ein schwächliches Affenmenschlein wäre dieses Risiko nicht eingegangen, denn beim Versuch, den Angstschrei zu simulieren, hätte es seinen niedrigen sozialen Rang und die damit verbundene Unsicherheit nicht verbergen können. Den Mitgliedern seiner Horde wäre rasch aufgefallen, dass der Schrei nicht echt ist – schon eine leichte Unsicherheit in der Stimmführung, eine minimal abweichende Intonation oder Modulation oder auch ein unpassender Gesichtsausdruck hätten es der Täuschung überführt. Signale, die nicht fälschungssicher sind, haben keine Chance, sich in einer Population durchzusetzen. Ein mickriger Karlheinz kann dieses Prinzip der Signalselektion nicht einfach mit einem simplen Trick unterlaufen. Selbstverständlich gibt es auch heute noch – Zehntausende Jahre nach Karlheinz – durchaus erfolgreiche Hochstapler und Betrüger, aber sie sind zum Glück selten und ihre Täuschungsversuche fliegen meist über kurz oder lang auf.

Signale sollten fälschungssicher sein

Ein Warnsignal muss in zweifacher Hinsicht zuverlässig sein – es muss sich zuverlässig auf die Wirklichkeit beziehen, also auf eine tatsächliche Gefahr hinweisen, und es muss ohne Täuschungsabsicht geäußert werden. Erst wenn ein Signal von ausreichender Güte und Verlässlichkeit ist, hat es die Chance, als Aussage über die Wirklichkeit ernst genommen zu werden. Deshalb ist zunächst auch immer besonders wichtig, was ein solches Signal über seinen Signalgeber aussagt. Dessen Zuverlässigkeit und Qualität stehen auf dem Prüfstand der Evolution an oberster Stelle. Sie geben Auskunft über die genetische Qualität eines möglichen Geschlechtspartners und die Wahrscheinlich-

keit, erfolgreiche Nachkommen zu zeugen. Von dieser primä-
ren Signalfunktion ausgehend haben sich andere, zusätzliche
Funktionen entwickelt – vor allem solche, die auf Vorgänge und
Zustände in der Welt außerhalb des eigenen Körpers verweisen.
Dabei wurde die primäre Funktion jedoch nie aufgegeben; sie
bleibt in jedem Signal bestehen, auch wenn sie auf den ersten
Blick nicht erkennbar ist.

Sprache und Geld

Das Prinzip der Zuverlässigkeit und Fälschungssicherheit lässt
sich mit der Analogie zur Herstellung von Münzen und Geldscheinen verdeutlichen. Auf Geld muss man sich ähnlich gut
verlassen können wie auf Signale, da es ebenfalls auf etwas
anderes verweist, nämlich auf einen bestimmten Wert. Wer
einen Geldschein bekommt, erwartet, dass er für diesen Schein
jederzeit einen entsprechenden Gegenwert erhält. Bewusst wird
einem dies vor allem in einem fremden Land mit einer fremden
Währung, wo einen manchmal Zweifel beschleichen, ob man
einem Geldschein trauen kann. Auch während einer Inflation
nimmt das Vertrauen in eine Währung ab. Darüber hinaus
möchte man sicher sein, kein Falschgeld zu bekommen. Damit
Münzen wie Scheine möglichst fälschungssicher sind, betreibt
der Staat bei der Münzprägung und Papiergeldherstellung
einen hohen Aufwand und scheut keine Kosten. Die illegale
Herstellung ist höchst kompliziert und mit hohem Aufwand
verbunden. Da sich selbst bei einigermaßen günstig und geschickt hergestellten Blüten Unterschiede zu echten Geldscheinen nachweisen lassen und eine perfekte Kopie nicht gelingen
kann, lohnt es sich kaum, das hohe Risiko einzugehen, erwischt
zu werden.
  Signaltheoretisch sind Münzen und Geldscheine im Vergleich zu Wörtern „Passepartout-Signale" – sie sind nicht auf
bestimmte Wertgegenstände festgelegt. Für einen Euro kann
man sich alles Mögliche kaufen. Bei Funktionswörtern wie Prä-

positionen, Pronomen oder Artikel ist das ähnlich: Sie haben wenig oder keine eigene Bedeutung, erfüllen aber bestimmte grammatische Funktionen. Lexikalische Wörter wie Nomen, Adjektive und Verben verweisen dagegen auf einen bestimmten Sachverhalt, ein „Signifikat". Während beim Geld der Wert, die Zuverlässigkeit und die Fälschungssicherheit entscheidend sind, steht bei lexikalischen Wörtern eine weitgehend festgelegte Bedeutung im Vordergrund; zumindest für unsere modernen Sprachen scheint das der Fall zu sein. Dennoch verwenden wir Passepartout-Wörter, unter denen man sich nichts Genaues vorzustellen vermag. Man denke beispielsweise an *Austausch, Beziehung, Energie, Entwicklung, Identität, Information, Kommunikation, Lösung, Problem, Produktion, Prozess, Ressource, Sexualität, Strategie* oder *Struktur*. Uwe Pörksen (2004) hat diese Wörter „Plastikwörter" genannt. Sie entstammen ursprünglich der Wissenschaft und werden heute in der Umgangssprache von ihren Benutzern vor allem verwendet, um auf sich selbst aufmerksam zu machen, während der eigentliche Inhalt in den Hintergrund tritt. Wer diese Wörter, etwa auf einer Tagung, geschickt einsetzt, gewinnt an Prestige, auch wenn ein Zuhörer nicht genau sagen kann, was der Sprecher eigentlich meint. Nach dem Gespräch bleibt der Eindruck eines imponierenden Wortgeklingels haften, das den Sprecher als einen kompetenten und bedeutenden Gesprächspartner erscheinen lässt, und der Inhalt des Gesprächs verblasst hinter seiner Form.

Passepartout-Wörter und Plastikwörter

Während Plastikwörter in Beruf und Öffentlichkeit Kompetenz und Erfolg signalisieren sollen, sind Steigerungspartikeln wichtige Signale in der Jugendkultur. Mit Wörtern wie *klasse*, *scheiße*, *irre*, *ätzend*, *edel*, *geil*, *affengeil* oder *saugeil* offenbart man sein jugendliches Image. Je adäquater man die jeweils gängigsten verwendet, desto stärker kann man damit in den Gruppen Eindruck schinden, für die diese Wörter wichtig und wertvoll sind. Sie sollen Coolness, Gewitztheit und Attraktivität signalisieren. Aber

mit der gehäuften Verwendung dieser „starken" Wörtchen sinkt
ihr Marktwert rasch. Sie unterliegen einem hohen Verschleiß.
Bei zu großer Verwendungsfrequenz sehen sich die gewitzteren
Jugendlichen gezwungen, nach neuen Steigerungspartikeln zu
suchen, denn nur anzuzeigen, dass man zu einer Gruppe gehören
und sich von anderen, den Spießern etwa, abgrenzen möchte,
reicht nicht aus. Es müssen ständig neue, coolere Wörter gefunden
werden. Weil Steigerungspartikeln rasch die Fähigkeit verlieren,
zuverlässig auf die Attraktivität von Jugendlichen zu verweisen,
kann es zu einer regelrechten Partikelinflation kommen.

Bemerkenswert ist, dass sowohl Plastikwörter in der öffentlichen Kommunikation wie Steigerungspartikel in der Jugendkultur eine minimale semantische Bedeutung enthalten, gleichzeitig aber höchst bedeutsam sind. Diesem Widerspruch zwischen
niedriger Bedeutung und hoher Bedeutsamkeit werden wir im
Folgenden immer wieder begegnen.

Der Wert von Wörtern verändert sich in räumlicher wie zeitlicher Dimension: Zahlreiche Hochwertwörter der Siebzigerjahre,
etwa aus dem Film „Zur Sache Schätzchen" oder Karl Schil-
lers wirtschaftspolitische Plastikwörter wie etwa „konzertierte
Aktion" rufen heute nur noch müdes Lächeln hervor. Und mit
Wörtern, die in einem bayerischen Dorf „in" sind, erzielt man in
Hamburg wenig, möglicherweise sogar eine negative Wirkung.

Die Analogie zwischen Geld und Sprache erstreckt sich nicht
nur auf den Wert von einzelnen Münzen und Wörtern, sondern
auch auf ganze Währungen und Sprachen. Ein englisches Pfund
war in den Fünfzigerjahren circa zwanzig Deutsche Mark wert,
in den Neunzigerjahren jedoch nur noch etwas mehr als drei
Deutsche Mark – das Pfund verlor also wesentlich mehr an
Wert als die Mark. Vergleicht man dagegen die englische mit der
deutschen Sprache, so kommt man zum umgekehrten Ergebnis:
Nach dem Krieg ist der Wert des Englischen als Sprache des
internationalen Verkehrs und der Wissenschaft gegenüber dem
Deutschen deutlich gestiegen. Die Veränderungen in Wert und
Prestige unter Währungen wie unter Sprachen führen zu ver-
änderten Wirkungen innerhalb eines Währungs- oder Sprach-

raums. Am Ende der Hyperinflation im November 1923 konnte man für eine Billion Mark nicht sehr viel mehr als ein Brot kaufen. Die Währung war als Zahlungsmittel nahezu wertlos geworden, weil man nicht mehr darauf vertrauen konnte, dass sie durch erfolgreiche Unternehmen und eine stabile Geldpolitik abgesichert war, und deshalb musste sie durch eine neue Währung ersetzt werden.

Ähnlich wie Währungen können auch Sprachen an Vertrauen verlieren – so wie das Deutsche, das seit dem Ersten und verstärkt seit dem Zweiten Weltkrieg stark an Vertrauen, aber auch an Geltung und Prestige einbüßt. Ein Indiz dafür ist das Bemühen deutscher Unternehmen, neue Produkte mit englischen Wörtern zu bezeichnen und mit englischen Slogans dafür zu werben. Offenbar ist die Signalwirkung von Anglizismen deutlich höher als die eines vergleichbaren deutschen Ausdrucks. Wer ihn gekonnt verwendet und akzentfrei ausspricht, erzielt eine größere Wirkung und verschafft sich mehr Geltung als mit einem entsprechenden deutschen Wort.

Eine letzte Analogie zwischen Geld und Sprache liegt in ihrer hierarchischen Ordnung in einem System, das viele Einheiten mit geringerem Wert und wenige Einheiten mit höherem Wert enthält. Beim Geld lässt sich diese Ordnung leicht mit einem Blick ins Portmonee überprüfen – Münzen und Scheine mit niedrigem Wert findet man öfter als große Scheine. Beim Gebrauch von Wörtern ist es ähnlich: Allerweltswörter mit geringerer Ausdruckskraft werden wesentlich häufiger verwendet als besondere Wörter, bei denen man aufhorcht, sich wundert oder freut. *Habseligkeiten*[1] ist ein

> **Allerweltswörter mit geringer Ausdruckskraft werden wesentlich häufiger verwendet als besondere Wörter**

---

[1] Habseligkeiten wurde übrigens bei einer Umfrage des Goethe-Instituts unter Ausländern, die Deutsch als Fremdsprache gelernt haben, zum schönsten deutschen Wort gewählt (vgl. Limbach 2004).

wunderschönes deutsches Wort, das aber äußerst selten im Vergleich zu *Sachen* gebraucht wird.

Beide Systeme, Geld wie Sprache, ermöglichen die Nutzung von Einheiten auf einer Wertskala von „niedrig" über „durchschnittlich" bis „hoch" und sogar „extrem hoch". Die Nutzung ist jedoch nicht frei oder beliebig, sondern hängt von den Möglichkeiten, dem Anspruch und der Qualität des Benutzers ab – nicht jeder kann ein Millionär oder ein Poet sein. Zwar ist zunächst einmal wichtig, dass man überhaupt Zugang zum Geld oder zur Sprache hat. Beim Geld bedeutet dies die Zugehörigkeit zu einer Kultur, die sich nicht mehr auf der Stufe des Tauschhandels einer Stammesgesellschaft befindet. Sprachfähigkeit dagegen ist gleichbedeutend mit der Zugehörigkeit zur Gemeinschaft aller Menschen. Wie Nachtigallen die Fähigkeit besitzen, Lieder zu trällern, haben Menschen die Fähigkeit, Sprache zu verwenden. Dennoch kann diese grundsätzliche Mitgliedschaft im Club aller Sprachfähigen nicht über die Unterschiede im Umgang mit Sprache hinwegtäuschen. Nicht alle Nachtigallen können gleich gut singen und nicht alle Menschen können gleich gut sprechen oder Sprache verstehen. Beim Schreiben und Lesen sind die Unterschiede noch gravierender.

Die Signalevolution führt zur Entwicklung von kommunikativen Systemen, die zu einer strukturellen Einheitlichkeit tendieren, weil so besonders gut Unterschiede zwischen Individuen deutlich werden. Alle Individuen einer Art müssen sich am gleichen geregelten Gebrauch ihrer Signale orientieren, aber da die Messlatte hoch liegt, weichen alle mehr oder weniger von der vorgegebenen Norm ab, sodass sich die Positionen auf der sozialen Leiter mit ihren Gewinnern und Verlierern leicht erkennen lassen.

Standardisierung und Vergleichbarkeit

Eine Standardisierung von Signalsystemen verschafft einem Beobachter demnach zuverlässigere Hinweise über die Qualität der Signalgeber, denn vor dem Hintergrund einer einheitlichen

Struktur treten feine Unterschiede deutlich hervor. Für den Beobachter ist es am einfachsten, wenn alle Kandidaten möglichst gleichzeitig oder unmittelbar hintereinander ihre Merkmale und Fähigkeiten präsentieren und die Bedingungen für alle identisch sind. Bei sportlichen Wettkämpfen, etwa in der Leichtathletik, ist das der Fall: Der gleiche Untergrund, Bahnen mit gleicher Länge und gleiche Geräte bieten weitestgehend identische Bedingungen für alle Konkurrenten, damit der Beste zuverlässig ermittelt werden kann. Bei der Balz der Auerhähne ist es ähnlich: Die Hähne treffen sich auf einem Balzplatz und führen dort gleichzeitig oder rasch nacheinander ihre bizarren Tänze auf. Getanzt wird nach festen Regeln – *strictly ballroom* gewissermaßen –, denn je genauer die Regeln vorgegeben sind, desto leichter lassen sich die Konkurrenten vergleichen. Auch bei der Evolution von Sprache war der gleiche Mechanismus wirksam – und er ist es bis heute, denn der evolutionäre Prozess ist keineswegs zum Stillstand gekommen. Sprache ist ein Signalsystem von höchster Systematik, vor allem auf der Ebene der Grammatik und der Aussprache. Aber zum System gehören nicht nur die vorherrschenden systematischen Komponenten, die sich in Regeln fassen lassen, sondern auch die Ausnahmen von den Regeln. Das System als Ganzes mit seinen Regeln und Ausnahmen bildet eine Einheit mit normativem Anspruch, an dem sich alle Mitglieder einer Sprachgemeinschaft messen lassen müssen.

Die Systematik von Einzelsprachen und von Sprache allgemein zu ergründen ist ein zentrales Forschungsfeld der Linguistik. Aus ihrer Sicht sind Systematik, Standardisierung und Normiertheit notwendig und sinnvoll, damit Kommunikation möglichst reibungslos und effizient funktioniert. Im Hinblick auf unsere heutige sprachliche Kommunikation möchte man dem ohne Einschränkung zustimmen. Nur – trifft diese scheinbar banale und selbstverständliche Begründung auch aus evolutionärer Perspektive zu? Kommunikation wird in der Linguistik im Wesentlichen als Austausch von Informationen über Gegebenheiten in der Welt definiert. Dass Sprecher über die Art und

Weise, wie sie mit Sprache umgehen, ständig auch Informationen über ihre Qualität als Sprecher aussenden, wird meistens nicht gesehen. Diese Informationen haben aber – so meine Annahme – in der Sprachevolution zu der komplexen Systemhaftigkeit und Standardisierung geführt, da sie den Maßstab für Vergleiche zwischen Sprechern ermöglichen – Vergleiche, mit denen zuverlässig die sprachlich kompetentesten Individuen erkannt werden können, insbesondere als Kriterium bei der Partnerwahl. Wäre es nur um die effiziente Vermittlung von Wissen und um die Steuerung des Verhaltens mithilfe von Wörtern gegangen, so hätte sich die grammatische Systematik in ihrer faszinierenden Vielfalt nicht entwickeln müssen. Der Selektionsdruck hätte dazu nicht ausgereicht. Nur die sexuelle Selektion konnte diesen Druck erzeugen. Die Notwendigkeit, sich als Individuen im Spiel um Einfluss, Macht und sexuellen Erfolg miteinander messen zu müssen, hat den selektiven Druck zur Entwicklung von grammatischen Systemen aufgebaut. Da die Evolution von Signalen zum einen auf strukturelle Einheitlichkeit abzielt, um sie grundsätzlich erkennbar zu machen, zum anderen aber auf Variation und Variabilität, um die Unterschiede zwischen Individuen zu markieren, konnte sich Grammatik entwickeln. Ein ständiger Wettbewerb um die vordersten Rangplätze unter den Mitgliedern einer Gemeinschaft erzeugte eine Dynamik innerhalb jeder einzelnen Sprache, die die Struktur des Systems ständig veränderte. Diese Dynamik des Wandels führte dazu, dass weltweit so viele unterschiedliche Sprachen entstanden sind.

> **Standardisierung hat den Vergleich zwischen Sprechern ermöglicht**

Alle Beteiligten haben ein Interesse daran, dass Kommunikation zuverlässig, effektiv und reibungslos verläuft. Deshalb setzen sich im Prozess der Selektion von Signalen diejenigen durch, die diesen Ansprüchen genügen. Effektiv funktionierende Signale sparen biologische Kosten, sind daher nützlich und müssten eigentlich von der natürlichen Selektion genauso entwickelt werden wie alle anderen Merkmale, wie beispielsweise das

Gebiss eines Bären, der Rüssel eines Elefanten oder die Beine
einer Antilope. Die natürliche Selektion führt zu Merkmalen
und Eigenschaften, die für Individuen im Kampf ums Überleben
unmittelbar nützlich sind, beim Finden und Verwerten von Nahrung, bei Verteidigung oder Angriff, bei der Abwehr von Kälte
oder Hitze, bei der Fortpflanzung und bei der Versorgung des
Nachwuchses. Signale hingegen scheinen in dieses schnörkellose
Bild von einer effektiven Lebensgestaltung nicht zu passen.

Natürliche Selektion und Signalselektion

Ein Merkmal verändert sich durch natürliche Selektion, wenn
dies für die Anpassungen an die Umwelt nützlich ist. Dabei sind
die biologischen Kosten nicht entscheidend. Sie müssen lediglich
in einem vernünftigen Verhältnis zu all denjenigen Merkmalen
eines Individuums stehen, die ebenfalls für Anpassungen an die
Umwelt sorgen. Insgesamt muss der biologische Aufwand ausreichen, um die Entwicklung aller Merkmale zu gewährleisten,
welche für das Überleben in einer bestimmten Umwelt erforderlich sind. Werden die Kosten für ein Merkmal, beispielsweise
die Stärke der Zähne, gesenkt, so können sie in ein anderes
Merkmal, zum Beispiel in scharfe Krallen, investiert werden, um
einen sinnvollen Ausgleich zu schaffen.

In der Signalselektion spielen die biologischen Kosten eine
wesentlich wichtigere Rolle – sie sind entscheidend für das
Funktionieren eines Signals. Seine Stärke und mithin seine
Kosten lassen sich nicht einfach reduzieren und auf andere
Bereiche verlagern, denn dann würde seine Aussagekraft sofort an Wert verlieren. Haben Individuen einer Art einmal
in ein Signal oder Signalsystem investiert, dann sind sie
gezwungen, den Wert des Signals ständig ausreichend hoch
zu halten, da sie sonst in der Auseinandersetzung um Macht
und Geschlechtspartner den Kürzeren ziehen würden. Aus
diesem Grunde treiben manche Signale in der Natur so überaus seltsame Blüten. Hirschgeweihe, Pfauenräder, Balzrituale,

Vogelarien und Walgesänge stehen hier in einer Reihe mit
unserer Sprache. Seit Hominiden begannen, auf die Sprache
als Signalsystem zu setzen, wurden immense Kosten in dieses
System investiert. Ein im Vergleich zum Körper überproportional großes Gehirn wurde entwickelt, das sehr viel Energie für
sich beansprucht. Der Energiever-
brauch des Gehirns macht beim
heutigen Menschen 20 − 25 %
des Ruhestoffwechsels aus, während er bei Affen nur knapp die
Hälfte beansprucht. Im Gehirn
wird zwar nicht nur Sprache verarbeitet, aber die Areale, die
für die Sprachverarbeitung zuständig oder indirekt beteiligt
sind, nehmen doch einen großen Raum ein. Jede Reduktion von
Kosten bei tierischen oder sprachlichen Signalen wäre für die
entsprechenden Individuen fatal, da sie dann um ihren Fortpflanzungserfolg gebracht würden.

**In der Signalselektion
spielen biologische Kosten
eine größere Rolle**

Ein einmal entwickeltes Signalsystem muss seinen Standard halten oder weiter verbessern. Allenfalls in ökologischen
Nischen, wie in entlegenen Bergregionen oder auf Inseln, wäre
es denkbar, dass eine Hirsch- oder Pfauenart ihre hohen biologischen Kosten für bizarre Geweihe oder glamourösen Feder-
schmuck verringern könnte, falls es dort weniger Fressfeinde
und Konkurrenz gäbe. Für die Menschen haben sich im Laufe
ihrer gesamten Entwicklung kaum derartige Nischen ergeben,
da sie als eine überaus mobile Art die gesamte Erde bevölkern,
ständig Grenzen überschreiten und miteinander in Konkurrenz treten. Deshalb lassen sich unter allen Sprachen der
Erde auch keine finden, die erkennbare Defizite hätten − jede
Sprachgemeinschaft kann in ihrer Sprache ausdrücken, was
sie ausdrücken möchte. Freilich ist zu beobachten, dass sich
auf Sprachinseln in entlegenen Gebieten der Sprachwandel
langsamer vollzieht als etwa in einer Großstadt. Der erhöhte
Konkurrenzdruck in Gebieten mit hoher Bevölkerungsdichte
führt dazu, dass der Prestigewert von sprachlichen Signalen
rascher verblasst und deshalb durch innovative sprachliche

Elemente aufgepeppt werden muss – ganz ähnlich wie bei der Mode in der Stadt und auf dem Land. Während dörfliche Trachten und schlichte Kleider dort über viele Jahre und Jahrzehnte tragbar sind, orientiert sich ein Städter in jeder Saison neu an den veränderten Modetrends.

Die Kosten eines Signals hängen also mit seiner Akzeptanz und Zuverlässigkeit zusammen – je höher die Kosten zur Erzeugung des Signals sind, desto bereitwilliger wird es akzeptiert und desto zuverlässiger erlaubt es Rückschlüsse auf seinen Erzeuger. Sicherlich werden vielfach Kosten in der Sprache minimiert, da Menschen nach dem Prinzip des geringsten Aufwands handeln, etwa wenn die beiden Wörter *an* und *dem* zu *am* zusammengezogen werden oder wenn man *haben sie* zu *hamse* verkürzt. Dies trifft nicht nur auf Sprache, sondern auf alle menschlichen Tätigkeiten zu – beispielsweise auf die Produktion von Nahrung oder das Bauen von Häusern. Aber auch hier gilt: Immer dann, wenn ein Haus eine Signalfunktion haben soll, etwa weil es sich um ein öffentliches Gebäude handelt, dann werden keine Kosten gescheut, um in eine kunstvolle Architektur, in Stuck, Embleme, Statuen, Gemälde oder dergleichen mehr zu investieren. Wohin man auch schaut – Signale sind immer mit relativ hohen Kosten verbunden, um die Adressaten davon zu überzeugen, dass die Botschaft des Signals für den Sender bedeutsam und gleichzeitig schwierig zu fälschen ist.

> **Je höher die Kosten eines Signals, desto zuverlässiger seine Botschaft**

Während man üblicherweise sein Augenmerk auf die kommunikative und kognitive Funktionalität von Sprache richtet, möchte ich den Blick auf ihre Kosten, auf das Bizarre, Überflüssige und Redundante sprachlicher Phänomene richten. Der Glaube an die Rationalität menschlichen Handelns, Denkens und Sprechens, die Faszination, die von Sprache als einem äußerst leistungsfähigen kommunikativen System ausgeht, und auch ein Schuss menschlicher Eitelkeit haben den Blick auf ihre Kosten und Handicaps verstellt.

Wörter mit hohen Signalkosten

Wie wir bereits festgestellt haben, gibt es in der Sprache wie auch beim Geld beträchtliche Unterschiede in der Gebräuchlichkeit. Münzen und Geldscheine mit geringem Wert sind häufiger in der Geldbörse als solche mit hohem Wert. Entsprechend werden Wörter wie *Haus*, *Hund* oder *Baum* öfter verwendet als *Gebäude*, *Rauhaardackel* oder *Wacholder*. *Wacholder* ist präziser als *Baum*. Kenne ich eine bestimmte Baumart nicht, so benutze ich das Allerweltswort *Baum*. Sage ich dagegen *Wacholder*, so gehe ich sofort ein erheblich größeres Risiko ein – wenn ich die korrekte Bezeichnung gewählt habe, kann ich bei meinen Zuhörern Punkte sammeln und an Prestige gewinnen, liege ich aber daneben, dann bin ich bei dem riskanten Versuch, die korrekte Bezeichnung zu treffen, gescheitert. Auch anhand der Aussprache kann man sich verraten: Wenn man sich seiner Sache nicht ganz sicher ist und weil das Wort ungewohnt erscheint, spricht man *Wacholder* weniger selbstsicher aus. Möglicherweise hat man auch Probleme mit dem grammatischen Geschlecht und der korrekten Verwendung im Satz. Da die meisten Baumarten wie *Buche, Erle, Tanne* oder *Linde* im Femininum stehen, zögert man vielleicht bei *dem Wacholder,* der grammatisch – wie *der Ahorn* – aus der Reihe tanzt und deshalb möglicherweise gar kein Baum ist. Doch Zögern kann als Unsicherheit interpretiert werden und Hörern signalisieren, dass die Kompetenz eines Sprechers zu wünschen übrig lässt. Adressaten schließen von sprachlichen Unsicherheiten auf ein unzureichendes Weltwissen und nehmen einen Sprecher demzufolge weniger ernst und wichtig.

Auch hier ist die Analogie zu den Geldscheinen stimmig: Wer reich ist und mit Geld umzugehen versteht, wird entsprechend selbstbewusst und ohne mit der Wimper zu zucken mit einer Zweihundert-Euro-Note bezahlen, während man einem armen Schlucker die Unsicherheit beim Umgang mit einem seltenen und hochwertigen Geldschein anmerkt. Der Wert eines Symbols oder eines sprachlichen Signals steht also in Relation zum Verwender des Symbols oder Zeichens. Normalerweise bezahlt der

Ärmere nur mit Münzen und kleineren Geldscheinen, und der weniger Kompetente beschränkt sich auf Allerweltswörter mit geringem Marktwert und entsprechend geringem Risiko. Wird diese Regel durchbrochen, so fällt dies dem Publikum meistens auf. Es ist immer wieder schön zu beobachten, wie Gespräche in einem Restaurant abbrechen, wenn der Ober mit der Rechnung kommt und abkassiert. Alle in der Runde beobachten dann nicht nur sehr genau, wie viel Trinkgeld die anderen geben, sondern auch, mit welcher Souveränität dies geschieht.

Bei der Äußerung von sprachlichen Signalen kommt es jedoch keineswegs nur auf die Aussprache einzelner Wörter oder den Akzent eines Sprechers an. Menschen sprechen nicht in einzelnen Wörtern, es sei denn, es handelt sich um Kleinkinder, geistig Verwirrte oder Fremdsprachenlerner. Bereits Kinder ab etwa zwei Jahren äußern sich in Sprechakten und Texten, die nur in Ausnahmefällen ein einziges Wort beinhalten. Die Bewertung sprachlichen Verhaltens betrifft somit immer mehrere sprachliche Ebenen – Aussprache, Wort- und Satzbau, die Bedeutung der Äußerungen und den Wortschatz sowie Stil und Textgestaltung.

Beurteilung von Sprechern

Beim Urteil über einen potenziellen Geschlechtspartner stehen seine Attraktivität und Fitness auf dem Prüfstand. Damit seine Qualitäten möglichst eindeutig erkennbar sind, sollten sie klar und unmissverständlich signalisiert werden können. Hochstapler sollten es schwer haben, damit Täuschungsversuche möglichst selten sind. Bereits am Beispiel der beiden Handwerker mit ihren Kostenvoranschlägen haben wir gesehen, wie wichtig es ist, gezielt auf bestimmte Qualitäten verweisen zu können. Ein Signal ist nicht nur zuverlässig, wenn es möglichst fälschungssicher ist. Es muss auch zuverlässig etwas über die Qualitäten aussagen können, die für die Beurteilung relevant sind. Die

Attraktivität und Fitness stehen auf dem Prüfstand

Beziehung zwischen einem Signal und der von ihm bezeichneten Qualität kann deshalb nicht rein willkürlich sein, so wie es Ferdinand de Saussure postuliert hatte. Er ging davon aus, dass die Festlegung sprachlicher Zeichen auf einer willkürlichen – de Saussure nennt es „arbiträren" – Vereinbarung unter den Mitgliedern einer Sprachgemeinschaft beruht. So werden große Pflanzen mit einem Stamm im Deutschen als *Baum* bezeichnet, im Englischen als *tree* und im Französischen als *arbre*. Jemand, der weder Englisch noch Französisch oder Deutsch versteht, könnte nicht erraten, dass mit den Lautketten /t – r – i/ oder /a – r – b – r – e/ oder /b – a – u – m/ jeweils ein „Baum" gemeint sein könnte. Die sprachliche Form dieser Zeichen hat nichts mit dem außersprachlichen Objekt gemein. Zwischen dem, was als Lautkette den Mund eines Sprechers verlässt, und der Wirklichkeit, auf die sich diese Lautkette bezieht, gibt es keine sinnlich nachvollziehbaren Verbindungen – mit Ausnahme der wenigen lautmalenden Wörter wie *Kuckuck*, *kikeriki* oder *knattern*, die die Realität zu simulieren scheinen.

Wenn aber Signale auf bestimmte Qualitäten verweisen, dann müssen sie auch selbst qualitative Unterschiede enthalten. Die Art und Weise, wie ein Signal erzeugt wird, sollte auf die spezifische Qualität des Signalgebers hinweisen können. Je tiefer der Quakton eines Frosches ist, desto größer sind seine Chancen, Weibchen anzulocken. Die Frequenz des Quaktons hängt unmittelbar mit der Größe des Resonanzraums im Vokaltrakt zusammen. Ein größerer Frosch kann aufgrund seines größeren Resonanzraums tiefere Töne erzeugen. Je größer wiederum ein Frosch ist, desto attraktiver ist er für ein Weibchen, denn Größe bedeutet körperliche Stärke und Dominanz. Ähnlich ist es bei Hirschen – die Kraft und Vitalität eines Hirsches lässt sich an der Stärke seines Röhrens erkennen. Da für das Röhren die gleichen Muskeln benötigt werden, die der Hirsch im Kampf einsetzt, besteht zwischen dem Signal und dem, was es signalisieren soll, nämlich seiner Kampfkraft, ein direkter Zusammenhang.

Nun stellt sich die Frage, auf welche menschlichen Qualitäten das mit solch hohen biologischen Kosten entwickelte Signalsystem „Sprache" hinweisen soll. Körperliche Kraft ist für Menschen sicherlich von geringerer Bedeutung als für Primaten. Sie lässt sich relativ leicht am Körperbau erkennen, und in vielen Kulturen wird sie auch im direkten Vergleich bei rituellen Kämpfen und im Kampfsport ermittelt. An diesen Kämpfen nehmen allerdings meistens Menschen aus unteren sozialen Milieus, Schichten oder Kasten teil. Die privilegierten Mitglieder einer Kultur suchen dagegen eher den Vergleich in künstlerischen und sprachlichen Aktivitäten. Es ist daher auch kein Zufall, dass sich vom Sprachverhalten kaum Rückschlüsse auf die Körperkraft ziehen lassen – zumindest nicht unter Individuen des gleichen Geschlechts. Allerdings weist die Tonhöhe einer Stimme deutlich auf das Geschlecht eines Sprechers hin und lässt über die Identifikation von weiblichen und männlichen Stimmen indirekt Rückschlüsse auf Unterschiede in der Körperkraft zu. Der Klang einer Stimme ist zudem ein recht zuverlässiges Signal für das Alter und die Gesundheit eines Sprechers – es gibt alte und junge Stimmen, kraftvolle und gebrochene, klare und heisere. Ihr Klang hat Einfluss darauf, ob man den Träger als mehr oder weniger attraktiv empfindet.

Auf welche menschlichen Qualitäten soll Sprache hinweisen?

Zu den Qualitäten eines Menschen, der sich um sexuellen Erfolg bemüht, gehören nicht nur Kraft, Gesundheit und Jugend, sondern auch Intelligenz und Kreativität in all ihren unterschiedlichen Formen, die Fähigkeit, zu planen und Entscheidungen zu treffen, sich in das Denken und Fühlen anderer hineinzuversetzen, umsichtig, sozial und moralisch zu handeln sowie Bewusstsein und Ich-Identität zu entwickeln – im Grunde all das, wovon wir annehmen, dass es zum „eigentlichen" Menschsein gehört und uns von allen Tieren unterscheidet. Ob zu Recht oder zu Unrecht, ist hier nicht entscheidend, sondern die Tatsache, dass uns diese Fähigkeiten wichtig sind und wir sie deshalb als Individuen in der Auseinandersetzung und Konkurrenz mit anderen Individuen betonen und sprachlich signalisieren.

Das erinnert an den bekannten Sketch von Loriot, in dem sich zwei einander unbekannte Männer in einer Badewanne unterhalten. Da sie nackt in einer Wanne sitzen, versagen ihre üblichen Muster männlichen Konkurrenzverhaltens. Bei einem normalen ersten Gespräch, etwa in der Lounge eines Hotels, hätte sich der Firmeninhaber Müller-Lüdenscheid gegenüber dem Linksliberalen Dr. Klöbner leicht als dominant erweisen können, doch nackt und ohne die üblichen Attribute männlichen Dominanzgebarens gelingt es Dr. Klöbner, ein eher unübliches Kriterium zum Qualitätsmaßstab zu erheben – die Fähigkeit, unter Wasser möglichst lange die Luft anzuhalten. Dieser Sketch ist zu einem Klassiker geworden, weil

„Ich lasse jetzt die Ente zu Wasser"

er das normalerweise sprachlich geprägte Konkurrenzverhalten „respektabler" Herren in ein kindliches Machtkämpfchen münden lässt, das die ganze Banalität des immer wieder gleichen Spiels um Einfluss und Anerkennung auf den satirischen Punkt bringt. Die wohlgesetzten Worte von Müller-Lüdenscheid verfehlen ihre Wirkung, weil Dr. Klöbner mit seinem Kopf einfach unter der Wasseroberfläche verschwindet und sich so der sprachlichen Auseinandersetzung entzieht. Augenzwinkernd könnte man anfügen, dass es sich hier um die Simulation einer stammesgeschichtlichen Rückentwicklung handelt, denn schließlich sind auch in der Evolution einige Säugetiere wie Wale oder Delfine wieder zurück ins Wasser gegangen und können dort ziemlich lange die Luft anhalten. Ihre Qualitäten signalisieren sie allerdings auch nicht mit der Zeit, die sie unter Wasser bleiben können, sondern, wesentlich aufwändiger, mit bizarren, weithin hörbaren Lautmustern.

Will man sich ein umfassendes Bild von einem Menschen machen, muss man all seine Qualitäten differenziert beurteilen können. Bei der Partnerwahl sollte man diese Qualitäten auch unterschiedlich gewichten, da sie teilweise in Konkurrenz zueinander stehen. So besitzt ein schöner Mensch nicht unbedingt mathematische Intelligenz und ein mutiger Mensch ist nicht zwangsläufig besonders stark. Hinzu kommen geschichtlich bedingte Veränderungen, denn Fähigkeiten und Qualitäten, die zum Menschenbild einer modernen, aufgeklärten Kultur gehören, lassen sich nicht problemlos auf frühere Epochen übertragen. Manche, wie Schönheit und Gesundheit, mögen immer Geltung haben, aber was genau man unter Schönheit und Gesundheit versteht, verändert sich. In einer modernen Dienstleistungsgesellschaft zählen andere Qualitäten als in einer patriarchalen, bäuerlichen Kultur und wieder andere in einer Sammler- und Jägergesellschaft. Von den heute urtümlichsten Formen kultureller Entwicklung darf man wiederum nicht einfach auf das Verhalten von *Homo-sapiens*-Horden schließen, die vor hunderttausend Jahren gelebt haben. Wir dürfen aber Hypothesen formulieren und begründen, nach welchen Kriterien die Menschen der Vorzeit einander beurteilt haben und über welche Signale sie zu ihrem Urteil kamen.

> **Ein schöner Mensch besitzt nicht unbedingt mathematische Intelligenz und ein mutiger Mensch ist nicht zwangsläufig besonders stark**

Qualitäten von Hominiden

In einer Zeit, in der Menschen noch stark durch Raubfeinde gefährdet waren und sich in wandernden Horden verteidigen und ernähren mussten, stand die Wehrhaftigkeit eines Mannes als Qualität im Vordergrund. Sie konnte nicht in erster Linie das Resultat reiner Körperkraft sein, da der Mensch als Mängelwesen (Gehlen 2003) ohne körpereigene Waffen wie Klauen oder Reißzähne auf den effizienten Gebrauch von Gegenständen als Waffen setzen musste. Über Jahrtausende hinweg waren dies schlicht Steine, die möglichst gezielt geworfen wurden. Später kamen Speere und Bögen hinzu. Neben der Fähigkeit zum gezielten Wurf war die Kunst der Waffenherstellung von Bedeutung. Beide Fähigkeiten erfordern Geschicklichkeit, die

vor allem auf einer gut entwickelten Feinmotorik der Finger
und der Koordination von Händen, Armen und Augen beruht.
Auf der Signalebene offenbaren
sich diese feinmotorischen Fähigkeiten am unmittelbarsten beim
Verwenden gestischer Zeichen —
wer mit seinen Händen klare und
präzise Zeichen geben konnte, besaß wahrscheinlich auch die Fähigkeit, präzise zu werfen und Gegenstände herzustellen. Handgesten waren also die ersten Signale,
die einigermaßen zuverlässig auf
überlebensnotwendige feinmotorische Fähigkeiten zur Verteidigung und zur Jagd hinwiesen. Der Übergang von ursprünglich gestischen Signalen zu den darauf folgenden sprachlichen
Zeichen begründen Vertreter von Theorien, die von gestischem
Sprachursprung ausgehen (Corballis 2002), mit der funktionalen Notwendigkeit, die Hände für andere Aufgaben frei zu
bekommen, denn wer seine Hände zur Arbeit benötigt, müsste
diese ja ständig unterbrechen, wenn er gleichzeitig kommunizieren wollte. Diese Argumentation erscheint zunächst ein-
leuchtend, aber die Logik der Signalselektion liefert, wie wir
noch sehen werden, für den Bezug zwischen gestischen zu lautlichen Zeichen und später zur Sprache eine andere Erklärung.

> **Handgesten waren
> die ersten Signale, die
> einigermaßen zuverlässig
> auf überlebensnot-
> wendige feinmotorische
> Fähigkeiten zur
> Verteidigung und zur
> Jagd hinwiesen**

Mit der Weiterentwicklung von Werkzeugen und Waffen
und der Notwendigkeit der damit verbundenen Fähigkeiten
entstand ein Selektionsdruck, diese Fähigkeiten auch glaubwürdig zu signalisieren. Handgesten waren nicht ausreichend,
um die Meisterschaft in diesen Techniken zuverlässig anzuzeigen. Neben gestischen Signalen, die sich wahrscheinlich nie zu
einem sprachähnlichen Signalsystem wie den heutigen Gebärdensprachen entwickelt haben, wurden deshalb mehr und mehr
schwieriger zu produzierende lautliche Signale verwendet. Eine
deutliche Aussprache von Lautketten erforderte eine präzise
Feinsteuerung der Sprechwerkzeuge, vor allem der Zunge, und

die Fähigkeit zu dieser Steuerung diente als Signal dafür, dass
auch die Augen-Hand-Koordination beherrscht wurde, die für
die Herstellung von Faustkeilen,
Wurfspeeren oder anderen Gegenständen notwendig war. Je besser
die Artikulationsfähigkeit, je präziser das lautliche Signal, desto
größer die Wahrscheinlichkeit, auch
mit den Händen präzise arbeiten
zu können! Sprachgewandte Wis-
senschaftler mit zwei linken Händen stellen in unserer späten
Kulturstufe die Ausnahme dieser Regel dar. Vielleicht gerade
weil sie diese Regel auf den Kopf stellen, werden sie so gerne
karikiert.

**Neben gestischen
Signalen wurden mehr
und mehr schwieriger zu
produzierende lautliche
Signale verwendet**

Mit Handgesten zu kommunizieren erfordert bereits eine
gute Koordination der Muskulatur, aber die Steuerung der Muskeln im Mundraum zur Produktion von sprachlichen Lauten ist
wesentlich komplizierter. Mit dem Übergang von Handgesten zu
artikulierten Signalen erhöhten sich der Aufwand, die biologischen Kosten sowie das damit verbundene Handicap eines möglichen Scheiterns erheblich. Wie anfällig die Bewegungen des
Sprechapparats sind und wie leicht sie gestört werden können,
erkennt man beispielsweise an den Wirkungen von Alkohol auf
die Artikulation – ab einer bestimmten Menge wird die Zunge
schwer und die Laute werden nicht mehr präzise artikuliert. Die
Bewegungen der Hände zur Bildung von Zeichen sind dagegen
erst ab einem wesentlich höheren Alkoholspiegel beeinträchtigt.
Auch andere Faktoren wie Müdigkeit, Schwäche oder Krankheit
hemmen die Bewegungen der Artikulationsorgane stärker als
die der Hände.

In einem Arbeitsprozess wie der Herstellung von Gegenständen ist es für die neuronale Steuerung wesentlich einfacher, die
Arbeit immer wieder kurzzeitig zu unterbrechen, um mit den
Händen gestisch zu kommunizieren, als gleichzeitig feinmotorische Bewegungen der Hände und der Artikulationsorgane
durchzuführen. Diese Koordinationsleistung fällt uns bis heute

schwer – während man mit den Händen präzise ein Werkstück bearbeitet, spricht man in der Regel nicht. Viele Menschen strecken sogar während der Arbeit ihre Zungenspitze aus dem Mund und klemmen sie mit den Zähnen fest, beinahe so, als wollten sie sie daran hindern sich zu bewegen und Sprachlaute zu produzieren. Ein überdurchschnittliches Sprachvermögen kann man unter Beweis stellen, wenn man während seiner Handarbeit noch genügend neuronale Kapazität, Konzentration und Aufmerksamkeit besitzt, um auf sprachlich hohem Niveau flüssig formulieren zu können. Fernsehköche beherrschen diese Fähigkeit geradezu meisterlich.

Besonders wichtig waren sprachliche Signale in Situationen, in denen Hominiden sich gegenseitig drohten, mit Steinen oder Speeren zu werfen. Bevor es zu einem Kampf kam und die Geschosse flogen, wurden Drohungen ausgestoßen. Die befeindeten Individuen oder Gruppen werden genau darauf geachtet haben, wie diese Drohungen artikuliert wurden, denn mit ihnen ließ sich mehr oder weniger glaubwürdig signalisieren, wie stark man war. Mit der richtigen Wurftechnik kam es aber nicht mehr vorrangig auf körperliche Stärke und Muskelkraft an, sondern auf die Fähigkeit präzise zu zielen und zu treffen. Diese Fähigkeit musste vor Beginn des Kampfes signalisiert werden können. Ein durchdringendes Brüllen in der Art eines Löwen wäre vermutlich das falsche Signal gewesen, da es auf bloße körperliche Kraft hingedeutet hätte. Treffsicherheit verlangte jedoch eine präzise Feinabstimmung zwischen Augen, Armen und Händen, ermöglicht durch die aufwändige neuronale Steuerung zahlreicher Muskeln. Überdies war bei einem Fehlwurf die Fähigkeit gefragt, aus der alten Flugbahn Schlüsse für eine verbesserte Flugbahn zu ziehen, also den grundsätzlich gleichen Bewegungsablauf neu zu justieren und mit einer leichten Veränderung zu wiederholen. All diese komplexen Fähigkeiten ließen sich zuverlässig mit der Produktion von Lautketten signalisieren, die im Rahmen einer Drohung artikuliert wurden. Dabei hätten regelrechte Drohgesänge entstehen können, bei denen es nicht auf Inhalt und Bedeutung der Formulierungen ankam, sondern lediglich auf ihren beherzten und glaubwürdigen Vortrag.

Sprache hat sich also primär nicht entwickelt, um effizienter kommunizieren zu können, sondern um auf eigene Fähigkeiten zu verweisen und den Artgenossen glaubwürdig zu signalisieren, welche Qualitäten man besitzt. Die leichter zu produzierende gestische Kommunikation wurde nicht weiter entwickelt, gerade weil sie einfacher war, zu wenig Handicaps enthielt und deshalb immer weniger Glaubwürdigkeit besaß. Eine neue, zuverlässigere „Signalwährung" musste her, damit sich einzelne Individuen in den zunehmend größer werdenden Gruppen besser gegenseitig einschätzen konnten. Die Entwicklung eines lautlichen Signalsystems bewirkte, dass sich Gruppen, die diesen Weg gingen, von konkurrierenden Hominidenarten, die stärker auf Gestik setzten, deutlich unterschieden. Dies führte dazu, dass es zwischen lautlich und gestisch orientierten Gruppen immer seltener zu genetischen Vermischungen kam. Auch wenn sich die Wege der *Erectus*-, *Neandertal*- und *Homo-sapiens*-Gruppen kreuzten, hielten sie aufgrund ihrer unterschiedlichen Signalsysteme Abstand voneinander. Diejenigen, die den schwierigeren lautlichen Weg gingen, fühlten sich wahrscheinlich den anderen Gruppen überlegen und hatten kein Bedürfnis, auf ihre Konkurrenten zuzugehen. Unterschiede in Körperkraft, Intelligenz, Werkzeuggebrauch oder Jagdtechniken waren für die getrennte Entwicklung dieser Arten weniger bedeutsam als die Unterschiede ihrer Signalsysteme.

> **Sprache hat sich nicht entwickelt, um effizienter kommunizieren zu können, sondern um auf eigene Fähigkeiten zu verweisen und den Artgenossen glaubwürdig zu signalisieren, welche Qualitäten man besitzt**

Dem Argument, Lautsprache sei Gesten kognitiv überlegen und habe sich deshalb zwangsläufig entwickelt, kann man entgegenhalten, dass gestische Kommunikation die gleichen begrifflichen und syntaktischen Möglichkeiten geboten hätte.

Untersuchungen zu Gebärdensprachen von Gehörlosen haben gezeigt, dass sie keineswegs defizitär sind, wie man noch vor einigen Jahren annahm, sondern in ihrer Leistungsfähigkeit mit der Lautsprache vergleichbar. Der Erwerb von Gebärden vollzieht sich bei gehörlosen Kindern in ähnlichen Zeiträumen und Entwicklungsstadien wie der Spracherwerb normal hörender Kinder.

Die ersten Wörter einer Gebärdensprache werden bereits im Alter von sechs bis acht Monaten erworben, nicht erst, wie bei Hörenden, nach durchschnittlich elf Monaten. Da es offenbar für Kleinkinder vor Vollendung des ersten Lebensjahres leichter ist, gestische Zeichen mit den Händen zu formen, als die wesentlich feineren Sprechwerkzeuge so zu steuern, dass eine verständlich artikulierte Lautkette entsteht, kommt es zu diesem erstaunlichen Unterschied in der Entwicklung (Sandler/Lillo-Martin 2001). Wenn man davon ausgeht, dass dieser Unterschied bis weit in unsere evolutionäre Vergangenheit zurückreicht, dann wird es schwierig, plausibel zu machen, warum die Sprachentwicklung nicht auf dem gestischen Pfad geblieben ist, der beim Nachwuchs rascher zu ersten Erfolgen führt und somit früher eine Verständigung zwischen Mutter und Kind ermöglicht.

Auch wenn man an das Habitat der frühen Menschen, die afrikanische Savanne, denkt, wäre eine Kommunikation mit Gesten gegenüber einer lautlichen zumindest gleichwertig gewesen, da visuelle Zeichen über größere Distanzen hinweg besser erkennbar sind. Zudem war es bei einer Jagd in gefahrvoller Umgebung sinnvoll, sich möglichst lautlos zu verhalten. Also hätte die natürliche Evolution keinen Systemwechsel zur lautlichen Kommunikation vollziehen müssen. Sie wäre beim altbekannten und bewährten System der gestischen Zeichen geblieben und keine Experimente mit Lautzeichen eingegangen, mit denen man sich in der offenen Savanne dem jagdbaren Wild und Raubfeinden gegenüber leicht verraten hätte. In der Dunkelheit bei der Kommunikation im flackernden Schein des Feuers, das seit etwa 600 000 Jahren unter Hominiden bekannt ist[2], hätten Lautzeichen allerdings deutliche Vorteile. Aber hier würde man nur dann über minimale Äußerungen hinaus miteinander kommunizieren, wenn die Fähigkeit entwickelt wäre, sich etwas zu erzählen oder über etwas zu berichten, das nicht im Gesichtskreis eines Sprechers liegt. Diese Fähigkeit dürfte aber erst sehr viel später entstanden sein, wahrscheinlich nicht vor 70 000 Jahren.

Egoismus und Altruismus

Evolutionsbiologisches Denken kreist um Prinzipien wie Kampf und Konkurrenz, Erfolg und Misserfolg, Täuschung und Kosten, Überleben und Tod. Philologen und Kulturwissenschaftler zucken da rasch zusammen und möchten „ihre" Sprache aus diesem harten biologischen Geschäft heraushalten. Sprache ist für sie ein zentraler Bestandteil der menschlichen Kultur, ist das denkbar wirksamste Medium für Kooperation, ist Voraussetzung für höchste Denkleistungen und Humanität, also etwas durch und durch Gutes, eine Krone der Schöpfung, die uns von der Tierwelt unterscheidet. Ist es da nicht geradezu ketzerisch, wenn wir die Evolution der Sprache auf die Selektion unter miteinander konkurrierenden Individuen zurückführen?

Gibt es nicht ganz unproblematische Kommunikationssituationen, in denen zwischen Sender und Empfänger ein grundsätzliches Einverständnis und Vertrauen besteht und es nicht notwendig ist, Signale mit einem Glaubwürdigkeitszertifikat zu versehen? Gibt es neben Signalen, die auf Fitness und Attraktivität eines Individuums hinweisen, dann nicht auch Signale, die schlicht und einfach nur zur Übermittlung von Informationen

---

[2] In der Grotte de l'Escale und der Grotte d'Aldène in Südfrankreich fand man sichere Hinweise für die Nutzung von Feuer. Wesentlich ältere Spuren, in 1,4–1,8 Millionen Jahren alten Ablagerungen, die aber keine eindeutigen Schlüsse zulassen, wurden in der Fundstelle Swartkrans in Südafrika entdeckt (vgl. Brain 1993).

entwickelt wurden? Man möchte meinen, dass die Kontaktrufe von Vögeln oder das Grußverhalten von Menschen auf keinerlei Wettbewerb unter den Individuen hinweisen. Aber da täuscht man sich! Auch hinter diesen scheinbar harmlosen Interaktionen steckt ein Wettbewerb, denn Kontaktrufe oder Grüße sind niemals identisch und verweisen ebenfalls auf die Qualität des Rufenden oder Grüßenden. Sobald mehrere Individuen in rascher Folge rufen oder grüßen, kann man feststellen, dass die Empfänger unterschiedlich auf die Signale und Äußerungen reagieren – der Ruf oder Gruß eines dominanten Tieres oder eines Vorgesetzten wird anders beantwortet als der eines Mitläufers oder Untergebenen. Dominanten Individuen gegenüber zeigt man sich zugewandter, bereitwilliger und unterwürfiger. Die Sicherheit oder Unsicherheit, Dominanz oder Gehorsamkeit, die jedes Individuum aufgrund seines Status erworben hat, schwingt bei jeder seiner Äußerungen mit und wird von den Empfängern wahrgenommen. Dies zeigt sich sicherlich stärker in öffentlichen Situationen als bei privaten Begegnungen, die von Nähe und Vertrauen geprägt sind, aber die Signalwirkung macht sich durch meist geringfügige Unterschiede in der Art und Weise von Äußerungen bemerkbar.

Auch altruistisches oder „selbstloses" Verhalten lässt sich signaltheoretisch erklären. Individuen, die altruistisch handeln, sind darauf bedacht, dass dieses Verhalten in der Gruppe bemerkt und sozial honoriert wird, weil sie damit ihren bereits erreichten Status festigen oder noch weiter erhöhen können. Um die Evolution altruistischen Verhaltens zu erklären, benötigt man daher keine zusätzlichen Theorien, wie die heftig diskutierte Theorie der Gruppenselektion. Der britische Zoologe Vero Wynne-Edwards, auf den diese Theorie zurückgeht, nimmt an, dass nicht nur die fittesten Individuen die besten Überlebenschancen haben, sondern – in manchen

Selbst Altruismus ist egoistisch

Arten – auch Individuen, die sich altruistisch verhalten, um das Überleben der Gruppe zu sichern (Wynne-Edwards 1986). Der Nutzen altruistischen Verhaltens für das Überleben einer

Gruppe ist zwar unbestritten, doch daraus lassen sich nur schwer Handlungsmotive für Individuen ableiten, denn aus welchem Grund sollten sie ihren eigenen Reproduktionserfolg einschränken? Eine altruistische Strategie würde dazu führen, dass andere die Selbstbeschränkung einzelner zu ihren Gunsten ausnützten und ihre egoistischen Gene könnten sich entsprechend stärker durchsetzen. Altruisten hätten keine Chance, sich in der Evolution zu behaupten.[3] Wenn man aber Altruismus als ein Handicap begreift, das Individuen zu Ansehen und Einfluss in der Gruppe verhilft und so zu einem größeren Reproduktionserfolg führt, dann wird sich altruistisches Verhalten als Ergebnis einer egoistischen Strategie zwangsläufig ausbreiten.

Altruismus ist mit Handicaps verbunden

Um mit dieser Handicap-Strategie erfolgreich zu sein, sollte man nicht nur altruistisch handeln, sondern seine altruistische Gesinnung möglichst deutlich signalisieren.

Amotz Zahavi hat mit zahlreichen Beispielen gezeigt, dass Altruismus trotz egoistischer Motive entstehen kann. Stößt beispielsweise ein Vogel einen Warnruf aus, so handelt er scheinbar altruistisch, denn für die Mitglieder seiner Gruppe erhöht sich die Chance, einer Gefahr zu entgehen. Zugleich zieht der Vogel mit seinem Warnlaut aber auch die Aufmerksamkeit von Fressfeinden auf sich und begibt sich somit selbst in Gefahr. Der Warnruf bedeutet also ein Handicap für ihn. Ein Tier, das sich im Sinne der natürlichen Selektion egoistisch verhält, würde beim Erkennen einer Gefahr schleunigst und möglichst unauffällig flüchten. Im Lichte der Handicap-Theorie ist es für den

---

[3] Nur unter ganz bestimmten Bedingungen scheint eine altruistische Strategie aufzugehen. Der Bonner Biologe Jan-Ulrich Kreft (2004) hat mit einem Computermodell simulieren können, dass sich relativ unbewegliche Mikroben auf Bakterienbelägen altruistisch verhalten müssen, da sie sich andernfalls gegenseitig ihrer Nahrungsgrundlage berauben würden und als Gruppe nicht überleben könnten. Bei Mikroben, die sich frei bewegen, bekommen dagegen Egoisten die Oberhand.

Vogel jedoch sinnvoll, den Warnruf auszustoßen und sich damit in Gefahr zu begeben, da er so signalisieren kann, dass er die körperliche Fitness besitzt, trotz der bewusst eingegangenen Gefahr rechtzeitig fliehen zu können. Seine altruistische Strategie demonstriert Stärke und Dominanz

Wer altruistisch handelt, hat ein Handicap

gegenüber den Mitgliedern seiner Gruppe, aber auch gegenüber möglichen Fressfeinden. Die Gruppenmitglieder, die rechtzeitig flüchten können und so von seinem altruistischen Signalverhalten profitieren, erkennen seinen Status als dominanten Vogel an, da sein Warnsignal mit Risiken und biologischen Kosten verbunden ist. Altruismus erscheint so als eine egoistische Investition in ein Signal. Dies gilt nicht nur für Warnsignale, sondern für alle altruistischen Verhaltensweisen – etwa für die Fütterung eines Partners im Rahmen eines Werbungsrituals, da ein Individuum, das seine Nahrung abgibt und nicht selbst verzehrt, damit demonstriert, dass es über ausreichend Fitness verfügt, um auch noch für sich genügend Nahrung zu finden.

Wir Menschen haben uns ein großes Repertoire an altruistischen Handlungsmöglichkeiten geschaffen; darum halten wir uns auch für moralisch hochentwickelte Wesen und fühlen uns Tieren überlegen. Doch auch für unser altruistisches Verhalten gilt die gleiche Erklärung – durch Selbstlosigkeit verbessern wir unseren Status. Spendet man beispielsweise für eine gute Sache, so verhält man sich ebenfalls egoistisch, weil man mit seiner Spende signalisiert, dass man wohlhabend genug ist, eine bestimmte Summe verschenken zu können. Wer mit einer Spende zeigt, welch guter und großzügiger Mensch er ist und sich um das Wohlergehen anderer sorgt, gewinnt Anerkennung und Einfluss.

Auch Sprachverhalten lässt sich häufig so erklären. Hält man beispielsweise eine Rede zur Verabschiedung eines Kollegen, so erscheint dies als altruistisch und wird entsprechend gewürdigt. Die Person, die die Rede hält, nimmt die Mühen der Vorbereitung und das Lampenfieber beim öffentlichen Auftritt in Kauf. Ihr entstehen biologische Kosten, da sie einen Teil ihrer Lebenszeit in eine sprachliche Darbietung investiert, die der Freude und Ehrung einer anderen Person dient. Zudem geht sie das Risiko zu scheitern ein – sie könnte sich versprechen, stottern, rot werden, den Faden verlieren und sich gründlich blamieren. Gelingt die Abschiedsrede jedoch, so gewinnt die Person an Prestige und kann ihren Status festigen.

Dass sich mit Sprache Macht und Konkurrenz ausdrücken lässt, ist eine Trivialität. Bislang hat man in dieser Funktion aber nur eine der zahlreichen Ausdrucksmöglichkeiten von Sprache unter zahlreichen gesehen. Ich bin jedoch überzeugt, dass genau hier der evolutionäre Ursprung von Sprache und der Grund für die Dynamik des Sprachwandels liegt. Für die Evolution tierischer Signale wie auch der menschlichen Sprache ist ein und dasselbe Prinzip verantwortlich – die von Amotz Zahavi entdeckte Signalselektion. Diese deckt sich zu großen Teilen mit dem von Charles Darwin formulierten Prinzip der sexuellen Selektion, da Signale nun einmal entscheidend für den Fortpflanzungserfolg sind.

Literatur

Corballis M (2002) From Hand to Mouth: The Origins of Language. Princeton: University Press.

Brain CK (1993) Swartkrans. A Cave's Chronicle of Early Man. Transvaal Museum Monograph No. 8.

de Saussure F ([3]2001) Grundfragen der Allgemeinen Sprachwissenschaft. Berlin, New York: de Gruyter. (Franz. Original: 1916).

Gehlen A ([14]2003). Der Mensch. Seine Natur und seine Stellung in der Welt. Wiesbaden: Aula.

Kreft J-U (2004) Biofilms promote altruism. In: *Microbiology* 150: 2751–2760.

Keller R ([3]2003) Sprachwandel. Von der unsichtbaren Hand in der Sprache. Tübingen: Francke.

Limbach J (Hrsg) (2004) Das schönste deutsche Wort. München: Hueber.

Pörksen U ([6]2004) Plastikwörter. Stuttgart: Klett-Cotta.

Sandler W, Lillo-Martin D (2001) Natural sign languages. In: Aronoff M, Rees-Miller J (Hrsg) Handbook of Linguistics. Oxford: Blackwell, S. 533–562.

Wynne-Edwards VC (1986) Evolution Through Group Selection. Oxford: Blackwell.

3

Verschlungene Wege zum Menschen

Wer sind wir? Biologen von einer fremden Galaxie würden uns Menschen vielleicht so beschreiben: Es handelt sich um aufrecht auf zwei Beinen gehende unbehaarte intelligente Primaten mit großen Köpfen und geschickten Händen. Im Kontakt mit Artgenossen äußern sie gerne und häufig in rasch wechselnden Sequenzen komplexe Lautketten, mit denen sie offenbar das Denken und Verhalten anderer in ihrem Sinne beeinflussen können. Sie leben meist in monogamen Beziehungen und wenden große Mühe bei der Aufzucht ihres Nachwuchses auf, der weitgehend hilflos zur Welt kommt, erst mit etwa zwölf Jahren geschlechtsreif wird und sogar noch über diese Zeit hinaus betreut, gelenkt und gefördert werden muss. Sie unterscheiden sich von ihren nächsten Verwandten, den Menschenaffen, erheblich, obwohl ihre Gene nahezu identisch sind.

Während Menschenaffen nur noch in geringer Zahl vorhanden sind und vielleicht sogar in nicht allzu ferner Zukunft aussterben werden, haben sich die Menschen extrem vermehrt und über die gesamte Erde verbreitet. Sie haben der Umwelt, vor allem in Küstennähe, durch ihre Artefakte – Wohngebäude, Produktionsstätten, Verkehrswege und Fahrzeuge – ihren Stempel aufgedrückt. Zudem findet man überall ihre Zeichen in gesprochener oder geschriebener Form. Der effektive Gebrauch von Zeichen in

Verbindung mit ihrem außergewöhnlichen Denkvermögen sowie
ihren Fähigkeiten, kooperativ und zielorientiert zu handeln, hat
es ihnen offenbar ermöglicht, die gesamte Erde zu beherrschen.

So etwa könnte die kurze Charakterisierung durch unsere ga-
laktischen Biologen aussehen. Es mag sich zwar um eine etwas
oberflächliche Aufzählung einzelner Merkmale handeln, aber
aufrechter Gang, geschickte Hände, hohe Intelligenz und lange
Kindheit haben allesamt etwas damit zu tun, dass irgendwann
einmal Sprache entstehen konnte. Nur wie? In welchem zeitlichen Rahmen? Aufgrund welcher Notwendigkeiten? Und woher
rührt ihre außergewöhnliche Komplexität?

Der aufrechte Gang

Die Evolution der Sprache lässt sich nicht isoliert betrachten.
Sie ist Teil einer evolutionären Dynamik, die mit dem aufrechten
Gang ihren Anfang nahm und heute einen vorläufigen Abschluss
gefunden hat. Vor 6 bis 7 Millionen Jahren trennten sich die
Entwicklungslinien von Hominiden (Menschenartigen) und Pongiden (Menschenaffen). In evolutionärem Maßstab ist das ein außergewöhnlich kurzer Zeitraum. Die genetischen Unterschiede
zwischen uns und Schimpansen sind daher auch entsprechend
gering – die Proteine unterscheiden sich nur um etwa fünf Pro-
zent. Möglicherweise ist der in den Tugen Hills in Kenia gefundene 6 Millionen Jahre alte *Orrorin tugenensis* einer der letzten
gemeinsamen Vorfahren von Schimpansen und Menschen. Auch
der von Michel Brunet in der Sahelzone gefundene 7 Millionen
Jahre alte *Sahelanthropus tchadensis* könnte ein möglicher Kan-
didat dafür sein (Brunet et al 2002).

Bis vor 1,6 Millionen Jahren lebten im östlichen und südlichen Afrika unterschiedliche aufrecht gehende Arten. Je nach
Fundstelle und anatomischen Merkmalen der Fossilien kam
man auf bis zu 22 Gattungen mit zahlreichen Arten und Unterarten. Ein derartig differenzierter Stammbaum erscheint
aber aus heutiger Sicht übertrieben. Zwei Gattungen reichen

wahrscheinlich für eine Klassifikation aus: Die Gattung *Australopithecus*, manchmal auch als „Vormenschen" bezeichnet, und die Gattung *Homo*, die sich wahrscheinlich aus einer Art dieser Vormenschen, dem *Australopithecus africanus*, vor etwa 2,5 Millionen Jahren entwickelte und zu denen auch unsere Art, der *Homo sapiens*, gehört. Über einen Zeitraum von circa einer Million Jahre lebten anschließend unterschiedliche Arten von Vor- und Urmenschen nebeneinander. Erstaunlich ist die Vielfalt an Formen, die die Evolution der Hominiden hervorgebracht hat – und noch erstaunlicher, dass von all dieser Vielfalt am Ende nur wir als einzige Art übrig geblieben sind.

Das Gehirnvolumen der Vormenschen entsprach mit 400 bis 500 ccm etwa dem der heutigen Menschenaffen. Am Anfang der Entwicklung zum modernen Menschen stand also kein größeres Gehirn, sondern die Zweibeinigkeit. Vormenschen waren nur circa 1,20 m große Wesen mit kleinen Köpfen, die aufrecht gingen. Ihr bekanntester Vertreter wurde „Lucy", ein circa 3,25 Millionen Jahre alter weiblicher *Australopithecus afarensis*, den Donald Johanson 1974 mit seinem Team in Äthiopien fand (Johanson/Edey 1981). Da Lucy mit dem Kniegelenk in der Lage war, ihr Bein zu strecken, musste sie auch aufrecht gehen können.

1978 wurde der endgültige Beweis für den aufrechten Gang erbracht: Die Anthropologen Richard Hay und Mary Leakey fanden in den vulkanischen Ablagerungen von Laetoli in Tansania Fußspuren von Lucys Zeitgenossen, deren Alter sich anhand der Vulkanasche auf 3,6 Millionen Jahre datieren ließ (Hay/Leakey 1982). Der Zeitpunkt der Entstehung des aufrechten Gangs musste jedoch noch mehrfach korrigiert werden – der 1994 am Turkana-See in Kenia gefundene *Australopithecus anamensis* war dazu bereits vor 4 Millionen Jahren in der Lage. Auch der 4,4 Millionen Jahre alte *Ardipithecus ramidus* aus Äthiopien ging vermutlich häufiger aufrecht als heutige Menschenaffen,

> **Am Anfang der Entwicklung zum modernen Menschen stand kein größeres Gehirn, sondern die Zweibeinigkeit**

da sich bei ihm die Öffnung im Schädel, durch die die zentralen Nervenstränge zum Rückgrat führen, an der Schädelunterseite befand und nicht, wie etwa bei Schimpansen, an der rückwärtigen Seite. Er musste also bereits seinen Kopf aufrecht gehend auf dem letzten Wirbel des Rückgrats balancieren. Freilich gingen diese frühen Zweibeiner noch nicht wie wir – sie rollten ihre Füße nicht kraftsparend und elegant von der Ferse zu den Zehen ab, sondern watschelten eher wie Pinguine. Aber der Anfang war gemacht. Nur – wie kam es dazu?

Die frühere Annahme, der aufrechte Gang sei beim Übergang vom Leben im Urwald zum Leben in der Savanne entstanden, ist heute nicht mehr haltbar. Die Hominiden, so die ältere Hypothese, hätten sich im hohen Savannengras aufgerichtet, um sich einen besseren Überblick zu verschaffen und Feinde möglichst früh zu entdecken. Hinzu sei der Vorteil gekommen, sich so besser gegen die hohe Sonneneinstrahlung schützen zu können, denn Lebewesen auf vier Beinen heizen ihren Körper stärker auf, da sie der Sonne eine größere Fläche bieten. So sei es unseren Vorfahren möglich gewesen, in der Mittagshitze, wenn Löwen ihr Nickerchen hielten, das Aas gerissener Tiere aufzuspüren, mit Steinklingen zu zerschneiden und fortzuschaffen (Wheeler 1994). Überdies seien durch den aufrechten Gang die Hände frei geworden, um Werkzeuge herzustellen und den Nachwuchs, Nahrung sowie Steine und Stöcke als Waffen tragen zu können.

Zweifellos ist Zweibeinigkeit in offenem Gelände vorteilhaft, aber dies war nicht der Grund für ihre Entwicklung. Warum haben sich nicht andere Savannentiere auf die Hinterbeine gestellt, wenn dies doch eine bessere Sicht auf die Umgebung erlaubt und die Sonneneinstrahlung deutlich reduziert? Und wie hätten zweibeinige Savannenläufer ihren hohen Wasserbedarf decken können? Bis heute halten sich Menschen in der Mittagshitze lieber am Pool auf und trinken reichlich, als durch eine hitzeflirrende Landschaft zu traben. Der biblische Schöpfungsmythos vom Garten Eden, wo man nur die Hand auszustrecken brauchte, um von den Früchten der Bäume zu essen, kommt der Wahrheit näher als der alte wissenschaftliche Savannenmythos.

Die ersten Zweibeiner lebten ursprünglich in einer abwechslungsreichen Landschaft mit Seen, Flüssen, lichten Wäldern und Auen, so die Annahme der neueren Forschung (Niemitz 2004). Eiweißreiche Nahrung ließ sich dort beim Waten im seichten Wasser mit bloßen Händen fischen. Baumfrüchte konnten in aufrechter Haltung mühelos gepflückt werden, wobei sich diese Wesen, als sie noch wackelig auf ihren zwei Beinen waren, mit einem ihrer kräftigen langen Arme an einem herabhängenden Ast

Die ersten Zweibeiner lebten in einer abwechslungsreichen Landschaft

festhielten – ganz ähnlich wie ein Fahrgast in einem vollen Bus, der sich mit einer Hand an einem Haltegriff festhält und mit der anderen seinen Apfel isst.

Die Anpassungen, die uns auf den Weg zum modernen Menschen führten, vollzogen sich in der Welt des Waldes. Wären wir durch die Savanne geprägt worden, müssten wir nicht so häufig trinken und unsere Augen stünden weiter auseinander, um einen erweiterten Blickwinkel zu ermöglichen, denn dies wäre eine sinnvolle Anpassung, um in offener Landschaft rechtzeitig Feinde zu entdecken. Unsere Augen liegen jedoch eng nebeneinander und ermöglichen so ein räumliches Sehen, weil es im Geflecht der Baumkronen wichtig war, die genaue Entfernung von Objekten zuverlässig einschätzen zu können.

Die Vielfalt der ursprünglichen Waldlandschaft erforderte es, sich auf möglichst unterschiedliche Weisen zu bewegen. Nach wie vor kletterten die Vormenschen auf Bäume und richteten sich dort vielleicht noch ihre Schlafplätze ein, aber sie liefen auch aufrecht über den Boden und wateten im flachen Wasser. Vermutlich konnten sie schwimmen, da sie beim Klettern in den Baumkronen hin und wieder ins Wasser stürzten und dies nur schwimmfähige Individuen überlebten. Zudem ließen sich so auf Inseln zusätzliche Nahrungsquellen erschließen, womit es für die Fortbewegung im Wasser schon zwei handfeste Selektionsvorteile gab.

Auf diese Weise wurden unsere Vorfahren gewissermaßen zu Breitensportlern ausgebildet. In jeder einzelnen Disziplin waren sie den darauf spezialisierten Tieren zwar unterlegen, aber wie kaum ein anderes Lebewesen erlernten sie alle möglichen Bewegungsabläufe. Die Vielfalt sportlicher Disziplinen ist ein später Abglanz dieser frühen Anpassungen. Als Turner oder Akrobaten werden sich Menschen zwar nie so mühelos durch Baumkronen hangeln können wie Schimpansen, aber dafür können Schimpansen weder schwimmen noch tanzen. Auch als Dauerläufer sind sie den Menschen hoffnungslos unterlegen, wobei die Hominiden diese Fähigkeit jedoch wohl erst später erwarben, als es trockener wurde und Nahrung nicht mehr ständig in greifbarer Nähe war.

Der aufrechte Gang lässt sich wahrscheinlich nicht nur als eine Anpassung an veränderte Lebensverhältnisse erklären. Ich vermute, dass auch die sexuelle Selektion diese Entwicklung vorangetrieben hat. Diejenigen Vormenschen, die fähig waren, eine längere Strecke aufrecht zu gehen, erregten sicherlich stärker das Interesse und die Bewunderung ihrer Gruppe als solche, die sich auf ihre vorderen Gliedmaßen stützen mussten. Betrachtet man Kinder beim Hüpfen auf einem Bein, beim Gummitwist oder Sackhüpfen oder auch Erwachsene beim Tanzen, so kann man die Lust und den Ehrgeiz nachvollziehen, die auch unsere Vorfahren beim Experimentieren mit einer für sie neuen und schwierigen Form der Fortbewegung empfanden. Wer es auf zwei Beinen am weitesten schaffte, konnte wahrscheinlich die meisten Prestigepunkte erzielen. Auch Schimpansenmännchen in freier Wildbahn rennen zuweilen auf zwei Beinen mit einem Stock in der Hand und lautem Gebrüll auf einen Gegner zu, um ihm zu imponieren und

> Bei der Entwicklung zum aufrechten Gang hat die sexuelle Selektion eine wichtige Rolle gespielt

ihn in die Flucht zu schlagen. Ihre für alle sichtbare Fähigkeit, in erregtem Zustand die Balance zu wahren und dabei mit den Händen eine Waffe zu halten, erhöht den sexuellen Erfolg. Wer sich länger und sicherer auf zwei Beinen bewegen konnte, hatte vermutlich einfach mehr Sexappeal. Das galt auch für Frauen

– mit dem aufrechten Gang wurde ihre Brust besser sichtbar und konnte so, neben dem Becken, zur erogenen Zone werden.

Besonders zu Beginn der Entwicklung wird die sexuelle Selektion wichtig gewesen sein, da sie, im Gegensatz zur natürlichen Selektion, zu raschen Ergebnissen führt. Individuen, die in ihrem Verhalten eine wünschenswerte Eigenschaft zeigen, werden von potenziellen Geschlechtspartnern als attraktiv empfunden und bevorzugt zur Fortpflanzung gewählt. So kann sie sich ähnlich rasch durchsetzen wie bei der Zucht von Haustierrassen. Übergangsstadien zwischen der Fortbewegung auf vier und auf zwei Beinen konnten so relativ rasch überwunden werden.

Sexuelle Selektion führt zu raschen Ergebnissen

Möglicherweise hatte die natürliche Selektion den Wechsel von einer sicheren und stabilen Vierbeinigkeit zu einer wackeligen Zweibeinigkeit nicht einmal besonders forciert, denn sie setzt immer auf eine „tragfähige" Lösung und geht keine unnötigen Risiken ein. Und risikoreich war der Wechsel allemal! Den ersten Zweibeinern wird es größte Mühe bereitet haben, auf längere Zeit die Balance zu halten und nicht zu stolpern. Wie schwierig der Übergang gewesen sein muss, kann man nachvollziehen, wenn man versucht, mit geschlossenen Augen auf einem Bein zu stehen – länger als wenige Sekunden ist das kaum möglich. Babys können sich bekanntlich erst nach einem Jahr unsicher auf zwei Beinen fortbewegen. Während der gesamten Kindheit fallen sie immer wieder um und auch Erwachsene verletzen sich hin und wieder bei Stürzen. Alte oder kranke Menschen können sich oft nur mit Krücken oder in einem Rollstuhl fortbewegen. In vielen Situationen zeigt sich, wie problematisch der aufrechte Gang sein kann. Um den Körper beim Stehen, Gehen, Laufen oder Springen immer in aufrechter Position zu halten, ist eine extrem aufwändige neuronale Steuerung der Muskulatur notwendig. Wie schwierig die Bewegungssteuerung beim aufrechten Gang ist, wissen Konstrukteure von Robotern aus langjähriger, oft frustrierender Erfahrung. Sie hatten größte Probleme, sie so zu programmieren, dass sie einigermaßen stabil und flüssig gehen konnten. Vor allem beim Treppensteigen fallen sie immer noch auf die Nase.

All diese Risiken deuten auf sexuelle Selektion und das Handicap-Prinzip als Urheber des aufrechten Gangs hin. Um punkten zu können, muss die jeweilige Aufgabe so gewählt sein, dass man zwischen kompetenten und weniger fähigen Individuen unterscheiden kann. Das Gehen auf zwei Beinen erfüllte genau diese Vorgabe – vor allem zu Beginn traten die Unterschiede zwischen den Standfesten und den Wackelkandidaten überdeutlich zutage. Die Meisterung der neuartigen Fortbewegung war an den sexuellen Erfolg gekoppelt: Wer sich geschickt auf zwei Beinen bewegen konnte, beeindruckte Rivalen wie potenzielle Geschlechtspartner. Noch heute erscheinen Männer wie Frauen, die einen mühelos und leichtfüßig erscheinenden Gang haben, als attraktiv. Einen noch wesentlich größeren Eindruck hinterlässt man jedoch, wenn man auf dem Tanzboden eine gute Figur macht. Mit dem Tanz wird gewissermaßen das Handicap des aufrechten Gangs gesteigert. Beim Tanzen kann man seine Fähigkeit als kompetenten Zweibeiner am deutlichsten zum Ausdruck bringen.

Neben dem Tanz gibt es in verschiedenen Kulturen noch weitere Möglichkeiten, das Handicap des aufrechten Gangs zu steigern. Im alten China wurden Mädchen adliger Herkunft die Füße nach der Geburt so lange bandagiert, dass sie sich deformierten und das Gehen später zur Qual wurde. Mit ihren verkrüppelten Füßen signalisierten sie, dass sie es sich als Adlige leisten konnten, mit diesem Handicap zu leben, da ihre Herkunft die mangelnde Fitness beim Gehen mehr als wettmachte – sie wurden von Dienern in Sänften getragen und hatten es kaum nötig, längere Strecken zu gehen. Ihre unbeholfen trippelnden Schritte müssen chinesische Männer in Verzückung versetzt haben. Ihr Handicap signalisierte ihre adlige Herkunft und Ihren Reichtum.

Seit den Zwanzigerjahren des letzten Jahrhunderts bietet die westliche Schuhmode für Frauen ein raffiniertes Handicap, das Gehen schwieriger und qualvoller werden zu lassen – mit extrem hochhackigen Schuhen. Mit solchen Schuhen zu gehen erscheint irrational, wirkt aber auf die meisten Männer sexuell stimulierend. Besonders attraktiv sind dabei Frauen, die trotz dieser Schuhe und vielleicht noch zusätzlich durch einen engen Rock behindert, rasch und sicher gehen können. Pin-up-Girls mit (roten) Pumps wirken auf Männer aufreizender als barfuß oder mit bequemem Schuhwerk. Die Botschaft ist eindeutig: „Schau, lieber Mann, wie fit ich beim Gehen sein muss, dass mich selbst derart extreme Schuhe in meiner Bewegungsfreiheit nicht einschränken!" Auch wenn das Handicap-Signal nicht bewusst in dieser Form verstanden wird, lässt sich seine Wirkung so erklären. Dass man allein durch eine optische Verlängerung der Beine einen größeren Sexappeal erzielen könnte, würde als Erklärung nicht ausreichen, da man diesen Effekt nicht mit Pfennigabsätzen erzielen müsste. Das staksige, leicht behinderte Gehen, das durch möglichst unkomfortable Schuhe entsteht, übt offenbar einen eigentümlichen Reiz auf Männer aus, da nur junge, gesunde, attraktive Frauen, die sich besonders gut fortbewegen können, dieses Handicap auf sich nehmen können.

Pin-up-Girls mit (roten) Pumps wirken auf Männer wesentlich aufreizender als barfuss oder mit bequemem Schuhwerk

Mit der Entwicklung zum aufrechten Gang waren Risiken und Handicaps verbunden, die bis in unsere heutigen Kulturen in Moden und Marotten fortwirken. Sie begleiten uns von Beginn der Menschwerdung an bis heute. Diese Erkenntnis wird uns durch das ganze Buch begleiten. Der Mensch – ein Wesen, das hohe Risiken eingeht, seien sie biologischer, anatomischer, kultureller oder sprachlicher Natur.

Mehrfacher Exodus aus Afrika

Warum musste die Evolution so viele Anläufe nehmen, bis *Homo sapiens* endlich entstand? Warum gab es so viele evolutionäre

Sackgassen? Und warum konnte nur eine einzige Art aller
Hominiden überleben? Die Antwort auf diese Fragen erfordert
die Rückkehr zum ursprünglichen paradiesischen Habitat mit
lichten Galeriewäldern an Seen und Flüssen mit reichem Nahrungsangebot und seinen vielfältigen Anforderungen an den Bewegungsapparat – dieses „evolutionäre Trainingslager" war für
die Ausbildung zum aufrechten Stehen, Gehen und Laufen sowie
zum Klettern und Schwimmen wie geschaffen. Mit zunehmender
Trockenheit wandelten sich jedoch die paradiesischen Zustände
und das Leben wurde härter. Nun erging sich die Natur in allen möglichen Anpassungen und brachte in relativ kurzer Zeit
eine große Vielfalt unterschiedlicher Arten und Formen hervor.
Entscheidend war dabei die Fähigkeit, sich eine quantitativ wie
qualitativ ausreichende Nahrung zu beschaffen.

In jenem Garten Eden, einer vermutlich im heutigen Äthiopien gelegenen artenreichen Wald- und Seenlandschaft, wären die Vormenschen wohl am liebsten geblieben, denn die
Sehnsucht danach ist bis heute
in uns lebendig. In Bildern von
Rokokomalern mit sinnenfrohen
Menschen, die an lieblichen Wald-
lichtungen mit Seen und Bächen
lagern, aber auch beim genussvol-
len Waten durch flache Uferzonen,
beim Spiel in überdachten Erlebnisparks oder auf Golfplätzen
wird an diese Sehnsucht angeknüpft.

> In einer artenreichen
> Wald- und Seenland-
> schaft wären die
> Vormenschen wohl
> gerne geblieben

Aber als das Klima trockener wurde, veränderte sich dieses
Paradies. Die Pflanzen reagierten auf den Klimawandel und ihre
Früchte bekamen eine härtere Schale, um sie vor dem Austrock-
nen zu schützen. Für die Vormenschen gab es nun zwei Möglichkeiten – entweder ihre Kauwerkzeuge und Verdauungsorgane
stellten sich auf das veränderte Nahrungsangebot ein oder sie
suchten nach intelligenten Lösungen, um ihren Bedarf an qualitativ hochwertiger Nahrung zu befriedigen.

Beide Wege wurden tatsächlich beschritten: Es entwickelten
sich Vormenschen, deren äußerst robuster Kauapparat mächtige

Zähne und überdimensionale Kaumuskeln aufwies, mit denen sich die harte Nahrung zerkleinern ließ – der *Australopithecus robustus* war geboren. Parallel dazu entstanden jedoch Urmenschen, die nicht ihren Kauapparat aufrüsteten, sondern der harten Nahrung mit Steinwerkzeugen zu Leibe rückten. Diese intelligente Lösung machte sie erstmals unabhängig von den Launen der Natur und markierte den Beginn einer Werkzeugkultur, die die Notwendigkeit einer biologischen Anpassung außer Kraft setzte. Mit *Homo habilis* und *Homo rudolfensis* entwickelten sich zwei Vertreter einer Urmenschengattung, die den Weg von einem instinktgeleiteten Verhalten zu planendem und konstruierendem Handeln wies und Lebensbedingungen schuf, die nach anderen Maximen funktionierten – den Maximen der Kultur. Über einen langen Zeitraum war diese Kultur jedoch noch primitiv; sie bestand aus einfachsten Steinwerkzeugen, Klingen und Schabern, mit denen sich Nahrung zerkleinern ließ, sowie Faust- und Wurfkeilen, mit denen man harte Nahrung zerstoßen und nach Tieren werfen konnte. Doch der Anfang zur menschlichen Kultur war gemacht.

Entweder aus *Homo habilis* oder *Homo rudolfensis* entwickelte sich *Homo ergaster*, der wiederum zum *Homo erectus* und *Homo heidelbergensis* führte – so jedenfalls eine Vermutung aus der Zunft der Anthropologen, die aber – wie könnte es unter Wissenschaftlern anders sein – umstritten ist und sich jederzeit ändern kann, falls neue Funde zu einem neuen Stammbaum Anlass geben[1]. Mit *Homo ergaster* tauchte erstmals ein Hominide mit einer eindeutig menschlichen Anatomie auf. Er war groß, kräftig und seine Bewegung auf zwei Beinen war von unserer wahrscheinlich kaum noch zu unterscheiden. Sein Gehirnvolumen erreichte 80 % des Gehirnvolumens eines modernen

---

[1] Gegenwärtig hat die Forschung Abstand von Stammbäumen genommen, in denen eine Verbindung vom letzten gemeinsamen Vorfahren von Mensch und Affe bis zum modernen *Homo Sapiens* als durchgehende Linie gezogen wird, da die fossilen Belege keine gesicherten Annahmen zulassen.

Menschen. *Homo ergaster* lebte in den feuchteren Randzonen der Savanne. Da die Gruppengröße auf 80 bis 90 Individuen anwuchs, hatte jedes einzelne Individuum, ähnlich wie bei den großen Herden der Steppentiere, eine größere Überlebenschance.[2] Nahrungsgrundlage war nach wie vor vorwiegend pflanzliche Kost. Als Fleischmahlzeit diente meist Aas von größeren Tieren, das mit scharfen Flintsteinen ausgeweidet wurde. Mit einem höheren Anteil fleischlicher Nahrung ließen sich die Ansprüche eines größer werdenden Gehirns befriedigen – wenn auch unter mühsamen Umständen, denn es war nicht leicht, sich gegen die Konkurrenz von Löwen und Hyänen zu behaupten.

Wenn Wasser und Nahrung knapp wurden, wenn die Bevölkerungsdichte zunahm oder Epidemien wie die durch die Tsetsefliege übertragene Malaria ausbrachen, zogen die Gruppen der einzelnen *Homo*-Arten weiter. *Homo erectus* war der erste Hominide, der seine afrikanische Heimat verließ (Reichholf 1990). Er stieß vor etwa zwei Millionen Jahren über das Niltal und die ostafrikanische Küste in den vorderen Orient vor und zog von dort aus weiter bis in den Kaukasus, nach China und Java. Ein Teil der in Afrika verbliebenen *Erectus*-Gruppen wanderte vor circa 800 000 Jahren in einer zweiten Welle wiederum nach Norden und gelangte über Palästina in das eiszeitliche Europa. Aus deren Nachkommen entwickelte sich der *Homo heidelbergensis* und später dann, vor 200 000 Jahren, der Neandertaler.

Homo erectus und *heidelbergensis* waren mobil, neugierig und umsichtig. Sie nutzten das Feuer als Wärmequelle, als Schutz vor wilden Tieren und zur Nahrungszubereitung. Die Nahrung

> **Homo erectus war der erste Hominide, der seine afrikanische Heimat verließ**

---

[2] Vgl. Dunbar (1996), dessen Sprachursprungshypothese auf der Zunahme der Gruppengröße beruht. Dazu später mehr.

wurde durch Kochen und Braten besser verdaulich und die Inhaltsstoffe ließen sich besser verwerten. So konnte das immer größer werdende Gehirn ausreichend mit Kalorien versorgt werden. Die in Schöningen und Bilzingsleben gefundenen circa 370 000 Jahre alten Wurfspeere mit ausgezeichneten Flugeigenschaften zeigen, dass diese Arten weiter entwickelt waren, als man noch bis vor kurzem annahm (Mania 1995). Doch trotz ihrer großen Verbreitung, erfolgreicher Jagdtechniken und kultureller Errungenschaften wie Feuernutzung und Totenbestattung muss die Geschichte des *Homo erectus* vom Standpunkt der Evolution aus wohl als Misserfolg gewertet werden, denn vor 27 000 Jahren starben mit dem Neandertaler in Europa und dem *Homo erectus* auf Java seine letzten Nachkommen aus. Über die Gründe für ihren Untergang wird nach wie vor spekuliert.

Eine Art, die nur knapp zwei Millionen Jahre auf unserem Planeten überlebte, ist, in evolutionären Zeiträumen gemessen, kaum eine Fußnote wert. Zwar waren die Vertreter des *Homo erectus* als nichtspezialisierte Wesen mit überdurchschnittlicher Intelligenz nicht auf eine ökologische Nische festgelegt, sondern konnten sich unterschiedlichen klimatischen und ökologischen Bedingungen anpassen, und die von ihnen eingeleiteten Anfänge einer Werkzeugkultur machten sie zunehmend unabhängig von der Natur. Dennoch fehlten ihnen offenbar noch die kognitiven und kommunikativen Möglichkeiten, die erst *Homo sapiens* besaß. So reichten ihre Lernfähigkeit und geistige Beweglichkeit nicht aus, um langfristig zu überleben, und vor allem in der Auseinandersetzung mit dem modernen Menschen gerieten sie nach und nach ins Hintertreffen.

Homo erectus **fehlten noch die kognitiven und kommunikativen Möglichkeiten, die erst** *Homo sapiens* **besaß**

Die Vermutung, *Homo erectus* und seine Nachfahren, vor allem der Neandertaler, seien nicht ausgestorben, sondern hätten sich mit *Homo sapiens* vermischt, erscheint wenig wahrscheinlich. Ihre deutlich andere Physiognomie, vor allem die flache

Stirn und kräftigen Augenwülste, waren für *Homo-sapiens*-Gruppen fremdartig und wenig attraktiv. Neandertaler hatten für unsere Vorfahren einfach keinen Sexappeal. Auch genetische Untersuchungen deuten bislang darauf hin, dass es zwischen Neandertalern und *Homo sapiens* zu keiner Vermischung kam, jedenfalls nicht in größerem Umfang.

Möglicherweise lebt in Mythen und Märchen von Riesen, Gnomen, Trollen und anderen Unholden die kollektive Erinnerung an eine Zeit fort, in der man Neandertalern noch begegnen konnte. Die Botschaft ist immer die gleiche: Haltet euch fern von diesen Wesen – mit ihnen ist nicht gut Kirschen essen! Märchenhelden entsprechen geradezu prototypisch dem schlanken und grazilen *Homo sapiens*, der die hinterwäldlerischen Unholde nicht mit seiner Körperkraft, sondern mit Intelligenz und Kreativität besiegt. Man denke etwa an das tapfere Schneiderlein, das drei gefährliche Riesen dazu bringt, sich gegenseitig umzubringen.

Homo sapiens

Stammen wir alle von einer einzigen afrikanischen Urhorde ab oder gab es mehrere Ursprungsgruppen und Herkunftsorte? Hat sich *Homo sapiens* nur einmal als Nachkomme einer afrikanischen *Homo-erectus*-Linie entwickelt? Oder sind aus *Homo-erectus*-Gruppen in Europa und Asien eigene *Homo-sapiens*-Gesellschaften hervorgegangen, die sich später so durchmischten, dass es schließlich zu einer einheitlichen Art moderner Menschen kam? Vertreter der „Out-of-Africa-Hypothese" und der „Multi-Ursprungs-Hypothese" liegen bis heute miteinander im Streit, aber in den letzten Jahren hat sich die Waage stärker zugunsten eines afrikanischen Ursprungs gesenkt. Sowohl Fossilienfunde wie auch genetische Untersuchungen an heutigen Menschen führen zum gleichen Ergebnis: Der moderne Mensch kommt aus Afrika. Dennoch kann man nicht ausschließen, dass es in einzelnen Fällen außerhalb Afrikas zu Vermischungen mit *Erectus*- und Neandertal-Gruppen gekommen ist.

Gemeinsam mit den Fossilien-
funden lassen neueste Berechnungen darauf schließen, dass *Homo
sapiens* vor etwa 171 500 Jahren
entstand (Ingmann et al 2000).
Geht man von einer relativ kon-
stanten Häufigkeit von Mutatio-
nen über die Zeit aus, so müsste

**Vertreter der „Out-of-
Africa-Hypothese" und
der „Multi-Ursprungs-
Hypothese" liegen bis
heute miteinander
im Streit**

die genetische Vielfalt heute dort am größten sein, wo *Homo sapiens* seinen Ursprung hatte. Tatsächlich ergaben DNA-Analy-
sen, vor allem die Analyse der Mitochondrien-DNA, die nur von
der Mutter weitervererbt wird, dass die genetische Varianz, die
man heute weltweit unter Bevölkerungsgruppen finden kann, in
Afrika am höchsten ist. Hätte es eine größere Durchmischung
mit *Homo erectus*, *Homo heidelbergensis* oder dem Neandertaler
gegeben, so wäre die genetische Vielfalt in der DNA heutiger
Menschen außerhalb Afrikas wesentlich größer.

Die Ergebnisse des von Marcus Feldman geleiteten *Human
Genome Diversity Project* deuten auf eine kleine Urhorde hin,
von der wir alle abstammen, da die genetischen Unterschiede,
die man weltweit an 377 Orten bei mehr als 1 000 Menschen
aus 52 Völkern fand, vergleichsweise gering sind – viermal
geringer als bei Schimpansen (Cavalli-Sforza 2005). Dieser
erstaunliche Befund lässt auf eine starke Dezimierung der
Homo-sapiens-Gruppen schließen, die vor 100 000 bis 70 000
Jahren erfolgt sein muss. Damals müssen unsere Vorfahren
knapp einer Katastrophe entronnen sein, die zum gänzlichen
Aussterben der Art geführt hätte. Die Genforscher um Marcus
Feldmann nehmen an, dass nur etwa 1 000, höchstens aber
2 000 Menschen, die Katastrophe überlebten.

Über Gründe für diese Katastrophe und die Dezimierung der
Population auf einen kleinen Rest Überlebender lässt sich nur
spekulieren. Möglich wäre eine Malaria-Epidemie, die sich durch
eine starke Zunahme der Tsetsefliege als Krankheitsüberträger
erklären ließe. Denkbar wäre aber auch eine Klimakatastrophe,
die der Ausbruch des Vulkans Toba auf Sumatra vor mehr als

73 000 Jahren auslöste (Simkin/Siebert 1994). Damals wurden
2 800 Kubikkilometer Asche in die Luft geschleudert, die die
Erde jahrelang verdüsterten. In der Folge sanken die Tempe-
raturen weltweit um etwa fünf Grad. Die dadurch ausgelösten
ökologischen Veränderungen könnten zu einem Artensterben
geführt haben.

Das Katastrophenszenario würde eine Erklärung für die Entstehung von Sprache erleichtern, denn sprachliche Universalien,
Eigenschaften, die allen Sprachen gemeinsam sind, ließen sich
mit einer relativ kleinen Ursprungsgruppe wesentlich besser begründen als mit einer polyzentrischen Entwicklung. Die unterschiedlichen Arten der Vor- und Urmenschen hatten vermutlich
eine große Vielfalt kommunikativer Möglichkeiten entwickelt
– neben gestischer und lautlicher Kommunikation verfügten sie
eventuell auch über musikalische oder noch ganz andere Formen
der Verständigung, etwa über eine Pfeifsprache, so ähnlich, wie
sie auf der kanarischen Insel La Gomera in Gebrauch ist. Überlebten aber von den zahlreichen *Homo-sapiens*-Gruppen nur
wenige oder vielleicht sogar nur eine, dann wurde ihre sprachliche Struktur zur Grundlage für alle Sprachen. Hätte eine andere Gruppe überlebt, so würde unsere Sprache möglicherweise
anders aussehen – sie wäre vielleicht musikalischer oder hätte
mehr gestische Anteile.

Nicht nur genetische Untersuchungen, auch Knochenfunde
kommen übereinstimmend zu dem Ergebnis, dass die Wiege
des *Homo sapiens* vor etwa 170 000 Jahren in Afrika stand. Ein
Grabungsteam um den Paläoanthropologen Tim White von der
University of California, Berkeley, fand 1997 in Herto im heutigen Äthiopien drei Schädel zweier Erwachsener – vermutlich
Männer – und eines sechs- bis siebenjährigen Kindes. White gab
seinen Funden die Bezeichnung *Homo sapiens idaltu* und hatte
damit einen der ersten archaischen
Menschen entdeckt, mit einem für
heutige Verhältnisse überdurch-
schnittlichen Schädelvolumen von
gut 1 450 ccm, hoher Stirn und

Die Wiege des *Homo sapiens* stand vor etwa 170 000 Jahren in Afrika

kaum noch hervortretenden Augenbrauenwülsten, der äußerlich vom modernen Menschen kaum noch zu unterscheiden war (White et al 2002). Zu dessen Lebzeiten befand sich am Fundort eine Waldlandschaft mit einem See – also wiederum unser bekanntes Garten-Eden-Szenario.

Vor 100 000 Jahren verließen Nachfahren dieser ersten modernen Menschen Afrika. Ihre erste Station war der Nahe Osten, wo Knochenreste in den Höhlen von Quafzeh und Shkul in Israel gefunden wurden. Vor 40 000 Jahren erreichten sie China und Borneo, wenig später Australien. Erst 10 000 Jahre später kamen sie nach Europa, das sie wegen seines eiszeitlichen Klimas zunächst gemieden hatten. Zur gleichen Zeit gelangten sie über die Beringstraße nach Amerika.

Auf seinen Wanderungen traf *Homo sapiens* an mehreren Orten auf dort längst heimische *Homo-erectus*-Gruppen, mit denen er dann – teilweise wohl auch in enger Nachbarschaft – über mehrere 10 000 Jahre zusammenlebte. So dauerte die Koexistenz mit Neandertalern im Gebiet des heutigen Israel über 50 000 Jahre an. Man kann nur darüber spekulieren, wie *Homo sapiens* sich gegenüber diesen Alteingesessenen durchsetzen konnte und warum er als einzige Art überlebte. War es ein ökonomischer Wettkampf um Ressourcen und Lebensräume oder kam es zu direkten kriegerischen Auseinandersetzungen? Wir wissen es nicht. Beide Alternativen sind jedoch wenig überzeugend, denn wie hätte eine einzige Art in derart unterschiedlichen, weit voneinander entfernten und extrem dünn besiedelten Lebensräumen einer verwandten Art so zusetzen können, dass diese ausstarb? Vermutlich gingen die älteren Arten an ihren eigenen biologischen und kulturellen Unzulänglichkeiten zugrunde – als Zwitterwesen, die sich einerseits den veränderten klimatischen und ökologischen Bedingungen nicht rasch genug anpassen konnten, andererseits aber kulturell noch nicht so weit entwickelt waren, um ihr biologisches Handicap durch innovatives Handeln ausgleichen zu können.

Unsere Erfolgsgeschichte ist nach evolutionären Maßstäben allerdings nur kurz. Gerade mal ein Zehntel der Lebenszeit des

Homo erectus haben wir auf unserer Erde erreicht und angesichts des Scheiterns aller übrigen Arten der Gattung *Homo*
kann man für die Zukunft nicht allzu optimistisch sein. Offenbar
waren sie überaus anfällig oder – um mit Darwin zu sprechen
– nicht besonders fit. Im Tierreich gibt es nur wenige Beispiele
für eine Gattung, die nur von einer einzigen Art vertreten wird,
etwa das Erdferkel (*Orycteropus
afer*) als einzige noch lebende Art
der Ordnung Röhrenzähner (*Tu-
bulidentata*). Unter den früher
zahlreichen Hominiden sind wir
jedenfalls die letzten Überleben-
den in einer Welt, deren natürliche
Grundlagen wir bereits in großem Umfang zerstört haben – und
trotz aller Intelligenz waren wir bislang nicht klug genug, dieser
Zerstörung Einhalt zu gebieten.

> **Gerade mal ein
> Zehntel der Lebenszeit
> von *Homo erectus* haben
> wir erreicht**

Große Köpfe

Wie wir gesehen haben, begann die Entwicklung der Vormenschen mit dem aufrechten Gang in lichten Wäldern am Rande
von Flüssen und Seen. Die wichtigste Nahrungsquelle waren
Früchte, die zu verschiedenen Zeiten an den unterschiedlichsten Bäumen wuchsen, was neben scharfen Augen ein gutes Erinnerungsvermögen erforderte, um in der verwirrenden
Vielfalt des Blätterwaldes rasch die nahrhaftesten Früchte zu
finden. Demnach bot der Wald für unsere äffischen Vorfahren
eine Art natürliches Memory-Spiel – ein Gehirnjogging, das die
Individuen mit besonders merkfähigen Gehirnen bevorzugte.
So entwickelte sich ein evolutionäres Wechselspiel, bei dem
diejenigen Individuen, die aufgrund ihrer geistigen Kapazi-
täten beim Früchte-Memory erfolgreicher waren und durch
den Verzehr der hochwertigsten Früchte ihre Gehirne gut mit
Kalorien versorgen konnten, was langfristig zu größeren und
leistungsfähigeren Gehirnen führte.

Diesen Zusammenhang erkennt man noch heute beim Vergleich von Klammeraffen und Brüllaffen, die beide in den tropischen Regenwäldern Panamas leben. Obwohl sie sich äußerlich nicht wesentlich voneinander unterscheiden, ernähren sie sich höchst unterschiedlich – für den Brüllaffen besteht die Nahrung zur Hälfte aus Blättern, der Klammeraffe hingegen lebt zu 72 % von Früchten. Daraus ergeben sich erhebliche Unterschiede im Verhalten – während der Brüllaffe ohne großen Aufwand nach den Blättern greift, die er in nächster Umgebung findet, nimmt der Klammeraffe weite Wege auf sich, um nach Bäumen mit hochwertigen Früchten zu suchen. Um aus der minderwertigen Blätterkost genügend Kalorien zu extrahieren, benötigt der Brüllaffe einen langen Verdauungstrakt. Der Klammeraffe kommt dagegen mit einem kurzen Darm aus, da sich aus seiner hochwertigeren Früchtenahrung wesentlich leichter Energie gewinnen lässt. Weil sein Darm kürzer ist, kann er sich ein größeres Gehirn leisten – es ist fast doppelt so groß wie das des Brüllaffen. Und dieses große Gehirn kann der Klammeraffe auch gut gebrauchen, denn sonst würde er sich nicht merken können, wo all die vielen leckeren Früchte zu finden sind (Milton 2000). So haben eine gute Nahrung und das permanente Gedächtnistraining das Wachstum des Gehirns befördert, doch je größer es wird, desto teurer ist auch sein Unterhalt.

Auch unser Gehirn konnte wachsen, weil ausreichend Nahrung in guter Qualität vorhanden war. Im ostafrikanischen Garten Eden waren dies neben Früchten auch kleine Tiere, die in den Baumkronen, auf dem Boden und im Wasser lebten. Die hochwertige Mischkost aus vielfältigen Früchten und tierischem Eiweiß bot eine ideale Nahrung für das Gehirn, das in dieser frühen Zeit des *Australopithecus* allerdings zunächst nur langsam wuchs. Als das Klima dann aber vor circa 2,8 Millionen Jahren trockener wurde und die ersten *Homo*-Arten auf die Savanne ausweichen mussten, hätte die schlechtere Ernährungssituation die ohnehin langsame Entwicklung zu größeren Gehirnen und Köpfen beenden können, da man sich eine derart aufwändige zentrale Steuerungsanlage ohne ausreichende Kalorienzufuhr nun kaum noch leisten konnte – es sei denn, man unternahm enorme Anstrengungen, um es doch irgendwie zu schaffen. Und die Hominiden schafften es: Das Wachstum ihrer Gehirne hielt nicht nur Schritt mit dem Wachstum des Körpers, sondern vergrößerte sich wesentlich stärker, als die Zunahme der Körpergröße hätte erwarten lassen. Da man sich diese hochgezüchteten Energiefresser nur mit genügend eiweißreicher tierischer Nahrung leisten konnte, musste das vormals üppige Nahrungsangebot im Garten Eden durch verbesserte Jagdtechniken und eine soziale Organisation kompensiert werden, die für alle Mitglieder einer Gruppe eine möglichst effiziente und faire Verteilung sicherstellte.

Große Gehirne sind nicht nur nimmersatte Kalorienschlucker. Die entsprechend voluminösen Köpfe können – wie jede Hebamme weiß – auch bei der Geburt höchst problematisch sein. Und schließlich – einen schweren Kopf am Ende von langen Beinen, einem langen Rückgrat und einem langen, schmalen Hals zu balancieren ist keine leichte Aufgabe, ja nahezu unlösbar beim anatomischen Umbau vom Vier- zum Zweibeiner. Jeder, der über Rückenschmerzen klagt, erfährt am eigenen Leib, welchen Belastungen die Koordination von Beinen, Becken, Rückgrat, Brustkorb, Hals und Kopf ausgesetzt ist. Eine aufwändige Steuerung aller Körperteile ist unerlässlich, und fällt diese aus, etwa wenn uns schwindelig wird oder wir zu viel getrunken haben, zieht uns die Schwerkraft unsanft nach unten. Menschsein bedeutete also immer auch: Bloß nicht umkippen! Und je größer unsere Köpfe wurden, desto größer wurde das Handicap.

> **Je größer unsere Köpfe wurden, desto größer wurde das Handicap**

Warum ist die Evolution dennoch diesen risikoreichen Weg gegangen? Wie ist zu erklären, dass der obere Teil des Kopfes, dort, wo sich das Gehirn befindet, überproportional wuchs? Die Antwort der Anthropologen ist bekannt: Die Köpfe seien gewachsen, weil die Gehirnsubstanz größer wurde. Weil sich das Gehirn ausdehnte, hätten sich die Schädeldecken immer höher gewölbt. Und die Gehirnsubstanz habe zugenommen, weil Hominiden eine immer größere kognitive Leistung zu bewältigen gehabt hätten. Aber ist diese Logik überzeugend? Sie überzeugt mich nur zum Teil. Sicherlich ist richtig, dass Hominiden lange Wege gingen und sich große Mühe gaben, an hochwertige Nahrungsquellen zu gelangen, um den hohen Energieumsatz ihrer Gehirne zu befriedigen und deshalb ihr Größenwachstum sicherlich nicht behinderten. Aber war der eigentliche Motor der Entwicklung tatsächlich die Zunahme kognitiver Fähigkeiten, die sich im Gebrauch von Werkzeugen, in verbesserten Jagdtechniken und einer höheren sozialen Kompetenz ausdrückten?

Werkzeuge zu entwickeln und geschickt einzusetzen erfordert intelligentes Verhalten, aber wenn man bedenkt, dass es nur wenige Werkzeuge waren, die sich über sehr lange Zeiträume kaum veränderten – behauene Steine, Schaber und Steinklingen, Faust- oder Wurfkeile und später, beim *Homo erectus*, auch Holzspeere –, dann erscheint diese Hypothese wenig überzeugend. Diese Werkzeugkultur entwickelte sich bis vor etwa 80 000 Jahren äußerst langsam und blieb – nüchtern betrachtet – recht primitiv. Ob man dafür tatsächlich ein derartig großes Gehirn benötigte, scheint mir zumindest fraglich. Denkt man an den Werkzeuggebrauch von Schimpansen, aber auch von Vögeln, wie etwa von Kakadus, Graupapageien, Rabenvögeln oder Spechtfinken mit wesentlich kleineren Gehirnen, so erscheint die Werkzeughypothese als Erklärung für außergewöhnliches Gehirnwachstum unbefriedigend.

Die Hypothese, ein komplexer werdendes soziales Leben bei Hominiden, die zunehmend größere Gruppen bildeten, sei für die Ausweitung der Gehirnmasse verantwortlich, erscheint mir plausibler, aber auch nicht ausreichend. Zwar sind höhere soziale Anforderungen und komplexeres Handeln nur durch qualitativ höhere kognitive Prozesse zu bewältigen, aber dies erfordert nicht zwangsläufig auch eine quantitative Ausdehnung des Gehirns. Dass kognitive Qualität nur wenig mit anatomi-

scher Quantität zu tun hat, verdeutlichen die folgenden beiden
Beobachtungen:
- Während Frauen normalerweise eine höhere soziale Intelli-
  genz besitzen, ist ihr Gehirn durchschnittlich um 100 Gramm
  leichter als das Gehirn von Männern.
- Obwohl das Gehirnvolumen von Neandertalern etwas größer
  war als das heutiger Menschen, wird wohl niemand auf die
  Idee kommen, dass Neandertaler klüger waren als wir.

Am wahrscheinlichsten scheint mir noch die Hypothese, dass
mit der Entwicklung zur Sprache auch die Gehirne größer wurden. Zur Sprachverarbeitung ist eine komplexe und effiziente
neuronale Steuerung notwendig. Darüber hinaus galt es, neu
entwickelte Sprachfähigkeiten mit anderen kognitiven Fähigkeiten zu vernetzen, etwa mit sozialer Kompetenz, Entscheidungs-
kompetenz und moralischem Bewusstsein.

Zu dieser Vorstellung größer werdender Köpfe in Abhän-
gigkeit zunehmender kognitiver Leistungen will aber die erstaunlich große Unterschiedlichkeit von Gehirnen moderner
Menschen nicht recht passen. Ein Zusammenhang mit sprachlichen oder anderen kognitiven Fähigkeiten scheint dabei nicht
zu bestehen. Die Gehirne der Schriftsteller Iwan Turgenjew und
Jonathan Swift wogen rund zwei Kilogramm, während Anatole
France, immerhin Nobelpreisträger für Literatur, mit einem
nur halb so großen Gehirn auskommen musste. Niemand würde
behaupten, France sei deshalb auch nur halb so intelligent wie
Turgenjew oder Swift gewesen. Die offensichtlich schwachen Beziehungen zwischen Intelligenz und Gehirngröße, die bis heute
bestehenden Größenunterschiede und die offenkundig mit der
Größenzunahme verbundenen Handicaps, vor allem bei der Geburt, deuten darauf hin, dass das Wachstum der Köpfe auch auf
den Einfluss sexueller Selektion zurückgeführt werden könnte.
Es wäre möglich, dass neben der Notwendigkeit, Gehirne zu einer größeren kognitiven Leistung zu befähigen und sie deshalb
wachsen zu lassen, auch das Gehäuse, die Schädeldecke, noch
aus einem anderen Grund wuchs: als Signal für Attraktivität

und kognitive Fitness. Während die natürliche Selektion ein zu starkes Anwachsen wohl eher gebremst hätte, da größere Köpfe nur schwer durch den engen Geburtskanal gepresst werden können und somit das Geburtsrisiko erhöhen, schert sich die sexuelle Selektion nicht um derartige Handicaps. Eher im Gegenteil, wie wir bereits gesehen haben: Je höher das Handicap, desto glaubwürdiger das Signal! Deshalb vermute

> **Die sexuelle Selektion hat dazu beigetragen, dass die Köpfe immer größer wurden**

ich, dass auch die sexuelle Selektion dazu beigetragen hat, die Köpfe wachsen zu lassen. Große Köpfe wurden bei der Partnerwahl bevorzugt – von Männern wie von Frauen. Diese Präferenz entwickelte sich seit dem *Australopithecus* als ein sich selbst verstärkender evolutionärer Prozess[3] und kam wahrscheinlich beim ersten Auftreten des *Homo sapiens* zum Abschluss, da Schädel aus dieser Zeit – etwa bei einem 80 000 Jahre alten in Israel gefundenen Fossil – größer waren als durchschnittlich große Schädel moderner Menschen. Vermutlich war ein weiteres Größenwachstum aus anatomischen Gründen und wegen der immer problematischer werdenden Geburten einfach nicht mehr möglich.

Unseren heutigen Schönheitsidealen entsprechend wünschen wir uns sicherlich keinen Partner mit einem kleinen Kopf, aber ebenso wenig erscheinen uns Menschen mit außergewöhnlich großen Köpfen als besonders schön und begehrenswert. Offenbar haben wir uns auf einen großen Durchschnittskopf eingependelt und verlangen nach keiner weiteren Zunahme. Dennoch zeigen gewisse Vorlieben, dass wir diesen Trend möglicherweise vor noch nicht allzu langer Zeit gezwungenermaßen beenden mussten und uns insgeheim immer noch danach sehnen.

---

[3] Der Evolutionsbiologe Ronald A. Fisher (1983) entdeckte dieses Phänomen in den Dreißigerjahren und bezeichnete es als „Runaway-Prozess".

Bis heute finden wir Menschen mit einer hohen Stirn attraktiv und bescheinigen ihnen eine hohe Intelligenz. Menschen mit flacher Stirn erscheinen uns dagegen als intellektuell unbedarfter, ja primitiver. Auch Bilder von Neandertalern mit ihrer fliehenden Stirn lösen diese Assoziation aus, obgleich sie mit ihrem großen Hinterhaupt ein größeres Gehirnvolumen hatten als wir. Die Stirnpartie nimmt circa 40 % unserer Gesichtsfläche ein und in allen Kulturen wird sie, vor allem in formellen und rituellen Situationen, durch Kopfschmuck vergrößert. Nicht nur die Stirn, die gesamte Schädeldecke soll größer erscheinen. Dabei sind die Höhe, das Volumen und die Erlesenheit des Kopfschmucks meist ein Zeichen für die soziale Stellung der betreffenden Person – der Häuptling trägt die größten Federn auf seinem Haupt, das Oberhaupt die markanteste Haube und die Königin eine Krone. In der frühperuanischen Kultur der Moche wurden die noch weichen Schädel von Neugeborenen der herrschenden Klasse bandagiert, um ihre Schädel nach oben zu pressen. Offenbar wird die durch sexuelle Selektion vorangetriebene Entwicklung zu höheren Köpfen in allen menschlichen Kulturen durch visuelle Manipulationen fortgesetzt, da der ursprüngliche Prozess biologisch seine Grenze erreicht hat.

> **Menschen mit flacher Stirn erscheinen uns intellektuell unbedarft, ja primitiv**

Höhere Köpfe als Zeichen sexueller Attraktivität und Dominanz in Hierarchien bergen ein mehrfaches Handicap: eine schwerer zu haltende Balance beim aufrechten Gang, einen überaus problematischen Geburtsvorgang und zudem ein erhöhtes Risiko in kämpferischen Auseinandersetzungen. Ein großer Kopf mit einer hohen Stirn bietet nämlich ein deutliches Angriffsziel für Geschosse aus größerer Distanz und bei schlechter Sicht. Dieser Effekt wird noch verstärkt, wenn bei älteren Menschen Haupt- und Barthaare weiß werden. So muss die dunkle Hautfarbe von Hominiden, die ihre Körperbehaarung verloren hatten, im Kontrast zu den weißen Haaren der meist älteren Anführer einer Horde weithin sichtbar gewesen sein und ein gutes Ziel geboten haben. Ein großer Kopf mit hoher Stirn und weißen Haaren ist ein relativ zuverlässiges Signal, die Anführer eines Stammes zu erkennen, da sie die physische und psychische Stärke besitzen, das Handicap größerer Verwundbarkeit auf sich zu nehmen. Fallen ihnen die Haare aus und die dunkle Kopfhaut kommt zum Vorschein, wird dies als Schwäche und nachlassende Fitness gedeutet, da nun – vor allem in der Dunkelheit – die prägnanten Konturen eines weißen Kopfes nicht mehr zu erkennen sind.[4]

Während beim Menschen das Gehirn hinter der Stirn liegt, die sich gerade und hoch wie eine Zielscheibe von den Augen nach oben streckt, sitzt es beim Neandertaler, wie bei Menschenaffen, hinter einer fliehenden Stirn und dicken Augenwülsten aus Knochensubstanz, die zudem hervorragend die Augen schützen. Besonders wenn man Deckung sucht und die Aktionen von Feinden im Blick behalten muss, ist eine flache Stirn von Vorteil. Dennoch hat sich *Homo sapiens* das Handicap einer hohen Stirn als Nachweis seiner Überlegenheit geleistet und ist allem Anschein nach bisher gut damit zurechtgekommen.

Form und Wirkung des Signals, die sich über viele Jahrtausende evolutionär entwickelt haben, werden seit der kulturellen Entwicklung menschlicher Gesellschaften mit optisch verlängerndem Kopfputz fortgeführt. Von jeher tragen Anführer und Offiziere von Jagdgemeinschaften und Ar-

> **Homo sapiens hat sich das Handicap einer hohen Stirn als Nachweis seiner Überlegenheit zugemutet**

---

[4] Eine Glatze wird auch heute noch, sowohl von Männern als auch von Frauen, eher als Makel empfunden, da dichte Haare Jugend und Fitness signalisieren. Dass Glatzen dennoch attraktiv sein können, gilt bestenfalls in unserer Zeit für gewisse Trends in bestimmten Gruppen. Wer sich als junger, attraktiver Mann oder als Frau eine Glatze schneiden lässt, spielt auf der uns nun gut bekannten Handicap-Klaviatur: „Ich bin so attraktiv und selbstbewusst, dass ich mir eine Glatze leisten kann!"

meen deutlich erkennbare, meist farbig markierte hohe Kopfbe-
deckungen, während einfache Kämpfer und Soldaten unauffäl-
lige, aber wesentlich besser schützende Helme tragen. Gunnery
Sergeant Hartman, der brutale Ausbilder in dem Antikriegsfilm
Full Metal Jacket von Stanley Kubrick, trägt keinen Helm, der
ihn hätte schützen können, sondern einen breitkrempigen hohen
Hut, um seine Dominanz und Furchtlosigkeit zu signalisieren.
Seine visuelle Botschaft an Freund und Feind lautet: „Seht her,
wie stark und furchtlos ich bin. Ich kann es mir sogar leisten,
meinen Kopf als wichtigsten und verwundbarsten Teil meines
Körpers ungeschützt zu lassen und visuell zu markieren."

Dass der große Kopf deutlich getrennt vom Rumpf auf einem schmalen Hals sitzt, lässt ihn noch exponierter erscheinen
und erhöht das Handicap, als Zielscheibe für Angriffe deutlich
erkennbar zu sein. Im Nahkampf erweist sich der Hals, der bei
Männern ab der Pubertät oft noch durch einen prägnant hervortretenden Kehlkopf, den so genannten Adamsapfel, markiert
wird, als besonders neuralgischer Punkt. Wer diesen schmalen
Hals zu fassen bekommt und auf den Kehlkopf drückt, wird
rasch zum Mörder und sorgt im evolutionären Geschehen dafür,
dass sich sein Gegner nicht mehr fortpflanzen kann. Bei Menschenaffen wie bei den im Vergleich zum *Homo sapiens* stäm-
migeren und gedrungenen Neandertalern sitzt der Kopf eng auf
dem Rumpf, was es ungleich schwerer macht, sie mit geringem
Kraftaufwand zu erdrosseln. Dennoch hat sich *Homo sapiens* im
Prozess der sexuellen Selektion für das Handicap eines großen
Kopfes mit hoher Stirn und langem Hals entschieden – einer
Anatomie, die im Kampf deutlich höhere Risiken birgt.

Das Handicap eines leicht verwundbaren Halses wird anscheinend weltweit kulturell durch Ketten und Halsbänder betont. Wer eine Halskette, ein Halstuch oder eine Krawatte trägt,
erhöht das Risiko erwürgt zu werden, da es für einen Gegner
einfacher wäre, jemanden mit einer Kette zu erdrosseln als mit
bloßen Händen. Menschen legen sich jedoch freiwillig einen schö-
nen Strick als Schmuck um den Hals, weil sie damit, besonders in
formellen und rituellen Situationen, ihre Dominanz und Selbst-

sicherheit signalisieren können. Kopf- und Halsschmuck betonen genau die Bereiche des Körpers, die in der Evolution zum *Homo sapiens* zu einem erhöhten Handicap führten. Die Krawatte, die weltweit zu einem Signal für Männer wurde, die sich in formellen Situationen als bedeutsam präsentieren oder ihre Dominanz als Vorgesetzter demonstrieren müssen, simuliert mit ihrem Knoten den verwundbarsten Bereich des Halses – den Kehlkopf. Eine unmittelbar unter dem Kehlkopf geknotete farblich auffällige Krawatte lässt sich deshalb als Handicap-Signal deuten, dessen Botschaft etwa so formuliert werden könnte: „Jeder, der mit mir konkurriert, sollte sich gut überlegen, ob er es wagen kann, mir mit meiner selbst geknoteten Schlinge den Hals abzuschnüren. Ich bin auf einen möglichen Angriff auf mein Leben bestens vorbereitet. Aber gerade weil ich den Mut habe, mich so verwundbar zu präsentieren, wird es niemand wagen!" Die Krawatte als vermeintliches Zeichen von Schwäche – als Handicap im Kampf – soll Stärke und Dominanz eines Mannes signalisieren.

Hinter unserer hohen Stirn und unserem dünnen Hals sitzen die Organe, die dafür sorgen, dass wir uns von allen Tieren und auch unseren nächsten Verwandten, den Menschenaffen, unterscheiden – das Gehirn, das für Verstehen und Produzieren von Sprache zuständig ist, sowie die Stimmlippen im Kehlkopf, die den Klang für unsere sprachlichen Äußerungen erzeugen. Unsere Sprache als die menschlichste aller Fähigkeiten wird ausgerechnet dort produziert, wo das Risiko ihrer Schädigung besonders hoch ist.

> **Unsere Sprache als die menschlichste aller Fähigkeiten wird ausgerechnet dort produziert, wo das Risiko ihrer Schädigung besonders hoch ist**

Wandlungen im Verhältnis der Geschlechter

170 000 Jahre alte Fossilien, die im südlichen Afrika gefunden wurden, unterscheiden sich in ihrer Anatomie nur noch geringfügig von heutigen Zeitgenossen. Eine neue Art – unsere Art

– war entstanden. Nicht nur die äußere Erscheinung, auch ihre Lebensweise, erlaubt einen Vergleich mit heutigen Stammesgesellschaften. Bei Grabungen in Südafrika wurden Lagerplätze entdeckt, die über lange Zeit bewohnt waren. Offensichtlich hatten sich die vormals rastlos wandernden Gruppen Basislager eingerichtet, die zumindest von einem Teil der Gruppenmitglieder dauerhaft belegt waren. Vermutlich hielten sich dort vor allem Frauen mit ihren Kindern sowie Ältere, Kranke und Schwache auf, während die erwachsenen Männer vorübergehend die Lager verließen, um Nahrung herbeizuschaffen.

Diese Arbeitsteilung war notwendig geworden, weil die Aufzucht der Kinder immer anstrengender geworden war. Die Köpfe der archaischen Menschen waren so groß geworden, dass die Säuglinge immer unfertiger zur Welt kamen und intensiv betreut werden mussten, um zu überleben. Die Mütter schafften es nicht mehr, mit ihrer ständig wandernden und nach Nahrung suchenden Gruppe zu ziehen und dabei ihre hilflosen Babys zu tragen. Offenbar hatte die Evolution der großköpfigen, aufrecht gehenden Wesen damals einen Punkt erreicht, der eine radikale Veränderung der Lebensweise erforderte. Gelang es ihnen nicht, ihren Nachwuchs durchzubringen, so waren sie dem Untergang geweiht.

> **Eine radikale Veränderung der Lebensweise wurde notwendig**

Da vor allem Frauen die wachsende Belastung und die damit verbundene Gefahr spürten, ging die Veränderung der Lebensweise vermutlich von ihnen aus. Sie mussten gegenüber den körperlich kräftigeren und stärkeren Männern selbstbewusst zu Werke gehen, an ihrer Machtposition rütteln und sie zu einem Wandel zwingen, denn wer die Macht besitzt, wird ein Leben, das ihm Vorteile bietet, kaum freiwillig aufgeben. Da es aber auch für Männer negative Folgen gehabt hätte, wenn immer mehr Frauen und Kinder gestorben wären, werden sie sich den von Frauen initiierten Veränderungen nicht widersetzt haben.

Seit der Zeit der *Australopithecinen* waren Frauen im Verhältnis zu Männern stärker gewachsen. Der bei Menschenaffen noch
beträchtliche Größenunterschied verringerte sich mit der begin-
nenden Entwicklung des aufrechten Gangs zunächst unmerklich,
mit dem Auftreten von *Homo ergaster* dann zunehmend schneller.
Zwar blieben die Frauen den Männern nach wie vor körperlich
unterlegen, doch einzelne starke Frauen konnten durchaus auch
Männern körperlich gewachsen sein und in der Gruppe waren
Frauen ebenfalls in der Lage, Männern Widerstand zu leisten. Bei
der härter werdenden Auseinandersetzung um Nahrung konnte
die Solidarität unter Frauen zu einem entscheidenden Überle-
bensfaktor werden, doch dazu reichte es nicht aus, gewaltsame
Übergriffe von Männern abzuwehren. Nur wenn es den Frauen
gelingen würde, das Paarungsverhalten der Gruppe und mithin
die Gesellschaftsstruktur zu verändern, würden sich die Männer
bei der Nahrungsbeschaffung zu einem kooperativen Verhalten
bewegen lassen. Schauen wir uns daraufhin zunächst einmal das
Paarungsverhalten unserer nächsten Verwandten an.

Je stärker sich die Geschlechter in der Größe unterscheiden,
desto heftiger konkurrieren Männchen um Weibchen. Unter den
Menschenaffen ist der Unterschied bei den Gorillas am größten.
Bei ihnen wird im Kampf entschieden, wer die Weibchen einer
Gruppe für sich beanspruchen darf. Wenn alle Konkurrenten
das Feld geräumt haben, kann das
siegreiche Männchen über einen
Harem von etwa fünf Weibchen
verfügen. Der Sieger bekommt
alle, lautet das Prinzip, und die
Weibchen sind zufrieden, mit dem
Sieger zusammenleben zu können.
Nur die leer ausgehenden Männ-

> **Bei Gorillas wird im
> Kampf entschieden,
> wer die Weibchen einer
> Gruppe für sich
> beanspruchen darf**

chen dürften die Situation als weniger angenehm empfinden. Darum versuchen sie bei günstiger Gelegenheit, den Haremshalter
herauszufordern und zu besiegen.

Bei den Schimpansen herrscht dagegen freie Partnerwahl.
Männchen wie Weibchen treiben es in ihrer Gruppe mit etwa

25 Mitgliedern bunt durcheinander und streifen in wechselnden Kleingruppen ohne feste Partner durch den Wald. Unter den Männchen gibt es keine Kämpfe um die Gunst der Weibchen. Jeder versucht vielmehr, möglichst viele möglichst oft zu begatten, damit seine Chancen größer werden, die eigenen Gene ins biologische Spiel zu bringen und eigene Nachkommen zu zeugen. Aufgrund dieser Spermienkonkurrenz haben Schimpansenmännchen deutlich größere Hoden als Menschen. Dagegen sind die Hoden von Gorillas wesentlich kleiner, da sie als Haremshalter keine Konkurrenz durch die Spermien anderer Männchen fürchten müssen.

Bei Schimpansen herrscht freie Partnerwahl

Aufgrund der gänzlich anderen gesellschaftlichen Organisation ist der Größenunterschied zwischen den Geschlechtern bei Schimpansen gering. In einer Schimpansenhorde teilen sich die stärksten Männchen, oft in wechselnden Koalitionen, die Macht untereinander auf. Die Weibchen müssen sich diesem Machtkartell fügen. Sie sind auf der Hut, die Alphamännchen nicht zu verärgern, und senden ihnen Demutsgesten. Dennoch fühlen sie sich in ihrer sexuellen Freiheit nicht eingeschränkt, da auch die stärksten Männchen die ständig wechselnden sexuellen Kontakte nicht kontrollieren können. Da in dieser hochgradig promisken Gesellschaft kein Männchen wissen kann, von wem welcher Nachwuchs gezeugt wurde, kümmern sie sich nicht um ihn – die Aufzucht der Jungen ist allein Sache der Mütter. Ähnlich ist es bei den mit den Schimpansen eng verwandten Bonobos, die etwas leichter und graziler sind. Bei ihnen spielt Sex allerdings eine noch größere Rolle. Ihr Zusammenleben ist überaus friedlich, da Streit und Zwist mit sexueller Zuwendung geschlichtet werden – eine stark sexualisierte Gesellschaft mit freier Liebe.

Orang-Utans als vierte und letzte Menschenaffenart leben nicht in Gruppen. Sie sind Einzelgänger, da sie im Urwald weite Strecken zurücklegen müssen, um Nahrung zu finden. Männchen und Weibchen suchen die weit verstreut wachsenden nahrhaften Früchte auf eigene Faust. Weil es zu schwierig wäre, eine Kleinfamilie oder Gruppe ausreichend zu versorgen, hat sich eine Single-Gesellschaft mit allein erziehenden Müttern entwickelt.

Der uns vertrauten Kleinfamilie am nächsten kommen einige Arten wesentlich kleinerer Affen, die evolutionär weiter von uns entfernt sind. So leben Gibbons aus dem thailändischen Regenwald in eheähnlichen Verhältnissen, wobei Männchen und Weibchen regelmäßig ihre Paargesänge anstimmen, um ihre Gemeinschaft zu signalisieren. Die Weibchen suchen sich einen Partner, der sich gegenüber dem gemeinsamen Nachwuchs fürsorglich verhält. Wie bei uns kommt es aber auch dort zu Seitensprüngen beider Partner, die allerdings nicht zur Auflösung der Partnerschaft führen. Die hin und wieder entstehenden Kuckuckskinder werden vom Partner fraglos akzeptiert – dieser kann schließlich keinen Vaterschaftstest durchführen.

Gibbons aus dem thailändischen Regenwald leben in eheähnlichen Verhältnissen

Dieser kurze Überblick führt zu der Frage, wie wohl die gesellschaftliche Organisation bei den Hominiden und den frühen menschlichen Gruppen ausgesehen haben mag. Da bei den *Australopithecinen* und beim *Homo habilis* der Größenunterschied zwischen den Geschlechtern noch ähnlich groß war wie bei Schimpansen, muss man davon ausgehen, dass auch sie in zunehmend größeren Gruppen mit weitgehend freier Liebe und wechselnden Partnerschaften lebten. Eine Haremsgesellschaft scheidet aus, weil die Gruppen dafür viel zu groß waren und unsere Vorfahren wahrscheinlich ähnlich große Hoden hatten wie heutige Schimpansen oder zumindest wie heutige Männer, aber keineswegs so kleine wie Gorillas. Feste eheähnliche Verbindungen und Kleinfamilien wie bei den Gibbons sind wegen des deutlichen Größenunterschieds und der Gruppenstärke ebenfalls unwahrscheinlich. Auch die wesentlich größeren und kräftigeren Männer der *Australopithecinen* werden ihre Jagdbeute kaum redlich mit den schwächeren Frauen geteilt haben.

Schimpansenmännchen stürzen sich gierig und aggressiv auf ihre Jagdbeute, jagen sich gegenseitig die besten Stücke ab und denken nicht daran, den schwächeren Weibchen etwas abzugeben. Von den grazileren Bonobos ist hingegen bekannt, dass die Männchen den Weibchen, mit denen sie kopulieren möchten, pflanzliche Nahrung wie etwa eine saftige Ananas als Geschenk anbieten. Dieses Verhalten bedeutet keine wesentliche und zuverlässige Nahrungsversorgung der gesamten Gruppe, sondern dient nur der Werbung um die sexuelle Gunst einzelner Weibchen. Dennoch mögen die Aufmerksamkeiten eines Kavaliers dem weiblichen Geschlecht auch in der Vorzeit schon durchaus willkommen gewesen sein. Und wenn ein derartiges Verhalten auch unter Hominiden verbreitet war, hätte es denjenigen Frauen, die sich eine zuverlässige und wesentliche Unterstützung durch die Männer wünschten, einen guten Anknüpfungspunkt geboten: Den besonders freigiebigen Männern bot man einfach eine etwas größere Chance zur Fortpflanzung – und wurden diese von den Frauen etwas häufiger als Partner gewählt, so konnte sich das kooperative Verhalten auf breiter Front durchsetzen. Damit aber die Damenwahl – oder, um mit Darwin zu sprechen, *female choice* – als Strategie der sexuellen Selektion mit dem Ziel kooperativer Männer

> **Männliche Bonobos bieten den Weibchen, mit denen sie kopulieren möchten, Geschenke wie Ananas an**

Erfolg haben konnte, mussten die Knauser, die weiterhin in herkömmlicher Macho-Manier mit Protzerei und Körperkraft zum Fortpflanzungserfolg kommen wollten, leer ausgehen. Die Frauen mussten also einen Weg finden, eigennützige und faule Schürzenjäger, die ständig um sie herumschwänzelten und auf eine günstige Gelegenheit zum Koitus warteten, auszuschalten.

Sex für Fleisch: die Domestizierung der Männer

Natürlich haben sich Frauen und Männer damals, vor etwa 170 000 Jahren, nicht zusammengesetzt und ihre schwierige Ernährungslage besprochen, um dann zu dem Ergebnis zu kommen: Jetzt müssen die Männer ran und Frauen mit Nahrung versorgen. Aber selbst wenn es so gewesen wäre, hätten die Frauen nicht verhindern können, dass einige Männer sich nicht an die Vereinbarung halten und eine egoistische Nassauer-Strategie verfolgten. Bei allen Versuchen, kooperatives Verhalten zu erzwingen, besteht das grundsätzliche Problem, Trittbrettfahrer auszuschalten, die nicht zur Kooperation bereit sind. Dieses Problem galt es zu lösen.

Eine andere Form der Nahrungsbeschaffung war nur über die Änderung der biologisch verankerten gesellschaftlichen Muster zu erreichen, die die Beziehungen der Geschlechter untereinander und ihr Paarungsverhalten regelten. Da diese Umwälzung dringlich war, scheidet die natürliche Selektion als Urheber aus – sie wäre viel zu langsam gewesen. Dagegen führt die sexuelle Selektion schneller zu Ergebnissen, da es hier zu einer Zuchtwahl kommt, die im Prinzip wie bei der Züchtung einer Hunderasse funktioniert – freilich mit dem Unterschied, dass sich die Geschlechtspartner selbst wählen und dabei nach eigenen Auswahlkriterien vorgehen. Noch rascher vollziehen sich Verhaltensänderungen einer Art jedoch durch kulturelle Innovationen. Ich gehe daher von beidem aus: Neuerungen wurden einerseits durch sexuelle Selektion bewirkt, indem Frauen ihre männlichen Partner aufgrund einer veränderten Interessenlage nach anderen Kriterien auswählten, und andererseits durch kulturelle Veränderungen, die dieses Wahlverhalten unterstützten.

Wie ließ sich das Bedürfnis der Frauen, das Überleben durch Kooperation der Männer bei der Nahrungsbeschaffung zu erleichtern, realisieren? Wie konnte man dominante, egoistische und aggressivere Männer dazu bringen, sich fürsorglich und kooperativ zu verhalten? Warum hätten Männer bei der gefährlichen Jagd auf Großwild ihr Leben aufs Spiel setzen sollen, nur um anschließend ihre Beute mit Frauen und Kindern sowie den Alten und Schwachen des Stammes zu teilen?

Chris Knight, Anthropologe an der University of East London, fand eine radikale Lösung für dieses Problem: Die von den

Männern dominierten Frauen solidarisierten sich und führten einen regelrechten Sexstreik: Männer bekamen nur Sex, wenn sie dafür Fleisch ablieferten (Knight 1991). Gemeinsam verhinderten die Frauen so, dass Männer jederzeit ihren Sexualtrieb ausleben konnten – nicht durch körperlichen Widerstand, sondern durch eine geschickte Manipulation ihres Ovulationszyklus mit dem Ergebnis, dass er gegenüber dem Zyklus bei Affen zwei Besonderheiten aufweist.

Da ist zunächst die eigentümliche Tatsache, dass der weibliche Zyklus im Durchschnitt genau 28,5 Tage dauert, exakt so lang wie ein Mondzyklus. Auch wenn der Zyklus heute von Frau zu Frau stark variiert und 21 bis 35 Tage umfassen kann, sind umfangreiche statistische Untersuchungen mit unterschiedlichsten Populationen zu diesem Durchschnittswert gelangt. Die zeitliche Übereinstimmung der Länge des weiblichen Zyklus mit dem Mondzyklus ist bei keiner anderen Primatenart zu beobachten. Es fällt schwer, hier von einem reinen Zufall auszugehen. Knight erklärt diese Übereinstimmung mit der Funktion des Mondes als Zeitgeber – die Frauen hätten ihren Zyklus zeitlich aufeinander abgestimmt, indem ihnen die Mondphasen als astronomische Uhr dienten. Diese Koordination habe sich auf unbewusst natürliche Weise zunächst bei denjenigen Frauen eingestellt, die mit ihren Stämmen am Meer lebten, da Ebbe und Flut und zyklisch wiederkehrende Springfluten die Mondphasen sinnlich prägnanter wahrnehmbar gemacht hätten.

Im Gegensatz zu Affen signalisieren Frauen ihre Paarungsbereitschaft nicht durch weithin erkennbare körperliche Merkmale – ganz im Gegensatz zu ihren äffischen Geschlechtsgenossinnen. Ein werbender Mann erkennt nicht ohne weiteres, wann die Wahrscheinlichkeit am höchsten ist, Nachwuchs zu zeugen. Nicht einmal Frauen selbst können den Zeitpunkt ihrer Empfängnisbereit-

Ein werbender Mann erkennt nicht ohne weiteres, wann die Wahrscheinlichkeit am höchsten ist, Nachwuchs zu zeugen

schaft mit absoluter Sicherheit erkennen. Demgegenüber wird sie bei Säugetieren deutlich markiert, sodass alle Männchen wissen, woran sie sind.

So demonstriert eine Schimpansendame ihre Paarungsbereitschaft bereits zehn Tage vor dem Eisprung durch eine rote Schwellung des Genitalbereichs. Damit zieht sie die Männchen der Gruppe auf sich, die mit ihr kopulieren oder es zumindest versuchen. Am Tage des Eisprungs nimmt sie allerdings das stärkste Männchen in Beschlag, das sie in der Regel auch befruchtet. Weibchen anderer Säugetiere erleben zur Brunstsaison bestimmte Perioden, die man Östrus oder Hitze nennt. Während dieser Zeit, in der der Eisprung erfolgt, signalisieren Weibchen den Männchen ihre Fruchtbarkeit. Jeder, der eine Hündin besitzt, weiß, wann sie „heiß" ist, denn dann kann sie sich vor paarungsbereiten Rüden kaum retten. Bei den *Homo-sapiens*-Frauen dagegen tappen die Männer im Dunkeln. Die optimale Paarungszeit bleibt verborgen, aber stattdessen werden die unfruchtbaren Tage durch Regelblutungen signalisiert. Diese negative Information wird durch den Verlust von ungefähr 50 ml Blut überaus deutlich markiert. Beim Abstoßen der Gebärmutterschleimhaut entsteht im Körper eine regelrechte Wunde, die allerdings aus funktional biologischen Gründen gar nicht notwendig wäre – Affenweibchen verlieren wesentlich weniger Blut oder die Blutungen bleiben gänzlich aus.

Da die Regelblutungen für die Funktion des weiblichen Körpers nicht unbedingt notwendig sind, ist von einer Signalfunktion auszugehen. Eine periodisch blutende Wunde kann als zuverlässiges Signal wirken, da es für die Frau ein Handicap darstellt. Damit das Signal funktioniert, muss sie gewissermaßen einen Blutzoll entrichten, der ihr einiges an körperlicher und psychischer Kraft abverlangt. Ihr Körper muss nicht nur den Blutverlust ausgleichen und die Wunde schließen – Frauen fühlen sich zudem in den so genannten „Tagen" meist

Frauen signalisieren durch ihre Regelblutung ihre unfruchtbaren Tage und verlieren dabei ungefähr 50 ml Blut

unwohl, sind unausgeglichen und gereizt. Viele Frauen empfinden ihre Regel als regelrechten Fluch und sind froh, wenn sie nach der Menopause endlich ausbleibt.

Die Zuverlässigkeit des Menstruationssignals wird – ganz im Sinne der Handicap-Theorie – durch die damit verbundenen biologischen Kosten gewährleistet. Unterernährte, hungernde oder kranke Frauen schaffen es meist nicht zu menstruieren, weil ihr Körper nicht in der Lage ist, die damit verbundenen biologischen Kosten zu kompensieren, vor allem können sie sich nicht auf eine Schwangerschaft einlassen.

Warum haben die Frauen dieses überaus starke Handicap-Signal der Regelblutung entwickelt? Die damit verbundenen hohen biologischen Kosten müssen sich für sie gelohnt haben, denn sonst wären sie nicht von dem bewährten äffischen Muster, bei dem jeder männliche Bewerber mühelos und eindeutig die empfängnisbereite Zeit erkennt, abgewichen.

> **Warum haben Frauen dieses starke Handicap-signal der Regelblutung entwickelt?**

Worin besteht der Zweck eines verborgenen Östrus und einer mehr als deutlichen Menstruation? Wozu wurden die Paarungssignale auf den Kopf gestellt?

Indem Frauen nicht mehr ihre Empfängnisbereitschaft anzeigten, sondern die für den Fortpflanzungserfolg ungünstigste Zeit, verwehrten sie Männern den spontanen Zugang zu ihrem Körper. Männer erfahren zwar durch die Blutung, dass eine Frau grundsätzlich fruchtbar ist, aber zugleich, dass sie sich noch um eine unbestimmte Zeit gedulden müssen, wenn sie sie schwängern wollen. Mit der Strategie des indirekten Signals „Ich bin zwar fruchtbar, aber nicht sofort!" wurden die Männer zum Abwarten gezwungen und den Frauen bei der Partnerwahl eine günstigere Position verschafft. Sie waren nicht mehr in gleicher Weise wie ihre äffischen Geschlechtsgenossinnen den spontanen sexuellen Zudringlichkeiten der Männer ausgesetzt, sondern gewannen Zeit, um einen ihnen geeignet scheinenden Partner auszuwählen.

Kontrolle sexueller Begierde

Das Menstruationsblut zwang Männer zum Aufschub ihrer sexuellen Befriedigung, konnte aber gleichzeitig als Aufforderung verstanden werden, in der Nähe zu bleiben und geduldig abzuwarten, da sich das Warten lohnen konnte. Der Beginn menschlicher Kultur wurde durch einen anderen Umgang mit Zeit geprägt – sie wurde nicht mehr ausschließlich als Reaktionszeit empfunden, in der man unbewusst, spontan und aktionistisch agierte, sondern zu einer perspektivischen Zeit zerdehnt, in der es sinnvoll war, auf eine spätere geschlechtliche Vereinigung zu warten und möglichst überlegt zu handeln. Im Vergleich dazu haben die Männchen der Schimpansen- und noch stärker der Bonobogesellschaft ständig die Möglichkeit, sich mit einem der zahlreichen Weibchen sexuell zu befriedigen. Beim Menschen wurde die Reiz-Reaktions-Kette, die männliche Primaten auf den weiblichen Reiz der Empfängnisbereitschaft unmittelbar reagieren lässt, unterbrochen.

Die unsichere, doch gleichwohl hoffnungsvolle Warteposition, in die archaische Männer durch Menstruationsblut versetzt wurden, führte dazu, dass sie ihre spontanen Triebreaktionen unterdrückten und sich länger in der Nähe einzelner Frauen aufhielten, bei denen sich das Warten lohnte. Da Frauen im Gegensatz zu anderen weiblichen Primaten – und anderen Säugetieren ohnehin – ganzjährig empfängnisbereit sind, hatten Männer überdies nur ein geringes Interesse, sich von den Frauen zu entfernen – eine weitere Voraussetzung für kooperatives Verhalten. Ansätze dazu blieben jedoch unzureichend, da sie lediglich Ausdruck eines individuellen männlichen Werbungsverhaltens waren, ganz ähnlich wie bei Bonobomännchen, die den Weibchen Früchte anbieten, um dafür Sex zu bekommen. Das Werbungsverhalten konzentrierte sich zunächst nur auf menstruierende Frauen. Alle übrigen hatten keine männliche Zuwendung oder Unterstützung zu erwarten. Von einem großen Teil der weiblichen Gruppenmitglieder war diese egoistische männliche Strategie nicht zu akzeptieren: von älteren Frauen nach der Menopause und von stillenden jungen Frauen, bei denen der Hormonhaushalt zu einer Unterbrechung

des Zyklus führt. Besonders stillende Mütter, für die die Aufzucht
der Kinder immer beschwerlicher wurde, benötigten männliche
Unterstützung am dringendsten.

Frauen konnten sich die Unterstützung der Männer nur sichern, wenn sie deren libertinäre Zügellosigkeit, wie sie auch in
der Schimpansen- oder Bonobogesellschaft herrscht, unterban-
den und den Preis für den sexuellen Zugang zu ihrem Körper
erhöhten. Da der Preis durch Angebot und Nachfrage geregelt
wird und bei den Männern von
einer konstant hohen Nachfrage
auszugehen war, musste das Angebot reduziert werden. Dies geschah
laut Chris Knight durch die Koordination der Menstruation mit
dem Mond als Zeitgeber. Bekamen
alle Frauen ihre Regel gleichzeitig,
so wurde es für einen einzelnen
Mann schwieriger, schnell von einer Frau zur nächsten zu wechseln. Für ihn bestand das sexuelle Angebot immer nur eine begrenzte Zeit und wurde dadurch knapper und kostbarer. Mit geringem Einsatz war Sex nicht mehr zu bekommen, sondern nur
noch für eine angemessene Gegenleistung – für die ausreichende
Versorgung mit hochwertiger Nahrung. Dabei handelte es sich
nicht um pflanzliche Kost, die nach wie vor von den Frauen gesammelt werden konnte, sondern um Fleisch.

> **Frauen konnten
> sich die Unterstützung
> der Männer nur sichern,
> wenn sie deren liber-
> tinäre Zügellosigkeit
> unterbanden**

So waren Männer, die sexuell erfolgreich sein wollten, gezwungen, auf die Jagd zu gehen, um Fleisch von erlegten Tieren
im Tausch für Sex anbieten zu können. Die Bereitschaft und
Fähigkeit der Männer, Frauen mit Fleisch zu versorgen, wurde
für sie nun zu einem Auswahlkriterium – diejenigen Männer,
die darin fähiger und erfolgreicher waren, hatten bei Frauen
größere Chancen. Damit stieg auch die Wahrscheinlichkeit, dass
sich ihr männlicher Nachwuchs ebenfalls kooperativ verhalten
und für tierische Nahrung sorgen würde. Auf diese Weise wurde
der Prozess einer sexuellen Selektion in Gang gesetzt, der eine
größere Kooperationsbereitschaft der Männer zur Folge hatte.

Um Bereitschaft und Fähigkeit zur Kooperation möglichst glaubwürdig in der gesamten Gemeinschaft zu demonstrieren, reichten individuelle Gaben jedoch nicht aus – das egoistische Motiv, eine bestimmte Frau zu erobern, war zu stark. Um Hilfsbereitschaft im eigentlich menschlichen Sinn zu signalisieren, musste der Egoismus weitgehend verschleiert werden. Und so nutzten archaische Männer die noch heute vorherrschende Auffassung: Wer anderen etwas gibt oder spendet, ohne dass mit dieser Handlung ein persönlicher Nutzen erkennbar ist, gilt als wirklich freigiebig, als ein durch und durch guter Mensch.

> **Männer waren gezwungen, auf Jagd zu gehen, um Fleisch von erlegten Tieren im Tausch für Sex anbieten zu können**

Grabbeilagen und Brandopfer

Grabbeilagen sind für mich ein Beleg dafür, dass archaische Männer diese Signalstrategie verfolgten. Die ältesten Funde stammen aus etwa 80 000 Jahre alten Siedlungsplätzen im heutigen Israel. Ob Neandertaler, die damals auch dort lebten, ihren Toten ebenfalls Pflanzen, Tierknochen oder Artefakte ins Grab legten, ist noch umstritten, da die Funde nicht eindeutig zu interpretieren sind. Beim *Homo sapiens* hatte sich dieses Verhalten aber offenbar durchgesetzt.

Die Toten nicht einfach zu verscharren, um zu verhindern, dass wilde Tiere angelockt werden, sondern in einem Beerdigungsritual von ihnen Abschied zu nehmen, bedeutete eine besondere Anstrengung. Noch dazu einen wertvollen Gegenstand mit ins Grab zu legen, muss als ein außergewöhnliches Signal gedeutet werden. Doch wofür? Für einen frühen Glauben an ein Leben nach dem Tod? Das ist die gemeinhin übliche Antwort, die sich aber nicht beweisen lässt. Ebenso wenig ließe sich dieses Verhalten mit egoistischen und zweckrationalen Motiven erklären. Warum hätte man einen wertvollen Gegenstand auf

Nimmerwiedersehen in der Erde vergraben sollen, wenn jeder in der Gruppe ihn doch gut hätte gebrauchen können? Es wäre ausgesprochen töricht gewesen und schade um die lange Arbeitszeit, die zu seiner Herstellung notwendig war.

Wurden wertvoller Schmuck oder gefährliche Waffen entgegen dem egoistischen Reflex, sich dieser Gegenstände zu bemächtigen, zum Toten ins Grab gelegt, so kann man nicht umhin, dieses irrational erscheinende Verhalten als Handicap-Signal zu interpretieren: Männer, die sie aufgrund ihrer Position oder Körperkraft für sich hätten beanspruchen können, demonstrierten mit ihrem Verzicht ihre gehobene soziale Stellung, da sie es sich offensichtlich leisten konnten, Verzicht zu üben und die Gegenstände dem Verfall im Grab preiszugeben. Sie konnten zudem im Rahmen einer Beerdigungszeremonie zeigen, dass sie den Besitz nicht nur schwächerer, sondern sogar toter Stammesmitglieder achteten und deshalb grundsätzlich zu einem achtsamen und altruistischen Handeln fähig waren. Mit diesem Verhalten gewannen sie an Prestige und Achtung in der Gemeinschaft und steigerten ihre Attraktivität gegenüber Frauen. Altruistisch zu handeln bedeutet, ein schwächeres Mitglied der Gesellschaft nicht zu berauben, sondern ihm aus freien Stücken etwas zu überlassen, ihn zu unterstützen, ohne dass man dazu genötigt würde. Um diese Haltung allen Mitgliedern der Gemeinschaft überzeugend zu demonstrieren, wählte man tunlichst das schwächste Mitglied aus – einen Toten!

Menschliche Kultur ist nur vorstellbar als altruistische Kultur, als eine Kultur der Kooperation und gegenseitigen Hilfe. Menschlichkeit bedeutet, die schwächsten Mitglieder der Gesellschaft zu unterstützen, sich um Alte, Kranke und Schwache zu kümmern und sich als Männer gegenüber Frauen großzügig und höflich zu verhalten. Sinkt ein Passagierschiff, so lautet das Kommando „Frauen und Kinder zuerst!" und nicht „Rette sich, wer kann!" Es soll verhindert werden, dass sich die stärkeren Männer die besten Plätze in den Rettungsboo-

Menschliche Kultur ist nur vorstellbar als altruistische Kultur

ten sichern. Diese altruistische Maxime darf sich nicht nur auf Menschen beziehen, mit denen man verwandt ist, denn dann würde man lediglich dem egoistischen Motiv folgen, seinen eigenen Genen, wenn schon nicht unmittelbar, so doch über mehr oder weniger entfernte Verwandte, mit denen man einen Teil seiner genetischen Ausstattung teilt, zum größtmöglichen Erfolg zu verhelfen. Menschliche oder menschenähnliche Gemeinschaften müssen es in der Frühzeit irgendwann geschafft haben, sich so zu organisieren, dass sich alle Mitglieder der gleichen Gemeinschaft untereinander grundsätzlich kooperativ verhielten, gleichgültig, ob man miteinander verwandt war oder nicht.

Neben Grabbeilagen gab es noch eine zweite Möglichkeit, altruistische Gesinnung kund zu tun – durch Brandopfer. Vergegenwärtigen wir uns dazu noch einmal das damalige Szenario mit gemeinsam menstruierenden Frauen sowie Männern, die während dieser Zeit das Basislager verließen, um zu jagen. Bei deren Rückkehr entstand stets eine kritische Situation. Die Männer waren gezeichnet von den Strapazen und Entbehrungen der Jagd und erwarteten eine rasche Befriedigung ihrer sexuellen Bedürfnisse, mussten zunächst aber signalisieren, dass sie bereit waren, ihr Fleisch zu teilen. Doch mit wem? Nur mit den Frauen, die menstruiert hatten und bei denen ein Fortpflanzungserfolg zu erwarten war, oder mit allen Frauen, Kindern, Alten und Kranken des Stammes?

> **Neben Grabbeilagen gab es noch eine zweite Möglichkeit, altruistische Gesinnung kund zu tun – durch Brandopfer**

Hier kommt das Brandopfer ins Spiel. Mit dem Grillen und Garen eines Teils ihrer Jagdbeute im Rahmen einer rituellen Handlung konnten Männer glaubwürdig ihre altruistische Gesinnung demonstrieren. Opferten sie ein Teil ihres Fleisches, so zeigten sie, dass sie zum Teilen fähig waren. Sie stellten zudem ihre Qualität als Jäger unter Beweis, wenn sie über so viel Fleisch verfügten, dass sie etwas davon abgeben konnten. Die durch das Opfer bekräftigte Botschaft war glaubwürdig, da sie ein Handicap enthielt – man ging das Risiko ein, hungern zu

müssen, und demonstrierte so seine Qualitäten als erfolgreicher
Jäger und ein zum Teilen fähiger Mann.

Das geopferte Fleisch ging den Männern als Nahrung verloren. Überdies stand ihnen nun auch weniger zur Verfügung, um
die Gunst einer Frau zu erwerben. Dennoch führte genau diese
Strategie der Drittelung – ein Brandopfer für die Gemeinschaft,
Fleisch im Tausch für Sex und der Rest für den Jäger selbst –
zum Überleben des gesamten Stammes. Alle Stammesangehörigen, die ohne das Opfer der Jäger leer ausgegangen wären, da sie
zu alt, zu jung, nicht menstruierend oder krank waren, bekamen
so eine größere Chance zu überleben. Aus dem Brandopfer für
die Gemeinschaft wurde später in vielen Kulturen ein Opfer für
die Götter, wobei dann aber das geopferte Fleisch, im Anschluss
an den rituellen Akt, ebenfalls von der Gemeinschaft verzehrt
wurde. Die altruistische Handlung wurde religiös überhöht, um
ihren Wert zu steigern und zu festigen.

Die Opferstrategie als wirksames Handicap-Signal, um Altruismus und Kooperationsfähigkeit anzuzeigen, funktioniert
noch heute. Heute hat sich jedoch die Zahl der Beobachter, die
den Opfernden sehen und ihm Anerkennung zollen, erheblich
erweitert. In traditionellen Staaten wird für alle bedürftigen
Mitglieder des eigenen Volkes gespendet und in modernen In-
dustriegesellschaften für die Armen und Bedürftigen der ganzen
Welt, obwohl keinerlei persönliche
Beziehungen zu den Empfängern
der Spenden bestehen. Die elektronischen Medien garantieren,
dass möglichst viele vom Großmut
spendabler Bürger erfahren. Die
Botschaft ist immer die gleiche:
„Schaut, wie selbstlos und gut wir sind!" Diese Strategie, sich in
der Welt bekannt und beliebt zu machen und Einfluss zu gewinnen, wird nicht nur von Einzelpersonen verfolgt – auch Staaten
sind stolz auf ihre Opferbereitschaft. So durfte sich Deutschland
2004 des weltweit höchsten Spendenaufkommens für die Opfer
der Tsunami-Katastrophe in Südostasien rühmen.

> **Die Opferstrategie
> als wirksames Handicap-
> Signal funktioniert
> noch heute**

Mit Brandopfern und Grabbeilagen entstand vor über 100 000 Jahren menschliche Kultur – eine Kultur, die wir menschlich nennen, weil sie durch Selbstlosigkeit und Kooperation geprägt ist oder sein sollte. Wird heute für einen guten Zweck gespendet und wir beteiligen uns daran, so fühlen wir uns als moralisch wertvolle Wesen, die der Gemeinschaft dienen und dafür Anerkennung erhalten. Wer viel besitzt, kann viel spenden und somit ein größeres Handicap eingehen – darum erntet der großzügigste Spender die meiste Anerkennung. Dennoch dürfen wir diejenigen, die wenig besitzen und deshalb nur wenig spenden können, nicht gering schätzen. Jesus weist in seinem Gleichnis vom reichen Pharisäer und der armen Witwe darauf hin. Für das Funktionieren einer Gesellschaft ist die grundsätzliche Bereitschaft zum Altruismus und zur Kooperation entscheidend, gleichgültig, welche Position man einnimmt. Trittbrettfahrer, die keine Opfer bringen, sondern nur von den Anstrengungen anderer profitieren möchten, sind für die Gemeinschaft eine Last. Daher – so die Botschaft – sollte jeder nach seinen Möglichkeiten zum Gelingen einer Gemeinschaft beitragen. Wer diese Grundregel verletzt, macht sich unbeliebt und es wird über ihn negativ gesprochen. Über Klatsch und Tratsch sollen möglichst viele erfahren, dass jemand gegen das Altruismusgebot verstößt. Klatsch und Tratsch sind das sprachliche Frühwarnsystem, um egoistische Trittbrettfahrer zu entlarven. Doch dazu später mehr!

Höhlenzeichnungen und Jagdmeditationen

Die wesentlich späteren, bis 30 000 Jahren alten Höhlenmalereien stellen eine neue Stufe dieser altruistischen Signalstrategie dar. Nun zeigten einzelne Künstler – vermutlich Männer – stellvertretend für alle Männer, die auf die Jagd gingen, der Gemeinschaft, welch gefahrvolle Aufgabe sie erfüllten, um den Stamm mit Fleisch zu versorgen. Diese beeindruckende frühe Kunst, die aus dem Nichts zu kommen schien, war bereits Ausdruck für ein menschliches Verhalten, wie wir es heute kennen:

sich nicht allein um das nackte Überleben zu sorgen, sondern auch Zeit und Muße für Malerei und bildende Kunst, für Musik und Dichtung zu erübrigen. Das Motiv für diese frühen künstlerischen Aktivitäten beruhte nach wie vor auf der gleichen grundlegenden Strategie, mit der altruistisches Verhalten signalisiert wurde. Warum, stellt sich dann die Frage, kam es erst so spät zu einer regelrechten künstlerischen Explosion?

Im eiszeitlichen Europa hatte sich die Nahrungssituation für die aus dem Süden kommenden *Homo-sapiens*-Stämme verschärft – zur Trockenheit kam die Kälte. In den kalten Wintermonaten froren die Seen und Flüsse zu und Schnee bedeckte das Land. Das Sammeln pflanzlicher Nahrung und die Jagd nach kleineren Tieren und Fischen wurde dann nahezu unmöglich. Die einzige Möglichkeit zu überleben bot das Fleisch der großen Herdentiere, die die karge Tundra in großer Zahl bevölkerten. Zu dieser gefährlichen Aufgabe eigneten sich nur die stärksten Männer eines Stammes, und – wie uns Knochenfunde bestätigen – waren sie tatsächlich dazu in der Lage. Planungsvermögen und Waffentechnik waren inzwischen so weit entwickelt, dass sie die Herausforderung annehmen konnten.

Dennoch war diese Jagd mit vielen Unwägbarkeiten verbunden. Die Herden entfernten sich oft so weit vom Basislager, dass die Jäger weite Wege auf sich nehmen mussten und nicht innerhalb eines Mondzyklus zurückkehren konnten. Bei zu schlechtem Wetter musste die Jagd ganz eingestellt werden. Die Folge waren Versorgungsengpässe und Hungerperioden. Die Frauen, die mehr denn je auf die Unterstützung durch die Männer angewiesen waren, mussten fürchten, dass sie ihre altruistische Haltung aufgeben und von den langen Jagdausflügen ohne Fleisch zurückkehren würden, weil der Hunger sie gezwungen hätte, sich selbst zu versorgen.

Ich vermute, dass Höhlenzeichnungen angefertigt wurden, um Frauen bildlich vor Augen zu führen, dass die Männer auch während der Jagd an die Zurückgebliebenen dachten und sie nicht im Stich lassen würden. Die an der heimatlichen Felswand dargestellten Jagdszenen gemahnten an die tatsächliche Jagd irgendwo in der Fremde. Sie waren gewissermaßen gemalte Verträge, die den daheim gebliebenen Frauen die Sicherheit geben sollten, sich auf die altruistische Übereinkunft zu verlassen. Es waren zuverlässige und glaubwürdige Signale, weil das Bemalen der Höhlenwände mit Jagdszenen viel Zeit und Anstrengung kostete. Die Frauen konnten sich sicher fühlen und ihren Männern vertrauen, dass sie nach der Jagd, mochte sie auch noch so lang und entbehrungsreich sein, mit wertvoller tierischer Nahrung zu ihnen zurückkehrten.

Das relativ plötzliche Auftreten von Grabbeilagen und Höhlenzeichnungen in Europa vor 30 000 Jahren kann möglicherweise noch durch einen anderen Umstand verstärkt worden sein: durch die Konkurrenz zum Neandertaler – ebenfalls ein erfolgreicher Jäger und zudem mit seinem gedrungenen kräftigen Körperbau besser an das damals herrschende eiszeitliche Klima angepasst als die Neuankömmlinge aus Afrika. Vor etwa 80 000 Jahren waren sich die beiden Gruppen im Gebiet des heutigen Israel erstmals begegnet – dort, woher auch die frühesten Grabbeilagen stammen. Möglicher-

> **Höhlenzeichnungen wurden angefertigt, um den Frauen vor Augen zu führen, dass die Männer auch während der Jagd an die Zurückgebliebenen dachten**

weise war dieser Kontakt ein zusätzlicher Anstoß für die Strategie gewesen, mit Grabbeilagen Altruismus zu signalisieren, denn wenn es damals zu Begegnungen oder vielleicht sogar zu Handelsbeziehungen gekommen war, dann hatte man vielleicht sogar wechselseitig an Begräbnisritualen teilgenommen oder zumindest davon gewusst. Mit dem Wert von Grabbeilagen hätte sich dann gegenüber einem konkurrierenden fremden Stamm die eigene Stärke und Überlegenheit signalisieren lassen. Wahrscheinlich hatten bei dem Bemühen, die Mitglieder anderer Kulturen zu übertrumpfen, immer die *Sapiens*-Stämme die Nase vorn. Es gibt zwar einige Hinweise, dass auch Neandertaler ihre Toten rituell mit Beigaben bestatteten, aber dies geschah anscheinend wesentlich seltener und die Beigaben waren von geringerer Qualität.

Das spätere erneute Zusammentreffen in Europa führte wiederum zu einer Konkurrenzsituation, jetzt allerdings unter den erschwerten Bedingungen der Eiszeit. Die *Sapiens*-Gruppen mussten fürchten, dass ihnen die Neandertaler mit ihrer längeren Erfahrung bei der Jagd auf große Herdentiere überlegen sind. Mit ihren Höhlenzeichnungen versuchten sie darum möglicherweise, sich für die Auseinandersetzung mit den Konkurrenten mental zu wappnen. Setzte man die bevorstehende Jagdsituation in ein Bild um, das man bei einer rituellen Meditation betrachtete, so half dies, sich den Ablauf und die Gefahren der Jagd zu vergegenwärtigen und sie so besser zu meistern.

Wie auch immer man sich damals verhielt, welche Wirkungen auch immer erzielt wurden, ob es zu Begegnungen mit Neandertalern oder mit anderen Hominiden kam oder nicht – die unterschiedlichen Signalstrategien beruhten immer auf dem gleichen Motiv: Mit Signalen, die ein erhebliches Handicap enthielten, da Ressourcen verschenkt oder gar vergeudet wurden, demonstrierte man allen Beobachtern zuverlässig, dass man aufgrund seiner Stärke, Geschicklichkeit und Intelligenz in der Lage war, den Verlust zu kompensieren und somit altruistisch zu handeln – sei es als Einzelperson gegenüber Frauen, die mit Fleisch versorgt werden wollten, oder als Stamm gegenüber konkurrierenden Stämmen.

So wurde Altruismus zum Kennzeichen der neuen Art, der immer wieder neu bestätigt werden musste. Der Ort, an dem dies geschah, war kein alltäglicher, sondern ein ritueller. Bei der Darbietung der Handicap-Signale im Ritual waren alle gezwungen, ihr als aufmerksame Beobachter beizuwohnen, sodass später keiner sagen konnte, er habe nichts gesehen oder gehört. Im Ritual wurde das kollektive Versprechen durch die Stilisierung der Signale verdeutlicht – die Grabbeilagen wurden nicht einfach in die Erde geworfen und das Fleisch wurde nicht einfach gegart. Vielmehr wurden die Tätigkeiten als rituelle Handlungen nach einem voraussagbaren Muster langsam und mit Bedacht vollzogen und erhielten so ein besonderes Gewicht.

Den genauen Verlauf von Brandopfern, Begräbnisritualen oder Jagdmeditationen in der Steinzeit wird man nicht rekon-

struieren können. Die Initiatoren und Akteure müssen jedoch
Männer gewesen sein, denen es darum ging, ihre Kooperationsfähigkeit zu beweisen und die Anerkennung von Frauen
zu gewinnen, da bei der Partnerwahl nun nicht mehr nur Körperkraft und Vitalität gefragt waren, sondern „menschliche"
Eigenschaften in den Vordergrund rückten. Männer sahen sich
zu diesen rituellen Aktivitäten genötigt, da Frauen den Zugang
zu ihrem Geschlecht kollektiv unter Kontrolle brachten und die
Kriterien bei der Partnerwahl veränderten. Frauen waren die
treibende Kraft einer kulturellen Revolution, mit der die Spiel-
regeln der sexuellen Selektion in eine neue Richtung gelenkt
wurden. Sie sahen sich zu diesen Änderungen gezwungen, da
sie die Aufzucht des Nachwuchses nicht mehr ohne männliche
Unterstützung bewältigen konnten. Sie brauchten einen neuen,
kooperativen und treu sorgenden Mann. Der archaische Sex-
Rambo hatte ausgedient. Die Koordination des Menstruations-
zyklus war der kollektive Akt – der Sexstreik, wie Chris Knight
es nennt –, der zu einem veränderten Partnerverhalten führte.
Im Knightschen Szenario bleibt jedoch unberücksichtigt, dass
Männer mit eigenen ritualisierten Signalstrategien den Wünschen der Frauen nach Kooperation entgegenkamen. Bei Knight
bleiben allein Frauen die treibende Kraft des Wandels – ein
Wandel, der mit der kollektiven Steuerung der Menstruation
einsetzte und mit rituell inszenierten Verfahren den Beginn
menschlicher Kultur markierte. Aber Männer ließen sich auf
diese Veränderungen ein und gestalteten den kulturellen Wand-
lungsprozess aktiv mit.

Illusionstheater mit rotem Ocker

Um die Männer zur Versorgung aller Frauen mit Fleisch zu bewegen, seien sie, so Knight, auf die Idee gekommen, ihre Körper
mit rotem Ocker zu bemalen. Da die Koordination des Menstrua-
tionszyklus mit dem Mond als Zeitgeber nicht ausgereicht habe,
auch Frauen ohne Zyklus mit Fleisch zu versorgen, hätten alle ge-

schlechtsreifen Frauen, menstruierende wie nicht menstruierende, mit roter Körperbemalung eine Menstruationsblutung simuliert, um ihre sexuelle Attraktivität und Empfängnisbereitschaft vorzutäuschen. So wie heute noch rote Lippen, ein rotes Kleid oder rote Stiefel auf Männer sexuell stimulierend wirkten, hätten sich die Frauen damals Männern gegenüber mit aufreizend roter Ockerkosmetik präsentiert, damit nicht ausschließlich empfängnisfähige Frauen, die aufgrund ihrer Blutungen begehrenswert waren, mit Fleisch aus der Jagdbeute unterstützt wurden.

So wurde die rote Farbe des Ockers als erstes kulturelles Signal an das biologische Handicap-Signal Menstruationsblutung gekoppelt, um sexuelle Attraktivität kosmetisch anzuzeigen. Der Beginn unserer Kultur wurde demnach von einer geschickt organisierten kollektiven Täuschung eingeläutet. Um diese Vermutung zu belegen, verwies der Anthropologe Ian Watts auf circa 120 000 Jahre alte südafrikanische Lagerplätze, in denen große Mengen von rotem Ocker gefunden wurden, der aus weit entfernten Lagerstätten stammte (Watts 1999). Da für seine Verwendung kein praktischer Nutzen erkennbar sei, müsse man davon ausgehen, dass er eine Signalfunktion als Farbe zum Bemalen des Körpers erfüllt habe. Warum sonst hätten archaische Menschen dieses Material, das sich hervorragend zum Färben eignet, zu ihrem heimatlichen Lagerplatz transportieren sollen?

Die rote Ockerfarbe war das erste kulturelle Signal, um sexuelle Attraktivität anzuzeigen

Ich denke auch, dass sich die archaischen Frauen mit rotem Ocker bemalten, um ihre sexuelle Attraktivität zu erhöhen, glaube aber nicht, Männer seien damals tatsächlich so naiv gewesen, sich täuschen zu lassen und rote Farbe mit Menstruationsblut zu verwechseln. Sie assoziierten die Farbe allenfalls mit Blut und ließen sich von dem leuchtenden Rot sexuell stimulieren, wussten aber zugleich genau, welche Frauen gebärfähig waren und welche nicht. Sie waren nur so klug, die Inszenierung der kollektiven Täuschung nicht zu stören, und spielten mit, da es

politisch korrekt war, Kooperation zu demonstrieren und sich von
der Ästhetik der Darbietung bannen zu lassen. Die faszinierende
Präsentation ihrer rötlich gefärbten Körper war gewissermaßen
ein Gegengeschenk der Frauen an die Männer, die ihnen nach
gefahrvoller Jagd Fleisch mitbrachten. Wahrscheinlich hatten die
Männer sogar selbst den roten Ocker herbeigeschafft und so ihren
Teil zur Inszenierung beigetragen. Da sich Frauen vermutlich
nicht einfach nur rot einfärbten, sondern in einem aufwändigen Verfahren Ornamente auf ihre Körper zeichneten und sich
tanzend im flackernden Schein des Feuers präsentierten, wurde
die Inszenierung zu einem rituellen Gesamtkunstwerk, mit dem
Frauen sich insgesamt aufwerteten und begehrenswerter machten. Irgendwann stand dann nicht mehr die Gebärfähigkeit der
Frauen, sondern ihre allgemeine körperliche Fitness und sexuelle
Attraktivität im Vordergrund. Die Körperbemalung war zwar ein
kollektives Signal aller Frauen, hatte aber auch die Funktion,
feine Unterschiede zwischen ihnen deutlich zu machen, die für die
Partnerwahl bedeutsam waren.

Sicher beobachteten die archaischen Männer jede einzelne
der roten Tänzerinnen genau – ganz so, wie es heute noch in
jeder Disco geschieht. Sie interessierten sich nicht nur für ihr
Aussehen und die Art, wie sie tanzten und sangen, sondern
registrierten auch die kosmetische Raffinesse der Bemalung.
Dahinter stand – unbewusst – folgende Überlegung: Da eine
Frau ihren Körper und insbesondere ihren Rücken nicht gut
allein bemalen kann, ist sie auf die Hilfe anderer Frauen angewiesen. Je beliebter eine Frau ist und je besser sie mit anderen
kooperiert, desto bereitwilliger wird ihr geholfen und desto
aufwändiger und kunstvoller wird ihr Körperschmuck sein. Die
Qualität der kosmetischen Gestaltung wurde deshalb für die
Männer zu einem wichtigen Signal, denn eine Frau, die bei der
Gestaltung ihres Körpers Unterstützung erfuhr, konnte damit
rechnen, dass ihr auch in anderen schwierigen Situationen geholfen wurde. Besonders für Schwangerschaft und Geburt sowie
bei der Aufzucht und Erziehung des Nachwuchses spielte dies
auch für den Mann als potenziellen Vater eine wichtige Rolle.

Demzufolge war die Bemalung mit rotem Ocker nicht nur ein Signal zur sexuellen Stimulierung männlicher Bewerber, sondern auch für die Kooperationsfähigkeit von Frauen. Somit war sie das weibliche Gegenstück zu den entsprechenden männlichen Signalen mit rituellen Inszenierungen von Fleischopfern, Begräbnisritualen und Höhlenmalereien. Frauen und Männer waren wahrscheinlich nicht so weit voneinander entfernt, wie Chris Knight in seinem Szenario vermutete. Falls die sexuelle Selektion zu einer spezifisch menschlichen Form altruistischeren Verhaltens geführt hat, so wäre es merkwürdig, wenn von dieser Verhaltensänderung nicht Frauen wie Männer gleichermaßen betroffen wurden und nicht beide ihre Kriterien für die Wahl ihres Partners verändert hätten.

Auch wenn die Anfänge der menschlichen Entwicklung stark vom Bemühen um ein kooperatives, altruistisches Verhalten geprägt waren, so darf man das Bild nicht zu positiv zeichnen. Für Männer war es offenbar wesentlich härter als für die Frauen, sich helfend und schützend in den Dienst der Gemeinschaft zu stellen und eine Mutter bei der schwierigen Aufzucht des Nachwuchses zu unterstützen. Viele Männer verhalten sich bis heute gegenüber Frauen und Kindern aggressiv, vergewaltigen Frauen und lassen ihre Familien im Stich. Es kommt auch immer noch vor, dass Männer die nicht von ihnen gezeugten Kinder ihrer Partnerin töten. Trotz der sexuellen Selektion, die altruistisches Verhalten verstärkt, trotz ritueller oder gesetzlicher Maßnahmen sind viele Männer egoistische, aggressive Machos geblieben. In der Frühzeit des Menschen vor mehr als 100 000 Jahren ging es wahrscheinlich noch um einiges ruppiger zu. Vor allem wenn die Männer erschöpft von der Jagd und hungrig nach Sex zum gemeinsamen Lager zurückkehrten, entstanden vermutlich oft brenzlige Situationen, die es zu entschärfen galt. Darum musste ihre Ankunft in einer rituell geordneten Weise organisiert werden, um kritische Situationen von vornherein zu vermeiden.

Viele Männer sind egoistische, aggressive Machos geblieben

Vor allem war zu verhindern, dass junge, attraktive und
fortpflanzungsfähige Frauen Opfer einer Vergewaltigung wurden. Besonders gefährdet waren junge Mädchen, die zum ersten
Mal ihre Regel bekommen hatten. Auch wenn tatsächlich alle
Frauen ihre Körper mit rotem Ocker bemalten, werden einige
Männer dennoch versucht haben, die jungen Schönheiten des
Stammes, vor allem die noch unberührten Jungfrauen, zu erobern und ausschließlich sie mit ihrem erjagten Wild zu umwer-
ben. Somit reichte der rote Ocker wahrscheinlich als Maßnahme
nicht aus, das sexuelle Interesse der Männer im Sinne aller
weiblichen Gruppenmitglieder zu steuern.

Nach Chris Knight wurden die am heißesten begehrten
jungen Mädchen durch eine geschickte Inszenierung in einem
gemeinsamen Ritual vor männlichen Übergriffen geschützt, und
zwar nach dem gleichen Muster wie bei der Bemalung mit rotem
Ocker – mit einer kollektiven Täuschung. Die älteren Frauen
verkehrten die sexuelle Attraktivität der jungen Mädchen in ihr
Gegenteil und staffierten sie mit Federn, Fellen, Tiermasken
und männlichen Attributen wie Penisattrappen aus. Zudem
verhielten sich die geschlechtsreifen Mädchen in dieser rituellen Inszenierung wie Kinder. Die Botschaft für Männer war ein
Sexverbot mit den Signalen *wrong species*, *wrong sex* und *wrong
time* – tierische Attribute sollten ihnen vermittelten, es handele
sich nicht um Menschen, männliche Attribute, es handele sich
nicht um Frauen, und kindliche Attribute sollten suggerieren,
die erste Monatsblutung habe noch nicht stattgefunden.

Ich halte es durchaus für möglich, dass sich bereits vor über
100 000 Jahren zum Schutz vor sexuellen Übergriffen und zur
Festigung einer grundsätzlich altruistischen Haltung derartige
rituelle Inszenierungen entwickelten, wie sie bis heute noch in
zahlreichen Stammesgesellschaften üblich sind. Erneut stellt
sich jedoch die Frage, ob sich die Männer damals tatsächlich
durch die Inszenierung täuschen ließen.

Aber vielleicht ist diese Frage so nicht angebracht, denn bei
der Durchführung eines Rituals herrscht eine andere Wirklichkeit. So wie beim Abendmahl die katholischen und ein Teil der

evangelischen Christen glauben, dass das gereichte Brot der Leib und der Wein das Blut von Jesus Christus ist, so glaubten archaische Menschen, der rote Ocker sei Menstruationsblut und ein Mädchen, das mit dem Kopf eines Wolfes tanzte, sei wirklich ein Wolf. Wenn es sich so verhielt, dann vollzog sich hier ein metaphorischer Prozess – eine Übertragung von einer bekannten alltäglichen Wirklichkeit auf eine neue ritualisierte Wirklichkeit.

Damit diese Übertragung akzeptiert werden konnte, musste sie mit einem außergewöhnlich hohen Aufwand inszeniert werden. Und genau dazu diente das entsprechende Ritual – eine komplexe, aufwändige, anstrengende, kostenintensive und Ressourcen verschwendende Inszenierung, die alle Teilnehmer davon überzeugen musste, dass die in ihr dargestellte neue Wirklichkeit glaubwürdig sei. Von Täuschung zu sprechen, wie Knight es tut, ist nicht angemessen, da der Weg, den die archaischen Menschen damals einschlugen, ein metaphorischer war. Auf diesem Weg ging es stets um Verschiebungen und Interpretationen, und das ist bis zum heutigen Tage so geblieben. Das Spiel mit einer anderen Wirklichkeit ist zu unserem Spiel, zum schlechthin menschlichen Spiel geworden. Und dabei wurde die Sprache zu dem wichtigsten Medium, das dieses Spiel auch außerhalb von Ritualen funktionieren lässt. Die Sprache konnte die im Ritual veränderte Wirklichkeit in den Alltag hineintragen und hat unseren Alltag von Beginn unserer Entwicklung an in einer Weise verändert, dass wir uns manchmal nicht mehr sicher sein können, was eigentlich Wirklichkeit ist. So wurden wir zu Konstrukteuren eigener Wirklichkeiten, die damals, vor mehr als 100 000 Jahren, ihren Ursprung in Ritualen fanden, welche Frauen inszenierten, um Männer zu kooperativem und altruistischem Verhalten zu bewegen.

Ein rituelles Arrangement, das die natürlichen biologischen Verhältnisse auf den Kopf stellte und Natur über Kultur neu definierte, machte Sprache notwendig, da das Neue, das den immer gleichen Erwartungen widersprach, durch Kommunikation gefestigt werden musste. Die Sprache musste helfen, das neue Ver-

hältnis zwischen den Geschlechtern und die damit verbundene
Arbeitsteilung in der Kultur des
Alltags zu etablieren. Dort musste
sich die rituelle Vorgabe bewähren,
sexuellen Begierden nicht zügellos
nachzugeben, sich Frauen gegen-
über achtsam, kooperativ und altruistisch zu verhalten – und sie
großzügig mit Fleisch und anderen Gaben zu unterstützen.

> **Das Spiel mit einer
> anderen Wirklichkeit ist
> zu unserem Spiel, zum
> schlechthin menschlichen
> Spiel geworden.**

Literatur

Bräuer G (2002) Der Ursprung lag in Afrika. In: *Spektrum der Wissenschaft.*
   März: 38–46.

Brunet M, Guy F, Pilbeam D, Mackaye H et al (2002) A new hominid from
   the upper miocene of Chad, Central Africa. In: *Nature* 418: 145–151.

Cavalli-Sforza LL (2005) The human genome diversity project: past, present
   and future. In: *Nature* 6: 333–340.

Dunbar R (1996) Grooming, Gossip and the Evolution of Language. London,
   Boston: Faber and Faber.

Fisher RA (1983) Natural Selection, Heredity and Eugenics. Oxford: Claren-
   don Press.

Hay RL, Leakey MD (1982) The fossil footprints of Laetoli. In: *Scientific
   American* 246, 2: 50–57.

Ingman M et al (2000) Mitochondrial genome variation and the origin of
   modern humans. In: *Nature* 408: 708–713.

Johanson D, Edey M (1981) Lucy. New York: Simon and Shuster.

Johanson E, Edgar B (2006) Lucy und ihre Kinder. Heidelberg: Elsevier/
   Spektrum Akademischer Verlag.

Knight C (1991) Blood Relations: Menstruation and the Origins of Culture.
   Yale: University Press.

Mania D (1995) The earliest occupation of Europe: the Elbe-Saale region
   (Germany). In: Roebroeks W, van Kolfschoten T (Hrsg) The Earliest Occupation of Europe. Analecta Leidensia (Leiden), S. 85–101.

Milton K (2000) Diet and primate evolution. In: Goodman AH, Dufour DL,
   Pelto GH (Hrsg) Nutritional Anthropology – Biocultural Perspectives on
   Food and Nutrition. NewYork: MacGraw-Hill.

Niemitz C (2004) Das Geheimnis des aufrechten Gangs. München: C.H.
   Beck.

Simkin T, Siebert L (1994) Volcanoes of the World. Tucson: Geoscience
    Press.
Watts I (1999) The origins of society. In: Dunbar R, Knight C, Power C (Hrsg)
    The Evolution of Culture. Edinburgh: Edinburgh University Press.
Wheeler PE (1994) The thermoregulatory advantages of heat storage and
    shade-seeking behaviour to hominids in equatorial savannah environ-
    ments. In: *Journal of Human Evolution*26: 339–350.
White T et al (2003) Pleistocene *Homo sapiens* from Middle Awash, Ethiopia.
    In: *Nature* 423: 742–747.

4

Als die Wörter tanzen lernten

Sprache ist einzigartig – vollkommen anders als Kommunikation unter Tieren. Allzu gerne möchten wir der These von einem tiefen, unüberbrückbaren Graben zwischen „unserer" Sprache und allen anderen Formen artspezifischer Kommunikation zustimmen. Seit den Mythen vom göttlichen Ursprung der Sprache bis hin zur modernen Linguistik wurde stets die Außergewöhnlichkeit und Einmaligkeit von Sprache betont. Das hehre Monument hat in den letzten Jahren jedoch Risse bekommen, denn im Laufe der Forschungsgeschichte stürzten immer mehr Bastionen sprachlicher Einzigartigkeit in sich zusammen. Die Evolution der Sprache wird heute stärker im Licht der allgemeinen Evolution betrachtet und als eine spezifische Fortentwicklung tierischer Kommunikation angesehen.

> **Die Evolution der Sprache wird heute stärker im Licht der allgemeinen Evolution betrachtet und als eine spezifische Fortentwicklung tierischer Kommunikation angesehen**

Zerlegt man das komplexe Phänomen Sprache in seine Komponenten und prüft bei jeder einzelnen, ob sich im Tierreich etwas Vergleichbares entdecken lässt, so wird man bald fündig, und die Komponenten erscheinen nicht mehr so außergewöhnlich. Schauen wir uns einige davon einmal an!

Tierische Kommunikation und Sprache

Unsere spezifische sprachliche Hörfähigkeit lässt uns lautliche Unterschiede so wahrnehmen, dass wir die Laute in Kategorien einteilen. Obwohl sich die beiden Wörter /leiden/ und /leiten/ lautlich nur minimal voneinander unterscheiden, erkennen wir sofort, dass es sich um zwei unterschiedliche Wörter handelt. Zwischen den Lauten /d/ und /t/ nehmen wir einen Unterschied wahr, der uns veranlasst, sie kategorial zu differenzieren. Diese Unterscheidungsfähigkeit ermöglicht es uns, aus einer kontinuierlichen Lautkette einzelne Wörter „herauszuhören". Hören wir so etwas wie *abadasisdochglattawahnsinn*, so erkennen wir genau die Wörter, die in dieser Lautkette verborgen sind: *Aber das ist doch glatter Wahnsinn.*

Während man früher annahm, dass nur Menschen aufgrund ihrer Sprachfähigkeit zu diesem kategorialen Hören fähig sind, weiß man mittlerweile, dass dies auch einige Affenarten können; so hören Lisztaffen und Makaken wortähnliche Einheiten selbst dann aus einer kontinuierlichen Lautkette heraus, wenn sie durch Geräusche gestört werden (Hauser/Newport/Aslin 2001).

Schimpansen knacken Nüsse mit Hammer und Amboss und besitzen die Fähigkeit, sich in die Gedanken anderer hineinzuversetzen

Verfügen Affen jedoch über eine kategoriale Hörfähigkeit, so kann diese nicht an die Entwicklung von Sprache gebunden sein, sondern ist evolutionär wesentlich älter.

Ebenso als falsch erwiesen hat sich die Annahme, dass gewisse zentrale Bereiche unserer menschlichen Denkfähigkeit auf Sprache beruhen – wie etwa, sich eine Vorstellung von Zeit und Raum zu machen, Land oder Gegenstände als Besitz zu verstehen oder Werkzeuge aus mehreren Bestandteilen als funktionale Einheiten zu begreifen; diese kognitiven Fähigkeiten ließen sich nämlich auch bei Affen und anderen Tieren nachweisen. So wissen Eichelhäher und Rhesusaffen, wo und wie lange sie etwas versteckt haben. Schimpansen knacken Nüsse mit Hammer und Amboss und besitzen die Fähigkeit, sich in die Gedanken anderer hineinzuversetzen und sich vorzustellen, was einem Artgenossen durch den Kopf geht, wenn auch in begrenztem Umfang (Hare/Call/Agnetta/Tomasello 2000).

Bei der Suche nach sprachähnlichen Fähigkeiten im Tierreich muss man unterscheiden, ob sie in direkter Beziehung zur Entwicklung unserer Art stehen oder ob sie lediglich analoger Natur sind, da sie sich bei Arten entwickelt haben, die evolutionär weit auseinander liegen. Die faszinierende Fähigkeit von Papageien, sprachliche Äußerungen zu artikulieren, beruht beispielsweise nicht auf der Koevolution kommunikativer Fähigkeiten von Menschen und Vögeln. Dazu sind Papageien als biologische Art viel zu weit von uns entfernt. Sie haben die Fähigkeit Wörter zu artikulieren vollkommen unabhängig von unserer Abstammungslinie hervorgebracht – in einer analogen Entwicklung, die zu erstaunlich guten Ergebnissen geführt hat, obwohl sie mit einem gänzlich anderen Stimmapparat erzeugt werden.

Schimpansen dagegen stehen uns evolutionär sehr nahe. Kommunikative Gemeinsamkeiten zwischen ihnen und uns müssen deshalb wohl als homolog gelten, da sie wahrscheinlich auf gemeinsamen evolutionären Entwicklungen beruhen. Dennoch können sie nicht mit der verständlichen Artikulation von Wörtern aufwarten – alle Versuche sind trotz intensiven Trainings kläglich gescheitert. Ihr Kehlkopf ähnelt zwar dem unseren, aber ihre Stimmlippen sind zu grob, ihre Zunge ist zu schwerfällig und die neuronale Steuerung des Artikulationsapparats nicht schnell und präzise genug. Außerdem liegt ihr Kehlkopf nicht tief genug im Hals; der Schallraum ist zu klein, um Laute zum Klingen zu bringen. Die mögliche homologe Entwicklung lautlicher Artikulation ist dem Schimpansen gleichsam im Halse stecken geblieben.

Ihre Unfähigkeit Sprachlaute zu produzieren bedeutet aber nicht, dass sie generell unfähig sind mit symbolischen Zeichen zu kommunizieren. Die Versuche, sie mit Gesten, bunten Symboltafeln oder Zeichen auf Computertastaturen kommunizieren

zu lassen, waren recht erfolgreich.[1] Schimpansen können ihre
Intentionen und Vorstellungen mithilfe visueller Medien zum
Ausdruck bringen, wenn auch nur in einfacher Form. Ihre Fähigkeit, willkürlich gestaltete visuelle Symbole mit Bedeutungen
zu verbinden, entspricht unserer Fähigkeit, mit Lautketten zu
kommunizieren, die keinen Bezug zum Inhalt von Wörtern haben. Wegen der mangelnden artikulatorischen Fähigkeiten von
Affen muss in diesen Experimenten zwar auf lautliche Zeichen
verzichtet werden, aber die zentrale kognitive Leistung, willkürliche Formen mit bestimmten Inhalten zu festen Einheiten
– Symbolen – zu verbinden, bleibt davon unberührt.

Einschränkend muss man hinzufügen: Wildlebende Schimpansen verwenden keine visuellen Symbole zur Kommunikation.
Ihre sprachähnlichen Fähigkeiten erreichen sie nur mit einem
extrem aufwändigen Training in Gefangenschaft. Diese Versuche
verdeutlichen gleichwohl, dass sie kognitiv dazu in der Lage sind.
Ihre Fähigkeit, die erlernten visuellen Symbole zu kombinieren
und zu satzähnlichen Äußerungen aneinander zu reihen, ist jedoch
nur rudimentär entwickelt. Ihnen fehlt offenbar das Vermögen zu
einer weiteren zentralen Eigenschaft von Sprache – aus einer begrenzten Anzahl von Symbolen unbegrenzt viele Äußerungen zu
erzeugen. Und schließlich zeigen sie nur wenig Interesse daran,
sich auf diese Form symbolischer Kommunikation einzulassen.

Das Baukastenprinzip

Wie lässt sich eine komplexe Welt erschaffen? Dorthin führen
grundsätzlich zwei Wege: Entweder erschafft man jedes Teil als
Unikat oder man findet ein generatives Prinzip, wonach sich aus
wenigen Komponenten eine Unzahl unterschiedlicher Formen

---

[1] Vgl. dazu das lesenswerte Buch von Sue Savage-Rumbaugh (1994), die ihrem
Zwergschimpansen Kanzi beigebracht hat, auf visuelle Symbole an einer trag-
baren Tafel zu drücken.

erzeugen lässt. So liegt der Vielfalt irdischen Lebens ein genetischer Code zugrunde, der sich aus den immer wieder gleichen Arten von Molekülen zusammensetzt, wobei nur deren Anzahl und Anordnung variieren. Vier verschiedene Basenmoleküle, die sich im Laufe der Evolution wie eine Art Lebensgenerator immer wieder leicht verändert zusammengesetzt haben, reihen sich in der DNA nach einem für jede Art und jedes Individuum unterschiedlichen Plan aneinander. Auch in der Welt der Chemie herrscht ein generatives Baukastenprinzip: Aus nur 112 Elementen mit jeweils nur einem Atom als kleinster Einheit lassen sich über zehn Millionen chemischer Verbindungen herstellen, deren Moleküle aus mehreren Atomen bestehen.

Dabei haben die Bestandteile in beiden Fällen keinen erkennbaren Bezug zu den Formen, die sie erzeugen – die Gene eines Elefanten haben nichts Elefantenartiges und die Gene einer Rose nichts Rosiges an sich. Es sind immer die gleichen Basen, die sich lediglich in ihrer Zusammensetzung unterscheiden. Ebenso ergeben die 112 Elemente chemische Verbindungen, die mit den Elementen nichts gemein haben. So sind Wasserstoffatome in unserer Atmosphäre hoch explosiv und Sauerstoffatome bringen Feuer zur Weißglut; dennoch lässt sich mit den Molekülen, die sich

> **Die Gene eines Elefanten haben nichts Elefantenartiges und die Gene einer Rose nichts Rosiges an sich**

aus Wasserstoff und Sauerstoff zusammensetzen – H_2O oder auch Wasser – ein Feuer löschen. Die in einer bestimmten Weise zusammengefügten Komponenten ergeben etwas vollkommen Neues – ein geniales Prinzip!

Auf dem gleichen Prinzip beruht auch die Sprache. Auch hier wird aus wenigen Komponenten, den Sprachlauten oder – fachlich präziser – den Phonemen, eine große Anzahl von Wörtern erzeugt, wobei ihre Anzahl und Reihenfolge das Ergebnis bestimmen. Die einzelnen Phoneme haben jedoch mit dem erzeugten Wort nichts gemein. Machen wir die Probe aufs Exempel: Gibt man ein /i:/ von sich, so ist das in Deutschland ein Zeichen für Ekel. Das Phonem /ʃ/, geschrieben *sch*, äußert man, wenn alle still sein sollen. Äußert man aber beide Laute zusammen in einer bestimmten Reihenfolge, so bedeuten sie etwas vollkommen anderes – mit /ʃiː/, geschrieben *Ski* oder *Schi*, sind bekanntermaßen Bretter gemeint, mit denen man über Schnee gleitet. Und wenn man Ski fährt, empfindet man normalerweise weder Ekel, noch müssen alle, die einem dabei zusehen, still sein.

Im Durchschnitt haben Sprachen 30 Phoneme. Das Deutsche hat etwa 35, das Englische etwa 47. Aber es gibt auch Ausreißer – Polynesisch besitzt nur 11 Phoneme und Khoisan, die Sprache der Buschmänner aus dem Süden und Südwesten Afrikas, benötigen bis zu 141, was jedoch nicht heißt, dass die Buschmänner einen größeren Wortschatz als die Polynesier hätten. Überdies muss man wissen, dass Laute nicht beliebig zu kombinieren sind.

In jeder Sprache gibt es Kombinationsbeschränkungen

So ergäbe beispielsweise die Lautkette /rapf/ ein mögliches, wenn auch bedeutungsleeres, deutsches Wort. Undenkbar wäre hingegen, nicht nur im Deutschen, sondern in allen Sprachen, die Lautkette /ueatrsm/, da diese Kombination den universal gültigen Prinzipien für den Aufbau von Silben widerspricht. In jeder Sprache gibt es also Kombinationsbeschränkungen. Die meisten der möglichen Abfolgen werden nicht verwendet. Auch das entspricht den generativen Baukastenprinzipien der Chemie und Genetik – hier sind ebenfalls längst nicht alle denkbaren Kombinationen erlaubt.

In der Sprache zeigt sich beim Erzeugen von Formen aus Komponenten jedoch ein Phänomen, das sie von der Chemie und der Genetik unterscheidet: Da unsere Sprechwerkzeuge beim Reden 10 bis 15 Phoneme pro Sekunde produzieren und dies mit möglichst geringem Aufwand erfolgen soll, werden die Phoneme nicht hübsch voneinander getrennt wie auf einer Perlenschnur ausgesprochen, sondern gehen fließend ineinander über und beeinflussen sich dabei gegenseitig. Wenn Sie einmal laut hintereinander *Kino* und *Kanu* sagen, werden Sie feststellen, dass das /k/ in *Kino* mit der Zunge am vorderen und in *Kanu* am hinteren

Gaumen gebildet wird. Auch das /n/ hört sich in beiden Wörtern unterschiedlich an. Das liegt an der so genannten Koartikulation. Da bei einem /i:/ die Zungenspitze ohnehin nach vorne eilen muss, bringt sie sich bereits beim /k/ in eine Position, die der Stellung für das nachfolgende /i:/ möglichst nahe kommt. Das ist weniger anstrengend und erhöht die Geschwindigkeit.

Beim Sprechen fließen aber nicht nur die Laute, sondern auch die Wörter zu einem Lautstrom zusammen. Wer eine Sprache nicht kennt, kann nicht hören, wo die Grenzen zwischen Lauten und Wörtern liegen.

Auch Menschen, die nicht lesen und schreiben können, erkennen nur ungefähr, welche Laute sich in einem Wort verbergen. Wer jedoch alphabetisiert ist, glaubt ganz fest daran, in seiner Sprache deutlich getrennte einzelne Laute zu hören.

> **Wer eine Sprache nicht kennt, kann nicht hören, wo die Grenzen zwischen Lauten und Wörtern liegen**

Doch das täuscht – wir sprechen nicht wie Roboter einen Laut nach dem anderen, sondern lassen zu, dass sich die Phoneme gegenseitig beeinflussen und verändern. Trotz dieser „Nachlässigkeiten" bei der Artikulation gilt jedoch auch in der Sprache das generative Baukastenprinzip – mit der Einschränkung, dass Konsonanten und Vokale, anders als Atome oder Gene in der Welt der Chemie oder Biologie, keine eindeutig identifizierbaren physikalischen Einheiten sind.

Um erfolgreich zu kommunizieren, wäre es nicht erforderlich, einen Baukasten mit lautlichen Komponenten zu besitzen, die man nach bestimmten Regeln zusammenbauen muss, damit daraus Wörter entstehen. Es wären auch isolierte Lautgestalten denkbar, die sich nicht in Komponenten aus wenigen einzelnen Lauten zerlegen lassen – also anstatt konsonantischer und vokalischer Bauklötzchen in Form von Phonemen laut-

> **Es muss ein Entwicklungsstadium gegeben haben, in dem unsere Vorfahren mit Protowörtern kommunizierten, bevor eine grammatische Sprache entstand**

liche Fertigprodukte, etwa in Form eines schrillen Warnlauts, eines lang gezogenen Klagelauts oder eines kunstvoll intonierten Werbungslauts. Ich vermute, dass es ein Entwicklungsstadium gab, in dem unsere Vorfahren mit diesen Protowörtern kommunizierten, bevor eine grammatische Sprache entstand.

Der dänische Linguist Otto Jespersen hatte zu Beginn des letzten Jahrhunderts die Theorie entwickelt, dass es vor Beginn unserer Sprache eine Protosprache mit lautlichen Einheiten gab, die weder eine phonetische noch eine grammatische Struktur besaß (Jespersen 1922). Wörter seien ursprünglich nicht nach einem komponentiellen Prinzip aus Phonemen zusammengesetzt worden, noch hätte man sie in Bestandteile wie Vorsilbe, Stamm und Endung aufspalten können. Längere Äußerungen setzten sich nicht aus einzelnen, nach grammatischen Regeln strukturierten Wörtern zusammen, sondern seien unstrukturierte, holistische Lautketten gewesen. Zwei ähnliche Äußerungen, die sich heute vielleicht nur in einem Wort voneinander unterscheiden können, hätten in einer Protosprache eine vollkommen andere Lautgestalt gehabt. Anhand ihrer Lautfolge hätte man nicht darauf schließen können, dass beide Äußerungen weitgehend miteinander übereinstimmten.

Nehmen wir die folgenden beiden Äußerungen, mit der jemand gewarnt werden soll:

(1) *Achtung, pass auf! Da vorne liegt ein Löwe im Gras!*
(2) *Achtung, pass auf! Da vorne liegt ein Hase im Gras!*

Wollte man diese Äußerungen, die sich nur in einem Wort voneinander unterscheiden, in eine Protosprache übersetzen, dann würden wir zwei vollkommen unterschiedlich modulierte Laute hören, die keine Komponenten enthielten, die darauf schließen ließen, dass beide Äußerungen etwas miteinander zu tun hätten. Für (1) vielleicht so etwas wie ein lang gezogenes /re:u:/ und für (2) ein etwas kürzeres /ioask/. Wir stellen diese vier Varianten einmal als Lautketten nebeneinander:

(1a) /axtuŋpasaufdafoanəliktainlø:vəimgras/   (1b) /re:u:/
(2a) /axtuŋpasaufdafoanəliktainha:zəimgras/   (2b) /ioask/

Bei dieser Gegenüberstellung wird deutlich, wie überaus praktisch Protowörter für manche kommunikativen Zwecke sind. Während man in den für uns üblichen Lautketten des Deutschen in beiden Beispielen nur anhand von zwei Silben versteht, um welches Tier es sich jeweils handelt und wie man sich deshalb tunlichst verhalten sollte, würde diese Information mit jeweils einem kurzen Protowort rasch und eindeutig vermittelt. Man erfährt zwar nicht, ob Löwe oder Hase liegen, sitzen oder stehen oder ob sie sich im Gras, im Schilf oder im Gebüsch befinden, aber darauf würde es in dieser Situation, etwa bei einer Jagd, auch nicht ankommen. Für den Empfänger der Nachricht wäre vielmehr entscheidend, wie er sich zu verhalten hätte. Der Handlungsaspekt wird mit einer protosprachlichen Lautkette unmittelbar deutlich, während unsere sprachlichen Formulierungen immer zahlreiche Wörter und Wortelemente enthalten, die für ein rasches Verstehen oft nicht notwendig wären und problemlos überhört werden könnten – manchmal für den Hörer sogar regelrecht lästig sind, nämlich dann, wenn jemand viel Worte macht und man nicht weiß, worin die Essenz einer Nachricht besteht. Deshalb ist es auch meist vollkommen ausreichend, wenn wir nur mit einem „halben Ohr" zuhören. In protosprachlicher Zeit war dies nicht möglich: Jede Äußerung war wichtig, um eine bestimmte Handlung auszuführen, ähnlich wie bei den kurzen Befehlen, die man an Hunde oder Pferde richtet.

Der Vorteil unserer Sprache gegenüber einem protosprachlichen System liegt in der Möglichkeit, auf Sachverhalte, die nicht im Gesichtskreis eines Sprechers liegen, präzise zu verweisen. Protosprache funktioniert dagegen nur, wenn man die Gegebenheiten einer Situation mit Gestik, Mimik und Intonation einbeziehen kann. Mit Sprache hingegen lässt sich alles, was einem wichtig ist, einen Namen geben oder mit einem Nomen bezeichnen. Dies ist mit einer Protosprache nicht möglich, da man dann für jede einzelne Sprechhandlung, die man für die Kommunikation zu Beginn der Entwicklung zum *Homo sapiens*, vor etwa 170 000 Jahren, benötigte, jeweils in Hinblick auf ein bestimmtes Nomen oder einen Namen eine ganzheitliche Äußerung zur Verfügung haben müsste (Wray 2001). In unseren beiden protosprachlichen Beispielen kann deshalb auch nicht explizit auf einen Löwen oder einen Hasen Bezug genommen, sondern nur generell vor einer gefährliche Situation gewarnt werden, die auch von einem Tiger oder anderem Raubfeind ausgehen könnte, und zum anderen um einen Hinweis auf eine mögliche Beute, die auch ein anderes Nagetier als ein Hase hätte sein können. Für jedes einzelne Tier, das einem in der damaligen Lebenswelt wichtig war, für jeden bekannten Menschen, für jede Pflanze und jedes Objekt stünde in einer Protosprache kein

Der Vorteil unserer Sprache gegenüber einem protosprachlichen System liegt in der Möglichkeit, auf Sachverhalte, die nicht im Gesichtskreis eines Sprechers liegen, präzise zu verweisen

Name oder eine Bezeichnung zur Verfügung, da sie ja immer auf unverwechselbare Weise in einem ganzheitlichen Ausdruck mit all jenen Sprechhandlungen verbunden werden müssten, die man zur Kommunikation benötigt. Diese Vielfalt hätte die Merkfähigkeit eines archaischen Menschen nicht nur gesprengt, sie wäre für die kommunikativen Bedürfnisse des Alltags auch höchst unpraktisch gewesen. Deshalb mussten formelhafte protosprachliche Äußerungen für die zentralen Sprechhandlungen wie Warnungen, Drohungen, Befehle und Begrüßungen ausreichen. Worauf sich diese Sprechhandlungen beziehen, wurde mit der Hand gezeigt.

Jespersen stellte sich vor, dass Protowörter eher gesungen als gesprochen wurden, eine Idee, die neuerlich wieder von dem englischen Anthropologen Steven Mithen aufgegriffen wurde, ohne Jespersen jedoch zu erwähnen (Mithen 2005). Musik und Gesang spielen, wie wir noch sehen werden, auch in meiner Theorie eine wichtige Rolle, allerdings nicht in brenzligen Situationen, etwa wenn ein Löwe in der Nähe ist, und auch nicht in einer Situation, in der möglicherweise ein Hase erbeutet werden könnte. In derartigen Situationen zu singen, wäre wohl nicht besonders sinnvoll. Erst nach dem Verzehr einer saftigen Hasenkeule könnte man vielleicht ein Liedchen anstimmen.

Alison Wray, die ebenfalls eine holistische Ursprungstheorie entwickelt hat (Wray 1998), geht davon aus, dass sich protosprachliche Äußerungen noch lange im Alltag unserer Vorfahren gehalten haben, da sie auf praktische Weise bestimmte, immer wiederkehrende Situationen und Handlungsroutinen lautlich kurz und prägnant auf den Punkt bringen konnten. Komponentiell gebaute und lexikalisierte Worte, wie sie seit Beginn der Sprachentwicklung im Gebrauch sind, seien für die kommunikativen Bedürfnisse im täglichen Leben des *Homo sapiens* lange Zeit viel zu speziell gewesen. Man kam im eintönigen Steinzeitalltag mit weitgehend gleichen Verrichtungen mit einer begrenzten Anzahl fester protosprachlicher Wendungen gut zurecht, gerade weil sie relativ allgemein blieben und sich immer auf Situationen bezogen, die allen bekannt waren. Sie entsprachen in ihrer voraussagbaren Formelhaftigkeit dem Rhythmus festgelegter Tagesabläufe mit wenigen Höhepunkten, wie vor allem der Jagd, die sich über Jahrtausende kaum veränderten. Es bestand nach Wray bis in die Zeit, als relativ plötzlich Kunstgegenstände und Höhlenbilder geschaffen wurden, keine Notwendigkeit, die protosprachliche Kommunikation aufzugeben und lexikalische Wörter einzuführen, die komponentiell gebaut und nach grammatischen Regeln angeordnet waren. Erst veränderte gesellschaftliche Verhältnisse machten relativ spät die Entwicklung von lexikalischen Wörtern in grammatischen Sprachen notwendig.

Ich stimme mit Alison Wray überein, dass protosprachliche Äußerungen lange für *Homo sapiens* ausreichend waren. Jahrtausende konnten sie damit ihre alltägliche Kommunikation bestreiten. Ähnlich wie Faustkeile über lange Zeiträume die einzigen Werkzeuge waren,[2] die sich überdies nur äußerst langsam veränderten, waren Protowörter ähnlich lange das einzige Kommunikationsmedium, um den Alltag zu bewältigen.

---

[2] Wahrscheinlich gab es daneben auch Werkzeuge aus Holz, die sich aber nicht mehr nachweisen lassen, da sie längst verrottet sind. Wenn Schimpansen Termiten mit Holzstöckchen angeln, dann werden auch bereits *Australopithecinen* damit in Termitenhügeln gestochert haben.

Möglicherweise war nur eine Anzahl von etwa 100 Protowörtern ausreichend, um alle kommunikativen Bedürfnisse abzudecken. Erst in der Zeit vor etwa 100 000 Jahren bis 70 000 Jahren baute *Homo sapiens* allmählich das neuere und wesentlich effizientere lautliche Baukastenprinzip auf. Daneben blieben aber lange Zeit protosprachliche Wörter bestehen. Sogar heute noch gibt es in allen Sprachen einige Überreste aus dieser Zeit. Man denke etwa an isolierte Lautmuster, die man nur für einen bestimmten Zweck verwenden kann, etwa Laute wie /o:/ oder /a:/, die Erstaunen ausdrücken, /i:/ als Laut des Ekels oder Schnalzlaute wie /ts/ als Ausdruck des Missfallens.

Protosprachliche Äußerungen waren für *Homo sapiens* lange ausreichend

Während in allen Sprachen weltweit das Baukastenprinzip herrscht, zeigt sich in Schriftsystemen diese Einheitlichkeit nicht. Es dauerte 2 000 Jahre, bis die Phönizier um 1000 v. Chr. von den aus Ägypten und Mesopotamien stammenden Bilderschriften abrückten und eine Alphabetschrift entwickelten, mit der einzelne Laute durch visuelle Zeichen – den Buchstaben eines Alphabets – repräsentiert wurden. Schreiber bekamen so gewissermaßen einen alphabetischen Baukasten, der ähnlich wie ein Setzkasten von Druckern funktioniert – mit ungefähr so vielen Kästchen mit Buchstaben, wie Laute in einer Sprache vorhanden sind.

Nach der Weiterentwicklung dieser Schrift durch die Griechen, die auch für die Vokale Buchstabenzeichen verwendeten, trat sie dann ihren Siegeszug über die ganze Erde an. Doch es gibt bis heute Ausnahmen. So beruht die chinesische Schrift nicht wie die Alphabetschriften, die mit etwa 30 Buchstabenzeichen für alle Wörter ihrer Sprache auskommen, auf dem Baukastenprinzip. Darum benötigt die chinesische Schrift mehrere tausend Bildzeichen – jedes Zeichen steht als Unikat für eine wortähnliche Einheit. Obwohl es also durchaus möglich ist, derart viele Zeichen zu bewältigen, macht es große Mühe, sie sich alle einzuprägen. Chinesische Schulkinder benötigen viel Zeit und Energie, bis sie in der Lage sind, einen normalen Zeitungs-

text lesen zu können. Für den Schreiber ist der Aufwand nochmals deutlich höher. Alle Kinder, die das Lesen und Schreiben
einer Alphabetschrift lernen, kommen wesentlich rascher voran,
denn die wenigen Buchstaben des Alphabets lassen sich leicht
einprägen, und wenn man das Prinzip dieser Schrift verstanden
hat, kann man nach relativ kurzer Zeit lesen und schreiben.

Eine Schrift oder Sprache, die nicht aus einzelnen Elementen
komponierbar ist, lässt sich schwerer handhaben und erlernen.
Überschreitet die Anzahl von Wörtern einen bestimmten Umfang,
so stößt man an Grenzen. Nur wenige chinesische Schriftkundige
können alle Schriftzeichen lesen und schreiben. Menschen mit
geringer Bildung müssen sich mit wenigen Zeichen, die zum
Verstehen einfacher Texte ausreichen, begnügen. Der Gedächt-
nisaufwand beim Einprägen der
vielen unterschiedlichen Zeichen
ist so groß, dass die Speicherka-
pazität irgendwann erschöpft ist.
In der gesprochenen Sprache wäre
die Grenze wahrscheinlich bereits
nach wenigen hundert Wörtern er-

> **Nur wenige chinesische
> Schriftkundige können
> alle Schriftzeichen lesen
> und schreiben**

reicht – unsere Sprechwerkzeuge hätten große Mühe, eine solche
Vielzahl von völlig unterschiedlichen Lautmustern zu produzieren, und die Hörer müssten sich extrem konzentrieren, um alle
Nuancen mit ihren jeweils anderen Bedeutungen zu erfassen.
Wären unsere Vorfahren nicht dazu übergegangen, Wörter aus
lautlichen Komponenten zu konstruieren, hätten sie sich auf eine
geringe Wortzahl beschränken müssen.

Es gibt übrigens in unserer Schrift, ähnlich wie in der gesprochenen Sprache, wenige Ausnahmen, für die das Baukastenprinzip nicht gilt – einige wenige nützliche Zeichen, die man oft benötigt. Auf jeder Computertastatur kann man sie finden: &, §, $, %,
?, + und @, auch die arabischen Ziffern, die allerdings im Verbund
mit unserem Dezimalsystem geradezu das Paradebeispiel eines
Baukastenprinzips mit unendlichen Möglichkeiten sind. Der Vorteil dieser Zeichen ist, dass man sie nicht zu übersetzen braucht.
Neun würde nur jemand verstehen, der Deutsch versteht, aber *9*

versteht jeder, der schriftlich rechnen kann. Bei der Kommunikation mit protosprachlichen Wörtern aus menschlicher Vorzeit gab es wahrscheinlich auch wesentlich geringere Verständigungsprobleme unter verschiedenen Stämmen und Völkern als mit Wörtern, die nach dem Baukastenprinzip gebildet werden.

Rekursivität

Wie wir gesehen haben, gibt es offenbar zahlreiche Fähigkeiten, die für das Sprachverhalten wichtig sind, die sich aber nicht ausschließlich beim Menschen finden, sondern zumindest teilweise auch von Tieren beherrscht werden. Für die Fähigkeit jedoch, aus einer endlichen Anzahl einzelner Wörter unendlich viele Sätze nach dem Prinzip der Rekursivität zu bauen, soll es in der tierischen Kommunikation keine Vorläufer geben – dies behaupten zumindest der Linguist Noam Chomsky, der Verhaltensforscher Marc Hauser sowie der Anthropologe Tecumseh Fitch (Hauser/Chomsky/Fitch 2002 und Fitch/Hauser/Chomsky 2005). Was ist das für ein Prinzip, das es angeblich nur in der Sprache gibt und für ihre Einzigartigkeit verantwortlich sein soll?

Sätze bestehen nicht einfach aus aneinander gereihten Wörtern. Sicherlich kann immer nur ein Wort nach dem anderen unseren Mund verlassen, aber hinter dieser akustischen Oberfläche gruppieren sie sich untereinander nach bestimmten Mustern. Manche Wörter bilden einen engeren Verbund als andere und stehen in einem spezifischen Verhältnis zueinander. Um dies mit einem Beispiel deutlich zu machen, habe ich die Wörter, die enger zusammen gehören, in eine Klammer gesetzt:

> **Sätze bestehen nicht einfach aus aneinander gereihten Wörtern**

(a) *(Frische Sahne) (schmeckt gut).*
(b) *(Die beste Mannschaft) gewinnt.*
(c) *Alex (kommt zu spät).*
(d) *Paul, (der gute), kommt morgen.*

Hinter der Oberfläche einer vermeintlich einfachen Aneinanderreihung einzelner Wörter verbirgt sich eine mehr oder weniger
komplexe, hierarchische Struktur, die von jedem Sprecher mit
seiner internen Grammatik neuronal gesteuert wird. Von rekursiven Strukturen (abgeleitet von dem lateinischen Verb *recurrere*,
„auf etwas zurückkommen") spricht man, wenn ein Wort oder
eine Wortgruppe mit einer bestimmten grammatischen Funktion
– eine „Konstituenten" – eine weitere Konstituente der gleichen
Art enthält. Diese Konstituenten sind in dem folgenden Beispiel
Relativsätze. Jeweils ein Substantiv in einem Relativsatz wird
durch einen weiteren näher beschrieben. In eine Konstituente
wird also immer eine weitere Konstituente eingebettet.

Das ist der Wolf,
    der in der Nacht geheult hat,
        in der das Schaf gerissen wurde,
            das auf der Wiese weidete,
                auf der viele saftige Kräuter wuchsen,
                usw.

Der Satz könnte nach der immer gleichen Bildungsregel,
einen Relativsatz anzuschließen, theoretisch ins Unendliche ver-
längert werden.

Die betreffenden Konstituenten müssen aber nicht unbedingt
Relativsätze sein – im folgenden Beispiel sind es Genitivattri-
bute:

(a) *Die Tochter gefiel dem Jäger.*

(b) *Die Tochter des Königs gefiel dem Jäger.*

(c) *Die Tochter des Königs des Landes gefiel dem Jäger.*

(d) *Die Tochter des Königs des Landes der Elfen gefiel dem Jäger.*

(e) *Die Tochter des Königs des Landes der Elfen der Mittelerde
gefiel dem Jäger.*

(f) *Die Tochter ....*
gefiel dem Jäger.

Und noch ein drittes Beispiel mit lokalen Adverbialen als Konstituenten, das mit einer Grafik veranschaulicht werden soll.
Der Satz *Das Haus in dem Wald hinter dem See in der Nähe von*

Heidelberg gehört dem alten Pfarrer lässt sich als ein Baumdia-
gramm darstellen, mit dem deutlich wird, wie die Konstituenten
in einer prinzipiell endlosen Kette nach der gleichen grammatischen Regel angedockt werden.

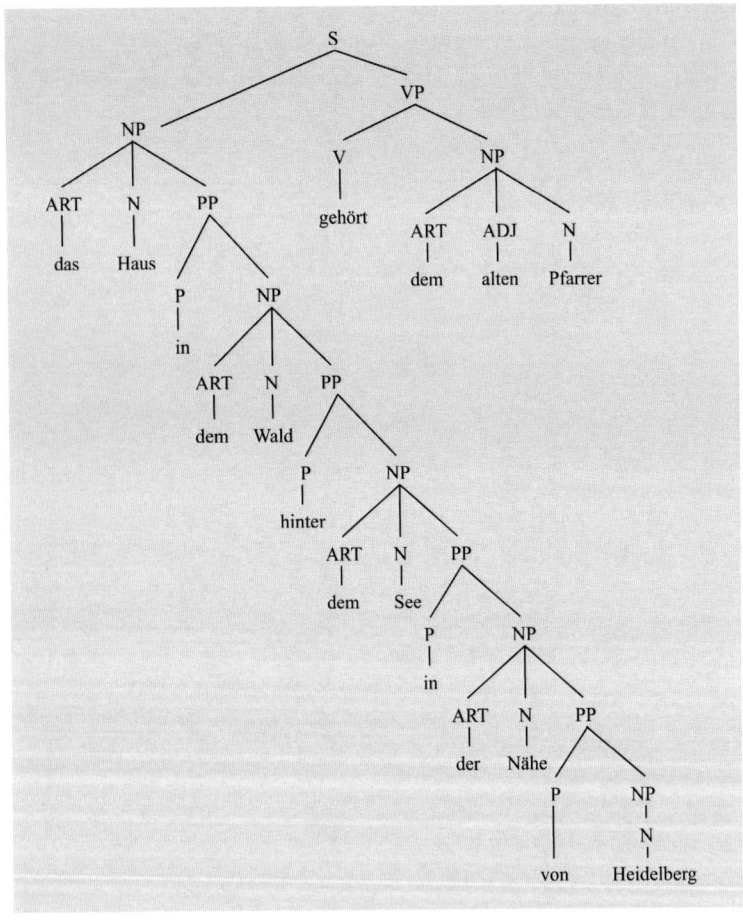

¹ S = Satz, NP = Nominalphrase, VP = Verbalphrase, PP = Präpositionalphrase,
N = Nomen, V = Verb, P = Präposition, ART = Artikel, ADJ = Adjektiv

In diesen Beispielen ist es trotz der potenziellen Endlosigkeit der Sätze relativ leicht, den Überblick zu behalten, weil die eingebetteten Konstituenten nicht unterbrochen werden. Komplizierter wird es jedoch bei Einbettungen, die ähnlich wie russische Babuschkas funktionieren, etwa so:

Der Käse, den Frau Maier, die in der Straße, die nach Bonn führt, wohnt, kaufte, schmeckte lecker.

Dahinter verbirgt sich folgende rekursive Struktur (wobei jedes Wort durch einen Punkt repräsentiert wird):

··(···((····(((····)))·))·)··

Das Problem dieser Babuschka-Rekursionen besteht in unserer mangelnden Fähigkeit, die vielen angefangenen Konstituenten so lange im Gedächtnis zu behalten, bis man das jeweilige Ende der weit auseinander gezogenen Wortgruppen erreicht hat. Deshalb kommen sie in der Realität nicht sehr häufig vor. Entscheidend ist aber das in der Grammatik steckende Potenzial, Sätze durch Reihungen oder Einbettungen jederzeit zu erweitern. Mit wenigen grammatischen Regeln, wie der endlos wiederholbaren Spezifizierung von Substantiven durch Attribute, Adverbiale oder Nebensätze, erhalten unsere Gedanken unbegrenzte Ausdrucksmöglichkeiten. Rekursive Regeln sind der Motor der grammatischen Generativität. Für viele Linguisten, nicht zuletzt auch für ihren wohl berühmtesten Vertreter Noam Chomsky, sind sie das zentrale Element einer generativen Grammatik.

> **Rekursive Regeln sind der Motor der grammatischen Generativität**

Das Verfahren, unbegrenzt neue Sätze generieren zu können, ist in seiner Genialität und Effizienz wohl nicht zu überbieten. Auch wenn Papageien hervorragend artikulieren können, wenn Hunde, wie der Border-Collie-Rüde Rico, bekannt aus der Sendung „Wetten dass", mittlerweile mehr als 400 Wörter verstehen und sogar die Bedeutung unbekannter Wörter erschließen

(Kaminski/Call/Fischer 2004) oder wenn Primaten mit visuellen Zeichen zu einfachen Äußerungen fähig sind – auf dem Feld der Satzgenerierung kann uns keine Tierart das Wasser reichen. Umso drängender stellt sich deshalb die Frage: Wie kamen die Menschen zu dieser zentralen sprachlichen Fähigkeit?

Mit der Anwendung des generativen Prinzips ergab sich eine geradezu atemberaubende Flexibilität und Ausdrucksvielfalt, die die bestehenden kognitiven Möglichkeiten in hohem Maße erweiterten. Die bereits in Ansätzen bei den *Australopithecinen* vorhandenen Fähigkeiten, analytisch zu denken, Ursache und Wirkung voneinander zu trennen und sich in das Denken anderer hineinzuversetzen, wurden stimuliert und ausgebaut. Kurz – Sprache und Kognition befruchteten sich gegenseitig.

Sprache und Kognition befruchteten sich gegenseitig

Sichtbarer Ausdruck dieses kognitiven Schubs waren die relativ plötzlich auftretenden kulturellen Artefakte. Vor etwa 120 000 Jahren tauchten in Afrika die ersten Schmuckstücke auf, und ab dieser Zeit entwickelten sich Technologie und Kunst zunehmend schneller. Der menschliche Geist schien neugieriger und erfinderischer zu werden. Nach und nach wurden die kommunikativen Fesseln der Protosprache gelockert und schließlich ganz abgestreift, sodass sich über alles und jeden auf jede erdenkliche Weise reden ließ. Drückt man den gleichen Gedanken immer wieder neu und anders aus, so bleibt er flexibel und lässt sich leichter verändern. So wurde die Sprache zur Quelle und Triebfeder immer neuer Gedanken und nie enden wollender Konstruktionen von Welten und Wirklichkeiten. Nur – in der Evolution kam es nicht etwa zu den fantastischen Möglichkeiten, die uns die Sprache bietet, weil diese Möglichkeiten zwingend notwendig geworden wären oder gar weil wir sie uns gewünscht hätten. Evolution ist kein Wunschkonzert. Wenn sich etwas – aus welchen Gründen auch immer – entwickelt, kann man nicht voraussehen, in welche Richtung die Reise gehen wird und was am Ende dabei herauskommt. Der evolutionäre Druck, der zu einer

Sprache führte, die auf generativen Prinzipien beruht, entstand nicht aus bewussten Motiven. Es wäre naiv anzunehmen, frühe Menschen hätten Generativität aus dem Nichts erschaffen, weil sie für ihre zunehmend höher entwickelte Intelligenz nun endlich ein anspruchsvolleres Sprachsystem benötigten. Eine neue generative Sprache konnte das alte protosprachliche System nur ablösen, weil sich das generative Prinzip bereits lange zuvor in der Evolution entwickelt hatte und irgendwann in der Menschheitsentwicklung, vermutlich zwischen 100 000 und 70 000, als weitgehend ausgereiftes Prinzip für die Kommunikation im Alltag übernommen werden konnte.

Doch wie war es möglich, dass eine primitive Protosprache, über die vermutlich bereits *Homo habilis*, sicherlich aber *Homo erectus* verfügte, zu einer generativen Sprache wurde? Und wie muss man sich die Zeit des Übergangs vorstellen? Eine reduzierte Generativität ist nämlich schwer vorstellbar – entweder basiert ein System auf generativen Prinzipien oder nicht. Da plausible Erklärungen für diese scheinbar spontane Innovation bislang nicht gefunden werden konnten, machten einige Linguisten, wie etwa Derek Bickerton, den Zufall dafür verantwortlich (Bickerton 1981). Seiner Meinung nach soll eine genetische Mutation vor etwa 40 000 Jahren die Entstehung einer generativen Sprache bewirkt haben. Doch eine vollkommen andere Organisation von Wörtern lässt sich nicht schlicht mit einer zufälligen genetischen Veränderung erklären. Für Generativität kann nicht ein einziges Gen verantwortlich sein. Nur eine ganze Reihe von Genen können dies bewirken, aber sie müssten dann alle gleichzeitig mutieren, was äußerst unwahrscheinlich wäre.

Auch die Auffassung, Generativität sei durch natürliche Selektion als eine notwendige Anpassung an die Umwelt entstanden, wie sie etwa von Steven Pinker und Paul Bloom (Pinker/

> **Eine neue generative Sprache konnte das alte protosprachliche System nur ablösen, weil sich das generative Prinzip bereits lange zuvor in der Evolution entwickelt hatte**

Bloom 1990) vertreten wird, ist zu allgemein. Man kann ihnen zwar darin zustimmen, dass Generativität einen evolutionären Vorteil bietet, da sie erlaubt, Gedanken effektiver auszudrücken und Informationen rascher zu verbreiten. Damit ist jedoch noch lange nicht erklärt, wie das generative Prinzip entstehen konnte. Ein evolutionärer Druck mag so hoch sein, wie er will: Wenn eine Art nicht auf bereits vorhandene Merkmale zurückgreifen kann, die sich den veränderten Bedürfnissen anpassen lassen, dann wird es zu keinerlei zufriedenstellenden Innovationen kommen. Die Autoren gehen zwar auch von schrittweisen Veränderungen aus, nur werden diese Schritte nicht plausibel erklärt. Aus dem Nichts kann in der Evolution nichts Neues entstehen, nur aus etwas bereits Vorhandenem – so entwickelten sich Vogelfedern aus Echsenschuppen und Augen aus lichtempfindlichen Zellen. Wie aber entstand eine generative Grammatik? Wie kam Sprache zu ihren rekursiven Regeln? Bei der Suche nach einer Antwort müssen wir weit zurück in die Vergangenheit reisen, in die Zeit vor etwa 6 Millionen Jahren, als die *Australopithecinen* begannen, auf zwei Beinen zu gehen.

Tanz auf zwei Beinen

Die ersten Bemühungen, ohne Unterstützung der Arme und Hände aufrecht zu gehen oder gar zu laufen, müssen ein recht erbärmliches Bild abgegeben haben. Die neue Fortbewegungsart als Anpassung auf veränderte Lebensumstände war zunächst äußerst anstrengend, da der Körperbau, vor allem Rückgrat und Becken, noch kein stabiles Gleichgewicht erlaubte. Damit es überhaupt zu diesem Balanceakt kam, muss ein außergewöhnlich starker selektiver Druck bestanden haben, der denjenigen Individuen, die besser ihr Gleichgewicht halten und sich rascher und

> Die ersten Bemühungen, ohne Unterstützung der Arme und Hände aufrecht zu gehen oder gar zu laufen, müssen ein recht erbärmliches Bild abgegeben haben

müheloser auf zwei Beinen fortbewegen konnten, eine höhere Überlebenschance sicherte.

Es ist hier nicht der Ort, die zahlreichen Theorien zur Entstehung des aufrechten Gangs zu diskutieren. Mir erscheint die erst kürzlich veröffentlichte Theorie des Humanbiologen Carsten Niemitz plausibel, der einen aquatischen Ursprung annimmt (Niemitz 2004). Sie fügt sich gut zu meinen Vorstellungen, da hier – wie wir sehen werden – Handicaps eine nicht unbedeutende Rolle spielen. Nach Niemitz entstand der aufrechte Gang aus dem Bedürfnis, erfolgreich im hüfttiefen Wasser fischen zu können, da *Australopithecinen* in einer ursprünglich wasserreichen Gegend ihren Bedarf an hochwertiger, eiweißreicher Nahrung wesentlich zuverlässiger sichern konnten als durch den Verzehr von Aasfleisch oder durch die Jagd. Individuen, die sich im Wasser nicht sicher auf zwei Beinen bewegen konnten, hatten eine geringe Chance, zielsicher Fische zu fangen oder anderes im Wasser lebendes Getier zu fassen. Die geschickten „Wasserläufer" konnten sich besser ernähren, ihre körperliche Fitness nahm zu und ihr genetischer Erfolg wurde größer, während die unsicheren Individuen, die öfters aus dem Gleichgewicht kamen, ins Hintertreffen gerieten. Das Merkmal „aufrechter Gang" konnte sich langsam durchsetzen.

Bevor man jedoch ins Wasser ging, um zu fischen, richtete man sich tunlichst bereits am Ufer auf, um die Wasseroberfläche nach Krokodilen abzusuchen, denn von diesen drohte an den Flüssen und Seen Afrikas die größte Gefahr. Aus einer aufrechten Position hatte man einen wesentlich besseren Überblick, um verdächtige Bewegungen im Wasser bereits vom Ufer aus erkennen zu können. Vermutlich gingen nach Abwägung der Gefahr einige Hominiden ins Wasser, um nach Kleinlebewesen zu suchen und zu fischen, während andere am Ufer blieben, um ihre Gruppe im Auge zu behalten und sie bei Gefahr zu warnen. Diese trugen, ähnlich wie die „wachhabenden" Graudrosslinge der Zahavis, das größte Handicap, da ihnen zusätzlich Gefahr von Raubtieren drohte, die zum Trinken ans Ufer kamen.

Es scheint eine Art stammesgeschichtlicher Erinnerung an diese archaische Zeit des wachsamen Uferlaufens zu geben: In jedem Strandurlaub kann man beobachten, mit welcher Ausdauer sich Menschen am Gewässerrand bewegen, wobei ihr Blick meist aufs Wasser gerichtet ist – oder sie erklimmen Anhöhen, um von oben einen Blick aufs Wasser zu bekommen. Eigentlich scheint es keinen rationalen Grund dafür zu geben, dass eine Wasserfläche auch dann, wenn dort nichts zu sehen ist, Menschen so stark zu fesseln scheint. Strandurlauber beobachten nur selten das hinter ihnen liegende Land, auch wenn es wesentlich abwechslungsreicher wäre als ein glatter Wasserspiegel. Es ist wohl unser evolutionäres Erbe, das uns auch ohne konkreten Anlass ausdauernd auf Flüsse, Seen und Meere blicken lässt. Bis heute erhöht ein privilegierter Zugang zum Wasser den Status. Ein Haus mit See- oder Meeresblick erzielt höchste Preise.

Individuen, die geschickter und ausdauernder am Ufer aufrecht laufen konnten, hatten eine bessere Chance, Raubtiere, vor allem Krokodile, rechtzeitig zu erkennen, vor ihnen zu warnen und zu fliehen. Der aufrechte Gang war also nicht nur zum Fischen im hüfttiefen Wasser, sondern auch zur aufmerksamen Beobachtung der Wasseroberfläche eine notwendige Anpassung. Am Ufer reichte es nicht aus, sich, wie etwa im hohen Savannengras, kurz aufzurichten, um in allen Himmelsrichtungen nach Beute oder Feinden Ausschau zu halten. Am Wasser musste man in Bewegung bleiben, um an den meist vielgestaltigen Uferzonen mit Buchten, Dünen, Felsen, Busch- und Baumbewuchs die Wasseroberfläche ständig aus unterschiedlichen Positionen betrachten zu können. Auch die wechselnden Lichtverhältnisse und der Wellengang machten es notwendig, öfter den Blickwinkel zu verändern. Verdächtige Bewegungen, etwa von lautlos gleitenden Krokodilen, die mit ihren hochstehenden Augen nach Beute suchten, ließen sich aus höheren Positionen besser erkennen.

Die älteren Vorstellungen, wonach der aufrechte Gang in der Savanne entstanden sei, erscheinen mir gegenüber dieser aquatischen Theorie von Niemitz weniger überzeugend. Hier wäre die herkömmliche Fortbewegung auf vier Beinen mit kurzen Unterbrechungen, um aufgerichtet die Umgebung nach Beute oder Fressfeinden abzusuchen, die sinnvollste Anpassung gewesen. Als ständig aufrecht gehendes Wesen hätte man sich zu sehr exponiert und wäre, vor allem in der frühen Übergangszeit, als der aufrechte Gang noch mühsam war, eine leichte Beute von Fressfeinden geworden.

Zu Beginn der Entwicklung zum aufrechten Gang waren die Unterschiede zwischen den Individuen vermutlich recht groß und alle in der Gruppe werden interessiert verfolgt haben, wie geschickt und ausdauernd sich jeder auf zwei Beinen bewegen konnten. Vor allem bei der Fortbewegung an Land war das Handicap des Strauchelns für alle deutlich sichtbar – vor allem für Artgenossen,

Vor allem bei der Fortbewegung an Land war das Handicap des Strauchelns für alle deutlich sichtbar

die wie auf einer Tribüne auf Bäumen saßen und die zweibeinige Performance auf dem Boden begutachteten.

Zunächst werden nur einige Individuen mit größter Anstrengung eine längere Strecke auf zwei Beinen zurückgelegt haben. Dagegen ließen sich die schwächeren und weniger geschickten wahrscheinlich rasch wieder auf die Hände zurückfallen, um sich sicher auf allen Vieren fortbewegen zu können. Fitte Individuen werden sich mutiger auf die Herausforderung eingelassen haben, während die „Wackelkandidaten" den aufrechten Gang zu vermeiden suchten. So wurde die ausdauernde Zweibeinigkeit zu einem wichtigen Maßstab für Fitness. Allen geschlechtsreifen Individuen muss sehr daran gelegen gewesen sein, diese Fitness deutlich zu signalisieren. Wer seine Attraktivität als Geschlechtspartner demonstrieren wollte – meist der werbende Mann – oder wer den attraktivsten Partner suchte – meist die wählende Frau – maß der Ausdauer und Geschicklichkeit auf zwei Beinen gewiss große Bedeutung bei, weil sie bei der Beschaffung eiweißreicher Nahrung aus Gewässern einen Überlebensvorteil bedeuteten.

Doch wie demonstrierte man diese neu erworbene Fähigkeit am besten? Die Aufgabe, möglichst lange auf zwei Beinen zu stehen, war zu einfach. Damit die besseren Kandidaten eindeutig von den schlechteren zu unterscheiden waren, musste eine schwierige Form der Fortbewegung gefunden werden – eine Fortbewegung mit erhöhtem Handicap. Auf zwei Beinen möglichst weit zu laufen, wäre wenig sinnvoll gewesen, denn dann hätten die Beobachter ihre Kandidaten rasch aus den Augen verloren. Nein – die ausdauernde Zweibeinigkeit war auf einem möglichst eng begrenzten Platz zu demonstrieren, damit alle Zuschauer ihre Kandidaten in Ruhe und mit Kennerblick beobachten konnten – eine Art Balzplatz, ähnlich wie er bei vielen Tierarten, etwa Auerhähnen, üblich ist. Auf diesem Platz galt es, seine Fitness zu demonstrieren, möglichst mit einer Bewegungsform, bei der sich die Akteure intensiv auf zwei Beinen bewegten, aber dabei kaum von der Stelle kamen. Und um das Handicap zu erhöhen, sollten die Bewegungen möglichst komplex sein und zudem – wie bei allen Displays, die der sexuellen Selektion dienen – ästhetischen Ansprüchen genügen. Für diese Quadratur des Kreises gab es nur eine Lösung – den Tanz. Beim Tanzen konnten die frisch gebackenen Zweibeiner demonstrieren, wie gut sie mit ihrer neuen Fähigkeit umgehen konnten. Je höher das Handicap des Bewegungsablaufs war, je leichter man aus dem Gleichgewicht geraten konnte, desto besser vermochten die Zuschauer die Qualität jedes einzelnen Zweibeiners zu erkennen.

> **Beim Tanzen konnten die frisch gebackenen Zweibeiner demonstrieren, wie gut sie mit ihrer neuen Fähigkeit umgehen konnten**

Tanz ist die exzessivste Form der Fortbewegung auf zwei Beinen. Wer seine Beine und Füße auf komplizierte Weise in rascher Folge bewegt, demonstriert damit das Vermögen, ein besonders fähiger Zweibeiner zu sein – ein Zweibeiner, der trotz artistischer Schrittfolgen nicht aus dem Gleichgewicht gerät. Tanz dient nicht dazu, auf möglichst effiziente Weise eine Wegstrecke von

A nach B zu bewältigen. Ganz im Gegenteil – man bewegt sich mit großer Anstrengung auf kleinstem Raum und kann so von Zuschauern lange und intensiv betrachtet werden. Der Tanz treibt das Handicap des aufrechten Gangs auf die Spitze. Er ist zur sexuellen Selektion prädestiniert, da die Bewegung nicht dem Überleben dient, sondern zur Signalisierung der eigenen Attraktivität. Demzufolge entstand der Tanz – so meine Vermutung – als eine mit Handicaps gespickte Show im Rahmen der sexuellen Selektion.

Um die Vergleichbarkeit der Tänzer zu optimieren, wurden Tanzregeln eingeführt – man bewegte die Beine und Füße, die Arme, Hände und den ganzen Körper nicht einfach irgendwie, sondern nach Regeln. Je stärker eine Bewegungsabfolge reglementiert und standardisiert war, desto zuverlässiger ließ sich beurteilen, wie stark die einzelnen Tänzer von der erwartbaren Norm abwichen. Auf diese Weise wurden bestimmte Muster von Schrittfolgen zu einer kulturell verbindlichen Norm – eben zu Tänzen. Diese Vorgaben wurden von allen Stammesangehörigen beherrscht – nur eben unterschiedlich gut. Und auf diese kleinen, aber wesentlichen Unterschiede kam es für die Zuschauer an. Das erinnert an die bizarren Balzläufe von Auerhähnen, die sich zu bestimmten Zeiten auf Lichtungen treffen, und sich nacheinander ihrem Schaulaufen hingeben. Analog dazu hat ein Mann, der sich beim Tanz besonders ästhetisch bewegt, bis heute gute Chancen, bei Frauen

> **Ein Mann, der sich beim Tanz besonders ästhetisch bewegt, hat bis heute gute Chancen, bei Frauen sexuell erfolgreich zu sein**

sexuell erfolgreich zu sein, und für Frauen gilt umgekehrt das Gleiche. Während aber bei Auerhähnen unscheinbare Hennen einen möglichst attraktiven Hahn auswählen, also Damenwahl angesagt ist, haben Menschen beim Tanz ein wechselseitiges Wahlverhalten entwickelt.

Da beim Tanzen neben dem Handicap der möglichst virtuosen Ausführung im Sinne von „Standardtänzen" aber auch die

Ausdauer zählte, durften Tänze keine zeitliche Begrenzung haben; jeder Tänzer hatte die Möglichkeit, so lange weiterzutanzen, wie er mochte und konnte. Deshalb wurden die Regeln der Schrittfolgen und Tanzbewegungen so gestaltet, dass ein Tanz im Grunde unendlich lange fortgesetzt werden konnte. Man kann nahezu jeden Tanz beliebig mit ständig wiederkehrenden Schrittfolgen ausdehnen und endlos weitertanzen. Es kann deshalb vorkommen, dass Tänzer in den eigenartigen Zustand geraten, nicht mehr aufhören zu können. Sie tanzen dann bis zur völligen Erschöpfung und geraten in einen tranceartigen Zustand. Die mental stärksten Mitglieder einer Gemeinschaft wie Schamanen oder Stammesführer setzen sich diesem Handicap am stärksten aus und tanzen in bestimmten rituellen Situationen, bis sie jegliches Gefühl für die Realität verloren haben. Dabei laufen sie Gefahr, vor Erschöpfung tot zusammenzubrechen oder in einem Zustand geistiger Verwirrung zu verbleiben, vor allem, wenn die Wirkung des Tanzes durch halluzinogene Drogen verstärkt wird. Aus dem späten Mittelalter gibt es Berichte über tänzerische Exzesse, in denen sich Menschen regelrecht zu Tode tanzten. In der Zeit von 1347 bis 1353, als etwa ein Drittel der europäischen Bevölkerung an den Folgen der Pest starb, breitete sich eine Tanzwut aus, für die bislang keine plausible Erklärung gefunden wurde. Diese mittelalterlichen „Totentänze"[3] ergeben jedoch einen Sinn, wenn man sie als Handicap-Signale deutet – den Zuschauern wurde

---

[3] Mit „Totentanz" ist normalerweise kein Tanz gemeint, der zum Tod führt, sondern die im Mittelalter aufgekommene künstlerische Darstellung tanzender Personen mit dem Tod (als Skelett oder Leiche) in ihrer Mitte, die zum Ausdruck bringen sollte, dass sich der Tod jeden zum „Tanzpartner" erwählt, gleich welchem Stand er angehört.

gezeigt, dass man körperlich in der Lage war, der Pest zu trotzen. Für die bereits von der Pest Infizierten war dieses Handicap zu hoch; ihr körperlicher Verfall war bereits so weit fortgeschritten, dass sie sich auf den „Totentanz" nicht mehr einlassen konnten, oder sie starben, weil sie der Anstrengung nicht mehr gewachsen waren.

Derartige tänzerische Exzesse sind allerdings selten. Normalerweise tanzen die Mitglieder eines Stammes gemeinsam in Gruppen, getrennt nach Geschlecht. Diese Trennung erleichterte es Männern wie Frauen vermutlich bereits in den frühen Zeiten des Tanzes, in einem Wettbewerb mit eindeutigen Regeln einen möglichst attraktiven Sexualpartner auszuwählen, da sich die Qualität jedes einzelnen Tänzers am besten im Vergleich zu den anderen beurteilen ließ.

Bis heute hat sich unser Verhalten hierin nur wenig verändert: Während sich die Tanzenden bemühen, eine möglichst gute Vorstellung zu bieten, beobachten die Zuschauer fasziniert jede Bewegung und stellen fortwährend Vergleiche an. Nach wie vor erscheinen uns gute Tänzer, Männer wie Frauen, attraktiv und begehrenswert. Da wir jedoch heute normalerweise kein Problem mehr mit dem aufrechten Gang haben, hat sich der Signalwert unserer tänzerischen Fähigkeiten wesentlich verringert. Auch Menschen, die überhaupt nicht tanzen können, haben gute Chancen, einen attraktiven Partner zu bekommen. Andere Fähigkeiten, vor allem sprachliche, sind in den Vordergrund getreten.

Die Bewegungsabläufe von Tanzschritten basieren – ähnlich wie die Bewegungen der Sprechwerkzeuge beim Erzeugen von Lautketten – auf einem generativen Prinzip: Mit einer relativ kleinen Menge möglicher Schritte können Schrittfolgen erzeugt werden und diese Schrittfolgen wiederum können sich zu größeren Schrittsequenzen formen, die sich schließlich zu einem speziellen Tanz zusammenfügen. Diese vier Ebenen – einzelne Schritte, kurze Schrittfolgen, größere Schrittsequenzen und schließlich komplette Tänze – stehen analog zu den vier sprachlichen Ebenen – der Lautebene, der Wortebene, der Satzebene und der

Textebene. Diese erstaunliche Analogie kann kein Zufall sein. Das generative Prinzip der Grammatik konnte nur entstehen, weil das lange zuvor entwickelte generative Prinzip tänzerischer Bewegungen zum Transfer auf Sprache verfügbar war. Die neuronale Steuerung unserer Sprechwerkzeuge hatte demnach mit der neuronalen Steuerung der Füße beim Tanz einen langen evolutionären Vorlauf. Bildlich gesprochen: Grammatik stand ursprünglich auf den Füßen und wurde mit der Sprache auf den Kopf gestellt.

> **Grammatik stand ursprünglich auf den Füßen und wurde mit der Sprache auf den Kopf gestellt**

Beim Übergang von einzelnen Schritten zu Schrittfolgen herrscht das generative Baukastenprinzip, wie wir es bei der „Komposition" von Lauten zu Wörtern kennen gelernt haben. Es gibt bei jedem Tanz nur wenige, wohl definierte Tanzschritte, die einzelnen Sprachlauten entsprechen. Es gibt große, mittlere und kleine Schritte, es gibt Schritte nach vorne und zurück, es gibt seitliche nach rechts und nach links, es gibt Schritte auf den Zehenspitzen und auf den Fersen und schließlich nur angedeutete, die den Boden nicht berühren. Hinzu kommen Sprünge und Drehungen. Wie auch immer – die Anzahl möglicher Schritte ist begrenzt, nicht aber die Möglichkeiten ihrer Kombination. Aus einzelnen Schritten werden so Schrittfolgen nach generativen Regeln zusammengestellt. Diese Analogie erscheint unproblematisch. Aber könnten Tänze auf einer höheren Ebene – der Ebene längerer Schrittsequenzen – auch rekursive Regeln enthalten? Auf den ersten Blick scheint es, dass Tanz zwar eine iterative Struktur mit ständigen Wiederholungen von Schritten und Schrittfolgen mit Sprüngen und Drehungen hat, aber keine rekursive Struktur.

Beim Tanz wie in der Musik ist es nicht leicht, rekursive Strukturen zu erkennen, da man keine semantischen Fixpunkte hat, auf die sich Tanzschritte oder Tonfolgen in der Musik beziehen können, wie etwa *der Wolf, die Tochter* oder *der Käse* in unseren drei früheren Satzbeispielen für Rekursionen, über die etwas Bestimmtes ausgesagt wird, das sich inhaltlich aufeinander beziehen lässt. Man müsste zeigen können, dass bestimmte musikalische oder tänzerische Strukturen in einem bestimmten Bezug zu vorangegangenen Strukturen stehen und sich dadurch eine Sequenz insgesamt verändert. Dies ist in der Musik etwa bei Fugen von Johann Sebastian Bach der Fall. Den Wechsel von Tonarten kann man nicht als eine einfache Aneinanderreihung begreifen. Man hört und versteht den Wechsel nur, wenn man sich an die vorangegangene Tonart erinnert und die neue Tonart darauf beziehen kann. Wie dies funktioniert, hat Douglas Hofstadter in seinem Buch *Gödel, Escher, Bach – ein endloses geflochtenes Band* (1985) an Bachs Orgelwerk *Kleines harmonisches Labyrinth* im Gespräch zwischen Herrn Schildkröte und Achilles anschaulich gezeigt (Hofstadter 1985, S. 13–136).

Ich denke, dass es bei Tänzen ähnlich ist. Der Wechsel einer längeren Tanzschrittsequenz zu einer anderen wird nur dann begriffen, wenn man die vorausgegangene noch in Erinnerung hat und so dem Tanz eine bestimmte Wendung geben kann. Insbesondere wenn ein Vortänzer an Tanzschritte, die in einer Gruppe gerade getanzt werden, anknüpft und sie deutlich anders fortsetzt, indem er Rhythmus und Form seiner Bewegungen verändert, bekommen die nun gleichzeitig getanzten unterschiedlichen Muster einen Bezug zueinander. Der Tanz des Vortänzers wird eingebettet in den Tanz der Gemeinschaft. Wenn dann noch weitere Gruppen und einzelne Tänzer in einer „Beziehungsstruktur" mit- und gegeneinander tanzen, wären sogar Babuschka-Rekursionen möglich. Semantische Orientierungen können dabei durch visuelle Elemente gegeben werden, etwa durch Tiermasken, die nur einige Tänzer zu bestimmten Tanzschritten verwenden und auf die sich wiederum andere Tänzer mit anderen Masken beziehen. Tänze können so ohne Worte Geschichten erzählen, die ebenfalls Einbettungen, etwa in Form von Parallel- oder Nebenhandlungen, enthalten.

**Tänze können
ohne Worte
Geschichten erzählen**

In diesem Zusammenhang kann man auch die Fähigkeit sehen, sich in andere hineinzuversetzen. Schimpansen schaffen es
zwar auch, die Intentionen eines anderen zu durchschauen, aber
sobald eine längere Kette von Personen entsteht, in deren Gedanken man sich nach dem Babuschka-Prinzip hineinversetzen
möchte, können Schimpansen nicht mehr mithalten (Tomasello/
Call/Hare 2003). *Ich glaube, dass Hans meint, dass sein Vater
von ihm denkt, weil seine Mutter ihm das mit dem Mädchen
erzählt hat, würde er jetzt schlechtere Schulnoten bekommen.*
Dieser sprachlichen Rekursion liegt eine kognitive Rekursion zu
Grunde, die wiederum nur möglich ist, weil Menschen die kognitive Fähigkeit haben, sich über mehrere Personen hinweg in die
Gedanken anderer hineinzuversetzen und so eine mehrstufige
theory of mind zu entwickeln – eine subjektive Theorie von dem,
was anderen durch den Kopf gehen mag, die wiederum darüber
nachdenken, was andere denken mögen und so fort – auch hier,
ähnlich wie bei grammatischen Rekursionen, eine im Prinzip
endlose Kette des Sich-Hineinversetzens. Zahlreiche kognitive
Psychologen sehen in dieser komplexen Fähigkeit einen der
bedeutsamsten Unterschiede zwischen der Kognition von Menschen und Menschenaffen.

An dieser Stelle könnte man nun rätseln, was zuerst war, die
Henne oder das Ei – ob also Menschen diese kognitive Fähigkeit
entwickelt haben, weil sie grammatisch als Rekursion bereits
zur Verfügung stand und somit sprachlich darstellbar war, oder
ob diese kognitive Fähigkeit der sprachlichen vorausging. Auch
hier denke ich, dass beide Fähigkeiten auf eine dritte, ursprüng-
lichere, zurückzuführen sind, die ebenfalls im Tanz begründet
liegt. Denn wenn sich hier einerseits rekursive Muster mit
Tanzschritten erzeugen ließen, andererseits aber unterschiedliche Rollen – Tiere, Dämonen, Götter und Menschen – szenisch
im Tanz dargestellt und von Zuschauern beobachtet wurden,
dann konnte man diese Szenerie nur verstehen, wenn man über
eine mehrstufige *theory of mind* verfügte. Man musste sich
als Akteur wie als Zuschauer in diese Rollen und ihre Intentionen hineinversetzen können, um die tänzerische Handlung

zu erfassen. Dies ist bis heute so geblieben: In der Auseinandersetzung mit darstellendem Tanz, mit Theateraufführungen oder beim Lesen von Romanen wird man geradezu gezwungen, sich in dieser kognitiven Fähigkeit zu üben: Je vielschichtiger die Personenkonstellation, desto anspruchsvoller ist es für den Zuschauer oder Leser, die Gedankengänge der Protagonisten nachzuvollziehen.

Beschränkungsregeln

Tänze bestehen nicht aus einer willkürlichen Abfolge einzelner Schritte, sondern aus Schrittfolgen, die nach Tanzregeln funktionieren. Mit diesen Regeln wird einerseits beschrieben, welche Schritte und Schrittfolgen bei einem Tanz erlaubt sind, aber es gibt auch – und dies ist vielleicht noch wichtiger – Regeln für Schritte und Schrittfolgen, die nicht erlaubt sind. So wie in den Sätzen einer Sprache einzelne Wörter nicht willkürlich aufeinander folgen dürfen, sind auch bei Tänzen nur bestimmte Abfolgen zugelassen. Die Wortfolge *Abfolgen zugelassen nur Tänzen bestimmte sind bei* ist kein Satz der deutschen Sprache. Würde man bei einem Tanz versuchen, bestimmte Schrittfolgen einfach willkürlich durcheinanderzuwürfeln, wie wir es gerade mit unserem Satz gemacht haben, so würde dies aber nicht nur gegen die Regeln eines Tanzes verstoßen und vielleicht etwas merkwürdig wirken. Vielmehr müsste ein Tänzer, der dies versuchte, feststellen, dass bestimmte Schrittfolgen einfach nicht möglich sind, weil sie ihn aus dem Gleichgewicht bringen. Bei Regeln für tänzerische Schrittfolgen gibt es offenbar

> **Tänze bestehen nicht aus einer willkürlichen Abfolge einzelner Schritte, sondern aus Schrittfolgen, die nach Tanzregeln funktionieren**

bestimmte physische Beschränkungen, da der menschliche Körper an Grenzen seiner Bewegungsfähigkeit stößt. Wir können die Wörter *Abfolgen zugelassen nur Tänzen bestimmte sind bei* nacheinander problemlos aussprechen, ohne dass uns dabei schwindelig würde, aber bei einer willkürlichen Tanzschrittfolge wäre Vorsicht geboten, da wir dabei straucheln könnten.

Wer gegen die Beschränkungsregeln eines Tanzes verstößt, wird von seinem eigenen Körper zur Ordnung gerufen. Da überdies nicht nur den Bedingungen von Raum und Schwerkraft Rechnung getragen werden muss, sondern auch ästhetische Ansprüche er-

**Beschränkungsregeln
für Schrittfolgen in
Tänzen und für Wortfolgen
in Sätzen haben
strukturelle Ähnlichkeiten**

füllt werden sollen, gilt es, den tänzerischen Bewegungsablauf so auf den begleitenden musikalischen Rhythmus abzustimmen, dass eine harmonische Gestalt entsteht. Auch deshalb sind Beschränkungsregeln notwendig – Schrittfolgen, die nicht zum Rhythmus der Musik passen, werden vom Regelinventar ausgeschlossen.

Beschränkungsregeln für Schrittfolgen in Tänzen und für Wortfolgen in Sätzen haben strukturelle Ähnlichkeiten. Unter dem gemeinsamen Dach eines generell gültigen generativen Prinzips haben wir demnach – neben dem Baukastenprinzip der Komposition und dem Prinzip der Rekursivität – noch ein weiteres wichtiges Regelprinzip, das ebenfalls für tänzerische wie sprachliche Abfolgen gilt: Regeln, die bestimmte Abfolgen ausschließen. Solche Beschränkungsregeln werden in der linguistischen Fachsprache *constraints* genannt.

Don Herbison-Evans von der Universität Sidney hat kürzlich eine Grammatik mit einem formalisierten Regelwerk für den Foxtrott vorgelegt (Herbison-Evans 2006). Unstimmigkeiten, die in älteren Versuchen (Myers 1981) aufgetreten waren, konnten bereinigt werden, sodass ein in sich stimmiges generatives Regelwerk mit 66 Regeln zur Ausführung von Foxtrott-Figuren entstand. Bei der Formulierung der Regeln innerhalb eines formalisierten Regelapparats mit 16 Symbolen waren sechs *constraints* zu beachten:

(1) Der Tanz wird in Phrasen getanzt, die acht Takte umfassen.

(2) Der Herr beginnt jede Phrase mit einem Schritt des linken Fußes.

(3) Es werden abwechselnd Schritte mit dem linken und dem rechten Fuß gemacht.

(4) Bei einem Schritt bewegt sich der Fuß entweder vorwärts, rückwärts, zur eigenen Seite oder geht in Schlussstellung.

(5) Ein Schlussschritt darf nicht unmittelbar auf einen Schlussschritt folgen.

(6) Ein Takt muss eine gerade Anzahl schneller Schritte enthalten.

Bei der Diskussion dieser Foxtrott-Grammatik kommt Herbison-Evans zu der für uns nun nicht mehr überraschenden Vermutung, dass Grammatiken von Sprachen auf ursprünglicheren grammatischen Prinzipien beruhen, die mehrdimensionale Bewegungsabläufe mit spezifischen Beschränkungen (*constraints*) erzeugen – eben auf Tänzen! Aber ist diese Schlussfolgerung korrekt? Wenn nicht nur Sprache, sondern auch Tänze auf generativen Strukturen mit *constraints*, Rekursionen und einem Baukastenprinzip beruhen, dann wären grundsätzlich fünf Erklärungen denkbar:

1. Die Parallelen zwischen Sprache und Tanz sind auf ungenaue Beobachtungen zurückzuführen.

2. Sie sind reiner Zufall.

3. Zuerst entstand Grammatik im Zuge der Sprachevolution, später erst davon abgeleitete Formen wie Tänze.

4. Tänze und Grammatik entstanden gleichzeitig.

5. Der Tanz ging der Entwicklung einer sprachlichen Grammatik voraus.

Die erste Erklärung können wir zurückweisen, da die Gemeinsamkeiten mehr als offensichtlich sind. Um einen Zufall kann es sich auch kaum handeln, da über Rhythmus, Musik und Gesang mehrere Brücken zwischen tänzerischen und sprachlichen Be-

wegungsmustern bestehen. Die Verbindungen sind derart eng,
dass zwei parallele, voneinander unabhängige Entwicklungen
auszuschließen sind. Die dritte Erklärung, Tänze hätten sich
erst nach der Entstehung grammatischer Sprachen entwickelt,
erscheint nicht plausibel, da man auch bei Schimpansen und
bei Kleinkindern, die sich noch in einem vorgrammatischen
Stadium befinden, tänzerische Bewegungen beobachten kann.
Somit sprechen Phylogenese wie Ontogenese gegen diese Erklärung. Hinzu kommt, dass die neu-
ronale Steuerung der Füße wesentlich einfacher ist als die Steuerung
des überaus komplexen Stimmap-
parats. Bereits bei den aufrecht
gehenden *Australopithecinen* sind
Tänze vorstellbar, eine gramma-
tisch funktionierende Sprache hingegen nicht. Deshalb können
Tänze und Grammatik auch nicht gleichzeitig entstanden sein.
Nur die fünfte Erklärung erscheint plausibel.

> **Der Tanz ging
> der Entwicklung
> einer sprachlichen
> Grammatik voraus**

Ob sich das generative Prinzip sprachlicher Grammatiken
tatsächlich im Tanz entwickelt hat und erst wesentlich später
zu einem zentralen Merkmal von Sprache wurde, lässt sich vermutlich nicht beweisen – in grauer Vorzeit waren leider keine
Videokameras an Tanzplätzen installiert. Die Annahme würde
jedoch an Plausibilität gewinnen, wenn man experimentell nicht
nur zeigen könnte, dass es auch in anderen Bereichen Generativität gibt und das zentrale Merkmal generativer Grammatiken,
nämlich die Rekursivität, auch außerhalb und unabhängig von
Sprache existiert.

Der ungarische Linguist László Hunyadi hat mit einer Reihe
von Experimenten versucht nachzuweisen, dass Rekursivität
nicht auf grammatische Phänomene beschränkt ist. Der Ausgangspunkt seiner Untersuchungen war die Beobachtung, dass
identische Sätze, die von verschiedenen Sprechern in unterschiedlichem Sprechtempo und Rhythmus erzeugt wurden, von
Hörern so wahrgenommen wurden, als hätten alle einen iden-
tischen Rhythmus und das gleiche Timing (Hunyadi 2006). Um

diesem Phänomen auf den Grund zu gehen, ließ er in einem Experiment Versuchspersonen abstrakte visuelle Elemente zeitlich ordnen. Während diese Elemente als schwarze Punkte in unterschiedlichen Gruppierungen auf einem Computerbildschirm zu sehen waren, sollten sie mit Mausklicks, die nacheinander intuitiv in mehr oder weniger langen Pausen erfolgten, in eine zeitliche Ordnung gebracht werden. Die Punkte wurden in folgenden Gruppierungen angeboten:

(1) ●●●●   (2) (●●) (●●)   (3) (●●●)●   (4) ●(●●●)
(5) ●(●●)●   (6) ●(●(●●))●   (7) ●(●(●●))●●   (8) ●(●(●●))
(9) ●(●(●●●)) (10) ●(●(●●●●))

Den Versuchspersonen gelang es erstaunlich gut, mit jeweils einem Mausklick für einen Punkt die vorgegebenen visuellen Gruppierungen durch unterschiedlich lange Pausen zwischen den Klicks in eine zeitliche Ordnung zu bringen. Dabei zeigte sich, dass Struktur und Tiefe der Einbettung und die Anzahl der Elemente in einer Gruppe die Zeitintervalle zwischen den Mausklicks unabhängig von ihrer linearen Anordnung determinierten. Die zeitliche Trennung zwischen den Elementen wurde demnach von der Strukturierung vorgegeben. Falls keine vorhanden war, wie im ersten Beispiel, waren die Pausen zwischen den Klicks nicht etwa gleich lang, wie man es erwarten könnte. Die vier vorgegebenen Elemente wurden vielmehr durch unterschiedlich lange Pausen in Gruppen aufgeteilt. Hunyadi schließt aus den Ergebnissen seiner Experimente, dass es generelle Prinzipien gibt, die für die Steuerung von Gruppierungen verantwortlich sind – Prinzipien, die außerhalb der Sprache liegen. Wir nehmen die Welt offenbar in einer strukturiert-rhythmisierten Weise wahr, wobei einzelne Elemente so gruppiert werden, dass sie sich als rekursive Muster anordnen lassen.

Wenn abstrakte Gruppierungen in visueller wie lautlicher Form nach den gleichen Prinzipien der Verzweigung und Rekursivität erfolgen wie auch die grammatische Strukturierung von Wörtern in Sätzen, dann deutet dies auf eine evolutionär alte Anpassung hin. Menschen besitzen offenbar unabhängig von Sprache die kognitive Fähigkeit, gleichförmige Reihenphänomene als rekursive Muster zu strukturieren, gleichgültig, ob sie diese Muster wahrnehmen oder produzieren. Diese Fähigkeit entstand lange bevor *Homo sapiens* die Weltbühne betrat. Bereits mit dem Aufkommen des aufrechten Gangs, als Schrittfolgen in Tänzen zur Partnerwerbung und Machtdemonstration nach Mustern gruppiert werden mussten, konnte sie sich entwickeln. Über Jahrtausende hinweg wurde die neuronale Steuerung von Tanzfiguren auf Rekursivität hin getrimmt, sodass beim Übergang von der ursprünglich protosprachlichen Kommunikation zur sprachlichen ein überaus effizientes kognitives Grammatikmodul zur Verfügung stand.

Vom Tanz zur Grammatik

Während sich tanzähnliche Schrittfolgen – wahrscheinlich über einen Zeitraum von mehreren tausend Jahren – zu standardisierten Tänzen entwickelten, wurden sie zunehmend in eine komplexe rituelle Situation eingebettet, in der die Tänze mit anderen Elementen, vor allem mit Musik, verknüpft wurden. Vermutlich schon früh, bis zurück in die Zeit der *Australopithecinen*, wurde bei einem Tanz getrommelt und auf eigentümliche Weise „gesungen". Da auch Schimpansenmännchen auf Bäume trommeln, um sich Respekt zu verschaffen, wäre durchaus denkbar, dass die ersten aufrecht gehenden Hominiden Hölzer benutzten, um darauf einen Takt zu schlagen. Dazu wurden, ebenfalls im Takt, Laute ausgestoßen.

Entscheidend für den Übergang zu einer grammatischen Sprache, die aus identifizierbaren Einzelelementen – Lauten, Silben, Wörtern und Sätzen – bestand, war das Zusammenspiel von tänzerischer Bewegung, dem Rhythmus der Trommeln und dem Singsang der Tänzer oder Zuschauer. So entwickelte sich eine rituelle Aufführung, an der der ganze Körper mit allen Muskeln und Sinnen beteiligt war. In diesem synästhetischen Gesamt-

Vermutlich schon früh wurde bei einem Tanz getrommelt und auf eigentümliche Weise „gesungen"

kunstwerk wurden die produzierten Laute nicht nur rhythmisiert und segmentiert. Die isolierten, unstrukturierten Lautkomplexe, die singend oder schreiend artikuliert wurden, mussten sich den Bewegungen und dem Rhythmus des Tanzes anpassen und bekamen dadurch zwangsläufig eine Silbenstruktur.

Man muss hier zwei evolutionäre Prozesse unterscheiden, die sich gegenseitig ergänzten und verstärkten: Zum einen konnte auf Lautäußerungen eine generative Struktur übertragen werden und sie „grammatikalisieren", weil sie bereits mit den Regelsystemen von Tänzen geprägt worden war. Zum anderen formten sich die Lautäußerungen unmittelbar aus der Tanzsituation heraus, vor allem bei der Bildung einer deutlichen Artikulation und einer regelhaften Silbenstruktur.

Um die Strukturierung dieser silbischen Ebene zu veranschaulichen, versetzen wir uns einmal in die Situation eines Vorschulkindes, das weder lesen noch schreiben kann. Würden wir es fragen, ob das Wort *Zug* oder das Wort *Regenwurm* länger sei, so würde seine Antwort bis etwa zum vierten Lebensjahr *Zug* lauten, weil es sich noch nicht für die Lautgestalt von Wörtern interessiert und deshalb auch nicht erkennt, dass *Regenwurm* aus drei Silben, *Zug* aber nur aus einer Silbe besteht. Vielmehr orientiert es sich an der ihm bekannten realen Welt, in der ein Zug eben viel länger ist als ein Regenwurm. Spätestens wenn das Kind mit Lesen und Schreiben begonnen hat, erkennt es jedoch, dass *Regenwurm* das längere Wort ist, da es wesentlich mehr Buchstaben enthält als *Zug*. Will man Kindern aber schon vor dem Schuleintritt einen Zugang zur lautlichen Struktur von Wörtern eröffnen, so lässt man sie die Silben von Wörtern klatschen oder zu jeder Silbe eines Wortes einen Schritt machen. Beim Aussprechen von *Regenwurm* machen sie drei Schritte, für *Zug* benötigen sie nur einen. Wenn man mit den Kindern zudem bedeutungslose Silben spricht, wie etwa *sim-sa-la-bim-bam-ba-*

sa-la-du-sa-la-dim, wird es für sie vermutlich noch leichter, die silbische Struktur der Lautkette zu erkennen, da sie nicht von der Bedeutung abgelenkt werden.

Bei einer höheren Schlagzahl, einer rascheren Schrittfolge und entsprechend schnellerem Sprechen kann allerdings nicht mehr jede einzelne Silbe artikuliert werden, sondern nur noch die jeweils betonte Silbe eines Wortes. Gerade dieser Unterschied zwischen langsamen Tänzen, bei der zu jeder Silbe ein Schritt gemacht wird, und schnellen Tänzen, bei der nur zu betonten oder langen Silben ein Schritt erfolgt, führte zu der in den meisten Sprachen vorhandenen alternierenden Silbenstruktur mit ihrer deutlichen Unterscheidung zwischen betonten und unbetonten oder zwischen langen und kurzen Silben. Aber auch Varianten mit Silbenfolgen, die das gleiche Gewicht haben, oder in denen auf eine schwache eine starke Silbe folgt, sind möglich. Beide Aktivitäten – Sprechen und Tanzen – basieren so auf den Prinzipien der Metrik mit ihren universell gültigen metrischen Füßen.

Sprechen und Tanzen basieren auf den Prinzipien der Metrik

Rhythmisiertes Sprechen oder eher Sprechgesänge, die in tanzende Bewegungen eingebunden waren, führten so zwangsläufig zu einer silbischen Strukturierung von Lautketten. Zum einen wurde die Silbenstruktur vormals isolierter Lautketten deutlicher, zum anderen erkannten die Tänzer, dass sich ihre lautlichen Äußerungen nur dann zur Begleitung eines Tanzes eigneten, wenn sie ihre silbische Struktur hervorhoben. Dabei ließ sich der Silbengipfel jeweils mit einem Trommelschlag betonen.

Bei der „Komposition" von Sprechgesängen wurden einerseits bereits vorhandene Protowörter adaptiert oder aber gänzlich neue Lautketten ohne Bedeutung geschaffen, etwa ein *la la la,* wie wir es noch heute singen, wenn wir den Text vergessen haben. Falls Protowörter verwendet wurden, mussten ihre silbischen und metrischen Strukturen an Formen und Rhythmen von Tänzen angepasst werden. Bei der Auswahl spielte ihre Bedeutung eine geringere Rolle als ihre lautlich-formalen Eigenschaften. Die Aufmerksamkeit wurde auf die Form gerichtet – ganz ähnlich wie bei Vorschulkindern, die Wörter nach Silben klatschen oder stampfen. Während im Alltag noch lange nach dem ersten Auftreten von *Homo sapiens* vor etwa 140 000 Jahren Protowörter verwendet wurden, die keine alternierende Silbenstruktur aufwiesen und nicht nach dem Baukastenprinzip komponiert waren, war dies in den Sprechgesängen zum Tanz nicht möglich. Hier konnten nur „silbisch-gestylte" Wörter akzeptiert werden – Wörter, nach denen getanzt werden konnte!

Vermutlich ging der Einsatz von Trommeln bei Tänzen der Begleitung durch gesprochene oder gesungene Lautketten voraus, da sich mit kräftig gestampften Tanzschritten ganz unmittelbar trommelähnliche Geräusche erzeugen ließen, lange bevor der Stimmapparat von Hominiden die Erzeugung sprachähnlicher Laute erlaubte. Denkbar ist auch, dass die ersten stilisierten Schritte auf umgestürzten, hohlen Baumstämmen gestampft wurden. Zum einen ließ sich damit eindrucksvoll die geschickte Bewegung auf zwei Beinen demonstrieren. Zum anderen konnte man mit einer risikoreichen tänzerischen Darbietung mehr Aufmerksamkeit und Anerkennung auf sich ziehen, wenn sie auf einem weithin tönenden Baumstamm effektvoll in Szene gesetzt wurde.

Durch eine getrommelte Taktvorgabe erreichte man außerdem eine höhere Standardisierung der Tanzbewegungen, da sie alle Tänzer zwang, sich nach dem Rhythmus der Trommeln zu richten. Dies führte wiederum zu objektiveren Wettbewerbsbedingungen und erleichterte es den Zuschauern, die tänzerischen Fähigkeiten der einzelnen Teilnehmer vergleichend zu beurteilen. Das Trommeln bot überdies den Vorteil, die Schlagzahl und mithin die Geschwindigkeit der Schrittfolgen jederzeit erhöhen zu können – je schneller der vorgegebene Rhythmus war, desto höher das Handicap, an den stilisierten Schrittfolgen zu scheitern und aus Takt und Gleichgewicht zu geraten. Zum Schluss blieben nur noch einer oder wenige Tänzer übrig, die dem Tempo gewachsen waren. Bis heute baut man derartige Handicaps in Tänze ein – nicht nur durch zunehmende Geschwindigkeit, sondern auch mit gefährlichen Gegenständen wie Schwertern oder Scherben, auf die man tunlichst nicht treten sollte.

Sätze in Baumkronen

Die Grammatik des Tanzes ging der Grammatik der Sprache voraus, aber gab es auch eine Rekursivität oder zumindest Vorformen von Rekursivität, die noch älter als der Tanz sind? Finden sich ihre Vorläufer etwa noch vor der Zeit der Entwicklung zum aufrechten Gang? Ich vermute, dass den rekursiv-tänzerischen Fähigkeiten tatsächlich kognitive Anpassungen zugrunde liegen, die bis zum gemeinsamen Vorfahren der Hominiden und Pongiden zurückreichen, ja noch darüber hinausgehen. Um diesen Zusammenhang zu verstehen, muss man sich den Lebensraum der tropischen Baumkronen und die dafür notwendigen Anpassungen zur Fortbewegung vor Augen führen.

Auf den ersten Blick erscheinen Baumkronen wie ein verwirrendes Chaos von Zweigen und Ästen unterschiedlicher Länge, Stärke und Form. Schaut man jedoch genauer hin, so erkennt man eine Ordnung im vermeintlichen Chaos. Jede Baumart hat ihr eigenes charakteristisches Muster und alle Bäume richten sich nach dem gleichen universellen Prinzip – vom Stamm aus verzweigen sich die Äste von dicken und kräftigen zu dünnen und schwachen. Es gibt zwar keine zwei Äste, die identisch wären, aber die Verzweigungsstruktur ist grundsätzlich gleich: Es herrscht das Stamm-Ast-Zweig-Prinzip.

Affen, die sich in diesem Lebensraum einen Weg durch das Geflecht der Äste bahnen wollen, müssen schon vorher erkennen, wo das Geäst einen Durchschlupf bietet und welcher Weg der effektivste, schnellste und sicherste ist. Vor allem auf der Flucht vor Fressfeinden oder der Jagd nach Beute sind die Entscheidungen über den optimalen Weg rasch zu treffen. Überdies

muss man seine Berechnungen an die jeweilige Situation anpassen: Auf der Flucht schwingt man anders durchs Geäst als
bei der Verfolgung eines Beutetiers. Auf längeren Wanderungen
hangelt man sich dagegen mit möglichst geringem Kraftaufwand
von Ast zu Ast und legt an geeigneten Plätzen Pausen ein. Und
wer spielerisch in den Baumkronen herumturnt, um Zuschauern zu imponieren und Punkte beim anderen Geschlecht zu
sammeln, wird eine ausgesprochen akrobatische Hangeltechnik
vorführen. Junge Tiere bewegen sich teils vorsichtiger, teils
aber auch unvernünftiger und sammeln dabei unangenehme
Erfahrungen. Doch auch erwachsene Tiere sind vor Abstürzen
nicht gefeit – beispielsweise wenn ein Ast nicht hält, wenn der
Abstand zwischen zwei Ästen falsch eingeschätzt wird oder
wenn man nicht fest und präzise genug zugreift. Jeder Absturz
kann den Tod bedeuten oder zu schweren Verletzungen führen;
so hat man in Gebieten freilebender Schimpansen immer wieder
Skelette mit schweren Knochenbrüchen gefunden, die von Abstürzen zeugten.

Erfolg oder Misserfolg hängen von den Fähigkeiten jedes
einzelnen Individuums ab und schlechte Baumkletterer und Ast-
hangler haben geringere Chancen, ihre Gene an die nächste Generation weiterzugeben. Wer bei
einem Absturz nicht sofort stirbt,
wird sich nach einer schweren Ver-
letzung nicht mehr effektiv in den
Baumkronen fortbewegen können,
Probleme bei der Nahrungssuche
bekommen, für Geschlechtspartner kaum noch attraktiv sein und

> Schlechte Baumkletterer
> und Asthangler haben
> geringe Chancen, ihre
> Gene an die nächste Ge-
> neration weiterzugeben

für Fressfeinde zu einer leichteren Beute werden. Die natürliche
Selektion sorgt dafür, dass nur die Fitten überleben – damals vor
6 Millionen Jahren und auch heute noch.

Was haben die „Sätze" durch das Geäst tropischer Baumkronen nun mit Rekursivität und den Sätzen unserer Sprache zu tun? Vergleicht man die beiden Verhaltensmuster, so
ergeben sich überraschende Parallelen. Da ist zunächst die

außergewöhnlich hohe Geschwindigkeit, mit der die günstigste
Reihenfolge von mehreren hintereinander zu greifenden Ästen
und mehreren aufeinander folgenden Wörtern erkannt und
gewählt werden muss. Jedes Zögern kann dazu führen, dass
die automatisierten Greifbewegungen der Hände oder die Ar-
tikulationsbewegungen der Sprechorgane misslingen. Funktioniert die neuronale Organisation der Bewegungsabläufe nicht
reibungslos, präzise und rasch, so kommt es beim Sprechen zu
Versprechern, zu Satzabbrüchen oder zum Stottern und beim
Klettern und Hangeln durch das Astgewirr der Baumkronen
zu Fehlgriffen und Abstürzen. Die extreme Geschwindigkeit
beim Finden passender Wörter im lexikalischen Speicher und
bei der grammatischen Synthese zu ihrer richtigen Platzierung
im Satz konnte sich evolutionär nur entwickeln, weil unsere
baumbewohnenden Vorfahren mit der Fortbewegung von Ast
zu Ast eine ähnlich komplexe und „rasante" Aufgabe zu bewältigen hatten.

Damit die neuronale Steuerung von beiden Bewegungsab-
läufen optimal funktioniert, gibt es im Gehirn Bereiche, die
weitgehend autonom und ungestört arbeiten – Module für die
Steuerung der Fortbewegung im Astgewirr und für die grammatische Steuerung von Wortfolgen. Noam Chomsky, Jerry Fodor,
Steven Pinker und viele andere Linguisten gehen davon aus,
dass Menschen ein angeborenes Grammatikmodul besitzen, das
gegenüber anderen kognitiven Bereichen, etwa der Fähigkeit
logisch zu denken oder soziale Beziehungen zu erkennen, weitgehend autonom arbeitet. Andererseits ist bekannt, dass auch
Bewegungsabläufe, bei Primaten wie bei uns, von einem eigenständigen Gehirnareal gesteuert werden. Da beide Gehirnareale
– das primäre motorische Rindenfeld für die Fortbewegung und
das Broca-Zentrum für die Erzeugung grammatischer Strukturen – beim Menschen eng nebeneinander liegen, wäre eine Übertragung von der Bewegungssteuerung zur Grammatiksteuerung
zumindest gut vorstellbar.

Entscheidend für unsere Argumentation ist die potenziell
rekursive Struktur, die sich in der Grammatik von Sätzen, in

der Abfolge von Tanzschritten und eben auch in den Hangelsequenzen von Ast zu Ast verbirgt. Von Bedeutung sind aber auch Beschränkungsregeln (*constraints*) für Abfolgen, die nicht möglich sind oder vermieden werden sollten. Bei den Wanderungen durch ihre Waldreviere kommen Affen immer wieder an den gleichen Bäumen vorbei, die für sie unterschiedliche Bedeutungen haben, je nachdem, welche Nahrung sie ihnen bieten. Und jeder Baum hat eine charakteristische Aststruktur, die im Gedächtnis möglicherweise als eine spezielle Bewegungsspur von Hangelsequenzen gespeichert wird.

In jedem größeren Affenhaus eines zoologischen Gartens lässt sich beobachten, wie die Affen immer wieder aufs Neue eine Hangelsequenz nach der anderen in gleichen oder veränderten Abfolgen aneinanderfügen. Manchmal werden auch gleiche Sequenzen in größere Sequenzen eingebettet, ganz ähnlich wie bei einer rekursiven grammatischen Struktur. Auch wenn ausgewachsene Affen dies vielleicht nur in Gefangenschaft tun, weil sie im immer gleichen Gehege ein zwanghaft neurotisches Verhalten entwickeln: Entscheidend ist, dass sie kognitiv zu diesem rekursiven Verhalten in der Lage sind. Auch wir neigen im Alltag nicht dazu, extrem lange Sätze mit immer wiederkehrenden grammatischen Strukturen zu produzieren, aber wir könnten es, wenn wir wollten.

In freier Wildbahn sind es vor allem jugendliche Affen, die sich spielerisch und akrobatisch auf gleiche oder leicht veränderte Weise immer wieder durch die Äste hangeln – als Training für den späteren Ernstfall, aus purer Lust am eigenen Können und um Zuschauer zu beeindrucken. Eine neuronale Steuerung, die rekursives Verhalten ermöglicht, wäre demnach aus evolutionärer Sicht nichts Neues. Sie wäre keine Innovation, die zuerst mit regelhaften Schrittfolgen beim Tanz entstand und sich später mit grammatischen Regeln zur Anordnung von Wörtern im Satz fortsetzte, sondern eine uralte Anpassung an den Lebensraum der Baumkronen tropischer Wälder

„Sätze" sind Sprünge
von Ast zu Ast

und mithin Ergebnis einer natürlichen Selektion. Sie war dafür verantwortlich, dass ein äußerst leistungsfähiges neuronales Steuerungssystem entstand, das später – im Rahmen der sexuellen Selektion – auf die Steuerung von tänzerischen und grammatischen Strukturen übertragen werden konnte und so eine Signalfunktion bekam.

Die vor etwa 7 Millionen Jahren lebenden letzten gemeinsamen Vorfahren von Hominiden und Affen waren zwar keine spezialisierten Hangelkünstler wie heutige Klammeraffen oder Gibbons, aber ihre akrobatischen Fähigkeiten waren deutlich besser entwickelt als beim heutigen Menschen. Gerade weil sie sich nicht mühelos durch das Gewirr der Baumkronen hangeln konnten, war die Fähigkeit zur raschen Einschätzung gangbarer Wege wichtig. Zur effektiven Wegplanung durften sie Äste und Zweige nicht einfach als ein chaotisches Nach- oder Nebeneinander wahrnehmen, sondern mussten sie als eine verzweigte Struktur erfassen, die sich nach oben und zur Seite hin verjüngt. Nur mit dieser strukturierten Wahrnehmung war es später möglich, Schrittfolgen nach verzweigten Mustern zu gestalten und ihnen so eine tänzerische Struktur zu geben.

Die Fähigkeit zum Spielen nach bestimmten Regeln, zu einem *game* im Gegensatz zum *play*, beruht auf der gleichen kognitiven Anlage zur strukturierten Wahrnehmung. Hinter der für einen Laien chaotischen Anordnung von Figuren auf einem Schachfeld oder von Spielern auf einem Fußballfeld verbirgt sich eine komplexe Struktur, die von Kennern dieser Spiele „gelesen" werden kann. Ein Fußball, der sich von Spieler zu Spieler den Weg durch das Dickicht der gegnerischen Abwehr bis in ihr Tor hinein bahnen muss, ließe sich vergleichen mit einem Affen, der sich von Ast zu Ast seinen Weg durch das vermeintliche Chaos der Baumkronen bahnt, um ein Opfer zu fassen oder sich vor einem Fressfeind zu retten. So sehr der Vergleich auch hinken mag – er macht deutlich, worauf es ankommt: auf die Fähigkeit, eine in sich stimmige verborgene Struktur hinter einer scheinbar oder tatsächlich unstrukturierten Oberfläche zu erkennen.

Diese Fähigkeit ist im Astgewirr des Waldes entstanden und wahrscheinlich haben auch andere Baumbewohner sie entwickelt. Ramus et al (2000) konnten nachweisen, dass Tamarin-Affen, ähnlich wie Neugeborene, zwischen Sätzen aus Sprachen mit unterschiedlichen rhythmischen Strukturen unterscheiden können. Die Unterscheidung gelingt beiden nicht mehr, wenn ihnen die gleichen Sätze rückwärts vorgespielt werden. Die Fähigkeit dieser Affenart, sprachliche Strukturen erkennen und unterscheiden zu können, ohne dass Sprache irgendeine Funktion für sie hätte, deutet darauf hin, dass es eine evolutionär alte, sprachunabhängige Anpassung an ein allen Sprachen zugrunde liegendes rekursives Strukturierungsmuster geben muss.

Ich vermute, dass diese Anpassung im Astwerk von Bäumen entstanden ist, weil Äste, Zweige, Blätter und Früchte nicht willkürlich oder chaotisch verteilt sind, sondern einem Strukturprinzip folgen, das, trotz aller Unterschiede, in jedem Baum zum Ausdruck kommt – die gerichtete, verzweigte Anordnung von stärkeren Ästen zu immer dünner werdenden Zweigen bis hin zu den Blättern. Die Umkehrung dieses Prinzips wäre nicht möglich. Aus diesem Grunde können die kognitiven Module, die für Strukturerkennung zuständig sind, nur dann Strukturen erfassen, wenn sie in einer bestimmten Weise ausgerichtet sind. Die rückwärts vorgespielten Sätze konnten deshalb von den Tamarin-Affen nicht erkannt und voneinander unterschieden werden. Ihre Bewegungsmuster im strukturierten Astwerk von Bäumen haben neuronale Spuren in ihren Gehirnen hinterlassen, die sie dazu befähigen, auch in anderen Bereichen Muster zu erkennen. Die von Hauser, Chomsky und Fitch geäußerte Vermutung, auf die ich zu Beginn des Kapitels verwiesen hatte, Rekursionen seien nur bei Menschen und hier nur in der Grammatik zu finden, kann offenbar nicht aufrecht erhalten werden.

In der etwa 7 Millionen Jahre langen Übergangszeit zwischen der Entwicklung zum aufrechten Gang und dem Beginn grammatischer Sprache sind die strukturierende Wahrnehmung und die damit verbundene Bewegungssteuerung, die sich in vielen Millionen Jahren zuvor im Habitat der Baumkronen entwickeln konnten, nicht verkümmert. Die Übertragung von einer „Geäst-Grammatik" zu einer „Sprach-Grammatik" konnte nur gelingen, weil es in der Zeit des Übergangs eine evolutionäre Brücke gab, die die Fähigkeit zur Mustererkennung nicht nur aufrecht erhielt, sondern sie von einer passiven Anpassung bis zur aktiven Strukturierung von Mustern nach rekursiven Regeln weiterentwickelte. Diese evolutionäre Brücke war, wie wir gesehen haben, der Tanz. Auf dem Boden schufen sich Hominiden mit ihren zunehmend komplexer werdenden Schrittfolgen gewissermaßen eine virtuelle Geäst-Struktur. Anstatt sich von Ast zu Ast durch Baumkronen zu hangeln, konstruierten sie seit Beginn des aufrechten Gangs auf dem Tanzboden analoge, eigenständige Bewegungsstrukturen, die ihrem evolutionär erworbenen Musterwissen entsprachen.

Mit den Fortschritten, die bei der Fortbewegung auf zwei Beinen erzielt wurden, ließ die Fähigkeit nach, sich eindrucksvoll von Ast zu Ast zu schwingen. Die Anatomie des gesamten Körpers orientierte sich mehr und mehr an den Erfordernissen des aufrechten Gangs. Nicht mehr das Astwerk der Bäume, sondern der Erdboden war nun die Bühne, auf der sich der evolutionäre Kampf um ein erfolgreiches Leben abspielen sollte. Nun galt es Geschlechtspartner zu finden, die sich auf dieser neuen Bühne souverän bewegten. Der akrobatische Schwung von Ast zu Ast mochte zwar nach wie vor beeindrucken, aber mehr und mehr übernahm der Tanz diesen Part – er wurde zu einer „Akrobatik auf zwei Beinen". Noch heute wird in allen Völkern getanzt. Akrobaten sind dagegen fast nur noch im Zirkus zu finden – neben Schlangenmenschen, Messerwerfern und wilden Tieren.

> **Mit den Fortschritten, die bei der Fortbewegung auf zwei Beinen erzielt wurden, ließ die Fähigkeit nach, sich eindrucksvoll von Ast zu Ast zu schwingen**

Die Entwicklung zum aufrechten Gang muss in einem Zeitfenster von nicht mehr als 4 Millionen Jahren erfolgt sein, wobei sie einer extrem scharfen Selektion unterlag. Auch die plausibel erscheinende „Wasserläufer-Hypothese" von Carsten Niemitz vermag nicht zu erklären, warum der selektive Druck sich so verstärkte, dass die Anatomie in einer evolutionär relativ kurzen Zeit grundlegend umgebaut und eine komfortable Vierbeinigkeit zugunsten eines instabilen Balanceakts auf zwei Beinen aufgegeben wurde.

Neben der natürlichen Selektion muss deshalb die sexuelle Selektion mit dazu beigetragen haben, den Umwandlungsprozess zu beschleunigen. Sie erhöhte den Druck, die Qualität der Zweibeinigkeit möglichst rasch anzuheben und auch dann noch auf einem hohen Niveau zu halten, als der selektive Druck der natürlichen Selektion im Zuge der kulturellen Entwicklung nachließ. So wie sich Vögel vom Gesang oder Gefieder ihrer Verehrer beeindrucken lassen, waren Hominiden bei der Partnerwahl von tänzerischen Darbietungen angetan. Es entstanden verschärfte sexuell motivierte Selektionsbedingungen, die zu einer relativ raschen Entwicklung des aufrechten Gangs führten.

So wie sich Vögel vom Gesang oder Gefieder ihrer Verehrer beeindrucken lassen, waren Hominiden bei der Partnerwahl von tänzerischen Darbietungen angetan

Demzufolge haben wir es mit einer evolutionären Doppelstrategie zu tun: In den zahlreichen Galeriewäldern Ostafrikas am Rande von See- und Flussufern war der aufrechte Gang als ökologische Anpassung sinnvoll, um das Sammeln und Fischen im seichten Wasser zu erleichtern, welche eine wertvolle eiweißreiche Nahrungsgrundlage boten. Neben diesen Bedingungen für die natürliche Selektion, die in der ökologischen Nische zwischen Wald und Wasser herrschten, entwickelte sich der Tanz als komplexe Darbietung auf zwei Beinen als Auswahlkriterium im Rahmen sexueller Selektion. Die Beinarbeit von Stepptänzern, Eiskunstläufern oder Fußballspielern zeigt, welche Meisterschaft Menschen darin erreichen können.

Die frühere zentrale Funktion des Tanzes für die sexuelle Selektion ist immer noch spürbar, denn Tanzen wirkt bis heute sexuell stimulierend – je besser eine Person tanzt, desto größer ist ihre Attraktivität. Ob ein heißer Schwof aber auch noch ein wichtiges Kriterium für die Partnerwahl ist, erscheint fraglich. Vielleicht hat deshalb der selektive Druck, die „Beinarbeit" weiter zu verbessern, abgenommen – der Fortpflanzungserfolg von Stepptänzern, Eiskunstläufern oder Fußballspielern wird die genetische Qualität des aufrechten Gangs sicherlich nicht weiter erhöhen. Die wenigen guten Sportler, die auch wieder sportliche Kinder bekommen, können den Trend zur Bewegungsarmut nicht mehr ausgleichen.

Literatur

Bickerton D (1981) Roots of Language. Ann Arbor: Karoma.

Fitch WT, Hauser M, Chomsky N (2005) The evolution of the language faculty. Clarifications and implications. In: *Cognition* 97/2: 179–210.

Hauser M, Chomsky N, Fitch WT (2002) The Faculty of Language. What is it, who has it, and how did it evolve? In: *Science* 298: 1569–1579.

Hauser M, Newport EL, Aslin RN (2001) Segmentation of the speech stream in a nonhuman primate: statistical learning in cotton-top tamarins. In: *Cognition* 78/3: 53–64.

Herbison-Evans D (2006) *A revised grammar for the foxtrot.* *http://www-staff.it.uts.edu.au/~don/pubs/foxtrot.html*

Hofstadter DR (1985) Gödel, Escher, Bach – ein endloses geflochtenes Band. Stuttgart: Klett-Cotta.

Hunyadi L (2006) Grouping, the cognitive basis of recursion in language. In: *Argumentum* 2: 67–114.

Jespersen O (1922): Language. Its nature, development, and origin. London, Allen & Unwin

Kaminski J, Call J, Fischer J (2004) Word Learning in a Domestic Dog: Evidence for „Fast Mapping". In: *Science* 304: 1682–1683.

Mithen S (2005) The Singing Neandertals. The Origin of Music, Language, Mind and Body. London: Weidenfeld & Nicolson.

Myers EA (1981) A phrase-structural analysis of the Foxtrott with transformational rules. In: *Journal for the anthropological study of human movement* 1/4: 246–268.

Niemitz C (2004) Das Geheimnis des aufrechten Gangs. Unsere Evolution verlief anders. CH Beck.

Pinker S, Bloom P (1990) Natural language and natural selection. In: *Behavioral and Brain Sciences* 13/4: 707–784.

Povinelli, DJ (1987) Monkeys, apes, mirrors and minds: The evolution of self-awareness in primates Human. In: *Human Evolution* 2: 493–509.

Ramus F, Hauser MD, Miller C, Morris D, Mehler J (2000) Language discrimination by human newborns and cotton-top tamarin monkeys. In: *Science* 288: 349–351.

Savage-Rumbaugh S (1994) *Kanzi:* The Ape at the Brink of the Human Mind. Hoboken, N.J.: John Wiley.

Tomasello M, Call J, Hare B (2003) Chimpanzees understand psychological states – the question is which ones and to what extent? In: *Trends in Cognitive Sciences* 7: 153–156.

Wray A (1998) Protolanguage as a holistic system for social interaction. In: *Language and Communication* 18(1): 47–67.

Wray A (2001) Holistic utterances in protolanguage: The link from primates to humans. In: Knight C, Studdert-Kennedy M, Hurford JR. (Hrsg): The Evolutionary Emergence of Language. Cambridge u.a.: Cambridge University Press, S. 285–302.

5

Grammatik und Semantik kommen ins Spiel

Jeder, der sich mit Sprachevolution beschäftigt, muss sich mit dem Problem des Übergangs von einem vorsprachlichen zu einem sprachlichen Stadium auseinandersetzen. Die Frage nach dem Übergang von einem älteren zu einem neueren Entwicklungsstadium stellt sich grundsätzlich bei jedem Merkmal, seien es die Rüssel von Elefanten, die Hälse von Giraffen oder die Flügel von Vögeln. Je komplexer ein Merkmal, desto schwerer lässt sich der Übergang bis zum vorläufigen „Endprodukt" erklären. Da die Evolution kein Ziel hat, auf das sie zusteuern kann, weiß sie auch nicht, was aus einem Merkmal oder einem Bündel von Merkmalen irgendwann einmal werden könnte. Dass aus Hornschuppen bei kleineren Dinosaurier-Arten Federn wurden, weil sie damit ihr Gelege besser warm halten konnten, ließe sich mit einiger Fantasie vielleicht noch erahnen, aber dass man sich mit diesen Federn irgendwann einmal in die Lüfte schwingen könnte, hätte man sich als Zeitreisender vor etwa 150 Millionen Jahren vermutlich nicht in seinen kühnsten Träumen ausmalen können. Die Evolution scheint – vollkommen unbewusst und ziellos – mit dem, was sie gerade vorfindet und

was oft vollkommen andere Funktionen erfüllt, auf die tollsten
Ideen zu kommen: Flügel aus Federn, Lungen aus Schwimm-
blasen und Sprache aus – ja, aus was eigentlich? Aus einer
primitiveren sprachlichen Vorform! Das ist jedenfalls meist
die Antwort, mit der man kaum etwas anfangen kann, denn
wie sollte man sich diese Vorform vorstellen? Hierzu bekommt
man allenfalls vage Andeutungen
über den Prozess des Übergangs
– über das, was linguistisch vor
Beginn unserer Sprache passiert
sein könnte. Gerne wird hingegen über Motive spekuliert. Als
ein zentrales Motiv wird meist die
Entwicklung der Kognition genannt: Die Intelligenz habe sich
aufgrund mannigfacher Umstände so stark entwickelt, dass
das alte, vorsprachliche Kommunikationsmittel eine Art Rund-
erneuerung benötigte. Entwicklungen beim Werkzeuggebrauch
oder bei Wurf- und Jagdtechniken sowie eine Zunahme sozialer
Komplexität werden als Umstände genannt, die die Intelligenz
hätten wachsen lassen. Aber selbst wenn dies so wäre, ließe sich
damit nicht erklären, warum sich Sprachen in der uns bekannten Richtung entwickelt haben. Sie hätten auch gänzlich anders
ausfallen können.

> **Die Evolution scheint mit dem, was sie gerade vorfindet, auf die tollsten Ideen zu kommen**

Wenn man sich ein sprachliches Kunstwerk anhört oder liest,
wird einem der unglaubliche Entwicklungssprung bewusst, der
irgendwann einmal – kontinuierlich oder in Schüben – vollzogen
wurde. Zwischen der Kommunikation von Primaten, auch solchen, die intensiv über Jahre hin auf sprachähnliche Formen der
Verständigung hin trainiert wurden, und den geradezu fantastischen Möglichkeiten, die unsere Sprache bietet, liegen Welten
– trotz vieler neuerlich von der Forschung entdeckten Gemeinsamkeiten auf einer basalen Ebene. Dazu ein besonders ein-
drucksvolles Beispiel – die Vorrede von Christian Morgenstern
zu seinen Galgenliedern. Dieses Beispiel hat Douglas Hofstadter
in seinem Buch *Gödel, Escher, Bach* ausgesucht, um das Prinzip
sprachlicher Rekursionen zu veranschaulichen.

Es darf daher getrost, was auch von allen, deren Sinne, weil sie unter Sternen, die, wie der Dichter sagt, zu dörren, statt zu leuchten, geschaffen sind, geboren sind, vertrocknet sind, behauptet wird, enthauptet werden, dass hier einem sozumaßen und im Sinne der Zeit, dieselbe im Negativen als Hydra betrachtet, hydratherapeutischen Moment ersten Ranges, immer angesichts dessen, dass, wie oben, keine mit Rosenfingern den springenden Punkt ihrer schlechthin unvoreingenommenen Hoffnung auf eine, sagen wir, schwansinnige oder wesenzielle Erweiterung des natürlichen Stofffeldes zusamt mit der Freiheit des Individuums vor dem Gesetz ihrer Volksseele zu verraten den Mut, was sage ich, die Verruchtheit haben wird, einem Moment, wie ihm im Handel, Wandel, Kunst und Wissenschaft allüberall dieselbe Erscheinung, dieselbe Tendenz den Arm bietet, und welches bei allem, ja vielleicht eben trotz allem, als ein mehr oder minder undulationsfähiger Ausdruck einer ganz bestimmten und im weitesten Verfolge excösen Weltauffasseraumwortkindundkunstanschauung kaum mehr zu unterschlagen versucht werden zu wollen vermag – gegenübergestanden und beigewohnt werden zu dürfen gelten lassen zu müssen sein möchte.   (Hofstadter 1985, S. 141)

Auch wenn man nichts verstanden hat und auch vielleicht nichts verstehen konnte: Man ist fasziniert von der sprachlichen Form, von Grammatik, Stil und Wortwahl. Umso dringlicher stellt sich die Frage, wie ein kommunikatives System entstehen konnte, das zu einer derartigen Komplexität fähig ist! Aus dem Bedürfnis, andere besser zu informieren? Um anderen sagen zu können: *Hinter dem Busch dort lauert ein Krokodil.* Oder: *Hau mal diese Stelle an deinem Faustkeil ab! Der liegt noch nicht richtig in der Hand.* Hätte es nicht für diese Äußerungen – oder genauer: für das, was man mit diesen Sätzen sagen wollte – eine wesentlich einfachere Sprache getan?

Eine Grammatik mit derartig faszinierenden Möglichkeiten, wie sie im Text von Morgenstern zum Ausdruck kommen, konnte nicht aus dem Nichts entstehen. Die strukturelle Komplexität dieses Systems musste sich irgendwo unbehelligt von den Anforderungen des kommunikativen Alltags entwickeln können, ähnlich wie sich Federn entwickeln konnten, bevor sie zum Fliegen einsetzbar waren. Hätten sich Federn nicht zuvor zur Wärmeisolation entwickelt, dann hätte die Evolution auf andere Merkmale zurückgreifen müssen, um einer Art das Fliegen zu ermöglichen. Die Häute zwischen den Fingern wären das Mittel der Wahl gewesen, und bei Fledermäusen hat es ja so auch funktioniert. Mit Federn stand jedoch ein flugtauglicheres Material zur Verfügung, das mit circa 9 000 Vogelarten zu einer wesentlich erfolgreicheren „Fluglinie" führte als die Fledermausversion mit etwa 800 Arten. Wenn die Evolution durch die Umwelt genötigt wird, irgendetwas Sinnvolles aus den vorhandenen Merkmalen zu basteln, dann wird meist das Ergebnis des evolutionären Prozesses besser, wenn bereits die vorausgegangenen Adaptationen besondere Qualitäten hatten. Vögel haben, wenn man so will, evolutionär gesehen Glück gehabt, dass ihr Ausgangsmaterial Federn waren, da Federn aerodynamisch wesentlich günstiger sind als Hautfalten, mit denen Fledermäuse herumflattern müssen.

Unsere Sprache hat – um in diesem Bild zu bleiben – Glück gehabt, dass mit dem generativen Regelapparat von Tänzen und ihrer neuronalen Steuerung eine Struktur vorhanden war, auf die Sprache zurückgreifen konnte, um sich eine Grammatik zuzulegen. Dies war die vorausgegangene Adaptation, die für den Transfer zur Grammatikalisierung von Sprache wie geschaffen war. Die Evolution in ihrer vollkommenen Bewusstlosigkeit hatte das selbstverständlich nicht vorausgesehen, aber ihr Griff in die evolutionäre Merkmalskiste mit bereits vorhandenen Adaptationen war dennoch ein Glücksgriff: Grammatik wurde zu einem Erfolgsmodell für alle Sprachen auf unserem Planeten!

Grammatik wurde zu einem Erfolgsmodell für alle Sprachen

Hätte die Evolution zum Tanz als vorausgegangener Adaptation eine Alternative gehabt? Hätte es andere bereits entwickelte

Fähigkeiten gegeben, auf die die Evolution hätte bauen können? Alles, was bislang in der Literatur vorgeschlagen wurde, erfordert höchst aufwändige und umständliche Erklärungen, da in keiner eine strukturelle Affinität zwischen dem Regelwerk einer Grammatik und einer früheren, ähnlich regelhaft funktionierenden Adaptation nachgewiesen werden konnte. So schlagen etwa William Calvin und Derek Bickerton (2000) zwei höchst unterschiedliche Fähigkeiten vor, die zur Grammatik geführt hätten: eine zum „reziproken Altruismus" und eine zur Antizipation und Steuerung „ballistischer Bewegungen", die für die Herstellung von Waffen und Werkzeugen nützlich gewesen sei. Ich möchte nicht bestreiten, dass beide Fähigkeiten hochentwickelte neuronale Verarbeitungskapazitäten und eine effiziente Prozessierung von Daten erfordern – etwa zur Einschätzung der Kooperationsbereitschaft von Fremden oder zur Berechnung von Flugbahnen bei Wurfspeeren –, aber ich kann mir nicht vorstellen, dass sie die Voraussetzungen gewesen sein sollten, Grammatik in der uns bekannten Form zu entwickeln: Die strukturellen Unterschiede zwischen diesen beiden Fähigkeiten und der Struktur einer Grammatik sind einfach zu groß. Dagegen sind die strukturellen Ähnlichkeiten zwischen Schrittfolgen in Tänzen und den Bewegungen von Wörtern in Sätzen mehr als deutlich. Ich nehme deshalb an, dass Sprache an eine bereits vorhandene kognitive Steuerung, mit der sich rekursive Muster von Tanzschrittfolgen erzeugen ließen, anknüpfen konnte. Diese Fähigkeit wurde beim Übergang zum *Homo sapiens* zunächst in rituellen Handlungen auf Lautäußerungen übertragen. Bewegung, Rhythmus, Musik und Sprache verschmolzen zu einer komplexen Symbiose von Tanz- und Lautmustern mit einer potenziell rekursiven Struktur.

Der Transfer von einem ursprünglich tänzerischen zum sprachlichen Regelwissen vollzog sich in Ritualen – an Orten, die sich vom profanen Alltag deutlich unterschieden. Er vollzog sich nicht während der Jagd, auch nicht bei der Herstellung von Werkzeugen oder Waffen oder der Zubereitung von Nahrung. Der außergewöhnliche Aufwand und die biologischen Kosten, die mit der Etablierung eines derartig aufwändigen Re-

> **Beim Transfer von einer Grammatik des Tanzes zu einer sprachlichen Grammatik spielte die Musik eine entscheidende Rolle**

gelsystems wie einer Grammatik verbunden waren, konnten nur in Situationen entstehen, in denen sich dieser Aufwand für jedes einzelne Individuum lohnte. Und es lohnte sich dort, wo die zentralen soziobiologischen Entscheidungen getroffen werden mussten: Entscheidungen über die Verteilung von Macht, Ressourcen und Geschlechtspartnern. Dort, wo die sexuelle Selektion ihren Ort hatte, wo es darum ging, wer seine Gene mit wem und mit welchen Aussichten auf Erfolg weitergeben konnte. Nur dort konnte sich Grammatik entwickeln.

Beim Transfer von einer Grammatik des Tanzes zu einer sprachlichen Grammatik spielte die Musik eine entscheidende Rolle. Sie war der Transmissionsriemen, der den Transfer ermöglichte.

Vom Tanz zur Musik

Bis heute lässt sich die Zwitterhaftigkeit von Musik zwischen Tanz und Sprache nachempfinden. Beim Singen aktiviert man nicht nur den Stimmapparat; meist ist der ganze Körper beteiligt – man klatscht zum Rhythmus in die Hände, schwingt mit den Hüften oder bewegt Beine und Füße. In Stammesgesellschaften und Kulturen, in denen die Schrift keine oder nur eine untergeordnete Rolle spielt, ist dieses Zusammenspiel von Gesang, Rhythmus und Tanz noch besonders deutlich.

Zwittrig ist Musik auch deshalb, weil wir beim Singen nicht nur Wörter singen, die eine Bedeutung haben, sondern auch sinnlose Lautfolgen, wie *la, la, la* oder *dubi dubi du*. Singen changiert bis heute zwischen bedeutungslosen Lautmustern und intonierten Wortfolgen und Satzmustern. Und wenn wir Texte hören oder singen, achten wir oft nicht auf ihre Bedeutung. Hörern kommt es offenbar in erster Linie darauf an, dass beim Singen – seien es Popsongs oder Arien – sprachliche oder sprachähnliche Laute auf ästhetische Weise produziert werden. Ob sie dagegen einen kohärenten Text ergeben, ist nicht so wichtig. Man weiß zwar meist ungefähr, worum es in einem Lied geht, aber die Einzelheiten sind zweitrangig. Bei Liedtexten aus anderen Sprachen wird selten nach Übersetzungen verlangt. Liebe scheint das bei weitem häufigste Thema zu sein – sicherlich nicht zufällig, wenn man annimmt, dass musikalisch-tänzerische Displays im Rahmen sexueller Selektion entstanden sind.

Auch die kognitive Verarbeitung und Verortung im Gehirn deuten darauf hin, dass sich Musik von Sprache unterscheidet. Viele Menschen mit einer Hirnschädigung, die Sprache kaum noch verstehen oder produzieren können, sind trotzdem weiterhin in der Lage, Lieder zu singen. So verlor der italienische Dirigent Cesare Rota durch einen Schlaganfall in der linken Hemisphäre nahezu sein gesamtes Sprachvermögen. Sowohl das für die Produktion grammatisch wohlgeformter Äußerungen zuständige Broca-Zentrum in der vorderen linken Hirnhälfte als auch das Wernicke-Zentrum in

Die kognitive Verarbeitung und Verortung im Gehirn deuten darauf hin, dass sich Musik von Sprache unterscheidet

der hinteren linken Hirnhälfte, das Sprachverstehen ermöglicht, waren ausgefallen. Rota konnte nur noch einfachste Anweisungen verstehen und vereinzelte Wörter sprechen. Nur mit äußerster Anstrengung gelang es ihm, kurze Sätze zu produzieren. Dennoch war er nach wie vor in der Lage, Konzerte zu dirigieren und Lieder zu singen (Klawans 2005, S. 126–145).

Wenn trotz der nahezu vollständigen Zerstörung der beiden wichtigsten Sprachzentren die musikalischen Fähigkeiten nicht beeinträchtigt werden, zeigt dies, dass Musik von anderen Gehirnzentren gesteuert wird als Sprache. Doch Rota konnte nicht nur singen, sondern auch neue Lieder auswendig lernen. Er konnte Texte nicht nur in gesungener Form aus der Zeit reproduzieren, als sein Gehirn noch keine Schädigung hatte, sondern auch gänzlich neu ohne Unterstützung des Sprachzentrums erlernen. Sprache lässt sich offenbar mit zwei unterschiedlichen

Verarbeitungsmodulen erzeugen, die sich an unterschiedlichen Stellen im Gehirn befinden.

Während die Äußerungen gesprochener Sprache spontan erzeugt werden, gestaltet man Texte von Liedern für einen unbegrenzt langen Zeitraum und singt sie anschließend in immer gleicher Form aus der Erinnerung. Sänger erzeugen bei ihrem Vortrag normalerweise spontan keine neuen Liedtexte. Auch Cesare Rota lernte Lieder auswendig, die ihm sein Betreuer vortrug. In schriftlosen Kulturen besaßen jedoch einzelne Sänger die Fähigkeit, Liedtexte nicht nur aus dem Gedächtnis abzurufen, sondern während des Gesangs zu erzeugen. Damit sie nicht jede einzelne Verszeile vollkommen neu formulieren mussten, kombinierten sie in einer Art Montage bereits bekannte Versatzstücke mit dazu passenden neuen Äußerungseinheiten. Doch auch diese waren meist nicht völlig neu, sondern stammten aus früheren Versionen anderer Lieder. Dieser Technik bedienten sich die Rhapsoden der altgriechischen Epen, als sie die Ilias oder Odyssee vor der Verschriftung durch Homer als mündliche Dichtungen zu den Klängen der Leier vortrugen. Noch bis zu Beginn des 20. Jahrhunderts lebten im Gebiet des früheren Jugoslawien ähnliche Sänger, die über Stunden Epen mit Hunderten von Verszeilen zu einem Saiteninstrument vortragen konnten (Lord 2000). Auch sie enthielten zum größeren Teil bekannte Versatzstücke und wurden bei jedem Vortrag durch neu erzeugte Passagen ergänzt.

Musikalische Praxis, ihre neuronale Verarbeitung und die Eigentümlichkeit der Erzeugung von Musik unterscheiden sich deutlich von der Praxis, Verarbeitung und Erzeugung von Sprache. Musikalische Muster werden voraussagbarer, gestalt- und formelhafter generiert, da sie nicht spontan und flexibel produziert werden können. Sie sind fest geprägt und werden weitgehend ohne Variation abgerufen. Der hohe Grad der Standardisierung dieser Muster ermöglicht eine gute Vergleichbarkeit der Sänger. Ihre unterschiedliche Qualität kann leicht eingeschätzt werden, da sich alle am gleichen Standard messen lassen müssen. Die immer wieder neue Erzeugung weitgehend identischer, standardisierter Muster mit einer komplexen Regelhaftigkeit sind Eigenschaften von Musik, die sie in die Nähe des Tanzens rücken. Die strukturelle Affinität dieser beiden Ausdrucksformen deutet darauf hin, dass sich Musik zunächst aus dem Tanz heraus und dann später in Symbiose mit ihm entwickelt hat.

Die symbiotische Beziehung zwischen Tanz und Musik war folgenreich. Die rhythmischen, regelhaften Bewegungsabläufe von Tänzen führten zu einer „Disziplinierung" der musikalischen Lautfolgen: Sie bekamen eine regelhafte silbische Struktur, da nur so akustische Lautsequenzen auf tänzerische Schrittfolgen bezogen werden konnten. Zu einzelnen Tanzschritten mussten klar konturierte Lautketten passen. Rhythmus, Versmaß und Reime sorgten dafür, dass alle Silben, auch Endsilben, die man in alltäglicher Kommunikation häufig „verschluckt", vollständig artikuliert wurden. Die gesungenen Silben wurden beim Tanz mit den Füßen in den Boden geschrieben.

> **Die gesungenen Silben wurden beim Tanz mit den Füßen in den Boden geschrieben**

Während im Alltag archaischer *Homo-sapiens*-Stämme nach wie vor Protowörter mit ganzheitlichen Lautclustern und ungeregelter Silbenstruktur weiterhin im Gebrauch waren, entwickelte sich in getanzten Ritualsequenzen ein begleitender Gesang, der den Tänzern Rhythmus, Geschwindigkeit und Takt vorgab. Dies war aber nur möglich, wenn die Tonfolgen sich an den regelhaften Mustern von Tänzen orientierten. Nur nach Musik und Gesang, die bestimmte Bedingungen erfüllen, kann getanzt werden. Tanz verlangt einerseits nach universellen rhythmischen Mustern. Andererseits müssen für jeden einzelnen Tanz besondere Gesänge zur Verfügung stehen. Da man seinen Körper, seine Beine und Füße nicht so rasch wie seine Zunge und die übrigen Sprechwerkzeuge bewegen kann, müssen sie sich nach den tänzerischen Vorgaben richten, nicht umgekehrt.

Da die neuronalen Module zur Verarbeitung von Sprache und von Musik an verschiedenen Stellen im Gehirn lokalisiert sind,

muss man annehmen, dass es zwei Modi der Sprachproduktion
gibt: einen musikalischen Modus und einen Sprech-Modus, die
eine unterschiedliche evolutionäre Entstehungsgeschichte haben. Der musikalische Modus hatte einen rituell-tänzerischen
Ursprung und der Sprech-Modus einen praktisch-kommunikati-
ven. Da der musikalische Modus in enger Verbindung mit tänzerischen Bewegungsmustern entstand, ließ sich das Potenzial
des Tanzes, rekursive Muster zu erzeugen, auf die gesungene
Lauterzeugung übertragen. Zunächst wurden, auf den rituellen Raum beschränkt, mit dem Tanz lautliche Variationen in
zunehmend komplexeren Mustern erzeugt, die aber keine oder
nur wenige Informationen enthielten. Dieser semantischen „Be-
deutungslosigkeit" stand eine kulturell hohe „Bedeutsamkeit"
gegenüber, die von Ritual zu Ritual immer wieder neu mit
leichten Abwandlungen erzeugt und so als rituelles Wissen tra-
diert wurde. In diesen Tanz-Sprech-Gesängen entwickelte sich
Grammatik.

In der tierischen Evolution gibt es zu der von mir angenommenen Parallelität zweier Modi eine weitere interessante Parallele:
Da sind einerseits Tiere wie Wale, Delfine oder Singvögel, die
ausgesprochen komplexe Lautmuster ohne jegliche Semantik
erzeugen[1], auf der anderen Seite gibt es Affen, wie etwa Diana-
Affen, Vervet- und Campbells Meerkatzen, die mit ihren lautlich
einfachen Alarmrufen präzise auf etwas Bestimmtes hinweisen
können (Zuberbühler 2002). Diese Alarmrufe wären mit Protowörtern zu vergleichen, die als Appell verstanden werden und
bei Hörern ein bestimmtes Verhalten auslösen. Die Gesänge von

---

[1] Vgl. Okanoya (2002), der bei der Untersuchung des Vogelgesangs auf erstaunlich komplexe syntaktische Strukturen gestoßen ist. Timothy Gentner und seine
Kollegen (2006) von der Universität von Chicago konnten nachweisen, dass der
Europäische Star die Fähigkeit besitzt, Gesangsstrukturen zu identifizieren, die
nach einer rekursiven Struktur aufgebaut waren. Walgesänge scheinen noch
wesentlich komplexer strukturiert zu sein als Vogelgesang. Buckelwale verändern sogar von Jahr zu Jahr ihre Melodien.

Walen und die Lieder von Singvögeln entsprächen dem tänzerisch-musikalischen Modus. Der Trick, beide Modi miteinander
zu vereinigen, ist bislang nur Menschen gelungen – mit Sprache.

Von der Musik zur Sprache

Mit musikalisch-tänzerischen Darbietungen kommen Kooperation und Gemeinschaft zum Ausdruck. Jeder Tänzer, jede
Tänzerin, wird zu kooperativem Handeln verpflichtet, da Tanz
und Gesang nur mit genauen wechselseitigen Abstimmungen
gelingen. So ist es bis heute. Zu
Beginn der Entwicklung – heute
vielleicht noch in Stammesgesellschaften – hatten Tänze zudem die
Funktion, altruistisches Verhalten
zu signalisieren und „Abweich-
ler" zu identifizieren. Wer aus der
Reihe tanzte, wurde als unfähig,

**Zu Beginn der
Entwicklung hatten
Tänze auch die Funktion,
altruistisches Verhalten
zu signalisieren**

unkundig oder fremd erkannt. Der Aufwand für ein musikalisch-
tänzerisches Ritual war demnach hoch – körperlich anstrengend
bei der Darbietung und aufwändig in der Vorbereitung, da alle
Teilnehmer über Jahre hinweg die rituellen Abläufe mit Tanz
und Musik einüben mussten.

Die ersten Rituale waren – wie bereits erwähnt – inszenierte Maskeraden, in denen sich Frauen mit rotem Ocker
bemalten, um sexuell zudringliche Männer von Übergriffen
abzuhalten. Die Gefahr, dass Männer aus der Reihe tanzten,
um rasch und vielleicht auch brutal zum Geschlechtserfolg zu
kommen, musste verhindert werden. Der rituelle Rahmen mit
Tanz und Gesang verpflichtete alle Stammesmitglieder auf
einen kulturell erwünschten, umsichtig gesteuerten Umgang
mit Sexualität. Es galt, die rituellen Regeln der Gemeinschaft
einzuhalten. Wer den normativen Erwartungen von Tanz und
Gesang entsprach, wer sich bemühte, die kulturell erwünschten Muster möglichst genau zu befolgen, dem konnte man Ver-

trauen schenken. Vor rituell angepassten Männern mussten Frauen weniger Angst vor Übergriffen haben. Das Einüben von Tanz- und Gesangsmustern wäre zeitlich, körperlich und kognitiv zu aufwändig, als dass es sich für einen sexuellen Triebtäter lohnen würde, die hohen kulturellen Signalkosten auf sich zu nehmen. Das Interesse der Frauen bestand darin, den rituellen Aufwand in die Höhe zu treiben, um die Zuverlässigkeit und Qualität der Männer immer wieder neu auf die Probe stellen zu können.

Rituelle Handlungen hatten auch die Funktion, den speziellen Ausdruck jedes Einzelnen im Vergleich zu den übrigen Tänzern und Sängern erkennen und bewerten zu können. Während der Entwicklung zum aufrechten Gang war der Tanz das zentrale Handicap – mangelte es hier an Fitness, so bestand die Gefahr, dass man bei schnellen und komplexen Tanzschritten das Gleichgewicht verlor. Doch nach sechs Millionen Jahren auf zwei Beinen war diese Befürchtung praktisch grundlos, und damit verloren das Handicap des Tanzens und sein Signalwert an Bedeutung. Deshalb rückte mit Beginn der Menschwerdung vor circa 170 000 Jahren der Gesang immer stärker in den Mittelpunkt, denn mit grammatisch strukturierten Lautfolgen konnte im Ritual ein ähnlich hoher Signalwert erzielt werden wie mit dem Tanz. So wie man sich mit seinen Schrittfolgen verhaspeln konnte, waren auch „Versinger" und Versprecher möglich – die Zuhörer achteten nun immer stärker darauf, ob Liedtexte auswendig gekonnt und in einer ansprechenden Form dargeboten wurden.

Die Alten mischen sich ein

Zu einer Verschiebung der Signalebenen vom Tanz zum Gesang und später zur Sprache kam es auch deshalb, weil ältere Gruppenmitglieder diese Entwicklung forcierten. Sie hatten ein Interesse daran, dass sich die Qualität eines Individuums stärker an seinen artikulatorisch-musikalischen als an seinen tänzerischen Fähigkeiten erwies. Sie waren deshalb darauf bedacht, die Wertigkeit lautlicher Signale gegenüber tänzerischem Ausdrucksvermögen zu steigern.

Da tänzerische Fähigkeiten mit zunehmendem Alter nachlassen, wurde versucht, diesen Mangel mit lautlichen Mitteln zu kompensieren. Der kraftraubende Tanz war eine Domäne der Jugend – sie konnte mit tänzerischen Darbietungen punkten, vor allem bei der

> **Selbst in hohem Alter und trotz körperlicher Gebrechen ist es möglich, lange und komplizierte Sätze zu produzieren**

Partnerwerbung. Die Produktion grammatisch komplexer Lautmuster erfordert hingegen kaum eine körperliche Anstrengung. Selbst in hohem Alter und trotz körperlicher Gebrechen ist es möglich, lange und komplizierte Sätze zu produzieren. Mit der Verschiebung von tänzerischen Signalen zu lautlichen wurde es für jüngere Stammesmitglieder zunehmend schwieriger, gegen ältere Stammesführer zu putschen und sie ihres Einflusses und ihrer Ressourcen zu berauben. Die Alten hatten eine Möglichkeit gefunden, trotz nachlassender Körperkraft ihren Einfluss im Stamm zu erhalten und selbst bei der Partnerwahl ernsthafte Konkurrenten zu bleiben.

Unter gemeinschaftlich lebenden Säugetieren, etwa Löwen oder Wölfen, müssen die Alpha-Tiere den Jüngeren Platz machen, wenn ihre Kraft zur Verteidigung ihrer Position nicht mehr ausreicht, wobei es manchen älteren Schimpansen allerdings aufgrund ihrer sozialen Intelligenz gelingt, durch geschickte Koalitionen mit Jüngeren ihren Einfluss zumindest teilweise zu erhalten. Da sich mit grammatisch strukturierten lautlichen Signalen ein höheres Prestige erzielen ließ als mit Signalen, die auf körperlicher Geschicklichkeit oder Kraft beruhten, eröffnete sich den Älteren eines Stammes die Chance, ihren Status mit sprachlichen Mitteln zu erhalten. Waren sie den Jüngeren im Tanz hoffnungslos unterlegen, so waren sie ihnen doch auf lautlicher Ebene zumindest ebenbürtig, wenn nicht gar überlegen. In Ritualen, in denen die Hierarchien immer wieder neu bestätigt, aber auch modifiziert wurden, konnte durch eine über Jahrtausende zunehmende stärkere Betonung der lautlichen Fähigkeiten die Macht der Älteren stetig wachsen.

Diese Strategie war zunächst eine rein egoistische. Aber aus dem Motiv, Macht nicht abzugeben, sondern bis ins hohe Alter zu erhalten, ergab sich für alle Mitglieder der frühen menschlichen Gemeinschaften ein positiver Effekt: Die Alten wurden nicht zum Ballast, sondern zu einer wichtigen Ressource. Mit ihrem Wissen, ihren Erfahrungen und ihren Urteilen konnten menschliche Gruppen klügere und weitsichtigere Entscheidungen treffen, als es jüngere Anführer mit ihrer Spontaneität und begrenzten Weltsicht vermocht hätten. Sicherlich gibt es auch Fälle von Altersstarrsinn, aber im Großen und Ganzen sind Menschen mit ihren alten Führern und Eliten ganz gut gefahren. Im Laufe der Jahrtausende wurde die Wertschätzung des Alters immer wichtiger. Sie reichte schließlich bis über den Tod hinaus und führte zum Ahnenkult. Manche Alten stiegen nach ihrem Tod in die Götterwelt auf, einige erlangten noch vor ihrem Ableben eine gottgleiche Stellung. Erst mit der Ausbreitung der Schriftkultur, mit der Möglichkeit, Wissen aus Büchern oder anderen Medien zu entnehmen, wurde die Erfahrung der Alten zunehmend wertloser. Besonders in schriftfernen sozialen Schichten von Schriftkulturen geraten sie leicht ins gesellschaftliche Abseits.

> Im Laufe der Jahrtausende wurde die Wertschätzung des Alters immer wichtiger

Aber nicht nur alte Männer, auch alte Frauen setzten auf Sprache – wahrscheinlich sogar noch stärker als Männer! Denn wenn anstatt körperlicher Kraft und Ausdauer lautliche Handlungen immer wichtiger werden, dann führt dies auch bei Frauen zu einem Altersbonus. Zudem kann sich ein geschlechtsspezifischer Bonus ergeben, da männliche Kraft gegenüber weiblichem Sprachgeschick leicht ins Hintertreffen gerät. Alte Frauen konnten mit einer sprachlichen Strategie eine ähnlich herausragende Stellung bekommen wie Männer. Zahlreiche Forschungsergeb-

nisse deuten jedenfalls darauf hin, dass die sprachlichen Fähigkeiten von Frauen durchschnittlich höher entwickelt sind als
von Männern. Dies zeigt sich beim Erstspracherwerb wie beim
Erwerb von Fremdsprachen. Sprachfehler und sprachliche Ano-
malien sind bei Männern wesentlich häufiger zu beobachten als
bei Frauen. Sie haben offenbar noch stärker auf Sprache gesetzt
als Männer, die teilweise bis heute auf ihre körperliche Überlegenheit bauen.

Der Wunsch, ein hohes Ansehen zu bewahren, beruhte auf
dem egoistischen Motiv, im Alter, wenn die eigenen Kräfte
nachließen, von der Gemeinschaft Unterstützung einfordern zu
können und somit die eigene Überlebensfähigkeit zu erhöhen. Da
Männer aufgrund ihrer Machtstellung auch im hohen Alter noch
ihre Gene verbreiten konnten, breitete sich Langlebigkeit als genetisches Merkmal aus. Gene, die von gesunden Alten stammten,
erhöhten die Wahrscheinlichkeit, dass auch der Nachwuchs älter
wurde. Neben der verbesserten Ernährung trug das „altersfä-
hige" Genmaterial dazu bei, dass das durchschnittliche Lebens-
alter der Menschen über die letzten Jahrhunderte hinweg anstieg
und heute doppelt so hoch wie das von Schimpansen ist.

Ein Altersbonus, der über sprachliche Fähigkeiten erworben
wurde, ist bis heute wirksam: Wer sprachlich gewandt ist, hat
Erfolg in der Schule, erlangt bessere berufliche Positionen, verdient mehr Geld, kann sich besser ernähren, lebt in einer gesün-
deren Umgebung, wird seltener krank, wird älter und kann all
diese Vorteile an seine Nachkommen weitergeben – seine Gene
werden sich stärker durchsetzen als die Gene von Individuen mit
geringeren sprachlichen Fähigkeiten.

Neben dem egoistischen Interesse der Alten, ihre soziale Position zu erhalten oder auszubauen, hatten auch jüngere Stammesmitglieder ein Interesse daran, die Alten zu achten und gut
zu versorgen, da niemand auf deren Wissen und Erfahrungen
verzichten wollte. Ihr Bemühen, Alte zum Vorbild zu nehmen,
ihnen nachzueifern und von ihnen zu lernen, beruhte ebenfalls
auf einem egoistischen Motiv: Je mehr Wissen bereits in jungen
Jahren erworben wurde, desto größer war die Chance, Macht

und Prestige im Alter zu erhalten oder noch zu steigern. Für den Altersbonus bestand nämlich keine Garantie – die Gesellschaft wusste wohl zu unterscheiden, welche der Alten besonders wertvoll für sie waren und welche nur aus Tradition und Pietät durchgefüttert wurden. Je früher und gründlicher man sich deshalb das Wissen der Alten aneignete, desto leichter gelang es, in ihre Fußstapfen zu treten. Während die Mutter für die Vermittlung eines grundlegenden Wissens sorgte, bekam man nach der Pubertät aus dem Kreis der Alten das kulturelle Wissen vermittelt, das den Weg zu Prestige und Macht öffnete – ein Wissen, das es zu nutzen galt.

Nachdem sich den jungen und körperlich fitten Mitgliedern eines Stammes die Möglichkeit eröffnet hatte, auf sprachlichem Wege von den Alten zu lernen, entwickelten auch sie ein stärkeres Interesse an Sprache als an Körperkraft oder Geschicklichkeit. Potenzielle Geschlechtspartner entschieden sich für die sprachlich Begabten, sodass sich ihre Gene verstärkt durchsetzen konnten. Mit überdurchschnittlicher sprachlicher Fitness war die Chance größer, zu Macht und Ansehen zu gelangen und sie bis ins hohe Alter hinein zu bewahren.

> Mit überdurchschnittlicher sprachlicher Fitness war die Chance größer, zu Macht und Ansehen zu gelangen und sie bis ins hohe Alter hinein zu bewahren

Mit zunehmendem Sprachvermögen und steigender Lebenserwartung der menschlichen Gesellschaften wurde der Einfluss der Älteren bei der Partnerwahl ihrer Kinder immer stärker. Die sexuelle Selektion erfolgte nicht mehr ausschließlich über die direkte gegenseitige Wahl der Geschlechtspartner, sondern auch über Eltern und Großeltern. Je traditioneller eine Kultur, desto autoritativer beeinflussen die Alten die Partnerwahlen in der jungen Generation. Unsere westliche Vorstellung, Eltern hätten sich hier nicht einzumischen, entstand in der Geschichte der Menschheit erst sehr spät.

Noch heute nehmen die Ältesten in Stammesgesellschaften die höchste soziale Position ein und treffen die wichtigen

Entscheidungen. Erst mit der Entwicklung und Verbreitung von Schrift verloren sie ihre herausragende Stellung – ihre Erfahrung und ihr Rat wurden zunehmend unwichtiger, da das Wissen einer schriftkundigen Gesellschaft auf Steintafeln oder Papyrus, in Büchern und elektronischen Dateien aufbewahrt und abgerufen werden kann. So werden alte Menschen in westlichen Industrienationen kaum noch als Wissensspeicher benötigt und können getrost in Altersheime abgeschoben werden.

> **Noch heute nehmen die Ältesten in Stammesgesellschaften die höchste soziale Position ein und treffen die wichtigen Entscheidungen**

Der starke Einfluss von Eltern und Großeltern bei der Partnerwahl war für die Entwicklung von Sprache bedeutsam, da überdurchschnittliche sprachliche Fähigkeiten eine immer wichtigere Rolle bei der Entscheidung für einen Partner spielten. Während die Jungen bis heute dazu tendieren, sich stärker von visuellen Attributen wie Aussehen, Kraft und Geschicklichkeit beeindrucken zu lassen, sorgen die Eltern und Großeltern dafür, dass sprachliche Fähigkeiten bei der Entscheidungsfindung nicht vernachlässigt werden. Sie wissen aus eigener Erfahrung, dass Sprache noch von Nutzen ist, wenn körperliche Attraktivität, Kraft und Geschicklichkeit längst ihre Wirkung verloren haben. Deshalb liegt das Hauptaugenmerk ihrer erzieherischen Anstrengungen auf Sprache; auch Höflichkeit und gute Manieren spielen dabei eine wichtige Rolle. Nach dem Erwerb der grundlegenden kommunikativen Sprachfertigkeit soll im Rahmen formaler Bildung eine komplexere, elaborierte sprachliche Ebene erreicht werden. Letztlich beruht jegliche Bildung auf dem Motiv der Älteren, den Wert ihrer Kinder durch sprachliche Investitionen zu steigern, um deren Chancen bei der Partnerwahl zu erhöhen. Bereits Kinder scheinen dieses Motiv zu kennen. Als ich einmal einen Erstklässler fragte, warum er zur Schule gehen müsse, kam die verblüffende Antwort: »Um später eine gute Frau zu bekommen.«

Die Alten haben aus egoistischen Motiven die Entwicklung einer grammatischen Sprache vorangetrieben, einerseits für ihren eigenen Machterhalt und andererseits über den Einfluss auf ihren Nachwuchs, um eine erworbene hohe Position an ihre Kinder weitergeben zu können. Sprache wurde – zunächst im tänzerisch-musikalischen Modus, später im kommunikativen Alltag – zu dem zentralen Signal, mit der Ansehen und Macht erworben, erhalten und auf die nächste Generation übertragen werden konnte. In dem Maße, in dem sprachliche Signale aufgewertet wurden, verloren Kraft, Ausdauer und Geschicklichkeit an Einfluss.

Grammatik kommt in den Alltag

Bei der Darstellung der Motive und Interessen, die die Alten an Sprache haben, sind wir in gewaltigen Sprüngen bis in unsere Zeit vorgedrungen. Wir haben dabei einen Transfer ritueller Sprachmuster von ihrem tänzerisch-musikalischen Ursprung im Ritual zur Alltagskommunikation angenommen, ohne ihn aber bislang genauer erläutert zu haben. Das soll nun nachgeholt werden.

Wie kam es dazu, dass protosprachliche Wörter und Äußerungssequenzen, die im Alltag über Jahrtausende, wahrscheinlich bereits seit der Zeit des *Homo erectus*, ihre Funktion ausreichend erfüllten, seit etwa 100 000 Jahren zunehmend weniger gebraucht und nach und nach durch eine grammatische Sprache ersetzt wurden? Warum wurde der grammatische Sprachmodus des Rituals auf die alltägliche Kommunikation übertragen?

Ein erhöhter evolutionärer Druck, der für diesen Wandel verantwortlich sein könnte, ist nicht zu erkennen, jedenfalls nicht auf den ersten Blick. Für den raschen Austausch von Informationen, von Befehlen oder Warnungen, etwa während der Jagd oder bei alltäglichen Verrichtungen, bestand für eine grammatisch strukturierte Sprache keine zwingende Notwendigkeit.

Während der Jagd war es geradezu unsinnig, laut miteinander
zu sprechen – allenfalls einzelne
geflüsterte Wörter waren sinnvoll,
jedoch keine längeren Sätze.

Auch während einer handwerk-
lichen Tätigkeit, etwa beim An-
fertigen von Faustkeilen, Speeren
oder Schmuck, wären grammatisch

**Wie kam es dazu,
dass protosprachliche
Wörter zunehmend
weniger gebraucht und
nach und nach durch eine
grammatische Sprache
ersetzt wurden?**

komplexere Äußerungen eher hinderlich gewesen. Wenn die Anstrengung auf eine manuelle Aktion gerichtet ist, bleibt zum
Artikulieren längerer Sätze kaum kognitive Kapazität übrig. Bei
Tätigkeiten, für die feine und genaue Bewegungen der Hände
erforderlich sind, etwa beim Bemalen eines Ostereis, wird die
Zungenspitze häufig sogar zwischen die Zähne geklemmt, damit
sie sich nicht zur Artikulation von Lauten bewegen kann, denn
die gleichzeitige Feinsteuerung unserer Zunge und Hände überfordert bis heute unsere Kognition. Um wie viel gravierender
wäre die Überforderung erst zu Beginn der Sprachentstehung
gewesen!

Oder denken wir an einen Chirurgen, der während einer
Operation Befehle an seine Helfer gibt: meist einzelne Worte
ohne Syntax wie *Tupfer*, *Schere* oder *Pinzette*. Der höfliche
Aufforderungssatz *Frau Becker, würden Sie mir bitte einmal
die Schere reichen* wäre nicht nur merkwürdig, sondern würde
die Konzentration aller Beteiligten unnötig von der komplizierten Tätigkeit des Operierens ablenken. Menschen reagieren
erstaunt oder irritiert, wenn jemand während einer manuellen
Tätigkeit grammatisch komplexe Sätze produziert, vor allem,
wenn sie anstrengend ist und hohe Aufmerksamkeit erfordert. Die Entstehung von Sprache mit der Entwicklung der
Waffentechnik oder der Herstellung von Kunsterzeugnissen
in Verbindung zu bringen, erscheint deshalb abwegig. Auch
wenn ein Meister seinem Lehrling die Anfertigung eines Ar-
tefakts vermitteln möchte, wird er sich dabei kaum sprachlich
abmühen – er zeigt ihm einfach, wie es gemacht wird. Sprache,

insbesondere eine komplexe grammatische Sprache, ist hierfür nicht notwendig.

Für längere und komplexere Äußerungen benötigte man Muße und Konzentration. Handlungsdynamik und Entscheidungsdruck mussten gering sein, damit man sich voll und ganz auf grammatisch aufwändige Äußerungen konzentrieren konnte. Wo wäre dies besser möglich gewesen als im geschützten Raum des Rituals? Hier waren alle Handlungen weitgehend geregelt und hochgradig voraussagbar. Hier hatte man Muße, seine Äußerungen in Ruhe zu planen, zu formulieren und in einer Art Sprechgesang zu äußern. Und damit sie nicht aus den Fugen gerieten, formulierte man sie nach Regeln, die der Gemeinschaft bekannt und für alle verbindlich waren, damit alle Mitglieder an ihnen gemessen werden konnten. Schon damals waren rituelle Phrasen voller Würde, Kraft und Poesie grammatisch und stilistisch raffiniert gestaltet. Jeder, der sie ohne Versprecher angemessen singen oder sprechen konnte, gewann an Ansehen oder konnte den erreichten Status zumindest erhalten. Wer sich aber verhaspelte, wer den Anforderungen des komplexen Satzbaus nicht genügte, wer am grammatischen Handicap scheiterte, verlor an Prestige.

> **Für längere und komplexere Äußerungen benötigte man Muße und Konzentration**

Der evolutionäre Druck, den kommunikativen Alltag zu grammatikalisieren, erhöhte sich, als die archaischen *Homo-sapiens*-Gruppen größer wurden[2] und sich einander fremde Gruppen öfter begegneten. Es kam deshalb immer häufiger zu sozialen Situationen, in denen andere Individuen schlecht eingeschätzt werden konnten. Man wusste nicht mehr aus der Erfahrung mit seiner eigenen überschaubaren Gruppe, wem

---

[2] Vgl. Dunbar (1996), dessen Theorie der Sprachentstehung auf der Hypothese beruht, dass die Gruppengröße bei den Hominiden kontinuierlich zunahm.

man vertrauen konnte und wem nicht. Der kulturelle Kitt ritueller Handlungen reichte nicht mehr aus, Zuverlässigkeit und Kooperationsbereitschaft in den zunehmend vielfältiger werdenden alltäglichen Begegnungen zu erkennen. Deshalb wuchs der Druck, den Geltungsbereich und die Verfügbarkeit von Signalen, denen man vertrauen konnte, zu erhöhen. Dies konnte nur mit Signalen gelingen, die mit höherem Aufwand produziert wurden und ein entsprechend höheres Handicap enthielten. Da dies bei den nach dem Prinzip silbisch artiku- lierter und grammatisch organisierter Lautketten der Fall war, wurden bestimmte rituelle Sequenzen in die alltägli- che Kommunikation transferiert. Zunächst geschah dies nur vereinzelt, vor allem für ritualisierte Situationen im Alltag, wie etwa bei Begrüßungen, Verabschiedungen, Bitten oder Demutsbezeugungen – immer dann, wenn besonders auf Hie- rarchien geachtet werden muss und höfliches Verhalten an- gemessen ist. Der Alltag wurde so nach und nach ritualisiert, mit sprachlichen Formeln und Floskeln durchsetzt, die das soziale Miteinander erleichterten. Nur mit diesem Transfer konnte das zentrale Problem größer werdender menschlicher Gruppen gelöst werden: Das kooperativ altruistische Mitein- ander trotz zunehmender Fremdheit und Unübersichtlichkeit aufrechtzuerhalten. Rituale blieben aber nach wie vor die zen- tralen Orte, an denen die Gruppen ihre kulturelle Orientierung kooperativer Gemeinschaftlichkeit immer wieder neu prägen konnten. Sie wurden zum religiösen Kern einer Gemeinschaft mit einem sich nach und nach ausweitenden Arsenal ritueller Handlungen.

Neben diesen Ritualen zur langfristigen, strategischen Ori- entierung wurden in den Alltag ritualisierte Sprechhandlungen implantiert, die der kurzfristigen, taktischen Orientierung bei Begegnungen weniger bekannter und fremder Menschen dien- ten – vor allem bei Menschen, die höher gestellt waren oder bei denen der soziale Rang nicht leicht zu erkennen war. Es ist bis heute so, dass wir gegenüber Ranghöheren und Fremden ein wesentlich aufwändigeres sprachliches Register verwenden.

Wir reden dann nicht einfach, wie uns der Schnabel gewachsen ist, sondern wägen sorgfältig ab, wie wir diese Personen ansprechen sollen, welche und wie viele höfliche Redewendungen wir verwenden. Wir versuchen, seltenere und höherwertigere Wörter zu verwenden und unsere Sätze sorgfältiger zu planen. Gleichzeitig steigt das Handicap, dass wir uns versprechen. Mit diesem Sprachverhalten gelingt es uns, auch gegenüber nicht näher bekannten Personen Wertschätzung zu erlangen und ein Vertrauensverhältnis aufzubauen.

Wir können uns das Sprachverhalten in unserem Alltag als eine situativ adäquate Aneinanderreihung von Sprechakten vorstellen, die wir gegenüber unseren Mitmenschen mit einem teilweise extrem unterschiedlichen sprachlichen Aufwand vollziehen, je nachdem mit welchen Personen wir ins Gespräch kommen. Als der englische Sprachphilosoph John Austin seine Theorie der Sprechakte (Austin 1986) entwickelte, ging er zunächst von rituellen Sprechakten aus, etwa von den formelhaften Wendungen, die während einer Taufe geäußert werden müssen, damit dieses Ritual zur Zufriedenheit aller Anwesenden gelingt. In rituellen Situationen kommen bis heute der formelhafte Charakter und der hohe sprachliche Aufwand, immer verbunden mit der Gefahr des Misslingens, am stärksten zum Ausdruck. Es war deshalb auch kein Zufall, dass sich Austin zunächst mit rituellen Sprechakten befasste, um mit diesen Beispielen seine Theorie zu begründen. Im Alltag sind Sprechakte noch relativ gut in formellen und standardisierten Situationen fassbar, etwa bei einem Vorstellungs- oder Verkaufsgespräch. Wenn der Alltag aber informeller wird, wenn Menschen miteinander reden, die sich gut kennen oder eng miteinander befreundet sind, dann führt eine Sprechaktanalyse zu wenig befriedigenden Ergebnissen, da das interaktive Geschehen sehr dicht wird und es zu raschen Sprecherwechseln mit nur kurzen Einwürfen kommt.

Wenn also Austin bei seiner Analyse alltäglichen Sprechens zu dem Ergebnis kam, dass sich nicht nur rituelles Sprechen, sondern jegliches Sprechen in Sprechakten vollzieht, dann kann man dem nur bedingt zustimmen. Wir haben es hier nämlich mit einem Gefälle zu tun, das mit der Evolution unserer Sprache zu erklären ist: Je ritueller eine Situation, desto deutlicher und aufwändiger sind Sprechakte sprachlich gestaltet und zu unterscheiden; und je informeller eine Situation, je vertrauter die Gesprächspartner zueinander stehen, desto unklarer und nachlässiger wird normalerweise miteinander gesprochen. Der sprachliche Aufwand wird reduziert, weil es weniger notwenig erscheint, ursprünglich rituelle Sprachmuster auf den Alltag anzuwenden. Die Anforderungen an das Gelingen und die Wohlgeformtheit eines Sprechaktes steigen hingegen, wenn sich Menschen hinsichtlich ihrer Qualität, Zuverlässigkeit

> **Je ritueller eine Situation, desto deutlicher und aufwändiger sind Sprechakte sprachlich gestaltet**

und Kooperationsbereitschaft gegenseitig einschätzen müssen. Ein Hauptschullehrer muss seinen Schülern vermitteln können, dass sie in einem Bewerbungsgespräch höflich sein und an ihre sprachlichen Grenzen gehen müssen, um potenzielle Arbeitgeber von ihren Qualitäten zu überzeugen.

Neben dem zentralen Motiv, rituelles Sprachverhalten in den Alltag zu transferieren, um die Zuverlässigkeit und Kooperationsbereitschaft in größer und unübersichtlicher werdenden menschlichen Gruppen überprüfen zu können, wird es auch noch weitere, weniger zentrale Motive gegeben haben. Der Übergang zu einer grammatischen Sprache entsprang wahrscheinlich auch aus dem Bedürfnis, etwas von der Ästhetik und dem Prestige, das mit der im Ritual erzeugten „musikalischen" Sprache verbunden war, in den Alltag zu übertragen. Überdies wurde der Transfer wohl auch durch einen praktischen Aspekt vorangetrieben: Die Melodien der Lieder und Sprechgesänge gingen allen, die am Ritual teilnahmen, ins Ohr und wurden in den alltäglichen Mußestunden, etwa am Lagerfeuer, in vereinfachter Form wiederholt. Auch wenn Mütter ihre Kinder in den Schlaf sangen, griffen sie wahrscheinlich diese rituellen Muster auf.

Lassen sich Übernahmen von sprachlichen Mustern aus öffentlichen, ritualisierten Kontexten auf den Alltag auch heute noch beobachten? Unter Kindern oder Erwachsenen wird man eher selten Beispiele dafür finden, aber unter Jugendlichen, die unter einem besonderen Druck stehen, sich in ihren Gruppen sprachlich zu behaupten und (sexuell) attraktiv zu erscheinen, werden häufig Fragmente aus bekannten Sprachhandlungen und Texten aus den Medien wörtlich oder in verfremdeter Form zitiert. Dieses Verhalten kann uns eine ungefähre Vorstellung vermitteln, wie und warum es zu einem Prozess der Transferierung von rituellen zu alltäglichen Verwendungsmustern in archaischer Zeit gekommen ist.

Dazu ein Beispiel aus einem Gespräch, das Jugendliche miteinander geführt haben: [3]

```
 1  C:  ficken einhundert
 2  E:  ficken einhundert (.)
 3  X:  risiko
 4  Q:  nee
 5  J:  glücksspiel
 6  C:  was denn was war denn daran risiko (.) Rita Süßmuth
        oder
 7      was/
 8  E:  ficken einhundert
 9  C:  Rita Süßmuth
10  X:  risiko
11      ((Lachen))
12  C:  frau Meyer hat aids (n) herr herr Tropfmann hat herpes
13      (..) was möchten SIE einsetzen (...) öhöh (2.0) syphilis.
14      ((Lachen))
15  C:  also hier die frage (1.0) also hier die frage
16  E:  welche frage
17      ((Lachen))
```

[3] An diesem Gespräch, das 1987 in der Nähe von Osnabrück aufgenommen wurde, waren sechs Jugendliche im Alter von 19 bis 22 Jahren beteiligt (vgl. Schlobinski 1989: 19-20).

18 S: sein –

19 R: - das ist hier die frage –

20 S: - sein oder nicht sein

21 R: schwein oder nicht schwein

22   ((Lachen))

23 C: schwein (..) oder nicht schwein

24 Q: dein/

25 J: sein

26 S: kein

27 R: kein rabe (.) genau das is es

28 Q: eins (..) zwei oder drei du muss dich entscheiden (.) drei
29   felder sind frei

30 Q: eins plop zwei oder drei du mußt dich entscheiden drei
31   felder sind ZWEI

32 C: //eins (..) zwei oder drei du mußt dich entscheiden (..)
33   drei Felder sind frei//

34   ((jemand erzeugt Ploppgeräusch am Flaschenhals/La-
        chen))

35 S: hier (.) da sieht man ihn (.) den typischen (.) >eins zwei
36   drei kenner<

37 C: denn plop heißt stop

38 R: aber drei aber ZWEI war nicht schlecht

39 Q: drei Felder sind zwei

40   ((Lachen))

41 C: das hab ich echt mal wieder voll nich mitgekricht

42   ((Lachen))

43   kannste gar nichts gegen machen

44 R: shit

45 Q: Meyer muß da rausgehn die felder zählen

46 Q: Kotz.

47 X: (   )

48 C: also (..) um wieder zum thema zu komm ne

49 Q: ((Mähen))

50 C: jau

51 Q: hast du den schwarzA::R?

52   ((Mähen))

53 J: hey (..) gehört der euch/

54 R: ich hab's mir gestern abgeschnitten

55 C: padapedu dabapedu

56   ((Lachen))

57 C: da dap du du ((Schnippen, Klatschen, englischer

58   Sprechgesang, der in den folgenden Sprechgesang über-
        geht)) ich

59   sage EUCH laßt es blEIben tut euch DAS wirklich GUT
        (.)

60   flippen floppen flappen kannst du immer gut doch deine
        frau

61   ist DAmit EINverstanden (.) IMMer wenn ich SAge
        kommt MIT zu

62   mir nach HAUS ich gebe DIR EIN SCHÖnes BIERchen
        aus dann (.)

63   SAgt sie leck MICH am arsch ich BIN nicht daBEI ich
        kann HEUte

64   nicht HAB kein ZEIT WILL lieber nach HAUS denn im-
        mer wenn der

65   Göbert sich an FRAUen ranschmEIßT dann weiß jede
        sofort JETZT

66   (.) wirds WIRKlich heiß ich sag euch leute GÖBERT der
        hat's

67   ECHT LANG DRAUF (..) JEde Frau GEHT mit zu IHM
        NACH
        HAUS (.)

68   er ist der (.) SUPERSTAR der Superstar alle seine

69 X: ou:::u:ou

70 C: lieder alle seine lieder die HAT die FRAU GLÜCKlich
        gemacht

71   superstar[4]

---

[4] Konventionen: (.) kurze Pause, (2.0) zweisekündige Pause; / steigende Intona-
     tion, fallende Intonation; = direkter Anschluss einzelner Sprecherbeiträge; (( ))
     Kommentare; ( ) unverständliche Passage; X: alle Gesprächsteilnehmer spre-
     chen die folgende Sequenz zusammen, Passagen in Großbuchstaben: lautes,
     betontes Sprechen.

In diesem Gespräch transferieren Jugendliche Textelemente aus Fernsehsendungen und der Popmusik. Im ersten Teil (Zeile 1-27) übernehmen sie Handlungsmuster aus dem damals bekanntesten ZDF-Fernsehquiz „Der große Preis", in der Kandidaten sich für bestimmte Fragenkomplexe entscheiden und ihren Schwierigkeitsgrad mit einem Zahlenwert bestimmen mussten. Selbstverständlich kamen die Fragenkomplexe „Ficken", „Aids", „Herpes" und „Syphilis" in dieser Sendung nicht vor. Sie werden von den Jugendlichen als derb karikierendes Mittel zur Abgrenzung von der Erwachsenenkultur eingesetzt, wobei zentrale sprachliche Muster dieser Sendung in ihr flapsiges Alltagsgespräch eingebaut und variiert werden. Ab Zeile 28 wird mit der Sequenz „eins, zwei, drei" aus dem gleichnamigen Kinderquiz die nächste Simulationsphase eröffnet. Ab Zeile 55 wechseln die Jugendlichen zu einem weiteren Muster, aus einem ihnen wahrscheinlich gut bekannten Popsong, der mit einem Sprechgesang imitiert wird. Da dieser Text aus einem kulturellen Bereich stammt, der ihrer subkulturellen Einstellung entspricht, verändern sie ihn nicht mit ironisierender und karikierender Absicht wie bei den Quizsendungen, die sich an ein „bürgerliches" Publikum oder an Kinder richtet, sondern übernehmen ihn so wörtlich wie möglich.

Es gibt offenbar zwei Verfahren, sich auf bekannte öffentliche Textmuster im privaten Alltag zu beziehen: Zum einen wörtliche Übernahmen, zum anderen mit distanzierender und ironisierender Absicht veränderte Übernahmen. So entstehen lustvolle Sprachbasteleien, mit denen sich Jugendliche untereinander in Szene setzen. Neue Informationen werden in diesen Gesprächen kaum ausgetauscht. Ihre Funktion besteht vielmehr darin, mit wörtlichen oder verfremdeten Zitaten in der Gruppe zu demonstrieren, dass man zentrale Äußerungen aus Fernsehsendungen oder Texte aus der Popmusik kennt und mit ihnen auf eine spielerische und „witzige" Art umzugehen versteht. Aus öffentlich medialen Bereichen – Film, Fernsehen und der Musikszene –, die in einer Kultur bekannt sind und Ansehen genießen, auf die man aber selbst keinen Einfluss nehmen kann, werden von den Jugendlichen sprachliche Versatzstücke herausgenommen und in ihren Alltag zur Selbstdarstellung übertragen. Mit ihrem verfremdenden Zitieren machen sie aber auch den Unterschied zwischen ihrer Jugendszene und der Kultur der Erwachsenen deutlich.

Selbstverständlich wird ein sprachlicher Transfer in archaischen Zeiten auf der Oberfläche gänzlich anders abgelaufen sein. Ironisierende Distanzierungen von allgemein akzeptierten rituellen Mustern sind sicherlich erst in neuerer Zeit entstanden, möglicherweise erst dann, als Jugendliche versuchten, sich mit ihrer Subkultur vom kulturellen Mainstream der Erwachsenen abzugrenzen. Aber das grundsätzliche Muster von Übernahmen sprachlicher Versatzstücke aus prestigeträchtigen rituellen Inszenierungen in den Alltag könnte vor 40 000 Jahren ähnlich verlaufen sein. Die Richtung des Transfers hätte sich jedenfalls nicht geändert. Der damit verbundene sprachliche Aufwand ist im alltäglich privaten Bereich zwar nicht ganz so hoch wie im rituell-medialen, aber doch beachtlich. In beiden Fällen besteht das Ziel im Wesentlichen darin, sich in Szene zu setzen und sich gegenseitig zu beeindrucken. Der Austausch von Informationen spielt dabei eine denkbar geringe Rolle.

Namen und Bezeichnungen

Anhand der Kommunikation unter Jugendlichen können wir uns zwar nun ungefähr vorstellen, wie sprachliche Muster aus einem rituell-öffentlichen Raum in die Praxis des Alltags durch Imitation und Variation übertragen werden können, aber es bleibt die Frage, wo eigentlich in unserem parallelen Entwicklungsszenario mit den beiden Strängen einer rituellen und einer alltäglichen Kommunikation die neu entstandenen Wörter, die nach komponentiellen Prinzipien gebaut und nach grammatischen Regeln angeordnet wurden, zu ihren Bedeutungen kamen. Erst beim Transfer auf alltägliche Situationen oder bereits zuvor, im Ritual, dort, wo Grammatik entstand? Intuitiv möchte man annehmen, dass dies erst im Alltag geschah, da hier der Bedarf an lexikalischen Wörtern besonders groß ist.

Diese Annahme ist jedoch problematisch, da im Alltag noch lange nach dem Aufkommen des *Homo sapiens* vor etwa 170 000 Jahren protosprachlich kommuniziert wurde. Ein protosprachliches System mit seinen holistischen Äußerungseinheiten enthält keinen Hebel, wie man diese kompakten Einheiten aufbrechen könnte, um sie in eine nach grammatischen Regeln geordnete Kette mit einzelnen Wörtern umzuformen. Jedes System, wenn es denn einmal funktioniert, hat die Tendenz sich zu erhalten. Und da wir davon ausgehen können, dass mit protosprachlichen Ausdrücken bereits zu Zeiten des *Homo erectus* kommuniziert wurde, muss es sich hier um ein überaus stabiles System gehandelt haben. Es gibt auch aus logischen Gründen keinen Ansatz, protosprachliche Wörter wie /re:u:/ und

> **Jedes System, wenn es denn einmal funktioniert, hat die Tendenz sich zu erhalten**

/ioask/, die beiden Beispiele aus dem letzten Kapitel, in einzelne lexikalische und grammatische Wörter aufzuspalten und daraus Sätze zu formen, die aus Subjekten, Prädikaten und Objekten bestehen. Anhand des Ausdrucks /re:u:/ hat man keinerlei Anhaltspunkte, wie man ihn in eine sprachliche Äußerung übersetzen könnte. Unzählige Möglichkeiten wären denkbar:

- *Achtung, pass auf! Da vorne liegt ein Löwe im Gras!*
- *Im Gras da vorne, pass auf, da liegt ein Löwe!*
- *Bleib ganz ruhig! Da im Gebüsch, Mensch, da liegt wahrscheinlich ein Tiger!*
- *Keine Panik! Da hinter dem Strauch hat sich ein Raubtier versteckt!*
- *usw.*

Unser fiktives Beispiel, der protosprachliche Ausdruck /re:u:/, enthält keinen Hinweis, ob es sich um einen Löwen, einen Tiger oder um ein anderes Raubtier handelt. Eine genaue Bezeichnung wäre auch nicht notwendig, da man ja auf das, was da im Gras oder Gebüsch liegt, zeigen kann. Protosprachliche Kommunikation konnte ohne Benennungen oder Bezeichnungen auskommen, da man immer dann, wenn man einen Ausdruck benutzte, auf die Person, das Tier, den Gegenstand oder das Merkmal deuten musste, auf das sich die Äußerung bezog. Mit der lautlichen Form wurde zu einer bestimmten Disposition oder Handlung aufgefordert und mit der Hand wurde gezeigt, auf wen oder was sich die Handlung beziehen sollte – eine einfache, aber gut funktionierende Kommunikation, mit der man aber nicht über das sprechen konnte, was außerhalb des Gesichtskreises lag. Es war ein Sprechen im Hier und Jetzt. Vergangenes, Zukünftiges oder Imaginiertes konnten nicht besprochen werden.

Unser protosprachlicher Ausdruck kann auch aus strukturellen Gründen nicht auf etwas Bestimmtes verweisen. Er kann zwar alle, die ihn hören, warnen und dazu bringen, sich so zu verhalten, dass sie überleben, aber er kann nicht auf ein spezielles Tier, etwa einen männlichen, älteren Löwen hinweisen, von dem die Gefahr ausgeht. Aber dazu bestand auch keine Notwendigkeit, da man ja in die Richtung zeigen musste, in der das Tier lag und jeder konnte sich dann mit seinen Augen ein eigenes Bild von der möglichen Gefahr machen. Da es sich bei protosprachlichen Ausdrücken um ganzheitliche Lautkomplexe handelt, die nicht wie Wörter in einem Satz in seine Elemente aufgelöst werden können, müsste nicht nur für jedes Raubtier ein gänzlich anderer Ausdruck zur Verfügung stehen, um jedes Mal anders davor warnen zu können – es müsste auch unterschiedliche Ausdrücke für Warnungen vor unterschiedlichen Löwen geben, etwa vor einem alten und einem jungen Löwen oder einem Löwen, der im Schatten schläft und nicht auf Beute aus ist, oder einer Löwin, die mit anderen Löwinnen zusammen jagt und einen bereits gewittert hat. All diese Differenzierungen sind mit einer Protosprache nicht möglich, da sie das System rasch an seine Grenzen führen würden. Protospachliche Ausdrücke können nicht die ganze Lebenswelt in ihrer Vielfalt und Differenziertheit benennen. Sie besteht nicht aus einzelnen Elementen, die darauf referieren. Die ganzheitlichen Lautkomplexe einer Protosprache lassen sich deshalb auch nicht in unterschiedliche Wörter eines Satzes oder Wortbestandteile wie Stamm und Flexionsendung dekomponieren. Aus ihrem

Lautmaterial lässt sich keine grammatische Sprache mit Wörtern entwickeln, die eine lexikalische Bedeutung haben.

Protosprachlich-gestische Signale bieten offenbar keine Möglichkeit, dass sich aus ihnen Namen und Bezeichnungen hätten entwickeln können. Sie enthielten keine und selbst dann, wenn sie einen nennenden, referentiellen Bezug gehabt hätten, hätte er nicht von dem ganzheitlichen protosprachlichen Ausdruck abgetrennt werden können. Es gab deshalb nur die Möglichkeit, ein neues System neben diesem bestehenden System zu etablieren, das Wörter enthielt, mit dem man nennend auf etwas verweisen konnte. Da dies unter den Bedingungen des protosprachlich geprägten Alltags nicht möglich war, nehme ich an, dass mit der Grammatik auch die ersten Bedeutungen im Ritual entstanden.

> **Protosprachlich-gestische Signale bieten offenbar keine Möglichkeit, dass sich aus ihnen Namen und Bezeichnungen hätten entwickeln können**

Diese Vermutung mag vielleicht zunächst überraschen, da wir bislang davon ausgegangen sind, dass Lautäußerungen in Ritualen zwar regelhaft und wohlklingend waren, es hier aber auf Bedeutung nicht ankam. Aber genau dies war paradoxer Weise der Grund, warum nur hier Bedeutung entstehen konnte. Gerade weil es im Ritual nicht in erster Linie um handlungsleitende Äußerungen ging, die für das Agieren im Alltag lebenswichtig waren, sondern um kunstvoll strukturierte Lautketten, die zu rhythmischen Trommeln und Tanz gesungen oder gesprochen wurden, konnten die wenigen Lautketten, die als Namen oder Nomen sich auf bestimmte Personen oder Dinge bezogen, deutlich „herausgehört" werden. Auf dem Hintergrund semantisch bedeutungsloser, aber ästhetisch ansprechender, bedeutsamer und regelhaft strukturierter Lautketten wurden die kurzen lautlichen Elemente, die eine spezifische Bedeutung hatten, umso deutlicher wahrgenommen.

Im Gegensatz zur protosprachlichen Kommunikation im Alltag waren Rituale vom Druck entlastet, entscheiden und handeln zu müssen. Deshalb konnte man sich hier stärker auf die Form einer Lautäußerung konzentrieren und auf die Personen, die diese Äußerungen von sich gaben. Die Inhalte und Handlungen, die hier inszeniert wurden, waren bekannt und voraussagbar – eben ritualisiert. In diesem Kontext haben wir es – im Gegensatz zum Alltag – mit Situationen zu tun, in denen mit lautlichen oder visuellen Mitteln auf etwas referiert, aber nicht darauf gezeigt werden muss, da ja ohnehin alle auf die gleiche Szenerie blicken. Zunächst werden dies visuelle Mittel gewesen sein, die im Tanz dargestellt wurden. Beispielsweise konnte ein Tänzer mit dem Kopf eines toten Löwen einen Löwen darstellen. Es herrschte das Prinzip *pars pro toto*: Mit einem Merkmal eines Tieres wurde auf das tatsächliche Tier in der Lebenswelt verwiesen. Im Ritual entstand erstmals eine Szenerie, in der mit ikonischen Zeichen auf eine Realität gedeutet wurde, die außerhalb des Rituals stand. Die Stammesmitglieder, die Tiere darstellten und dabei bestimmte Laute singend oder sprechend von sich gaben, verwiesen aber nicht nur mit ihren visuellen Attributen, sondern auch mit ihren Lautäußerungen auf eine Realität außerhalb des Rituals. Diese Laute waren nur in Ausnahmefällen Imitationen tierischer Laute. Da sie zu den Rhythmen der Tänze und den Melodien der Gesänge passen mussten, waren es in der Regel wohlgeformte, deutlich artikulierte und silbisch strukturierte Lautketten, die mit den dargestellten Tieren assoziiert werden konnten. Auf denjenigen, der bei einer tänzerischen Darbietung einen Wolf darstellte und deshalb eine Wolfsmaske trug, wurde die Lautkette gemünzt, die er beim Tanz äußerte, wobei es sicherlich nicht seine Absicht war, sich selbst auf diese Weise einen Namen zu geben. Die übrigen Tänzer und Zuschauer, stellten vielmehr die Assoziation zwischen dem dargestellten Tier und der von „ihm" geäußerten Lautkette dar.

Die Namengebung stand am Ende eines Transferprozesses, bei dem am Anfang zunächst immer ein „richtiges" Tier oder ein Gegenstand aus der Lebenswelt stand. Im zweiten Schritt – im Ritual – wurde dieses Tier dekontextualisiert und sein eigentlicher Kern, sein Wesen, das, was dieses Tier aus der Sicht eines Stammes ausmachte, auf ein visuell und szenisch dargestelltes Als-ob-Tier transferiert. Im dritten Schritt wurde nun dieses dekontextualisierte Tier mit einer Lautkette assoziiert, die der Darsteller dieses Tieres selbst äußerte. Diese Lautkette konnte nun, im vierten Schritt, wiederum dekontextualisiert werden: In einem anderen Kontext außerhalb der rituellen Inszenierung ließ sich die Vorstellung von einem Tier, das man nun nicht mehr sehen und auf das man deshalb auch nicht mehr zeigen konnte, mithilfe dieser Lautkette vor dem inneren Auge jederzeit immer wieder neu, wie in einem Heimkino, hervorrufen und zwar so, dass auch andere, die diese Lautkette hörten, eine ähnliche Vorstellung bekam.

Ein wesentliches Strukturmerkmal von Ritualen besteht in einer deutlichen Distanz zum Alltag. Hier finden Aktionen statt, die nicht in alltägliche Handlungen eingebunden sind, sondern in einem stilisierten Raum stattfinden, der sich neben oder außerhalb des Alltags befindet. Nicht nur der Raum ist ein anderer, auch die Zeit wird anders erlebt und sogar die Personen sind nicht die gleichen Personen, wie sie aus dem Alltag bekannt sind. Aus dem, was man zu sehen glaubt, ist etwas anderes geworden. Hinter der visuellen Oberfläche verbirgt sich eine andere Realität mit einer anderen Semantik, die man schließlich auch benennen möchte. Alle, die am Ritual teilnehmen, haben sich geschmückt, ihr Gesicht geschminkt, den Körper bemalt, mit Federn ausstaffiert, sich mit Fellen verkleidet und mit Köpfen von Tieren, Geistern und Dämonen maskiert. Alles, was man im Ritual tut, hat einen verweisenden Charakter. Man bewegt sich in einer Als-ob-Sphäre mit Zeichen, die auf eine andere Wirklichkeit verweisen. Alles, was man aus dem Alltag kennt, hat sich im Ritual verändert. Die Personen, Tiere, Pflanzen und Gegenstände sind aus ihrem alltäglichen Kontext genommen und in einen rituellen Kontext transferiert worden. Eine Dekontextualisierung hat stattgefunden.

Unter den tanzenden und singenden Frauen, die sich in dem von Chris Knight angenommenen Ur-Ritual mit rotem Ocker

> **Alles, was man im Ritual tut, hat einen verweisenden Charakter**

bemalt haben, befanden sich auch junge Mädchen, die gerade geschlechtsreif geworden waren. Um zu verhindern, dass sie Opfer
von sexuellen Übergriffen wurden, signalisierten sie mit ihren
Tiermasken, dass sie keine Menschen waren, mit männlichen
Attributen wollten sie demonstrieren, dass sie ein anderes Geschlecht hatten und mit kindlichen Attributen, dass sie noch nicht
geschlechtsreif waren. Mit diesen Verfahren der Verschiebung von
Wirklichkeit begann der Prozess einer Bedeutungszuschreibung
von Personen, auf die nicht mehr einfach nur gezeigt werden konnten, um zu verstehen, was sich hinter dem Gezeigten verbargen.

Da gleichzeitig zu ästhetisch ansprechend artikulierten,
meist gesungenen Lautketten mit geringer oder keiner Bedeutung szenisch gestaltete, bedeutungsvolle Tänze dargeboten
wurden, konnten bedeutungsleere Äußerungen mit Figuren assoziiert werden, die eine spezielle Bedeutung im Ritual hatten.
Mit rituellen Namen begann die
Entwicklung zur Semantik lautlicher Äußerungen. Bald kam die
Bezeichnung von Gegenständen
hinzu, ebenfalls ausgehend von
Ritualen, etwa in Begräbnisze-
remonien. Hier wurden Tote ge-

> **Mit rituellen Namen begann die Entwicklung zur Semantik lautlicher Äußerungen**

schmückt und Gegenstände wurden ihnen ins Grab gelegt, bevor
man es mit Erde und Steinen schloss. Dadurch dass diese Gegenstände ihrer ursprünglichen Funktion beraubt und in einen
ihnen vollkommen fremden Ort versetzt wurden, veränderte sich
ihre Bedeutung. Aus dem Gesichtskreis verschwunden und tief
unter der Erde neben einem Toten vergraben, konnte man nun
nicht mehr darauf zeigen, aber der Gegenstand war immer noch
vorhanden, wenn auch in einer fremden Umgebung neben einem
Toten, vom bekannten Kontext des Alltags entfremdet und seinen Verwendungsmöglichkeiten beraubt. Der Gegenstand, etwa
eine Steinaxt oder ein Faustkeil, blieb der gleiche, aber er konnte
nun nicht mehr gebraucht werden. Deshalb war nur noch ein
Name oder ein Nomen für ihn sinnvoll, aber keineswegs ein Protowort, das ja immer nur im Rahmen einer Handlung und mit

gestischer Unterstützung sinnvoll geäußert werden konnte, etwa beim Angriff auf jagdbare Beute. Indem bestimmte Gegenstände im Rahmen von Ritualen zu Grabbeilagen wurden, bekamen sie selbst Bedeutung. Nicht mehr ihr Gebrauch in bestimmten Aktionen des täglichen Lebens stand im Mittelpunkt der Aufmerksamkeit, sondern die Gegenstände selbst. Als dekontextualisierte Objekte, die aus ihrem alltäglichen Handlungskontext entfernt wurden und deshalb nun als „Objekte an sich" eine neue Relevanz bekamen, verdienten sie nun auch eine eigene Bezeichnung – ein Wort, das einem Objekt einen Namen gab.

Da Grabbeilagen wahrscheinlich nicht einfach stumm ins Grab gelegt wurden, sondern mit begleitenden Äußerungen, bot es sich auch hier an, ähnlich wie in Tänzen mit inszenierten Tierdarstellungen, bestimmte, aktuell geäußerte, ästhetisch ansprechende Lautketten als Bezeichnungen für die entsprechenden Grabbeilagen zu wählen. Da rituelle Lautäußerungen mehr oder weniger zufällig mit dem Ausstaffieren eines Grabes mit bestimmten Gegenständen oder Pflanzen einhergingen, konnten arbiträre Beziehungen zwischen einer Lautkette und dem, was die Lautkette bezeichnete, entstehen.

Der Prozess der Semantisierung als „Aufladung" von Lautketten mit Bedeutung muss man sich so ähnlich vorstellen, wie sie in einer fremdsprachlichen Lehrmethode praktiziert wird – der Methode des *Total Physical Response* (TPR), die in den Fünfzigerjahren in den USA von James Asher entwickelt wurde (Asher 1982). Bei dieser Methode führt ein Lehrer nacheinander einzelne Bewegungen und Handlungen aus, die seine Schüler imitieren. Dabei sagt er in der zu erlernenden Fremdsprache, was die Schüler tun sollen. Er erhebt sich beispielsweise in der ersten Sitzung von seinem Stuhl und sagt dabei *Steh auf!*, während sich alle Schüler ebenfalls erheben. Die Schüler bleiben in den ersten Stunden stumm und versuchen, die Bewegungen und Tätigkeiten mit den Äußerungen des Lehrers in Beziehung zu setzen. Nach und nach verstehen sie, was er sagt, weil sie sehen, was er tut, und prägen es sich ein, weil sie seine Handlungen imitieren und damit seinen Anweisungen Folge leisten. Das gelingt erstaunlich schnell. Haben sie die Aufforderungen mehrmals gehört und imitiert, so können sie die geforderten Handlungen selbstständig ausführen. Schon nach etwa einer halben Stunde muss der Lehrer seinen Schülern nicht mehr vormachen, was sie zu tun haben, da sie die ersten fremdsprachlichen Aufforderungen bereits verstehen.

Zu Beginn können sie freilich keine einzelnen Wörter aus der Lehreräußerung isolieren, sondern hören nur eine kontinuierliche Lautkette. Hören sie beispielsweise /ge:andasfensta/, so gehen sie, weil ihnen der Lehrer das vorgemacht hat, an ein bestimmtes Fenster. Hören sie dann aber später /ge:andaspult/, so erkennen sie, dass sich die beiden Lautketten nur am Ende unterscheiden. Wenn der Lehrer zu dieser Äußerung an ein Pult gegangen ist, können sie daraus schließen, dass der letzte Teil der Lautkette die Bedeutung dieses Möbelstücks enthalten muss. Sie verstehen, dass die jeweils letzten Lautelemente sich auf zwei unterschiedliche Objekte beziehen – auf ein Fenster und ein Pult.

Hier gelingt es intelligenten Zuschauern und -hörern, durch schlussfolgernde Interpretationen von Zeigegesten, Objekten und Handlungen den Lautketten, die sie hören, eine Bedeutung zuzuweisen. Zunächst werden zwischen den unverständlichen Lautfolgen und den Gesten, Bewegungen und Objekten sinnvolle Beziehungen hergestellt, was zu einer ersten groben Bedeutung führt. Die Schüler testen ständig neue Hypothesen und grenzen zunehmend genauer ein, welche Elemente einer Lautkette was bedeuten könnten. Außerdem registrieren sie durch den Vergleich mit anderen Lautketten Unterschiede, die für eine spezifische Bedeutung möglicherweise relevant sind.

Rico, der bereits erwähnte Border-Collie-Rüde[5], lernt Wörter auf ähnliche Weise. Er versteht rasch, welches Objekt er seinem Frauchen bringen soll. Weil /holdikugl/ und /holdasbux/ für ihn

---

[5] Kurz bevor dieses Buch fertig wurde, hat sein Autor eine Border-Collie-Hündin bekommen. Eine Ronja, aber ob die genau so berühmt wird wie ihr großes Vorbild? Sie gibt sich jedenfalls viel Mühe!

wie für Lerner einer Fremdsprache am Ende anders klingen, muss es sich um zwei unterschiedliche Objekte handeln – eine Kugel und ein Buch. Bekommt er – neben bekannten Objekten – ein Objekt zu sehen, dass ihm noch unbekannt ist und hört in einem Apportier-Befehl ein Wort, das ihm ebenfalls unbekannt ist, dann folgert er messerscharf, dass sich dieses Wort auf das noch unbekannte Objekt beziehen muss. Er wählt es unter allen anderen ihm bekannten Objekten aus und bringt es seinem Frauchen. Bislang hatte man nicht

Auch ganz normale Hunde sind zu erstaunlichen Verstehensleistungen fähig

vermutet, dass ein Hund in der Lage ist, die richtigen Bezeichnungen für unbekannte Objekte selbstständig zu erschließen (Kaminski/Call/Fischer 2004). Aber auch ganz normale Hunde sind zu erstaunlichen Verstehensleistungen fähig. Sie können Äußerungen wie /wasistndahasodaläuftochainekatse/ verstehen, indem sie alle unverständlichen Bestandteile dieser Lautkette ausblenden und nur die bekannten hören.

Auch Kinder erlernen die Bedeutung von Wörtern ihrer Muttersprache nach diesem Prinzip – sie hören von Erwachsenen Lautketten, deren Bestandteile sie nach und nach auf bestimmte Tätigkeiten und Objekte beziehen. Haben sie erst einmal erkannt, dass man alles in der Welt mit Wörtern bezeichnen kann, so führt dies zu einer regelrechten Benennungsexplosion.

Als archaische *Homo-sapiens*-Gruppen erkannten, dass man Menschen, die in Ritualen bestimmte Figuren repräsentierten, mit einer Lautkette bezeichnen konnte, die mehr oder weniger zufällig oder willkürlich zusammen mit der Darstellung einer Figur geäußert wurde, und dass man dies auch mit Gegenständen tun konnte, die zu Grabbeilagen wurden, konnte eine wichtige Erkenntnis entstehen: die Erkenntnis, dass man jedem Menschen, jedem Tier, jeder Pflanze und jedem Ding einen Namen geben kann, ohne dass man seinen Namen gleich mit einer bestimmten Handlung verbinden muss. Die Lautkette war

nun nicht mehr, wie noch in der Protosprache, an eine Aktion
gekoppelt. Wenn ein Ritual zu Ende gegangen war und man
sich wieder im Alltag befand, konnte man mit einer spezifischen
Lautkette auf etwas verweisen, was aus dem Gesichtskreis verschwunden war, was man aber noch vor seinem inneren Auge
sah, gerade weil es einen im Ritual so fasziniert hatte. Und hier,
im Alltag, bekam man nun die Möglichkeit, auf eine rituelle Figur zu verweisen, die nicht mehr nur vor dem eigenen inneren
Auge erscheint, sondern als inneres Bild bei allen aufscheint, die
eine spezielle Lautkette hören – ganz ähnlich wie die Jungendli-
chen aus dem letzten Abschnitt, die sich gemeinsam vorstellen,
dass Frau Meyer, eine biedere Nachbarin, in einer Quizsendung
im Fernsehen sich Fragen zu „Aids" wünscht und Herr Tropf-
mann von nebenan so mutig ist, „Herpes" als Spezialgebiet zu
wählen.

Zu Beginn der Namenentwicklung im Ritual kam es wahrscheinlich nicht gleich zu einem Transfer auf den Alltag, da
rituelle Namen und Bezeichnungen stark tabuisiert waren. Die
Stammeseliten versuchten sie zunächst von der profanen Verwendung in alltäglicher Praxis zu schützen, um ihren Wert nicht
durch einen inflationären Gebrauch außerhalb der geschützten
und geheiligten Sphäre des Rituals zu mindern. Dies entsprach
dem generellen Bemühen, lautliche Signalkosten zu erhöhen.
Dieses Motiv ist bis heute wirksam: In vielen Stammesgesellschaften sind nach wie vor zahlreiche Namen und Bezeichnungen
mit einem Tabu belegt. Dass dennoch ein Transfer in den Alltag
nicht zu verhindern war, hängt wohl mit dem Prestigebedürfnis
einzelner ab, die sich außerhalb des Rituals mit den neuartigen
Referenz-Signalen in Szene setzen wollten. Wahrscheinlich ging
dieser Trend von jungen Männern, aber auch Frauen aus, die
in der Stammeshierarchie noch unten standen und im rituellen
Geschehen wenig Beachtung fanden. Sie brachen das Wort-Tabu
und lösten so eine semantische Revolution aus – eine Revolution,
die schließlich dazu führte, dass in alltäglicher Kommunikation
grundsätzlich alles mit einem Wort bezeichnet werden konnte,
was man bezeichnen wollte.

Nachdem das Prinzip der Namengebung verstanden und angewandt wurde, kamen schon bald andere lexikalische Wörter hinzu, die im Ritual eine Bedeutung bekamen, vor allem Attribute. Ausgangspunkt war aber zunächst immer ein Name als semantischer Kern, um den sich später andere Wörter gruppierten. Falls in einer rituellen Inszenierung nicht nur ein Wolf, sondern mehrere Wölfe tanzten, entstand das Bedürfnis sie voneinander zu unterscheiden. Dies geschah am einfachsten mit Attributen, etwa nach dem Muster: *junger Wolf – alter Wolf – schmutziger Wolf – schwarzer Wolf – böser Wolf – guter Wolf – Todeswolf – Mutterwolf – Wolf mit Zottelfell – Wolf ohne Zähne* usw. Die Tänzer, die mit diesem Als-ob-Wolf tanzten, waren diejenigen, *„die mit dem Wolf tanzen"* oder *„die mit dem Wolf kämpfen"*. Hier bekamen spezifische Handlungsweisen die Funktion von Attributen, die zur Spezifizierung und Unterscheidung von Namen herangezogen würden. Der Name wurde zum Kern, um den herum Attribute entstand.

Als sich das Prinzip der mit Attributen erweiterten Namengebung langsam auch im Alltag durchsetzte, entstand das Problem, was man eigentlich mit den nach wie vor gebräuchlichen Protowörtern tun könne: sie gänzlich aufgeben oder ihnen eine neue Funktion zuweisen? Da Protowörter immer auf Handlungen zielen, erscheinen sie als geradezu ideale Kandidaten für Verben. Ein direkter Transfer vom Protowort zum Verb war allerdings nicht möglich, da Protowörter sich auf einen viel zu breiten und vagen Anwendungsbereich bezogen, der gestisch unterstützt werden musste. Außerdem war ihre Lautstruktur nicht nach den phonetischen und silbischen Prinzipien des rituell-musikalischen Modus geregelt. Um mit den neuen komponentiell gebauten „Namenwörtern" syntaktisch wie semantisch kompatibel zu werden, mussten sie sich lautlich und funktional verändern. Ich könnte mir vorstellen, dass einzelne Protowörter in Ritualen Verwendung fanden und in diesem anderen Kontext gewissermaßen raffiniert wurden: Sie mussten sich hier der rhythmischen und metrischen Struktur von Sprechgesängen und Liedern anpassen. Zudem konnte der

Handlungsdruck, der im Alltag bei Hörern wie in einer Reiz-Reaktions-Kette durch die Äußerung protosprachlicher Lautketten ausgelöst wurde, im musikalischen Modus des Rituals nicht
mehr erzeugt werden, da hier die entsprechenden Handlungen
in stilisierter Form eingeübt waren und deshalb nicht als Reaktion ausgelöst werden mussten. Die Dekontextualisierung
vom Alltag zum Ritual führte dazu, dass der durch lautliche
Signale ausgelöste behavioristische Automatismus, der für die
Kommunikation archaischer *Homo-sapiens-* und *Erectus-*Gruppen noch überlebenswichtig war, seine Wirkung verlor. Stattdessen rückte die lexikalische Bedeutung von Protowörtern
stärker in den Vordergrund. Diejenigen Protowörter, deren
Handlungsaspekt lexikalisiert und deren lautliche Struktur an
die „Namenwörter" des musikalischen Modus angepasst wurde,
konnten im kommunikativen Alltag die Funktion von Verben
übernehmen.

Viele tausend Jahre blieb wahrscheinlich der Prozess der
Lexikalisierung von Lautketten auf den rituellen Kontext beschränkt, bevor der Transfer auf die Kommunikation im Alltag
begann. Zunächst sicherlich nur zögerlich mit wenigen Übernahmen aus einzelnen Ritualen, dann aber auch willkürlich im
alltäglichen Spiel mit den lexikalischen Möglichkeiten, die die
neue Sprache bot. Schließlich, ich vermute vor etwa 80 000 Jahren, muss es zu einer Phase regelrechter Benennungseuphorie
gekommen sein, in der große Bereiche des täglichen Lebens mit
lexikalischen Wörtern bezeichnet wurden, denn in dieser Zeit
kam es zu einer relativ plötzlich einsetzenden künstlerischen
Produktion. Der norwegische Archäologe Chris Henshilwood
entdeckte in Südafrika, in der Blombos-Höhle in der östlichen
Kap-Provinz, zwei 77 000 Jahre alte verzierte Ocker-Blöcke.
In derselben Gegend fand er Perlenschmuck, Stein- und Kno-
chenwerkzeuge sowie Ocker-Pulver zur rituellen Bemalung des
Körpers (Henshilwood 2002). Diese Funde zeugen von einem regelrechten kulturellen Quantensprung, der nur möglich wurde,
weil die Protosprache nun durch Sprache ersetzt werden konnte
und die Welt in Worte gefasst und so erst richtig begriffen wer-

den konnte. Nach der ersten Benennungseuphorie kristallisierten sich im alltäglichen Gebrauch die allgemein akzeptierten Bedeutungen von Wörtern heraus[6] und differenzierten sich von Gruppe zu Gruppe und von Region zu Region: Es entstanden unterschiedliche Sprachen.

Wir hatten bereits gesehen, dass die Ausweitung der Gruppengröße und zunehmende Außenkontakte archaischer Stammesgesellschaften den Druck erhöhten, rituell geprägte, höherwertige Signale in den Alltag zu transferieren, um hier die Signalkosten zu erhöhen und so die Vertrauenswürdigkeit und Kooperationsbereitschaft von Fremden zuverlässiger einschätzen zu können und Trittbrettfahrer zu entlarven. Dies führte dazu, dass alltägliche Situationen stärker rituell geprägt wurden, vor allem bei Begrüßungen, da gleich bei der Kontaktaufnahme mit weniger Bekannten oder Unbekannten mit schwierig zu produzierenden formelhaften Wendungen geprüft werden konnte, ob jemand vertrauenswürdig war oder nicht. Diese Wendungen funktionierten wie ein Schibboleth, ein für Fremde schwierig auszusprechendes Testwort, das den Israeliten einst dazu diente, ephraimitische Flüchtlinge an ihrer nicht normgerechten Aussprache zu erkennen. Dazu die Textstelle aus dem Alten Testament, Buch der Richter (R: 12, S. 5ff):

(...) Und wenn ephraimitische Flüchtlinge kamen und sagten: Ich möchte hinüber! Fragten ihn die Männer aus Gilead: Bist du ein Ephraimiter? Wenn er nein sagte, forderten sie ihn auf: Sag doch einmal „Schibboleth". Sagte er dann „Sibboleth", weil er es nicht richtig aussprechen konnte, ergriffen sie ihn und machten ihn dort an den Fluten des Jordan nieder. So fielen damals zweiundvierzigtausend Mann am Ephraim.

---

[6] Diese Sicht entspricht der von Ludwig Wittgenstein entwickelten „Gebrauchstheorie der Bedeutung", auf die ich hier leider nicht näher eingehen kann.

Als das Benennungsprinzip bekannt war, konnte es auch bei
Kontakten mit weniger bekannten und fremden Menschen
dazu kommen, dass sprachliche Handlungen durch die Art
und Weise ihres Gebrauchs mit Bedeutung aufgeladen wurden. Ein zunehmend eindeutigerer Gebrauch führte zu einer
immer deutlicher konturierten Bedeutung. Wenn sich entfernt bekannte oder einander fremde *Homo-sapiens*-Gruppen
begegneten, ergaben sich ähnliche Situationen wie bei der
Lehrmethode des *Total Physical Response*. Da sich die neuen,
rituell geprägten Lautmuster von Gruppe zu Gruppe anders
entwickelten, konnte es bei der Begegnung von Fremden zu
regelrechten sprachlichen Ratespielen kommen, bei denen man
versuchte, bestimmten Lautmustern bestimmte Bedeutungen
zuzuordnen. Dabei wurden oft Bedeutungen gefunden, die die
Urheber gar nicht beabsichtigt hatten oder für die es oft noch
gar keine Benennung gab. Sprachkontakt war also bereits in
sprachlicher Frühzeit eine Ursache für die Entwicklung von
Bedeutungen und Sprachwandel.

Aber nicht nur Kontakte zwischen unterschiedlichern Stammesgesellschaften, auch die Kommunikation innerhalb einer
Gesellschaft führte zu sprachlicher Differenzierung. In den zunehmend größer werdenden Gruppen bildeten sich kleinere
Gruppierungen, die sich in ihrer Aussprache unterschieden
– etwa Gruppen mit jüngeren Männern, älteren Frauen oder
Jugendlichen, aber auch Gruppen, die enger miteinander verwandt waren. Kam es untereinander zum Kontakt, wurden
Unterschiede in der Lautung einzelner Wörter bemerkt. Möglicherweise reagierten sie ähnlich amüsiert wie Norddeutsche,
die sich mit Bayern unterhalten. Die lautlichen Unterschiede
brachten sie aber vermutlich auch auf die Idee – wenn zunächst
auch nur in Einzelfällen –, dass eine minimale lautliche Änderung in einem Wort die Möglichkeit bot, sich auf einen anderen
Inhalt zu beziehen.

Nehmen wir einmal an, ein Schwabe und ein Westfale begegnen sich auf einem Campingplatz und duschen in zwei Dusch-
kabinen. Später unterhalten sie sich und der Westfale beklagt

sich über seine Dusche, in der das Wasser nicht warm wurde, weshalb er auch nur ganz kurz geduscht habe. Die Dusche des Schwaben hingegen war angenehm warm. Im Westfälischen spricht man *Dusche* mit einem kurzen ungespannten /u/, im Schwäbischen hingegen mit einem langen gespannten /u:/. Nun könnte es im Gespräch zu der nicht ganz ernst gemeinten Übereinkunft kommen, dass man ein wohliges langes Duschen mit warmem Wasser als /du:ʃen/ bezeichnet, dagegen ein kurzes, abhärtendes, kaltes Duschen mit einem kurzen /u/ ausspricht. Durch diesen minimalen lautlichen Unterschied hätte man eine durchaus nützliche semantische Unterscheidung getroffen.

Die beiden Wörter *Buße* und *Busse* weisen in ihrer Aussprache den gleichen minimalen lautlichen Unterschied auf, aber der semantische Unterschied zwischen beiden könnte größer nicht sein. Auf diesem Prinzip vollkommen willkürlicher lautlicher Unterschiede beruht unser Sprachsystem. Während der minimale Unterschied in der Aussprache von *Buße* und *Busse* in keiner Weise mit ihren beträchtlichen Bedeutungsunterschieden korrespondiert, ruft das Wort *duschen*, gleichgültig ob wir das Wort mit einem langen oder mit einem kurzen /u/ aussprechen, immer die gleiche Vorstellung hervor – zumindest heute noch. Aber wenn Sie das nächste Mal duschen und das Wasser nicht warm wird, dann erinnern Sie sich womöglich an meinen Vorschlag, in diesem Fall *duschen* mit kurzem /u/ auszusprechen.

Entwicklung der Alphabetschrift

Zur Entwicklung von einer ungrammatisch-isolierenden Protosprache zu einer silbisch-grammatischen Sprache gibt es eine Parallele in der Schrift: Erstere entspricht einem frühen Stadium der Schriftentwicklung – den Bilderschriften Ägyptens und Mesopotamiens –, letztere der alphabetischen Schrift. Die Überlegenheit alphabetischer Schriften gegenüber Bilderschriften beruht auf ihrem komponentiellen Prinzip: Mit wenigen Buchstaben lassen sich unbegrenzt viele Wörter schreiben. Eine

Bilderschrift hingegen benötigt für jedes Wort ein eigenes Bildzeichen. Im Unterschied zur Sprachentwicklung kam es bei der Schrift jedoch nicht zu einer Vereinheitlichung, denn nach wie vor existieren noch einige wenige Bilderschriften, die nach einem isolierenden Prinzip funktionieren – allen voran Chinesisch.

Der qualitative Sprung von einer Bilderschrift zu einer Buchstabenschrift erfolgte in der Menschheitsgeschichte vermutlich nur ein einziges Mal – um 1000 v. Chr. bei den Phöniziern.[7] Damit dieses gänzlich neue System entstehen konnte, waren außergewöhnliche Umstände erforderlich.

Die Überlegenheit alphabetischer Schriften gegenüber Bilderschriften beruht auf ihrem komponentiellen Prinzip

Bilderschriften existierten zur damaligen Zeit bereits seit 4000 Jahren, und ohne zwingenden Grund gibt man ein gut funktionierendes System nicht auf. Ähnlich wird es bis in die Zeit vor 100000 Jahren gewesen sein, als auch die Gruppen des *Homo erectus* und des archaischen *Homo sapiens* mit relativ wenigen Protowörtern auskamen. Warum hätten sie ohne zwingenden Grund ihr System ändern sollen?

Vielleicht kann ein Blick auf die Phönizier als Erfinder der Buchstabenschrift hier weiterhelfen. Warum waren ausgerechnet sie zu einem Systemwechsel bereit? Die Phönizier waren ein kleines Volk an der Schnittstelle großer Reiche und Kulturen – Ägypten im Süden, im Osten die Reiche des Zweistromlandes, im Norden die Hethiter und im Westen Griechenland und Kreta. Das phönizische Volk war zu klein, um andere Völker zu erobern; vielmehr nutzte seine geographische Lage, um mit allen Handel zu treiben.

---

[7] Die Phönizier verwendeten allerdings noch keine Schriftzeichen für Vokale. Da Phönizisch nur wenig verschiedene Vokale hatte, die sich in geschriebenen Wörtern zudem leicht erschließen ließen, waren dafür auch keine Buchstaben notwendig. Anders war es dann bei den Griechen, die das Alphabetprinzip von den Phöniziern übernahmen. Sie mussten für ihre zahlreichen Vokale Buchstaben einführen, da die Lesbarkeit sonst stark eingeschränkt worden wäre.

Eines der wichtigsten Probleme, das Händler lösen müssen, ist die mündliche wie auch schriftliche Kommunikation über Länder- und Sprachgrenzen hinweg. Die Waren, die mit Schiffen oder auf dem Landweg transportiert werden, sollen auf ihrem Weg vom Produzenten zum Abnehmer eindeutig zu identifizieren sein. Doch mit welchen sprachlichen Zeichen soll man eine Ware, beispielsweise Myrrhe in einer Karaffe, bezeichnen? Geht es nur um eine Art von Myrrhe, so kann man die Karaffe öffnen und daran riechen – schon weiß man, um was es sich handelt. Doch sobald unterschiedliche Arten von Myrrhe aus unterschiedlichen Ländern im Handel sind, kann man sich nicht mehr auf seinen Geruchssinn verlassen. Verpackt und in einem Schiffsbauch verstaut, sind sie zudem aus dem Blickfeld verschwunden und lagern mehr oder weniger willkürlich mit anderen Produkten zusammen, die alle von ihrem Herkunftsort in einen anderen Ort transferiert werden. Deshalb sollte man tunlichst alle Produkte schriftlich kennzeichnen, und zwar mit einem Etikett unmittelbar auf der Karaffe und zusätzlich auf einer Liste zur Buchführung.

Die Phönizier hätten dazu auf eine bereits bestehende Bilderschrift, etwa die ägyptischen Hieroglyphen oder die babylonische Keilschrift, zurückgreifen können. Doch damit hätten sie sich Übersetzungs- und Ausspracheprobleme eingehandelt, denn auch wenn ein Produkt aus Ägypten mit Hieroglyphen beschriftet gewesen wäre, hätte man nicht gewusst, wie man den Produktnamen hätte aussprechen sollen. Überdies wären möglicherweise manche Kunden, die auf die Ägypter schlecht zu sprechen waren, beim Anblick der Hieroglyphen auf ihren Waren leicht verstimmt gewesen. Darum versuchten die Phönizier, die in den jeweiligen Herkunftsländern gebräuchlichen Namen der Produkte mit einer geeigneten Schrift darzustellen oder zumindest mit der Schrift Hinweise zu geben, wie ein Produktname aus Ägypten oder Griechenland auszusprechen sei. Die mit dem Handel verbundene Verschiebung vom Gebrauchs- zum Tauschwert einer Ware führte dazu, dass der korrekt ausgesprochene Name an Bedeutung gewann, da dies die Signalkosten und mithin auch den Tauschwert der Ware erhöhte.

Der Wechsel von einer analog-sinnlichen Bilderschrift zu einer digital-abstrakten Buchstabenschrift erklärt sich auch aus der Haltung der Händler zu ihren Produkten. In der antiken Wirtschaft hatten Produzenten wie Konsumenten einen sinnlich-konkreten Bezug zu ihren Produkten, die normalerweise vor Ort vermarktet wurden. Die phönizischen Händler als seefahrende Kaufleute handelten dagegen mit hochwertigen Waren aus verschiedenen Kulturen und Sprachräumen der gesamten antiken Welt. Ihre Handelsware besaß für sie keinen sinnlich-konkreten Gebrauchswert wie für den Produzenten, sondern einen abstrakten Tauschwert. Ihnen kam es vor allem auf eine möglichst profitable Vermarktung ihrer Produkte an, und so entwickelten sie ein Zeichensystem, das gleichermaßen für Waren aus Ländern mit unterschiedlichen bildlichen Schriftsystemen sowie aus schriftlosen Kulturen geeignet war – eben die Alphabetschrift. Da es kein geeintes phönizisches Reich gab, sondern einzelne Stadtstaaten wie Tyrus und Sidon, die wirtschaftlich voneinander unabhängig waren und sich gegenseitig Konkurrenz machten, entstanden Alphabetsysteme, deren Laut-Buchstaben-Beziehungen nicht einheitlich geregelt waren. Dies deutet darauf hin, dass die Phönizier ihr Alphabet nach rein pragmatischen Gesichtspunkten und ohne staatlichen Druck entwickelten.

In China hingegen entstand keine Alphabetschrift, weil die politische Situation dort anders war. Zwar wurde auch in China ein intensiver Handel zwischen Volksgruppen und Völkern getrieben, die sich nicht in einer gemeinsamen Sprache verständigen konnten. Da der Handel jedoch von einem staatlich eingesetzten Beamtenapparat kontrolliert wurde, durfte und konnte die Bilderschrift als Ausdruck der politischen Einheit Chinas nicht aufgegeben werden. China besaß im Gegensatz zu den vielen Reichen im vorderen Orient einen Kaiser, der das Ziel verfolgte, dass alle lesekundigen Untertanen trotz der Uneinheitlichkeit ihrer gesprochenen Sprachen alle Texte lesen und verstehen konnten, um das chinesische Reich trotz großer kultureller und sprachlicher Unterschiede als Einheit zu begreifen. Aus machtpolitischen Gründen wurde die chinesische

Bilderschrift nicht in eine alphabetische Schrift umgewandelt und blieb bis heute erhalten.

Hinter der Erfindung der Alphabetschrift verbarg sich ein weiteres und möglicherweise das wichtigste Motiv: Da die Phönizier mit ihrem vollkommen neuartigen schriftlichen Zeichensystem nicht nur die Aussprache ihrer Waren, sondern aller Wörter abbilden konnten, sorgten sie bei den benachbarten Völkern – ihren Handelspartnern – für einiges Aufsehen. Das Bannen gesprochener Wörter in ihrer ganzen Flüchtigkeit mit Buchstaben auf Stein, Ton oder Papyrus muss auf die Zeitgenossen wie eine Art Magie gewirkt haben. Mit dieser Erfindung wurde den Phöniziern als Handelsvolk Ansehen und Prestige zuteil – und das wussten sie im Kampf um ihre Kunden zu nutzen. Durch den mystisch erscheinenden Trick, mit Buchstaben Laute abzubilden, bekamen all die Waren, über die man bislang nur mündlich verhandelt hatte, das Signum einer schriftlichen Fixierung, das ihnen gegenüber den anderen Waren einen Mehrwert sicherte, welcher den Phöniziern als Handelsvolk unmittelbar zugute kam.

> Da die Phönizier mit ihrem vollkommen neuartigen schriftlichen Zeichensystem nicht nur die Aussprache ihrer Waren, sondern aller Wörter abbilden konnten, sorgten sie bei den benachbarten Völkern – ihren Handelspartnern – für einiges Aufsehen

Diesen durch die Alphabetschrift erzielten Mehrwert kann man sich etwa als Unterschied zwischen Markenartikeln und No-Name-Produkten vorstellen – auch wenn beide von gleicher Qualität sind, so wird man als Kunde doch eher dem Markenartikel trauen. Die weitaus höheren Signalkosten, die vor allem durch Werbung und eine aufwändigere Verpackung entstehen, lassen den Käufer vermuten, dass auch das Produkt hochwertiger ist. So lässt sich der wirtschaftliche Erfolg und herausragende Ruf der phönizischen Händler in der gesamten antiken Welt rund um das Mittelmeer nur zum Teil auf die Qualität ihrer Handelswaren zurückführen. Ebenso wichtig war, dass diese Qualität mit einem

innovativen und beeindruckenden Zeichenaufwand signalisiert
werden konnte – mit den Zeichen eines Alphabets.

Auf vergleichbare Weise muss vor 100 000 Jahren der Prozess des Übergangs von einer isolierenden Protosprache zu
einer silbisch-grammatischen Sprache begonnen haben. *Homo-
sapiens*-Individuen waren körperlich keine beeindruckenden
Gestalten, jedenfalls nicht so kräftig gebaut wie die *Erectus*-Ar-
ten. Man hätte damals wohl kaum vermutet, dass ausgerechnet
dieser Zweig der Gattung *Homo* den Siegeszug um die Welt
antreten würde. Aber sie schafften als einzige der zahlreichen
miteinander konkurrierenden Arten den Durchbruch zur Welt-
spitze, weil sie in ihrer Kommunikation einen Systemwechsel
vollzogen, dadurch ihre Signalkosten erhöhten und ihren Status
steigerten – untereinander sowie in Konkurrenz mit anderen
Gruppen, zuletzt mit den Neandertalern. Mit diesem Systemwechsel ergab sich der ausgesprochen nützliche Umstand, die
begrenzten kommunikativen Möglichkeiten der Protosprache
zu sprengen und die für sie relevanten Phänomene der Lebenswelt in ihrer ganzen Vielfalt zu benennen. Der sprachliche Systemwechsel eröffnete die Möglichkeit, die Welt mit unzähligen
Worten zu begreifen. Dies brachte ihnen Vorteile, die für ihr
Überleben nützlich waren: Sie konnten Wege und Orte präziser
beschreiben, Ursachen und Wirkungen besser vermitteln und
Hunderte von Pflanzen eindeutig benennen, sie dadurch bei
Krankheiten gezielter und rascher einsetzen und ihr Wissen
darüber effizienter weitergeben.

Die richtige Bezeichnung für eine bestimmte Pflanze oder das
richtige Wort für einen Gegenstand oder ein Konzept des täglichen
Lebens zu kennen, wurde – nachdem der Systemwechsel vollzogen
war – auch zum Aushängeschild
des eigenen kognitiv-lexikalischen
Wissens. Wer einen großen Wortschatz hatte und vieles auf Anhieb
präzise benennen konnte, sam-
melte Statuspunkte. Schwammige
Bezeichnungen, Passepartout-Wör-

> Wer einen großen Wort-
> schatz hatte und vieles auf
> Anhieb präzise benennen
> konnte, sammelte
> Statuspunkte

ter wie *Dingsda* oder Wortfindungsprobleme führten von nun an zu Statusverlusten. Das ist bis heute so geblieben.

Literatur

Asher J (1982) Learning Another Language Through Action. Los Batos, CA: Sky Oaks.

Austin JL (1986) Zur Theorie der Sprechakte. (Orig.: How to do things with words) Ditzingen: Reclam.

Calvin WH, Bickerton D (2000) Lingua ex Machina, Reconciling Darwin and Chomsky With the Human Brain. Cambridge, MA: MIT Press.

Dunbar R (1996) Grooming, Gossip, and the Evolution of Language. London, Boston: Faber and Faber.

Fitch T, Hauser M 2004 Computatational constraints on syntactic processing in a nonhuman primate. In: Science 303: 377–380.

Gentner TQ, Fenn KM, Margoliash D, Nusbaum HC (2006): Recursive syntactic pattern learning by songbirds. In: *Nature* 440:1204–1207.

Henshilwood C et al (2002) Emergence of modern human behaviour. Middle Stone Age engravings from South Africa. In: Science 295: 1278–1280.

Hofstadter DR (1985) Gödel, Escher, Bach – ein endlos geflochtenes Band. Stuttgart: Klett-Cotta.

Kaminski J, Call J, Fischer J (2004) Word Learning in a Domestic Dog: Evidence for „Fast Mapping". In: *Science*, 304: 1682–1683.

Klawans H (2005) Die Höhlenfrau, die Sprache und wir. 13 merkwürdige Geschichten über das menschliche Gehirn. Stuttgart: Klett-Cotta.

Lord AB (²2000) The Singer of Tales. Cambridge, Mass., London: Harvard University Press.

Okanoya K (2002) Sexual Display as a Syntactic Vehicle: The Evolution of Syntax in Birdsong and Human Language through Sexual Selection. In: Wray A (Hrsg): *The Transition to Language*. Oxford: Oxford University Press.

Wittgenstein L (2001) Philosophische Untersuchungen. Frankfurt/M.: Suhrkamp.

Zuberbühler K (2002) A syntactic rule in forest monkey communication. In: Animal Behaviour 63: 293–299.

6

Sprachliche Fossilien

Mit der Zunge schnalzen

Die Evolution der Sprache war kein eindimensionaler Prozess. Sie hatte – wie wir sahen – zwei Stränge, die sich lange auf getrennten Bahnen entwickelten und sich erst seit dem frühen *Homo sapiens* vor etwa 100 000 Jahren aufeinander zu bewegten: eine lautlich-gestische Protosprache für die alltägliche Kommunikation und eine silbisch-musikalische Modalität für rituelle Situationen. Die Verschmelzung der beiden Sprachformen war vermutlich vor 70 000 Jahren weitgehend abgeschlossen, bei einzelnen Gruppen aber vielleicht erst vor 40 000 Jahren oder noch später. Aus evolutionärer Perspektive sind dies extrem kurze Zeitspannen. Man kann deshalb annehmen, dass sich noch Spuren dieses Prozesses in heutigen Sprachen finden. Bei der Suche nach derartigen sprachlichen Fossilien bin ich auf die eigentümlichen Schnalzlaute oder Klicks gestoßen, die man bis heute in vielen Sprachgemeinschaften verwendet – auch in Deutschland.

Wer etwas missbilligt, kann mit der Zunge schnalzen und eine Art /ts/-Laut erzeugen. Meist schüttelt man dabei leicht den Kopf und wiederholt den Laut rasch mehrere Male. Solche Schnalzlaute gibt es in vielen Kulturen, wo sie ein eigenartiges Schattendasein neben der normalen Sprache führen. Normalerweise verwendet man sie nur in informellen Situationen, in Gesprächen unter Verwandten, Freunden und mit Kindern, oder wenn man mit Tieren kommuniziert (Huneke 2004). Nur in einer Sprachgruppe im südlichen Afrika, dem Khoisan[1], werden Schnalzlaute in Wörtern wie ganz normale Phoneme verwendet. Erstaunlich ist, dass nur in diesem entlegenen Winkel der Erde Schnalzlaute als Teil des Lautinventars existieren, sieht man von den benachbarten, aber nicht verwandten Bantu-Sprachen wie Zulu oder Xhosa ab, die einige dieser Laute entlehnt haben. Möglicherweise handelt es sich bei den Klicks um sprachliche Fossilien aus der Zeit der Verschmelzung der beiden Modalitäten und des Einzugs der Komponentialität in die alltägliche Kommunikation.

Klang und Aussprache von Klicks

Wer einmal eine Klicksprache gehört hat, wird sie nicht so leicht vergessen – der Redefluss ist mit verschiedenen Schnalz- und Schmatzlauten durchsetzt, die für unsere Ohren nicht nach Sprache klingen. Eine derartige Sprache zu erlernen, erscheint nahezu unmöglich.

> **Wer einmal eine Klicksprache gehört hat, wird sie nicht so leicht vergessen**

Während Laute in den uns bekannten Sprachen mithilfe von ausgeatmeter Luft gebildet werden, wird bei Klicks die Luft eingesaugt. Sagt man missbilligend

---

[1] Hottentotten bezeichnen sich selbst als khoi-khoin (Plural = Mensch der Menschen, der Singular heißt khoi-khoib). Daraus wurde der Fachterminus „Khoisanide" für die Buschmann- und Hottentotten-Population abgeleitet. (vgl. Winter 1981).

/ts/, so wird dieser Laut ganz anders gebildet als der, den wir am Anfang der Wörter *Zahn* oder *Tsatsiki* hören: Der Zungenrücken wird angehoben, bis er den Gaumen berührt. Bei einigen Klicks wird gleichzeitig die Zungenspitze oder -seite gehoben, bis sie an den Gaumen hinter den Zähnen stößt, bei anderen werden die geschlossenen Lippen wie zum Küssen nach vorne gestülpt. Während der Zungenrücken am hinteren weichen Gaumen bleibt, lässt man die Zunge vom oberen harten Gaumen nach unten schnellen oder öffnet ruckartig die Lippen. Dadurch erzeugt man einen Unterdruck, sodass kurz und heftig Luft in den Mund schießt, um diesen Unterdruck auszugleichen. Dadurch entstehen – je nach Zungen- oder Lippenstellung – unterschiedliche schmatzende Geräusche, die im Khoisan und in Bantusprachen als Klicks bedeutungsunterscheidende Laute sind.

Klicks werden auf eine geradezu primitive Weise erzeugt. Selbst Schimpansen haben keine Mühe, mit Zunge und Lippen zu schnalzen. Eine genau dosierte, aus der Lunge ausströmende Luft, mit der wir unsere Vokale und Konsonanten bilden, wird nicht benötigt, und auch die Stimmlippen im Kehlkopf sind nicht an der Lautbildung beteiligt. Trotz einfachster Produktion sind diese archaischen Laute weithin hörbar. Möglicherweise dienten sie bereits vor der Zeit des *Homo erectus* der Verständigung, als der Kehlkopf noch nicht so weit abgesunken war, dass deutlich unterscheidbare stimmhafte Laute mit den Stimmlippen erzeugt werden konnten.

> **Klicks werden auf eine geradezu primitive Weise erzeugt**

Hominiden auf der Stufe des *Homo erectus* hatten wahrscheinlich auch noch Schwierigkeiten, den Luftstrom so zu steuern, dass er kontinuierlich und mit konstantem Druck aus der Lunge strömte, um die Stimmlippen in Schwingung zu versetzen und so Vokale oder stimmhafte Konsonanten zu erzeugen. Die dabei benötigte Technik gleicht der eines Dudelsackspielers, der durch gleichmäßig ausströmende Luft sein Instrument zum Klingen bringt. Er muss darauf achten, dass sich immer genügend Luft im Sack befindet, die er durch den Druck seines Arms langsam und kontinuierlich entweichen lässt. Die Töne entstehen beim Öffnen und Schließen der verschiedenen Lochöffnungen durch die Modifikation des Luftstroms in der Pfeife.

Wer einmal versucht hat, Dudelsack zu spielen, weiß, wie schwierig es ist, dem Instrument Töne zu entlocken, weil man das rasche, kräftige Aufblasen des Sacks, den gleichmäßigen Druck des Arms und das Spiel der Hände auf den Löchern der Pfeife koordinieren muss. Beim Sprechen ist die Aufgabe ähnlich schwer – durch kurzes Einatmen zwischen den Äußerungen muss man dafür sorgen, dass immer genügend Luft in der Lunge ist, die während des Sprechens kontinuierlich entweichen soll. Beim Singen erhöht sich die Schwierigkeit noch, da ein höherer Luftdruck erforderlich ist und man entsprechend kräftiger einatmen muss. Ungeübten Sängern kann da manchmal die Luft ausgehen. Vermutlich werden auch archaische Menschen beim Sprechen Probleme mit der richtigen Dosierung des Luftstroms gehabt haben. Benötigt der Körper viel Sauerstoff für anstrengende Bewegungen, etwa beim Laufen, so werden die Anforderungen an die Atemtechnik noch größer. Klicks sind dagegen auch bei größerer Anstrengung problemlos zu erzeugen: Man muss lediglich durch ruckartiges Lösen von Zunge oder Lippen eine winzige Menge Luft in den Mund schießen lassen. Das bedeutet einen geringen Aufwand mit großer Wirkung, denn Klicks sind weit und deutlich zu hören – wesentlich besser als stimmlose Konsonanten wie /p/, /t/, /k/ oder /f/. Außerdem sind sie gut von anderen Lauten zu unterschieden. Darum erscheint es zunächst unbegreiflich, warum so wenige Völker diese Laute bewahrt haben.

Für das hohe Alter von Klicks und Klicksprachen spricht außerdem, dass bislang in keiner Sprache Klicks aus Konsonanten hervorgegangen sind, während sich hingegen Klicks im Rahmen eines Lautwandels sehr wohl zu Konsonanten verändern können (Ladefoget/Traill 1984). Verläuft der Lautwandel normalerweise nur in dieser einen Richtung, so spräche dies ebenfalls dafür, dass es sich bei Klicklauten um linguistische Fossilien handelt.

Aber wenn Klicks – als phonetisches Auslaufmodell – nicht mehr neu aus anderen Lauten entstehen können, wie kam es dann zu Entlehnungen dieser eigentümlichen Laute in den benachbarten Bantu-Sprachen? Warum wurden Khoisan-Wörter in ihrer ursprünglichen Aussprache mit Klicks entlehnt? Warum haben Bantu-Sprecher nicht versucht, diese außergewöhnlichen Laute an ihr Lautsystem anzugleichen, wie dies normalerweise bei Entlehnungen aus anderen Sprachen geschieht? Klicks sind zwar als einzelne Laute leicht zu produzieren, aber sie mit anderen Lauten zusammen in einem Wort auszusprechen, ist ein regelrechtes Kunststück, denn es muss ständig die Richtung des Luftstroms geändert werden: Alle „normalen"

> **Klicks sind zwar als einzelne Laute leicht zu produzieren, aber sie mit anderen Lauten zusammen in einem Wort auszusprechen, ist ein regelrechtes Kunststück**

Sprachlaute werden mit ausströmender Luft gebildet, aber zwischendurch, bei jedem Klick, muss man kurz nach Luft schnappen. Wenn das kein Handicap ist! Warum ließen sich Bantu-Sprecher darauf ein?

Wahrscheinlich war dafür ein Sprachtabu verantwortlich. Frauen war es nämlich untersagt, die Namen der Verwandten und Ältesten aus den Familien ihrer Männer auszusprechen. Auch Silben, aus denen diese Namen bestehen, mussten vermieden werden. Um dieses Tabu zu umgehen, wurden Wörter mit Klicks aus dem benachbarten Khoisan entlehnt oder auch einzelne Konsonanten aus Bantu-Wörtern durch Klicks ersetzt. Bantu-Sprecherinnen hatten offenbar einen Bedarf an zusätzlichen Wörtern und Lauten, da ihnen verboten war, bestimmte Namen und Silben, die in diesen Namen enthalten waren, auszusprechen (Herbert 1995). Ein derartiges Sprachtabu stellt für die betroffenen Sprecher ein Handicap dar, da sie sich gezwungen sehen, nach aufwändigen Alternativen zu suchen. Die sprachlichen Kosten werden durch den Aufwand, fremde Laute und Wörter zu entlehnen, nach oben getrieben. Durch das Tabu wurde gleichzeitig verhindert, dass ihr Wert durch einen zu häufigen oder gar inflationären Gebrauch sank. Die Namen der betroffenen Männer konnten so den Nimbus des Besonderen behalten.

Alte Völker im Süden Afrikas

Es gibt nur zwei Regionen auf der Welt, wo noch Klicksprachen gesprochen werden – bei den als Buschmännern bekannten San, die in wasserarmen Gebieten in der Kalahari-Wüste und an ihren Randzonen in Südafrika, Namibia und Botswana leben, und bei den Hadza und Sandawe, zwei Volksgruppen, die mehr als 2 500 Kilometer nördlich am Eyasi-See in Tansania siedeln. Alle diese Völker leben noch als Jäger und Sammler. Seit den ersten Sprachaufnahmen vor 150 Jahren sind bereits zahlreiche dieser Klicksprachen ausgestorben. Lediglich das Nama wird heute noch von einer größeren Anzahl – etwa 145 000 Menschen – gesprochen. Alle übrigen Khoisan-Sprachen haben nicht mehr als 40 000 Sprecher. Hinzu kommen die Sprachen der Sandawe mit etwa 70 000 Sprechern und der Hadza mit weniger als 1 000.

Sind Klicksprachen alte Sprachen, so müssten auch die Völker, die diese Sprachen sprechen, alte Völker sein. Zwar sind alle menschlichen Gruppen im Grunde gleich alt, aber mithilfe der Genetik, genauer, der Mitochondrien-DNA, lässt sich ein Stammbaum der ethnischen Gruppen entwerfen und so feststellen, wann sie sich voneinander getrennt haben und wie weit sie sich von einer ursprünglich angenommenen Population entfernt haben. Wenn sich auch die Hoffnung zerschlagen hat, eine frühmenschliche Urhorde oder gar eine „afrikanische Eva" zu lokalisieren, von der alle Menschen abstammen, so lässt sich doch mit dieser populationsgenetischen Methode die Nähe zum

Ursprung und die Verwandtschaft von Völkern relativ gut nachvollziehen. So konnte auch die Vermutung bestätigt werden, dass sich die Khoisaden der Kalahari sowie die Hadza und Sandawe aus Tansania tatsächlich früh von einem

Sind Klicksprachen alte Sprachen, so müssten auch die Völker, die diese Sprachen sprechen, alte Völker sein

gemeinsamen Ursprung getrennt haben, da es zwischen den zahlreichen südlichen und den beiden nordöstlichen Stämmen keine genetische Verwandtschaft gibt. Wie ein Vergleich der Erbsubstanz beider Völker ergab, sind sie weniger eng miteinander verwandt als mit allen anderen untersuchten Volksgruppen. Die beiden Völker müssen sich nach den Ergebnissen der Genomanalyse bereits vor mehr als 60 000 Jahren getrennt haben – noch bevor die ersten Gruppen von *Homo sapiens* aus Afrika auswanderten.

Die Klicklaute, die in der Khoisan-Sprachgruppe der Kalahari sowie bei den Hadza und Sandawe Tansanias vorkommen, haben sich aller Wahrscheinlichkeit nach nicht durch Sprachkontakt verbreitet, da die Hadza und Sandawe von Norden her eingewandert sind. Die Sprachen dieser Völker weisen derartig große Unterschiede auf, dass es der Forschung bis heute nicht gelungen ist, ihre Verwandtschaftsverhältnisse zu klären. Bonni Sands, Linguistin an der Northern Arizona University in Flagstaff, die den bislang umfangreichsten Sprachvergleich vorgelegt hat, kommt zu dem Ergebnis, dass eine Verwandtschaft zwischen Sandawe und Khoisan nicht zu belegen sei (Sands 1998). Falls es dennoch irgendwann einmal eine sprachliche Gemeinsamkeit gegeben habe, müsse diese sehr weit zurückliegen – so weit, dass sie heute nicht mehr nachzuweisen sei. Man kann deshalb annehmen, dass Klicks immer zum Lautbestand dieser Sprachen gehörten und bis zum Ursprung dieser Völker zurückreichen.

Folgendes Szenario wäre denkbar: Vor etwa 100 000 Jahren lebten im Süden und Osten Afrikas Frühmenschen, deren archaische Protosprachen eine Vielzahl unterschiedlicher Klicks enthielten. Vor etwa 60 000 Jahren wanderten Gruppen dieser Menschen, wahrscheinlich aufgrund von klimatischen Veränderungen, in verschiedenen Richtungen auseinander und die Bevölkerungsdichte nahm deutlich ab. Aus der vormals gleichmäßig verteilten Bevölkerung bildeten sich kleine, geografisch isolierte Gruppen, in denen sich die ursprünglich miteinander verwandten Klicksprachen zu verschiedenen lokalen Sprachen entwickelten. Während die meisten dieser Sprachen im Lauf der Jahrtausende verloren gingen, blieben sie bei den Buschmännern in der Kalahari sowie bei den Hadza und Sandawe in einer relativ ursprünglichen Form erhalten.

Da genetische Feldstudien wie auch die phonetische Analyse von Klicks gleichermaßen vermuten lassen, dass es sich bei den wenigen Völkern, die noch diese Laute verwenden, um alte Völker wie um alte Sprachen handeln muss, lohnt es sich, diese Sprachen näher zu untersuchen, da sie uns möglicherweise Aufschluss darüber geben können, wie sich der Übergang von einer archaischen Protosprache zu einer modernen Sprache vollzogen hat.

Von protosprachlichen Lautclustern zur komponentiellen Silbenstruktur

Neben den eigentümlichen Klicks gibt es noch eine weitere lautliche Besonderheit, auf die ich bereits hingewiesen habe: die ungewöhnlich hohe Anzahl von bis zu 141 unterschiedlichen Phonemen in den Khoisan-Sprachen. War die ursprüngliche menschliche Sprache daher womöglich eher durch einen hohen Phonembestand und komplexe Phonemketten gekennzeichnet, die nicht einfach zu imitieren waren? Der Weg vom Einfachen zum Komplizierten scheint wesentlich plausibler zu sein als der umgekehrte Weg. Man sollte annehmen, ein Anfang müsse grundsätzlich immer einfach sein. Aber die Evolution kennt keinen Anfang! Sie spinnt immer an dem weiter, was sie gerade vorfindet, und geht dabei unvorhersagbare

verschlungene Wege. Und sie ist
ein Meister im Zusammenbasteln
von Elementen, die ursprünglich
aus ganz unterschiedlichen Bereichen stammen. Häufig sind dies
Elemente, die sich bereits weit
in eine bestimmte Richtung ent-

**Die Evolution
kennt keinen Anfang!
Sie spinnt immer an dem
weiter, was sie gerade
vorfindet**

wickelt haben, aber dann für andere Zwecke benötigt werden
und ihre Funktion ändern müssen, ohne ihr bereits vorhan-
denes Design jedoch grundlegend ändern zu können. Dieses
Design wird dann an die neue Aufgabe angepasst und zurecht-
geschustert.

Dennoch: Der außergewöhnlich große Phonembestand des
Khoisan scheint die Annahme zu widerlegen, die ältesten Sprachen oder gar die Ursprache könnten Klicksprachen gewesen
sein. Man würde eher vermuten, dass archaische Sprachen eher
wenige Phoneme enthalten haben, die zudem leicht als Lautketten in Wörtern auszusprechen seien. Klicks sind zwar, wie
wir gezeigt haben, als einzelne Laute leicht auszusprechen, aber
nicht im Zusammenspiel mit anderen Lauten in einem Wort.
Der gesunde Menschenverstand sträubt sich anzunehmen, eine
archaische Sprache habe eine Lautstruktur mit nahezu dreimal
so vielen Phonemen wie das Deutsche besessen, dessen Lautbestand im globalen Vergleich mit anderen Sprachen bereits über
dem Durchschnitt liegt. Es gibt auch keinen plausiblen Grund
zu vermuten, die Zahl der Phoneme hätte sich im Laufe der
Jahrtausende erhöht.

Das scheinbare Paradoxon eines überaus komplexen lautlichen Anfangs lässt sich mit unseren theoretischen Annahmen auflösen: Da protosprachliche Wörter aus isolierten, nicht
analysierbaren und hochkomplexen Lautgefügen oder -clus-
tern bestanden, musste ihre lautliche Vielfalt zu Beginn der
Entwicklung groß sein, da jedes Wort eine unverwechselbare
Lautcharakteristik aufweisen musste, um identifiziert und
von anderen Wörtern unterschieden werden zu können – ganz
ähnlich wie in Bilderschriften, die wesentlich mehr Zeichen

enthalten als Alphabetschriften mit ihren 20 bis 30 Buchstaben. Da es aber – wie ich annehme – neben einem protosprachlichen Modus für die Kommunikation im Alltag zusätzlich noch
einen rhythmisch-musikalischen Modus für die Verwendung
im Ritual gab und aus der parallelen Entwicklung und gegenseitigen Beeinflussung dieser beiden Modi schließlich Sprache
entstand, müsste man eigentlich annehmen, dass sich die
komplexe Lautstruktur des Khoisan, die noch stark an protosprachliche Lautstrukturen erinnert, längst vereinfacht hätte.
Aber offenbar ist der Prozess der lautlichen Vereinfachung bei
den Buschmännern irgendwann in der Vergangenheit ins Stocken geraten. Möglicherweise war der Einfluss des rhythmisch-
musikalischen Modus nicht stark genug, um die Lautstruktur
in eine leichter zu singende Form zu bringen. Denn wenn im
Ritual beim Tanz gesungen wurde, wobei mit ausströmender
Luft kontinuierlich stimmhafte Laute produziert werden mussten, die mit den Stimmlippen im Kehlkopf erzeugt wurden,
dann können Klicks, bei denen die Luft in den Mund strömt,
nur stören. Die heutige Kultur der Buschmänner zeichnet sich
tatsächlich durch einen geringen Grad der Ritualisierung aus,
wesentlich geringer als sie etwa bei den Aborigines zu beobachten ist. Ob das bereits in menschlicher Frühzeit so war, können wir nicht wissen. Es wäre aber eine durchaus begründete
Annahme.

Die Reduzierung einer ursprünglich großen lautlichen Vielfalt setzte erst mit der Entwicklung des komponentiell-gene-
rativen Prinzips ein, das sich zunächst bei Tanz und Singsang
im Ritual durchsetzte und erst später auf die Kommunikation
im Alltag übertragen wurde. Die
archaischen Klicks und das überaus umfangreiche phonetische In-
ventar des Khoisan lassen allerdings vermuten, dass sich in dieser
Sprachfamilie das generative Prinzip weniger bedeutungsunterscheidender Laute, die alle auf ähnliche

> Die Reduzierung einer
> ursprünglich großen
> lautlichen Vielfalt setzte
> erst mit der Entwicklung
> des komponentiell-
> generativen Prinzips ein

Weise produziert werden, nicht konsequent durchgeführt werden konnte. Im rituellen Modus entstanden einerseits neue, weitgehend bedeutungslose Lautmuster, die eine regelhafte lautliche und silbische Struktur aufwiesen, nach der man rhythmisch singen und tanzen konnte. Andererseits wurden aber auch nach und nach protosprachliche Wörter in diesen Modus übertragen, wobei ihre protosprachliche Lautstruktur den neuen generativen Lautgesetzmäßigkeiten angepasst wurde. Einzelne Laute konnten nun keine Träger von Inhalten mehr sein. Sie verloren ihren semantischen Gehalt und wurden allmählich zu relativ wenigen Phonemen reduziert und standardisiert, die nur noch eine bedeutungsunterscheidende Funktion besitzen – kurz: Sie wurden arbiträr.

Einschränkend ist hinzuzufügen, dass einige wenige Laute auch in heutigen Sprachen noch eine Bedeutung haben. Meist drückt man mit ihnen emotionale Zustände oder Befehle aus – so bringt ein /o:/ Erstaunen zum Ausdruck und mit einem lang gezogenen /s/ fordert man zum Schweigen auf. Diese wenigen bedeutungshaltigen Laute sind möglicherweise letzte in den Sprachen erhaltene protosprachliche Reste. Hierzu gehören auch Klicks wie der bereits erwähnte /ts/-Laut als Ausdruck der Empörung oder Verwunderung oder ein mit den Lippen erzeugter Schmatzlaut, der den Wunsch signalisiert, jemanden zu küssen.

Typisch ist auch die Verwendung dieser Laute in der Kommunikation mit Tieren. Befehle erfolgen hier häufig mit Klicks oder anderen „Bedeutungslauten". Dies ist möglicherweise auf ihre Sonderstellung zurückzuführen, aber vielleicht gibt es auch noch einen handfesten kulturellen Grund: Hunde wurden in einer Zeit, als im Alltag teilweise noch protosprachlich kommuniziert wurde, zu Weggefährten des Menschen und so behielt man einen Teil dieser archaischen Befehlsformen mit ihrer außergewöhnlichen Laut- und Bedeutungsstruktur für sie und andere Haustiere bei. Da Hunde nicht in Rituale eingebunden waren und deshalb mit ihnen nicht in einem rhythmisch-musikalischen Modus kommuniziert wurde, blieben die an sie gerichteten Äußerungen auf die pragmatische Ebene des Alltags und somit auf archaische Wörter einer nicht-komponentiellen Protosprache beschränkt. Heute wird dagegen alles, was an die Kommunikation im Tier-Mensch-Übergangsstadium oder gar an tierische Lautäußerungen erinnert, nur noch im sprachlichen Randbereich für wenige Funktionen toleriert. So erzählte mir ein marokkanischer Kollege von einem Professor an der Universität Marrakesch, der die Angewohnheit hat, mit einem Klick Bestätigung und mit zwei Klicks Ablehnung zu signalisieren. In Gesprächen unter Kollegen sei dies ziemlich ungehörig, da man den Eindruck bekäme, nicht respektvoll behandelt zu werden, denn normalerweise würden Klicks auch in Marokko nur verwendet, um Tieren Befehle zu erteilen.

Typisch ist die Verwendung von Klicklauten in der Kommunikation mit Tieren

In der Sprachfamilie des Khoisan gibt es noch weitere Eigentümlichkeiten, die den Eindruck erwecken, dass eine generative Komponentialität nicht im vollen Umfang erfolgte. Manche Klicks bilden nämlich mit anderen Lauten in bestimmten festen Kombinationen Cluster, die sich kaum auflösen lassen, sodass man sie nicht eindeutig als Phoneme mit bedeutungsunterscheidender Funktion isolieren kann. In einigen Bereichen der Khoisan-Sprachen gibt es zu wenig Minimalpaare, um diese Frage klären zu können. Damit sind jeweils zwei Wörter gemeint, die sich lediglich durch einen Laut unterscheiden. Beispiele wären das bereits erwähnte Paar *Buße* und *Busse* oder auch *Bahn* /ba:n/ und *Kahn* /ka:n/. Da die beiden Laute /b/ und /k/ hier eine bedeutungsunterscheidende Funktion haben, bezeichnet man diese Laute als Phoneme. Spricht man hingegen das Adjektiv *rot* einmal mit einem bayerischen Zungenspitzen-/r/ aus und einmal, wie in fast allen übrigen Regionen Deutschlands, mit einem Zäpfchen-/R/, so verändert dies die Bedeutung des Wortes *rot* nicht. /r/ und /R/ sind demnach keine unterschiedlichen Phoneme des Deutschen, sondern lediglich regionale lautliche Varianten des gleichen Phonems.

Noch gravierender erscheint jedoch, dass Klicklaute in bestimmten Klicksprachen, wie beispielsweise im !Xhóõ, zur Identifizierung von Wortarten beitragen können, weil sie fast nur in lexikalischen Wörtern wie Substantiven, Verben und Adjektiven vorkommen – also in den Wortarten, die semantische Informationen enthalten. In Funktionswörtern wie Konjunktionen oder Präpositionen, die grammatische Beziehungen angeben, findet man sie dagegen kaum. Wenn aber nur Wörter mit lexikalischer Bedeutung Klicks enthalten, dann deutet dies möglicherweise auch auf die frühere Existenz von Klicks in einer Protosprache hin, da Laute damals noch bedeutungstragende Funktionen hatten. Diese archaische Verwendung der Laute hat sich im Khoisan zu einem Signal abgeschwächt, das ganz allgemein als Kennzeichen für lexikalische Wörter verwendet wird. Grammatische Funktionswörter wie Präpositionen, Konjunktionen oder Pronomen wurden später von diesen „Inhaltswörtern" abgeleitet und zwar erst zu einer Zeit, als das archaische Prinzip der Bildung ganzheitlicher protosprachlicher Wörter von dem neueren Prinzip, bedeutungsunterscheidende Laute ohne eigene Bedeutung grundsätzlich mit ausströmender Atemluft zu artikulieren, abgelöst wurde. Inhaltswörter gingen nicht nur phylogenetisch der Entwicklung grammatischer Wörter voraus. Sie haben auch ontogenetisch die Nase vorn: Beim Erwerb der Muttersprache oder beim Erwerb einer Fremdsprache werden sie später erlernt als Inhaltswörter.

Die Tatsache, dass hauptsächlich Wörter mit lexikalischer Bedeutung Klicks enthalten, deutet darauf hin, dass es Klicks bereits in Protosprachen gab

Da es in protosprachlicher Zeit weder eine Grammatik noch grammatische Funktionswörter gab, blieben die archaischen Klicks möglicherweise auf die älteren Inhaltswörter beschränkt. Für die neu entstehende Klasse der Funktionswörter wurden sie als nicht mehr zeitgemäß verworfen. Aus funktionalen Gründen erscheint es aber heute sinnvoll, zwischen Inhaltswörtern mit und Funktionswörtern ohne Klicks zu unterscheiden. Nach und

nach wurden Klicklaute wohl auch deshalb abgestoßen oder in
Konsonanten umgewandelt, die mit ausgeatmeter Luft gebildet
werden, weil sie dem neuen Prinzip, dass Laute keine eigene Bedeutung mehr tragen können, sondern nur noch bedeutungsun-
terscheidend sind, entgegenstanden. Im !Xhóõ sind jedoch noch
Spuren des ursprünglichen semantischen Gehalts enthalten, da
Inhaltswörter hier durch Klicks markiert werden.

Ein ähnlicher Funktionswandel ließ sich wesentlich später,
vor etwa 4000 Jahren, beobachten, als die Phönizier die erste
Alphabetschrift aus einer Bilderschrift entwickelten: So verlor
etwa das Bildzeichen ¬, das in stilisierter Form einen Kamelrü-
cken abbildete, seinen inhaltlichen Bezug und wurde zum Buchstabenzeichen für den Laut /g/, mit dem im Semitischen das Wort
gamel (Kamel) begann. So wurde aus einem bedeutungshaltigen
Bildzeichen ein bedeutungsloses Buchstabenzeichen für einen
Laut mit bedeutungsunterscheidender Funktion. Der Übergang
von protosprachlichen Lautclustern zu komponentiellen Pho-
nemfolgen findet also eine Entsprechung in der Entwicklung
von Bilderschriften zu Alphabetschriften – ein fundamentales
sprachliches Wandlungsprinzip fortschreitender Grammatikalisierung und Funktionalisierung, das offenbar lautliche wie visuelle Zeichen betrifft.

In einer anderen Khoisan-Sprache, dem !Xõo, sind allein 83
der 126 Konsonanten Klicklaute, die vielleicht in protosprachlicher Zeit für einzelne Bedeutungen standen. Diese hohe Zahl
spiegelt möglicherweise eine Parallele zwischen Ontogenese und
Phylogenese wider, also zwischen der Entwicklung des Individuums und der Stammesgeschichte. Kleinkinder beherrschen
bis zum Alter von zwei Jahren auch nur etwa 50 Wörter, bis sie
dann, relativ plötzlich, in eine Phase eintreten, in der sie sehr
viele Wörter lernen – es kommt zu einer regelrechten Sprachex-
plosion. Ganz ähnlich sind wohl auch die Hominiden bis weit in
die Zeit des *Homo erectus* hinein mit wenigen Lauten oder Lautclustern ausgekommen. Versuche mit Affen zeigen, dass sie etwa
50 Wörter relativ leicht erlernen können, es darüber hinaus aber
schwieriger wird. Kanzi, das berühmte Bonobo-Männchen, mit

dem Sue Savage-Rumbaugh über viele Jahre intensiv gearbeitet hat, konnte immerhin über 200 Wörter produzieren und circa 500 verstehen (Savage-Rumbaugh/Lewin 1995).

Da die Khoisan-Sprachen über sehr viele unterschiedliche Phoneme verfügen, können ihre Wörter relativ kurz sein. In einer Sprache, die nur wenige Phoneme besitzt, müssen die Wörter hingegen etwas länger sein. Man stelle sich ein Klavier mit nur zwölf Tasten und ein anderes mit 120 Tasten vor. Wollte man darauf kurze Tonfolgen spielen, die für unterschiedliche Wörter stehen, so hätte man an dem größeren Klavier eine große Auswahl mit unglaublich vielen Kombinationsmöglichkeiten, die man längst nicht alle ausschöpfen müsste. Bei nur zwölf Tasten wäre die Anzahl möglicher Melodien immer noch sehr groß, aber man müsste sich die Reihenfolge der Töne schon etwas genauer überlegen, damit sie sich deutlich genug voneinander unterscheiden.

Eine Sprache mit zwölf Phonemen wäre demnach sehr viel stärker von einem gut funktionierenden kompositorischen Prinzip abhängig als eine mit 120 Phonemen, die es sich ohne weiteres erlauben könnte, einige Phoneme in nur wenigen Wörtern zu verwenden. Benötigte man in seiner Sprache insgesamt nur 120 Wörter, so könnte man sogar für jedes einzelne Wort jeweils einen Laut reservieren. Damit wäre das Prinzip der Komponentialität aufgehoben und die Wörter einer derartigen Sprache würden den unterschiedlichen Rufen von Makaken ähneln. Das Rechenexempel zeigt auch, dass die Familie der Khoisan-Sprachen mit ihren zahlreichen unterschiedlichen Klicks, deren Status als bedeutungsunterscheidende Laute oft schlecht zu klären ist, noch relativ stark von einem archaischen, protosprachlichen Prinzip der Wortbildung geprägt wird. Klicksprachen geben uns eine ungefähre Vorstellung davon, wie mögliche Übergangsstadien auf dem Weg zu einer Sprache mit einer eindeutigen phonematischen Struktur ausgesehen haben könnte.

Die geographische Verbreitung der phonemreichen Khoisan-Sprachen auf der einen Seite und Polynesisch als einer Sprache mit extrem wenigen Phonemen auf der anderen Seite passt übrigens auch recht gut in unser Migrationsszenario. Das Gebiet der

Khoisan im südlichen Afrika liegt nicht weit vom ostafrikanischen Graben entfernt – dem Gebiet, in dem vermutlich die ersten *Homo-sapiens*-Gruppen lebten. Während der überwiegende Teil dieser Gruppen gen Norden zog und sich von Afrika aus über die gesamte Welt verbreitete, bewegte sich ein kleinerer Teil auf einem relativ kurzen Weg nach Süden und wechselte seinen Standort seit jener Zeit bis heute nur noch geringfügig. Diese Sesshaftigkeit führte zu relativ wenigen Kontakten und Fremderfahrungen, die kulturellen und sprachlichen Wandel forciert hätten. Ganz anders erging es den Polynesiern, die von ihrem Herkunftsgebiet im östlichen Afrika bis in ihre neue Heimat den weitesten Weg zurücklegen mussten und ihre Sprache unterwegs auf nur noch wenige Laute reduzierten. Sie nutzten das Prinzip lautlicher Komponentialität auf eine geradezu extreme Weise.

Wahrscheinlich sind in nicht allzu ferner Zukunft alle Klicksprachen ausgestorben. Die Sprachen der benachbarten afrikanischen Völker haben eine größere Verbreitung und ein höheres Prestige und sind deshalb für junge Leute attraktiver. Die Zeit der Klicklaute scheint zu Ende zu gehen – sie sind linguistische Fossilien, die bald nur noch auf Tonträgern zu hören sein werden. Selbst in ökologischen Nischen werden sie sich nicht mehr halten können.

> **Wahrscheinlich sind in nicht allzu ferner Zukunft alle Klicksprachen ausgestorben**

Stimmen im Kopf

1976 veröffentlichte Julian Jaynes, Psychologe an der Universität Princeton, ein Buch mit einer grundlegend neuen Theorie zur Evolution des Bewusstseins. Ausgangspunkt seiner Überlegungen war die Analyse der beiden griechischen Epen von Homer, der *Ilias* und der *Odyssee*, sowie von Äußerungen schizophrener Patienten.

Bei der Lektüre der älteren Ilias, dem Epos von der Belagerung und Zerstörung Trojas durch griechische Stämme, fiel Jaynes auf, dass alle Protagonisten, seien es Agamemnon, Achill, Hektor, Paris oder all die anderen Helden und Kämpfer aus Troja und Griechenland, wie ferngesteuerte Roboter agieren. Sie vernehmen die Stimmen von Göttern, die ihnen genaue Anweisungen geben, wie sie sich verhalten sollen, und führen diese Befehle anschließend aus, ohne die geringsten Zweifel zu bekommen oder darüber zu reflektieren. Es scheint, als habe in der Zeit um 2000 v. Chr., als die ersten münd-

In der Zeit zwischen dem Entstehen der *Ilias* und der *Odyssee* muss sich ein Wandel in der Art zu denken und zu handeln vollzogen haben

lichen Versionen der *Ilias* entstanden, noch kein menschliches Bewusstsein in unserem Sinne existiert. In der Zeit zwischen dem Entstehen der *Ilias* und der *Odyssee* muss sich jedoch ein Wandel in der Art zu denken und zu handeln vollzogen haben, da die Figuren der *Odyssee*, vor allem Odysseus selbst, bewusst und reflektiert zu Werke gehen – etwa so, wie auch heutige Menschen entscheiden und handeln würden.

Nicht nur die *Ilias*, auch andere Texte aus dieser Zeit enthalten Hinweise auf einen sich anbahnenden grundlegenden Wandel in der Struktur des Denkens. Bevor sich ein Bewusstsein in unserem heutigen Verständnis entwickelte, lebten die Menschen – so die These von Jaynes – mit einem *bicameral mind*, einem „Zweikammergeist". Er nimmt an, dass noch vor etwa 3000 Jahren zwei Hirnareale weitgehend unabhängig voneinander Sprache produziert haben – das Broca-Zentrum in der linken vorderen Hirnregion oberhalb der Schläfe, der bis heute zentrale Bereich für die normale Sprachproduktion, und ein Bereich in der rechten Hemisphäre, in dem vor allem ganzheitlich gestaltete Äußerungen wie Redensarten, Lebensweisheiten oder Sprichwörter oft in gereimter oder metrisch gestalteter Form gespeichert und produziert wurden. Diese Aufspaltung führte dazu, dass die Menschen des frühen Altertums in ihrer eige-

> **Die Vernetzung von links- und rechtshemisphärischen Aktivitäten war noch nicht so weit fortgeschritten, dass ein integraler Eindruck unterschiedlicher Sprachlicher Produktions- und Rezeptionsprozesse entstehen konnte**

nen rechten Hirnhälfte erzeugte sprachliche Äußerungen so hören konnten, als würden reale Personen laut und deutlich mit ihnen sprechen, während Außenstehende sie nicht wahrnahmen. Die Vernetzung von links- und rechtshemisphärischen Aktivitäten war noch nicht so weit fortgeschritten, dass ein integraler Eindruck unterschiedlicher Sprachlicher Produktions- und Rezeptionsprozesse entstehen konnte.

Die Menschen erklärten sich diese Äußerungen als Stimmen von Göttern, die vor allem in problematischen Situationen, in denen wichtige Entscheidungen zu treffen waren, zu ihnen sprachen und ihnen Handlungsanweisungen gaben. Nicht nur Achill, der griechische Held der Ilias, hörte, wie die Göttin Athene zu ihm sprach, auch die jüdischen Propheten im Alten Testament hörten Stimmen, die sie als die Stimme ihres Gottes oder eines Engels wahrnahmen. Jaynes interpretiert die betreffenden Textstellen nicht als rein literarische Motive, sondern als Belege für eine psychische Realität, nach der die Menschen bis vor 3 000 Jahren dieses Stimmenhören als etwas vollkommen Normales empfanden. Sie zweifelten die Autorität der Stimmen nie an und alle, die sie hörten, handelten in ihrem Sinne, ohne sie kritisch zu hinterfragen oder sich eine eigene Meinung dazu zu bilden.

In der klassischen Antike verloren die Menschen allmählich die Fähigkeit, Stimmen zu hören. Stattdessen entwickelte sich ein selbstbestimmtes, bewusstes Handeln. Deutlich wird diese Veränderung, wenn man das Verhalten der Helden der Ilias mit dem Handeln des Odysseus vergleicht. Odysseus verhält sich bereits wie ein moderner Mensch, der eigenständig Entscheidungen trifft und sie immer wieder kritisch überdenkt. Die Menschen, die zur Zeit des Trojanischen Krieges lebten, hatten dieses Bewusstsein noch nicht. Da das Leben damals in geregelten Bahnen verlief, konnten sie sich an Maximen orientieren, die in seltenen Entscheidungssituationen als „Stimmen" aktiviert wurden, die wie Götter zu ihnen zu sprechen schienen. Diese Maximen waren Teil des kulturellen Wissens, das in rituellen Situationen meist in rhythmisch-metrischer Form für alle Mitglieder einer Gemeinschaft verfügbar gemacht und überliefert wurde.

Während mit der *Odyssee* der Wandel zum modernen Bewusstsein zu einem vorläufigen Abschluss kam, zeigte sich im Alten Testament über einen Zeitraum von mehreren Generationen hinweg ein zunehmend selbstbewusster Umgang mit „Stimmen", während ältere Propheten ohne Zweifel und Murren der Stimme Gottes gehorchten, begannen jüngere Propheten mit Gott zu hadern und stellten seine Forderungen infrage, fügten sich schließlich aber doch seinen Anweisungen.

Auch bei Platon findet man zwei interessante Belege für einen Wandel der Einstellung gegenüber diesem Phänomen: Während der jüngere Platon noch voller Achtung von Menschen spricht, die Stimmen hören können, äußert sich der ältere Platon abfällig über sie und spricht von einer seltsamen Abweichung vom normalen Verhalten. In seinem Dialog „Phaidros" preist er den göttlichen Wahnsinn, der für ihn ein prophetischer Wahnsinn ist und einen rituellen, einen poetischen und einen erotischen Aspekt hat (Platon, *Phaidros*, S. 244f), im Dialog „Theaitetos" hingegen weist er warnend darauf hin, »...dass die Wahnsinnigen und die Träumenden falsche Vorstellungen haben, wenn jene Götter zu sein glauben, diese aber geflügelt und sich im Traume fliegend vorkommen« (Platon, *Theaitetos*, 158b).

Platon lebte offenbar in einer Zeit des Übergangs, in der das Phänomen des Stimmenhörens und der Prophetie noch gut bekannt war, sicherlich auch noch vereinzelt vorkam, aber doch auch schon Skepsis auslöste, vor allem bei einem kritischen Philosophen.

> **Platon lebte in einer Zeit des Übergangs, in der das Phänomen des Stimmenhörens und der Prophetie noch gut bekannt war**

Im christlichen Mittelalter, als griechischer Rationalismus in Vergessenheit geriet und das Volk einen starken Wunderglauben entwickelte, wurde die Fähigkeit des Stimmenhörens oft noch als eine besondere Gabe, ja sogar als Ausweis göttlicher Gnade anerkannt, etwa im Fall der Jeanne d'Arc, die als einfaches Mädchen vom Lande aufgrund dieser „Gabe" zur Anführerin der französischen Armee wurde.

Fossilien ritueller Sprache

Auch in unserer Zeit werden noch „Stimmen" gehört, allerdings meist von Menschen mit schweren schizophrenen Störungen. Sie hören, wie ihnen jemand eigentümliche Befehle erteilt oder sie zu unsinnigen Taten auffordert, beispielsweise den Beruf aufzugeben, in ein Kloster einzutreten oder aus dem Fenster zu springen. Heute werden Menschen, die in ihrem Kopf erzeugte Äußerungen

Auch in unserer Zeit werden noch „Stimmen" gehört

so empfinden, als spräche eine reale Person zu ihnen, im Gegensatz zu den Menschen des frühen Altertums als psychisch krank eingestuft.

Schizophrene Schübe treten vor allem in Situationen auf, in denen sich Menschen überfordert fühlen, etwa dann, wenn sie aus der Normalität ihres Alltags gerissen werden. Unter Stress neigen aber auch normale Menschen zu einem durchaus vergleichbaren Verhalten – sie führen Selbstgespräche und formulieren dabei Optionen, für die sie sich entscheiden könnten. Manchmal greift man dabei auf religiöse oder poetische Formulierungen, Sprichwörter oder Lebensregeln zurück, wie etwa der unbedarfte Held in „Forrest Gump", der sich in kritischen Situationen immer eine Maxime seiner Mutter in Erinnerung rief: „Das Leben ist wie eine Pralinenschachtel, man weiß nie, was man kriegt."

Das Aussprechen derartiger Sentenzen, die man in vertrauter Umgebung gelernt hat, verleiht in neuen, schwierig einzuschätzenden Situationen Sicherheit. Selbstgespräche lassen sich deshalb durchaus mit „Götterstimmen" vergleichen, auf die Menschen des Altertums hörten: In beiden Fällen helfen alte, fest geprägte Formulierungen dabei, Handlungssicherheit zu gewinnen und sich in problematischen Situationen besser entscheiden zu können.

Interessant in diesem Zusammenhang sind Sprichwörter. Auch sie haben die Funktion, in schwierigen Situationen eine Orientierung zu geben, und vieles spricht dafür, dass sie späte Abkömmlinge archaischer Maximen und Handlungsanweisungen sind, die noch von den Menschen des Altertums als fremde Stimmen gehört wurden. Bei Menschen unserer westlichen Zivilisationen sind

Sprichwörter haben die Funktion, in problematischen Situationen eine Orientierung zu geben

sie jedoch mehr und mehr in Vergessenheit geraten – Sprichwörter wie *Reden ist Silber, Schweigen ist Gold* oder *Eine Schwalbe macht noch keinen Sommer* spielen in modernen Leistungsgesellschaften kaum noch eine Rolle, weil die darin enthaltenen Lebensweisheiten vor allem Menschen mit gehobener Bildung keine sinnvollen Entscheidungshilfen mehr bieten können. Statt sprachliche Formeln abzurufen, wird das Bewusstsein genötigt, selbst die Initiative zu ergreifen und autonome Entscheidungen zu treffen. Dagegen gehören für Menschen aus traditionellen Kulturen Sprichwörter und floskelhafte sprachliche Äußerungen mit banalen Lebensweisheiten auch heute noch zum Alltag. Sie hören zwar keine Stimmen mehr, aber sie sprechen oft selbst Sprichwörter und Redewendungen zur Handlungsorientierung aus.

Der Übergang von einer gehorsamen Orientierung an „Götterstimmen" zu einem bewussten Handeln eigenständiger Persönlichkeiten ging bezeichnenderweise mit der Entstehung der ersten Schriftkulturen einher. Vor etwa 3000 Jahren wurden im Zweistromland und in Ägypten unabhängig voneinander Bilderschriften entwickelt, die später, wie erwähnt, von den Phöniziern und Griechen zu Alphabetschriften umgewandelt wurden.

Der Übergang von einer gehorsamen Orientierung an „Götterstimmen" zu einem bewussten Handeln ging mit der Entstehung der ersten Schriftkulturen einher

Der Umgang mit der Schrift führte zu tiefgreifenden psychologischen Veränderungen. Die Gehirnregionen, die zuvor noch in der Lage waren, Sprache teilweise unabhängig voneinander zu produzieren, wurden stärker vernetzt, was eine bewusstere Verarbeitung sprachlicher Äußerungen bewirkte. Es kam zu einem intensiveren Austausch zwischen Gehirnregionen, die zuvor stärker autonom und ohne bewusste Kontrolle arbeiteten, und zu einer stärkeren Integration von grammatischen Formen und Funktionen sowie den sich darauf beziehenden Denk- und Planungsprozessen.

Mit der Verbreitung der Schrift begannen Menschen, den „Stimmen" von Göttern zu misstrauen, sich ihrer Individualität bewusst zu werden und eine persönliche Beziehung zu Gott aufzubauen. Mit Jesus, der keine göttlichen Weisungen mehr empfängt, sondern mit Gott als einem liebevollen Vater spricht, wird der Übergang zu einem bewussten Glauben am deutlichsten markiert. Das Handeln gründet nun nicht mehr auf autoritativ verkündeten Gesetzen, sondern auf einem Vertrauensverhältnis zu Gott.

Für Menschen, die weder schreiben noch lesen können, sind fest gefügte sprachliche Formeln, oft in gereimter Form oder mit einem Metrum versehen, wie etwa Lieder, Gedichte, Epen oder liturgische Texte, wesentlich wichtiger als für Menschen, die in einer Schriftkultur aufgewachsen sind. Einen geschriebenen Text kann man in Ruhe und mit kritischem Abstand lesen, analysieren und kritisieren. Mündliche Äußerungen dagegen sind flüchtig. Sie lassen sich nur dann als kulturelles Wissen überliefern, wenn sie durch formale Elemente wie Rhythmus, Metrum, Reim oder eine Melodie als feste Gestalten im Gedächtnis gespeichert werden können. Die Speicherung dieser gestalteten Texte erfolgt nicht im Broca-Zentrum, dem neuronalen Bereich oberhalb der linken Schläfe, wo ein großer Teil der Sprachverarbeitung stattfindet, sondern in der rechten Hirnhälfte. Wie wir gesehen haben, können Patienten, die aufgrund einer Schädigung des Broca-Zentrums nicht mehr in der Lage sind, spontan Sätze zu äußern und sich an einem Gespräch zu beteiligen, trotzdem noch häufig Gedichte oder Lieder rezitieren oder singen. Das heißt, dass auch heute noch Reste eines *bicameral mind* vorhanden sind.

Schizophrenie, was so viel wie Spaltung des Geistes bedeutet, lässt sich nicht nur anhand ihrer Symptome, sondern auch gehirnphysiologisch nachweisen. Mit bildgebenden Verfahren wie Computer- oder Kernspintomografie ließ sich feststellen, dass der Informationsaustausch zwischen rechter und linker Gehirnhälfte, der über einen breiten Nervenstrang, das *Corpus callosum*, verläuft, bei schizophrenen Patienten gestört ist. So kann auch ohne die Rückkopplung und bewusste Kontrolle durch linkshemisphärische Areale in der rechten Hirnhälfte Sprache produziert werden, die der Patient dann als vermeintlich von außen kommende, fremde Stimme wahrnimmt.

Mit dem Aufkommen der Schrift nahm die Fähigkeit, Stimmen zu hören, immer mehr ab, bis sie schließlich in der Moderne als ganz und gar abweichend und krankhaft stigmatisiert wurde. In modernen Gehirnen sind die unterschiedlichen Sprachmodule wesentlich stärker miteinander vernetzt, sodass „Stimmen" nicht mehr als etwas Fremdes wahrgenommen werden, sondern als Teil des eigenen Bewusstseins agieren. Da aber auch heute nach wie vor „Stimmen" gehört werden, obgleich man sie für Symptome psychischer Krankheiten hält, können die neuronalen Veränderungen, die zu unserem modernen Bewusstsein geführt haben, noch nicht so weit zurückliegen.

Um ein vorläufiges Fazit zu ziehen: Die neuronale Erzeugung von „Stimmen" in Bereichen der rechten Hemisphäre parallel zur Verarbeitung „alltäglicher" Sprache im Broca-Zentrum deutet darauf hin, dass früher einmal zwei voneinander unabhängige kognitive Module an der Sprachproduktion beteiligt waren. In den Epen Homers wie im Alten Testament lassen sich Hinweise dafür finden, dass in früheren Zeiten die Erzeugung von Sprache anders funktionierte als heute.

Die Verarbeitung von Sprache mit verschiedenen Funktionen an zwei unterschiedlichen Orten im Gehirn fügt sich zu meiner These, Sprache habe sich ursprünglich aus zwei voneinander getrennten Bereichen entwickelt. Während die Fähigkeit Stimmen zu hören seit der Zeit des Trojanischen Krieges vor etwa 3000 Jahren kontinuierlich abnahm, muss man umgekehrt davon ausgehen, dass in den Jahrtausenden zuvor bis zurück in die Zeit der Sprachentstehung die Hirnareale, die für die beiden Modi der Sprachproduktion zuständig waren, noch wesentlich selbstständiger arbeiteten, da sie verschiedene Ursprünge hatten – einerseits tänzerische Bewegungen und Gesang im Rahmen der sexuellen Selektion, die zu Entscheidungen über Partner, Prestige und Macht führten, und andererseits gestisch-lautliche Kommunikation zur Organisation des Alltags.

Die Stimmen von Göttern aus der Zeit vor dem klassischen Altertum sind letzte Spuren eines langen Prozesses, der über Tausende von Jahren zu einer immer stärkeren Integration dieser beiden Modi führte, der noch nicht abgeschlossen ist. Viele „moderne" Menschen aus westlichen Industrienationen geraten auch heute noch in Situationen, in denen sie Stimmen hören, ohne gleich als schizophren zu gelten. Und Menschen aus Stammesgesellschaften, vor allem Schamanen, haben nach wie vor intensiven Kontakt mit Geistern, Göttern und Verstorbenen – so jedenfalls ihr subjektiver Eindruck.

Kognition des Bewusstseins

Bewusstsein in unserem heutigen Verständnis konnte erst entstehen, als Texte, die in der rechten Hemisphäre im Rahmen eines rituell-musikalischen Modus entstanden, von der linken Hemisphäre „übersetzt" und von ihr bearbeitet, analysiert und kommentiert werden konnten. Dadurch, dass sich linkshemisphärische Hirnareale, insbesondere das auf Sprachverstehen spezialisierte Wernicke-Areal, mit sprachlichen Gestalten

aus rechtshemisphärischen Area-
len auseinander setzen konnten,
entwickelte sich der subjektive
Eindruck, in der Psyche gebe es
eine übergeordnete Instanz, die
wie ein Dirigent auf die bislang
weitgehend autonom arbeitenden
Module einwirken könne und ihr
Zusammenspiel ermögliche. Dieser subjektive Eindruck lässt sich
als Bewusstsein bezeichnen. Es erscheint oft wie ein Spiel mit

**Bewusstsein konnte
erst entstehen, als Texte,
die in der rechten Hemi-
sphäre im Rahmen eines
rituell-musikalischen
Modus entstanden, von
der linken Hemisphäre
„übersetzt" werden
konnten**

psychischen Instanzen, die ein gewisses Eigenleben führen, aber
dennoch von uns beeinflusst werden können. Die Vorstellung
von Sigmund Freud von einem Ich, Es und Über-Ich sind wohl
die bekanntesten Konstrukte von einem Bewusstsein, das die
Psyche wie einen Raum begreift, in dem wir wie ein Regisseur
unsere Triebe und Motive wie kleine Homunkuli beobachten
können (Steinig 1981).

Dieser Eindruck kommt auch dadurch zustande, dass die
neuronale Verarbeitung von zuvor weitgehend unabhängig ope-
rierenden Bereichen nun mehr Zeit erfordert, da sich der Informationsaustausch im Gehirn über längere Projektionsbahnen
und Assoziationsfasern erstreckt. Dadurch kommt es bei der
Übertragung von Impulsen zu Verzögerungen. Eine komplexere
Organisation unterschiedlich arbeitender neuronaler Systeme
verringert auch deshalb die Übertragungsgeschwindigkeit, weil
auf verschiedenen Ebenen immer wieder Entscheidungen zu
treffen sind (Karpf 1990, S. 20ff). Während die Helden der *Ilias*
noch spontan den Stimmen der Götter folgten, geraten überlegt
agierende Menschen wie etwa Hamlet in die Gefahr, vollkommen handlungsunfähig zu werden und über Sein oder Nichtsein
zu grübeln. Zu viel Bewusstheit kann zu Lebensuntüchtigkeit
führen – ein nicht zu unterschätzendes Handicap mancher Intellektueller, das aber offenbar als Signal ihrer kognitiven Überlegenheit gerne in Kauf genommen wird, da das Bewusstsein als
überaus wertvolle Errungenschaft gilt.

Die Entstehung der Alphabetschriften bewirkte eine weitere, geradezu extreme Verzögerung bei der Sprachproduktion – während Lautketten mit dem Stimmapparat normalerweise vollkommen unbewusst und mit großer Geschwindigkeit erzeugt werden, erfordert das Schreiben mit der Hand eine mühevolle Langsamkeit. Sprachliche Prozesse, nicht nur auf der lautlichen Ebene, können dadurch bewusster wahrgenommen werden. Die gedankliche Auseinandersetzung mit Grammatik als ein wesentlicher Bestandteil von Schule und Unterricht ist nichts anderes als der Versuch, die bereits durch das Schreiben erzwungene Langsamkeit noch zu verstärken und neben dem unbewussten Automatismus der Lautproduktion auch das unbewusste Erzeugen grammatischer Strukturen ins Bewusstsein zu rufen.

Aufgrund der zusätzlichen kognitiven Anforderungen, die die Entwicklung der Schrift an den Umgang mit Sprache stellte, wurden beim Lesen und Schreiben, neben dem Broca- und Wernicke-Zentrum, weitere Hirnareale aktiviert (Gaillard et al 2001). Bei Gehirnschädigungen, etwa nach einem Unfall oder einem Schlaganfall, kann es deshalb zu partiellen Ausfällen spezifischer sprachlicher Fähigkeiten kommen. Die patchworkartig verstreute Anordnung von Bereichen mit spezifischen sprachlichen Funktionen führte zu einer komplexeren Vernetzung und machte eine aufwändigere koordinierte Steuerung notwendig, was seinerseits wieder Verzögerungen bewirkte, die den subjektiven Eindruck der Bewusstheit weiter verstärkten. Wer liest oder schreibt, wird wahrscheinlich stärker von einem intervenierenden Bewusstsein „gestört" als Menschen ohne Bezug zur Schriftlichkeit, aber dieses Handicap nimmt man offenbar gerne in Kauf, da ein bewusst sprechender und denkender Mensch als hochwertiger angesehen wird als jemand, der sein Verhalten zu wenig reflektiert. Es hat den Anschein, als gebe es ein kulturelles Bemühen, die Sprachverarbeitungszeit zu verlängern, um dadurch eine höhere Stufe des Bewusstseins zu erreichen.

Während die sprachlichen Einheiten, die in der rechten Hirnhälfte gespeichert werden, als komplexe, isolierte Gestalten rasch und komplett abrufbar sind, arbeiten die linkshemisphärischen Sprachzentren, das Broca- und Wernicke-Areal, nach dem Prinzip eines analytischen Nacheinander. Menschen, die wegen einer Schädigung dieser Areale nicht mehr normal sprechen können, rezitieren Gedichte, Lieder oder andere komplexe Spracheinheiten immer nur komplett aus dem Gedächtnis. Werden sie unterbrochen, so können sie ihren Vortrag nicht fortsetzen, sondern müssen von vorne beginnen. Da sie keinen wirklichen Zugang zu Bedeutung und Struktur der Äußerungen haben, können sie die Nahtstelle, an der sie unterbrochen wurden, nicht identifizieren. Sie verstehen möglicherweise noch, um was es allgemein in dem Text geht, aber die Bedeutung seiner Bestandteile entzieht sich ihnen. Auch dies ist ein Hinweis auf die archaische Entstehung der rechtshemisphärischen Textproduktion, die ursprünglich „bedeutungslose" tänzerische, rhythmisch-musikalische Einheiten nach strengen Formprinzipien erzeugte.

Reden, Gespräche und Denken

Ein Gespräch zu zweit oder im kleinen Kreis ist meist angenehm und selten anstrengend. Vor einer größeren Gruppe eine Rede zu halten ist jedoch für viele eine angsteinflößende Aufgabe. Die meisten bekommen Lampenfieber und fürchten sich zu blamieren. Die Grenze liegt bei etwa fünf Personen – kommen weitere Personen hinzu, so teilt sich die Gruppe oder das Gespräch bekommt einen öffentlichen Charakter. Je größer die Gruppe ist, desto schwieriger wird es für einen Sprecher, alle Zuhörer im Blick zu behalten. Die Teilnehmer können sich nicht mehr spontan unterbrechen, sondern müssen geduldig warten, bis ein Sprecher seinen Beitrag beendet hat. Häufig muss ein Diskussionsleiter dafür sorgen, dass

Vor einer größeren Gruppe eine Rede zu halten ist für viele eine angsteinflößende Aufgabe

die Sprecherwechsel gelingen, und die Gesprächsbeiträge geraten zu kürzeren oder längeren Reden. Die Tendenz steigt,
nicht mehr miteinander zu diskutieren, sondern nacheinander
Redebeiträge abzuliefern.

Gespräche und Reden stammen aus verschiedenen Domä-
nen. Das Gespräch gehört typischerweise zum privaten Alltag,
die Rede dagegen ist Teil einer öffentlichen Zusammenkunft.
Beide Sprachformen beruhen auf unterschiedlichen linguistischen, psychologischen und neuronalen Voraussetzungen. Wie
aber kam es zu diesen unterschiedlichen kommunikativen
Möglichkeiten, die sich in allen Kulturen finden? Lassen sie
sich auf die beiden evolutionsgeschichtlichen Modi des Sprachverhaltens zurückführen, die wir bis zum Beginn des aufrechten Gangs zurückverfolgt haben – den kommunikativen Modus
der alltäglichen Interaktion und den tänzerisch-musikalischen
Modus des Rituals? Sehen wir uns dazu die beiden Möglichkeiten zu sprechen genauer an – zunächst das Gespräch, dann
die Rede.

Die Beschränkung auf höchstens fünf Gesprächspartner ermöglicht eine größere Nähe der am Gespräch beteiligten Personen. Man hat beim Sprechen alle Teilnehmer im Blick und kann
spontan auf jeden Beitrag reagieren. Oft folgen die einzelnen
Beiträge so rasch aufeinander, dass man als Außenstehender
kaum folgen kann – teilweise überlappen sich die Äußerungen
auch. So entsteht ein dichtes Knäuel hin und her springender
Gesprächsfäden. Da Menschen anscheinend nichts lieber tun,
als miteinander zu sprechen, führt räumliche Nähe beinahe
zwangsläufig zu einem Gespräch, es sei denn, man kennt sich
nicht und weiß, dass man sich rasch wieder trennen wird, wie
etwa in einem Fahrstuhl. Ein stummes Miteinander wird meist
als unangenehm empfunden.

Gegenüber dieser dialogischen Sprache der Nähe zeichnen
sich Reden durch eine monologische Sprache der Distanz aus.
Redner stehen einer größeren Menschengruppe distanziert gegenüber und wollen sich mit ihrer Rede in der Öffentlichkeit
Gehör verschaffen. Die Menschen sollen ihnen aufmerksam und

schweigend zuhören. Da normalerweise nur Personen, die eine her-
ausgehobene Stellung einnehmen,
eine Rede halten dürfen, erwarten
sie von ihren Zuhörern Respekt.
Menschen ohne diese Autorität

**Redner stehen einer
größeren Menschen-
gruppe distanziert
gegenüber**

haben normalerweise nicht den Mut, sich das Recht der Rede
zu nehmen.

Diese pointierte Beschreibung einer Redekonstellation ver-
deutlicht bereits die Nähe zum Ritual. Reden scheinen grundsätzlich einen rituellen Charakter zu haben – Redner wie
Zuhörer sind gut oder gar festlich gekleidet, die Bühne ist mit
Blumen oder anderem Schmuck dekoriert und häufig werden
Reden von musikalischen Darbietungen umrahmt. Die Zuschauer sitzen in kontrollierter Haltung und haben das Gefühl,
an einem bedeutsamen Ereignis teilzunehmen. Ihr alltägliches
Handeln wird unterbrochen – es entsteht eine rituelle Pause im
Strom der Zeit. Beruht dieser rituelle Charakter nur auf Äußer-
lichkeiten, bedingt durch den situativen Rahmen, oder gibt es
noch andere, psychologische, vielleicht sogar evolutionäre Hinweise darauf, dass die Rede aus einer anderen Wurzel stammt
als das Gespräch?

Lassen sich Reden tatsächlich auf einen rhythmisch-musikalischen Modus zurückführen, so müssten sich hier Phänomene
zeigen, die Ähnlichkeiten mit der Spracherzeugung in der
rechten Gehirnhälfte aufweisen, wie etwa das Phänomen des
„Stimmenhörens". Und tatsächlich – es gibt etwas Vergleichbares: Redner wissen aus Erfahrung, dass sich während ihrer
Rede manchmal die eigenen Worte verselbstständigen. Ihre
Worte scheinen dann nicht die eigenen Worte zu sein, sondern
Teile eines fremden Textes, den sie wie ein Tonbandgerät ab-
spulen. Ich denke hier nicht an Vorträge, die zuvor schriftlich
formuliert und anschließend abgelesen werden, sondern an frei
gehaltene Reden.

Manchmal kann man dieses Phänomen allerdings auch im
Gespräch beobachten. Vor allem dann, wenn man bestimmte

Argumente oder Formulierungen wiederholen oder seinen Standpunkt zum hundertsten Mal vertreten muss. Auch dann kann es vorkommen, dass man sich plötzlich „selbst zuhört" und möglicherweise über sich selbst erschrocken ist – oder auch meint, mit einem gut formulierten Argument einen Punktgewinn erzielt zu haben. Dieser Effekt tritt offenbar dann auf, wenn Elemente eines Gesprächs, ähnlich wie in einer Rede, die Tendenz haben, sich als sprachliche Versatzstücke zu verselbstständigen, sodass sie einem erscheinen, als wären sie nicht Teil der eigenen Person, sondern würden von außen an einen herangetragen.

Nicht nur Hörer empfinden den Modus einer Rede als distanziert – auch die Redner selbst können ihre eigene Rede als etwas Fremdes empfinden, als Worte, die sich verselbstständigt haben. Da man vor allem auf eine saubere Artikulation achtet und Wörter verwendet, die ein möglichst hohes Prestige genießen, tritt die Bedeutung der Äußerungen oft hinter dem Bemühen um Ästhetik zurück. Ganz ähnlich ergeht es den Zuhörern – es ist völlig normal, dass man dem Inhalt einer Rede nach einer Weile nicht mehr zu folgen vermag, da dies einfach zu anstrengend ist. Jedes Wort und jeden Satz genau zu erfassen, ist aber auch gar nicht notwendig. Je länger und förmlicher eine Rede ist, desto eher kann man es sich erlauben, zwischendurch abzuschalten.

> **Je länger und förmlicher eine Rede ist, desto eher kann man es sich erlauben, zwischendurch abzuschalten**

Sobald ein Redner sich aber verhaspelt oder ins Stocken gerät, sind alle Zuhörer wieder hellwach, da vor allem die Form der Rede im Blickpunkt des Interesses steht. Am Ende einer Predigt oder der Neujahrsansprache des Bundespräsidenten können sich die Zuhörer meist kaum noch an bestimmte Aussagen erinnern, aber dennoch genau beurteilen, wie gut oder wie schlecht sich die betreffende Person präsentiert hat. Der Eindruck vom sprachlichen Niveau der Äußerungen und von der intellektuellen Qualität des Redners bleibt meist länger in Erinnerung als der Inhalt der Rede.

So steht der verbale Aufwand eines Sprechers häufig in einem geradezu grotesken Missverhältnis zu dem, was ein Hörer an Gedanken aus einer Rede mitnimmt. Je länger eine Rede ist und je förmlicher der Kontext, in dem sie gehalten wird, desto größer wird dieses Ungleichgewicht. Dennoch sind Reden nicht überflüssig oder zwecklos – ihr eigentliches Ziel besteht zum einen in der Bannung der Zuhörer über die gesamte Redezeit hinweg, und zum anderen erhalten sie die Gelegenheit, das sprachlich-kognitive Niveau des Redners zu prüfen und zu bewerten.

Der tänzerisch-musikalische Modus zeichnete sich, wie wir gesehen haben, durch einen ästhetisch gestalteten, durchkomponierten, grammatisch stilisierten Bewegungsablauf aus, der kaum eine kognitive Leistung erforderte. Zwischen diesem archaischen Modus und der modernen Rede steht als Bindeglied das in der Öffentlichkeit zu einem Instrument vorgetragene Epos fahrender Sänger. Die ältesten Zeugnisse wurden mit der *Ilias* und der *Odyssee* durch Homer nur in schriftlicher Form überliefert, aber seitdem Milman Parry und Albert Lord auf dem Balkan empirische Untersuchungen zu diesen Epen angestellt haben, wissen wir, wie sie gesungen und mit leichten Variationen immer wieder neu erzeugt wurden (Parry 1971 und Lord [2]2000). Und wir können uns vorstellen, wie Epen, die oft über Stunden vorgetragen wurden, aufgrund ihrer metrischen Form, ihrer Melodie und ihrer formelhaften Wendungen im Gedächtnis gespeichert und abgerufen werden konnten – möglicherweise mit einer neuronalen Steuerung, die noch vorwiegend in der rechten Hirnhälfte angesiedelt war.

Die allmähliche Verfertigung der Gedanken in Gesprächen und Reden

Heinrich von Kleist hat in seinem bekannten Essay *Über die allmähliche Verfertigung der Gedanken beim Reden* (1805) zu

ergründen versucht, wie Denken und Sprechen miteinander
verwoben sind. Als Beispiel für das fruchtbare Wechselspiel zwischen der Entwicklung eigener Gedanken und den Bemühungen,
sie zu formulieren, bezieht er sich auf eine private Situation mit
seiner Schwester, in der er frei formulieren kann, was ihm gerade durch den Kopf geht:

> Oft sitze ich an meinem Geschäftstisch über den Akten
> und erforsche, in einer verwickelten Streitsache, den
> Gesichtspunkt, aus welchem sie wohl zu beurteilen sein
> möchte. ... Und siehe da, wenn ich mit meiner Schwes-
> ter davon rede, welche hinter mir sitzt und arbeitet, so
> erfahre ich, was ich durch ein vielleicht stundenlanges
> Brüten nicht herausgebracht haben würde.

Die von Kleist beschriebene Situation ist offensichtlich kein nor-
maler Dialog, sondern eher ein „Selbstgespräch". Es ist fraglich,
ob die Schwester wirklich aufmerksam ist – zumindest sitzt sie
ihm nicht gegenüber, sondern hinter ihm und arbeitet. An keiner
Stelle ist von Erwiderungen, Vorschlägen oder Einwänden der
Schwester die Rede. Doch darauf kommt es offenbar auch gar
nicht an, denn Kleist fährt fort:

> Nicht, als ob sie es mir, im eigentlichen Sinne, *sagte*; denn
> sie kennt weder das Gesetzbuch, noch hat sie den Euler
> oder den Kästner studiert. Auch nicht, als ob sie mich
> durch geschickte Fragen auf den Punkt hinführte, auf
> welchen es ankommt, wenn schon dies letzte häufig der
> Fall sein mag.

Kleist weist darauf hin, dass er selbst beim lauten Sprechen
seine Gedanken ordnet und schließlich die richtigen Worte
findet – gleichgültig, ob sich jemand wirklich mit ihm unterhält oder einfach nur zuhört. Er legt einfach ohne Planung los
und gleicht immer wieder seine Äußerungen mit seinen Gedanken ab:

Aber weil ich doch irgendeine Vorstellung habe, die mit dem, was ich suche, von fern her in einiger Verbindung steht, so prägt, wenn ich nur dreist damit den Anfang mache, das Gemüt, während die Rede fortschreitet, in der Notwendigkeit, dem Anfang nun auch ein Ende zu finden, jene verworrene Vorstellung zur völligen Deutlichkeit aus, dergestalt, dass die Erkenntnis, zu meinem Erstaunen, mit der Periode fertig ist. Ich mische unartikulierte Töne ein, ziehe die Verbindungswörter in die Länge, gebrauche auch wohl eine Apposition, wo sie nicht nötig wäre, und bediene mich anderer, die Rede ausdehnender Kunstgriffe, zur Fabrikation meiner Idee auf der Werkstätte der Vernunft die gehörige Zeit zu gewinnen.

Besser lässt sich wohl nicht ausdrücken, was geschieht, wenn sich Denken und Sprechen gegenseitig befruchten. Typisch für diesen Modus eines ungeplanten, privaten Gesprächs sind Abbrüche, Pausen, Füllwörter, Neuansätze und ein ständiges Suchen nach Wörtern und Formulierungen – alles Anzeichen dafür, wie aktiv die Gedanken arbeiten und gleichzeitig bemüht sind, ihre Ergebnisse sprachlich zu formen.

Sprachliche Äußerungen werden nicht formuliert, nachdem sie zuvor in Gedanken konzipiert wurden. Es gibt kein Nacheinander von Denken und Sprechen, sondern ein ineinander verwobenes Miteinander. Da man beim Sprechen auch sein eigener Zuhörer ist, wirkt jede Äußerung unmittelbar auf ihre Strukturierung ein. Die Erzeugung von Sinn durch Denkprozesse und die damit verbundene Versprachlichung ist ein Prozess ständiger Rückkopplung – die Bedeutung entsteht während des Sprechens. Über die Äußerung tritt einem das Gesagte als Gedanke entgegen. Denken und Formulieren ergänzen sich zu einem integrativen Prozess – so scheint es jedenfalls in Gesprächen zu sein. Aber

> **Es gibt kein Nacheinander von Denken und Sprechen, sondern ein ineinander verwobenes Miteinander**

wie sieht es bei Reden aus? Kleist deutet selbst an, was dann
geschieht:

> Etwas ganz anderes ist es, wenn der Geist schon, vor aller
> Rede, mit dem Gedanken fertig ist. Denn dann muss er
> bei seinen bloßen Ausdrücken zurückbleiben, und dies
> Geschäft, weit entfernt, ihn zu erregen, hat vielmehr
> keine andere Wirkung, als ihn von seiner Erregung ab-
> zuspannen.

Mit „Rede" ist hier zwar kein Vortrag vor einer Zuhörerschaft
gemeint und Kleist will auch nicht Gespräch und Rede miteinander
vergleichen, aber dennoch spricht er hier ein Problem an,
mit dem man besonders bei Reden konfrontiert wird. Während
einer Rede lassen sich nämlich Gedanken wesentlich schlechter
entwickeln, wie in einem Gespräch unter Freunden. Das Publikum
wäre von einem Redner irritiert, dem ständig neue Gedanken
während seines Vortrags kämen, für die er mühesam nach
angemessenen Worten suchen müsste. Man erwartet vielmehr
einen gut vorbereiteten, flüssigen Vortrag, dem die Anstrengung
der Formulierungsarbeit nicht mehr anzumerken ist. Und man
erwartet, dass die Gedankenarbeit vor der Rede abgeschlossen
wurde – also genau das, was Kleist nicht für anregend und
fruchtbar hält.

Da das Publikums eher sprachliche Perfektion als kreative
Gedankenblitze erwartet, konzentrieren sich Redner auf ihre
Formulierungen und überlegen vor dem Vortrag genau, was sie
in welcher Form sagen möchten, um sich nicht zu blamieren.
Beim Vortrag selbst fallen Denken und Sprechen oft auseinander
– sie befruchten sich nicht gegenseitig wie im Gespräch,
weil die Aufmerksamkeit beim Vortrag stark von der korrekten
Aussprache sowie der grammatisch und stilistisch angemessenen
Formulierung beansprucht wird, sodass für produktives
Denken keine kognitive Kapazität übrig bleibt. Nur Menschen,
die über ihrem Gegenstand stehen, sprachlich versiert sind
und kein Lampenfieber haben, gelingt es während ihrer Rede,

Formulierungen und Gedankenarbeit in einem produktiven Prozess miteinander zu verbinden und ihre Zuhörer so in ihre Gedankenwelt einzubinden, als ob sie ein Gespräch mit ihnen führen würden. Nur wenige, wie der unlängst verstorbene Heidelberger Philosoph Hans-Georg Gadamer, sind dazu in der Lage, jedem Zuhörer das Gefühl zu vermitteln, man würde sich ganz persönlich mit einem unterhalten – etwa so wie Kleist mit seiner Schwester.

Sprechen ist für einen Redner normalerweise keine Hilfe, seine Gedanken zu beflügeln, sondern eher ein Handicap für das Denken. Nur außergewöhnliche Redner haben die Souveränität, trotz der Erwartung des Publikums, möglichst „druckreif" zu formulieren, sich spontan auf neue Gedanken einzulassen. Gelingt es ihnen dann noch zudem, diese Gedanken mit grammatisch und stilistisch akzeptablen Äußerungen

> **Sprechen ist für einen Redner normalerweise keine Hilfe, seine Gedanken zu beflügeln, sondern eher ein Handicap für das Denken**

zu verbinden, zeigen sie sich diesem Formulierungshandicap gewachsen. Das allmähliche Verfertigen von Gedanken in Reden – nicht in Gesprächen – wäre demnach eine außergewöhnliche Leistung, die die Meisterschaft eines Redners zuverlässig anzuzeigen vermag. Da auch schlechten Rednern, die ihre Rede von einem Blatt ablesen, dieser Anspruch bewusst ist, versuchen sie sich hin und wieder vom schriftlichen Text zu lösen und eine „spontan" klingende Bemerkung einfließen zu lassen.

Kleist kritisiert gegen Ende seines Essays mündliche Prüfungen, weil sie den Prüflingen oft keine Gelegenheit bieten, sich auf ihr Thema gedanklich einzulassen und die für überzeugende, engagierte Antworten notwendige geistige Erregung aufzubauen. So blieben Prüflinge häufig Antworten auf Prüfungsfragen schuldig, obwohl sie das gleiche Thema in geselliger Runde möglicherweise wortgewaltig dargelegt hätten. Er schreibt sogar: »Vielleicht gibt es überhaupt keine schlechtere Gelegenheit, sich von einer vorteilhaften Seite zu zeigen, als grade ein öffentliches Examen.« In dieser Situation ist tatsächlich das Handicap, Denken und Sprechen in einen gegenseitig befruchtenden Rückkopplungsprozess treten zu lassen, am höchsten, aber gerade weil hier die Messlatte besonders hoch liegt, wird man die guten von den schlechten Kandidaten besonders gut voneinander unterscheiden können. Kandidaten, die ihren Stoff mehr oder weniger auswendig gelernt haben und ohne erkennbare Gedankenarbeit in einer Prüfung abzuliefern versuchen, werden sicherlich keine gute Note bekommen. Es kommt darauf an, ob man auch unter Prüfungsstress in der Lage ist, nicht nur angelerntes Wissen zu reproduzieren, sondern *ad hoc* eigene Gedanken zu formulieren.

Unsere Beobachtungen zum spontanen Formulieren im privaten Kreis und zum Formulieren in öffentlicher Rede zeigen, dass es auch noch in unserer Zeit Spuren zweier ursprünglich deutlich voneinander getrennter Modi der Sprachproduktion gibt. Während die Integration von Denken und Sprechen im privaten Alltag weit vorangeschritten ist und sich beide Prozesse gegenseitig befruchten, scheinen sie in öffentlicher Rede, also in einer rituellen Situation, weitaus weniger aufeinander bezogen zu sein. Rituale erfordern nach wie vor eine möglichst ästhetische Performance – sprachlich, musikalisch oder tänzerisch –, aber auf eine produktive gedankliche Tätigkeit wird kein gesteigerter Wert gelegt. Um es provokativ auszudrücken: Sprechakte in Ritualen müssen gelingen und sollten nicht durch spontane oder gar kreative Gedanken gestört werden.

Die Integration von Gespräch und Rede

Unsere sprachdidaktischen Bemühungen in Schule und Unterricht sollten dahin gehen, dass sich die Fähigkeit zu einer verzahnten Sprech-Denk-Tätigkeit nicht nur in privaten Gesprächssituationen, sondern auch in öffentlicher Rede entwickelt. Die Rhetorik der Rede sollte sich in Richtung einer Gesprächsrhetorik bewegen, in der die Entwicklung produktiver Gedanken nicht

zum Stillstand kommt. Der Prozess
der Integration von Gespräch und
Rede begann mit dem Entstehen
der Schriftkultur und ihr Motor
war die Rhetorik. Zunächst war
die klassische Rhetorik im alten
Griechenland noch stark an formalen Regeln ausgerichtet. In der Öf-

> **Der Prozess der Integration von Gespräch und Rede begann mit dem Entstehen der Schriftkultur und ihr Motor war die Rhetorik**

fentlichkeit der Moderne haben sich die klassischen rhetorischen
Formen aber mehr und mehr an einen privaten Gesprächsmodus
angenähert – am stärksten in der Öffentlichkeit des Fernsehens,
etwa in Talkshows, wo die Zuschauer den Eindruck bekommen
können, sie seien Zeuge von privaten Unterhaltungen.

In Gerichtsverhandlungen lässt sich die ursprünglich rituelle
Herkunft dagegen bisher kaum verleugnen, weshalb Angeklagte
oder Zeugen immer wieder die Erfahrung machen, dass ihnen
erst nach einer Verhandlung einfällt, was sie eigentlich hätten
sagen wollen. Offenbar verhindert der rituelle Charakter des
Verfahrens eine zufriedenstellende Integration von Sprechen
und Denken. Da man sich aus Unsicherheit seine Aussagen vorher als kurze Reden zurechtlegt und dann nicht mehr spontan
vom Rede- zum Gesprächsmodus wechseln kann, können sich die
Gedanken im Gespräch mit Richtern, Staatsanwälten und Ver-
teidigern oft nur schlecht entwickeln. Weil vor allem Menschen
mit geringerer Bildung dieses Problem haben, erscheinen sie
dem Gericht oft nicht besonders glaubwürdig. Wer dagegen in öffentlichen Situationen die Souveränität besitzt, seine Gedanken
allmählich beim Sprechen zu entwickeln, wird als zuverlässiger
und glaubwürdiger eingestuft, denn ein Lügner verfolgt seine
Täuschungsabsicht normalerweise, indem er seine Aussage gut
plant und sie dann wohl überlegt und sprachlich geschickt – als
Rede – vorbringt.

Ein zentrales Ziel von Schule und formaler Bildung besteht
darin, zwischen den Sprachformen der Rede und des Gesprächs
flexibel wechseln zu können und die Rede so souverän zu beherrschen, dass auch hier die allmähliche Entwicklung eigener

Ein zentrales Ziel von Schule und formaler Bildung besteht darin, zwischen den Sprachformen der Rede und des Gesprächs flexibel wechseln zu können

Gedanken gelingt. Wie schwierig das ist, weiß man aus der eigenen Schulzeit – wenn man vom Lehrer aufgefordert wurde, vor die Klasse zu treten und an der Tafel ein Problem zu erläutern, erlebte man oft ein gedankliches Black-out. So versuchen neuerdings selbst Hauptschulen, für die die formale Bildung den geringsten Stellenwert hat, Schüler vor allem durch das Einüben von Präsentationstechniken für öffentliche Redesituationen gedanklich und sprachlich fit zu machen.

Auch das Schreiben von Erörterungen dient dem Ziel, Denken und Formulieren stärker zu verflechten. Damit soll man demonstrieren, dass man gründlich und kritisch über einen Sachverhalt nachdenken kann. Diese Fähigkeit wird bewertet, nicht etwa die Einstellung zu einem bestimmten Thema. Die Meisterschaft in dieser schriftlichen Form der Gedankenentwicklung hat man erreicht, wenn während des Formulierens Denkprozesse in Gang gesetzt werden, sodass es zu einem ähnlich interaktiven Prozess zwischen Formulieren und Denken kommt wie in einem Gespräch – in einer Art Selbstgespräch auf einem Blatt Papier, auf das man versuchsweise seine Formulierungen schreibt, sich davon gedanklich anregen lässt, sie dann überarbeitet und daraus neue Schlüsse zieht.

Als die ersten Schriften entstanden, war Schreiben noch mühsam und deshalb zunächst nicht hilfreich, um die Gedanken in einen fruchtbaren Dialog mit dem Geschriebenen treten zu lassen. Das Schreiben war zu Beginn ein statisches Festhalten von zuvor Gedachtem und kein rasches Notieren von Geistesblitzen – bei Schreibmaterialien wie Steintafel und Meißel oder Papyrus und Federkiel auch nicht verwunderlich. In der Frühzeit der Alphabetschrift spürte man aber vielleicht im Griechenland der Antike die Notwendigkeit, eine stärkere Wechselbeziehung zwischen Denken und Sprechen zu erreichen, da diese neue Art zu schreiben eine kognitive Herausforderung war, die nur dann zu bewältigen war, wenn man die äußere Form der Sprache mit Phonemen und den dazugehörigen Schriftzeichen vom Inhalt der Wörter trennen konnte. Die Alphabetschrift regte dazu an, mit Sprache gewissermaßen Experimente durchzuführen, indem man Lautliches vom Inhaltlichen trennte, es mit Buchstaben in eine Schriftform brachte und diese Buchstaben später wieder – beim Lesen – auf die inhaltliche Ebene zurückholte. Aus dieser distanzierten und gleichwohl spielerischen Einstellung gegenüber Sprache entwickelten sich Denkaufgaben, deren sprachliche Formulierung genau beachtet werden mussten – eine Art Gehirntraining in der neu entstehenden Schriftkultur. Die Griechen nannten sie Syllogismen. Einer der bekanntesten ging so:

> Ein Kreter behauptet: Alle Kreter sind Lügner. Wenn er aber Recht hat, dann ist er auch selbst ein Lügner. Also ist seine Behauptung eine Lüge. Die Wahrheit wäre dann, dass Kreter keine Lügner sind. Wenn sie aber keine Lügner sind, dann entspräche auch seine Behauptung der Wahrheit usw. ...

An solchen logischen Rätseln hatten gelehrte Griechen ihre Freude und auch wir finden sie noch ganz interessant. Dagegen können Menschen aus schriftlosen Kulturen mit Syllogismen wenig anfangen. Sie lassen sich nicht auf die hypothetischen Probleme einer Logik ein, die keinen Bezug zu ihrer Lebenswelt haben. Der russische Psychologe und Neurologe Alexander R. Luria führte 1931 Interviews mit Einheimischen in Usbekistan und Kirgisien, die keine oder nur geringe Schreibkenntnisse hatten. Dazu ein Auszug aus einem Interview mit einem 37 Jahre alten Kaschgaren aus Usbekistan:

> *Frage:*
> Im hohen Norden, wo es Schnee gibt, sind alle Bären weiß. Nowaja Semlja ist im hohen Norden, und es gibt dort immer Schnee. Welche Farben haben dort die Bären?

Antwort:
Es gibt dort verschiedene Arten von Bären.
Frage:
(Der Syllogismus wird wiederholt)
Antwort:
Ich weiß es nicht; ich habe einen schwarzen Bären gesehen, ich habe nie andere gesehen. Jeder Ort hat seine eigenen Tiere; wenn es weiße sind, dann sind sie alle weiß; wenn es gelbe sind, dann sind sie gelb.
Frage:
Welche Arten von Bären gibt es aber in Nowaja Semlja?
Antwort:
Wir reden immer nur von dem, was wir sehen, wir reden nicht von dem, was wir nicht gesehen haben.
Frage:
Was bedeuten aber meine Worte? (Der Syllogismus wird wiederholt).
Antwort:
Nun, es ist so: Unser Zar ist nicht wie eurer, und eurer ist nicht wie unserer. Ihre Worte können nur von jemandem beantwortet werden, der dort war, und wenn eine Person nicht dort war, kann sie nur von ihren Worten aus nichts sagen.
Frage:
Doch können Sie aus meinen Worten – im Norden, wo es immer Schnee gibt, sind die Bären weiß – schließen, welche Arten von Bären es in Nowaja Semlja gibt?
Antwort:
Wenn ein Mann sechzig oder achtzig Jahre alt wäre und einen weißen Bären gesehen und darüber gesprochen hätte, könnte man ihm glauben, aber ich habe nie einen gesehen, und deshalb kann ich es nicht sagen. Das ist mein letztes Wort. Die, welche sahen, können darüber sprechen, und die, die nicht gesehen haben, können nichts sagen. (An dieser Stelle erlaubt sich ein junger Usbeke die Bemerkung: Aus Ihren Worten geht hervor, dass dort die Bären weiß sind.)

Frage:
Welcher von euch beiden hat nun recht?
Antwort:
Was der Hahn weiß, was er tun muss, das tut er. Was ich
weiß, sage ich, und nichts weiter (Luria 1986, S. 108f).

Menschen mit geringem oder fehlendem Bezug zur Schriftkultur
lassen sich nicht auf gedankliche Spitzfindigkeiten ein, die für
sie keine praktische Bedeutung haben. Es scheint, als ließen sie
sich nicht auf ein logisches Spiel mit Worten ein, da sie ihre Gedanken nicht vollkommen der Sprache ausliefern wollen, da sie
ihren grammatisch-logischen Verknüpfungen nicht trauen. Sie
trauen nur dem, was sie mit eigenen Augen gesehen haben oder
was ihnen jemand erzählt hat, dem sie vertrauen. Ein möglichst
enger Bezug zwischen gedanklicher und sprachlicher Präzision
ist ihnen offenbar auch nicht so wichtig wie Menschen, die einen starken Bezug zur Schriftlich-
keit haben. Schriftkundige Menschen sind gefordert, Texte genau
zu lesen, damit sie die richtigen
Schlüsse daraus ziehen können.
Beim Schreiben kommt es darauf
an, Gedanken möglichst genau in
sprachliche Formulierungen zu

> **Menschen mit geringem
> oder fehlendem Bezug
> zur Schriftkultur lassen
> sich nicht auf gedankliche
> Spitzfindigkeiten ein**

übersetzen. Durch den Umgang mit Schrift wird man in einem
bislang nicht gekannten Maß gezwungen, seine Aufmerksamkeit
auf die grammatische wie stilistische Form von Formulierungen
zu richten und ständig mit dem, was einem gedanklich durch
den Kopf geht, abzugleichen und zu optimieren. Daher ist es kein
Zufall, dass Syllogismen im klassischen Griechenland entstanden sind – dort, wo die erste Alphabetschrift entwickelt wurde,
in der nicht nur Konsonanten, sondern auch Vokale durch
Buchstaben abgebildet wurden. Damit lässt sich ein integriertes
Denken und Sprechen gut trainieren, da die logischen Rätsel nur
gelöst werden können, wenn das kausale Schließen sprachlich
unterstützt wird.

Denken und Sprechen

Das Verhältnis zwischen Denken und Sprechen ist problematisch. Von welchen Beobachtungen und Erfahrungen man auch immer ausgeht – mal scheinen Denken und Sprechen eng miteinander verzahnt zu sein, mal liegen sie weit auseinander. Bestimmte Gedankengänge lassen sich nur mit sprachlicher Unterstützung vollziehen, bei anderen scheint Sprache unnötig, vielleicht sogar hinderlich zu sein. Dieses problematische Verhältnis hat evolutionäre Ursachen: Die Fähigkeit zu denken hat sich im Rahmen der natürlichen Selektion entwickelt, während die Fähigkeit zu sprechen auf der Signalselektion beruht –

> **Die Fähigkeit zu denken hat sich im Rahmen der natürlichen Selektion entwickelt, während die Fähigkeit zu sprechen auf der Signalselektion beruht**

zwei grundlegend unterschiedliche evolutionäre Prozesse. Es wird deshalb immer eine relativ große Diskrepanz zwischen Denken und Sprachverhalten geben – Gedanken lassen sich oft nur unzureichend in Worte fassen. Versucht man, seine Gefühle oder eine visuelle Vorstellung zu beschreiben, so merkt man rasch, dass die eigenen sprachlichen Möglichkeiten an Grenzen stoßen. Und je subtiler jemand mit Sprache umzugehen vermag, desto stärker leidet er an dieser schlechten Passung. Dichter können ein Lied davon singen.

Aber nicht nur ein Sprecher ist oft unzufrieden mit dem, was er sich aus eigenem Munde anhören muss. Auch Zuhörern gelingt es oft nur schwer, den Inhalt des Gehörten gedanklich angemessen zu verarbeiten. Wie wir gesehen haben, lassen sich beispielsweise bei einer längeren Rede die Zuhörer nur vorübergehend von dem Vortrag zu bestimmten Überlegungen anregen, aber dann schweifen die Gedanken wieder ab. Die Vorstellung, dass man eigene Gedanken sprachlich adäquat formuliert und sie nahezu zeitgleich in den Kopf eines Hörers transportiert, wo sie so verstanden werden, wie man sie selbst versteht, ist nicht mehr als eine nützliche Illusion. Ohne diese Illusion könnten wir jedoch nicht kommunizieren. Sie dient als starkes Motiv, möglichst oft mit anderen – insbesondere einflussreichen – Gesprächspartnern zu sprechen, um von ihnen als Denkender wahrgenommen und akzeptiert zu werden. Und trotz allem besteht die Chance, dass ein gewisser Teil unserer Gedanken tatsächlich die Gedanken anderer in unserem Sinne beeinflusst.

Ein weiterer Grund für das problematische Verhältnis zwischen Denken und Sprechen ist der grundlegend unterschiedliche Charakter ihrer Funktionen: Sprache besteht aus Zeichen, mit denen man gegenüber anderen alles Mögliche signalisiert, und ist damit nach außen orientiert. Denken beruht auf der Wahrnehmung der Welt, die man zu begreifen und deren Probleme man zu lösen sucht. Denken ist somit ein innerer Prozess, der von außen kaum zugänglich ist. Sprechen hatte andererseits aus evolutionärer Perspektive nicht die Funktion, interne Denkprozesse nach außen zu kehren. Wenn sie aber dennoch „veröffentlicht" werden sollen, entstehen zwangsläufig Verwerfungen, die aus den unterschiedlichen evolutionären Wurzeln und Funktionen von Denken und Sprechen zu erklären sind. Ihr Verhältnis wird deshalb nie einfach sein, aber hat sich im Verlaufe der Entwicklung etwas entspannt.

> **Sprechen hatte aus evolutionärer Perspektive nicht die Funktion, interne Denkprozesse nach außen zu kehren**

Dort, wo sich die Wahrnehmung der Welt auf die Wahrnehmung von Signalen anderer Lebewesen bezieht, liegt der evolutionäre Ursprung kommunikativer und kognitiver Prozesse. Doch erst in einer sozialen Gemeinschaft, wo das Lösen von Problemen ein kommunikatives Miteinander erfordert, muss sich die Kognition verstärkt mit dem Verhalten anderer Gruppenmitglieder auseinander setzen. Je unabhängiger sich Hominiden von der Bedrohung durch konkurrierende Arten machen konnten, desto mehr rückte die kommunikative Beziehung zu Mitgliedern der eigenen Art in den Mittelpunkt, die ihrerseits immer anspruchsvollere kognitive Leistungen verlangte. Aber all dies erklärt nicht, warum sich ein derart komplexes Kommunikationssystem wie die Sprache entwickelt hat und wie es dazu kam, dass sprachliche Strukturen kognitive Prozesse unterstützen und vorantreiben können.

Bei Ontogenese und Phylogenese von Sprache stand grundsätzlich der Zeigecharakter im Vordergrund: Man wollte mit Zeichen – gestischen, protosprachlichen oder sprachlichen – auf etwas in der Lebenswelt verweisen, aber auch auf sich selbst zeigen, um auf die eigene Qualität als Individuum aufmerksam zu machen und sich in der Konkurrenz zu anderen Individuen zu behaupten. Denken und Intelligenz wurden seit der Entwicklung einer grammatischen Sprache zunehmend von ihr geprägt, weil nicht mehr nur auf außersprachliche Sachverhalte gezeigt wurde, sondern auch auf bereits formulierte Äußerungen und Texte. Sprachliche Sachverhalte bekamen zunehmend eine eigene Relevanz, auf die verwiesen werden konnte. Die Fähigkeit, innerhalb des neu entstandenen sprachlichen Kosmos auf Relevantes zu zeigen, wurde mehr und mehr zum wichtigsten Ausweis von Intelligenz. Wer diese Fähigkeit besaß oder, besser, zeigen konnte, dass er sie besaß, verbesserte seine Lebenschancen. Auf diesem, keineswegs direkten, Weg kamen sich Sprechen und Denken näher. Die Entwicklung menschlicher Kultur beruhte auf der stetig zunehmenden Häufigkeit und Komplexität, mit der Sprechen und Denken interagierten. Der Motor dieser Entwicklung, deren Ende vorerst nicht abzusehen ist, bleibt dabei der grundlegende Wunsch zu zeigen, dass man zu dieser Integration auf einem hohen Niveau fähig ist.

> Die Entwicklung menschlicher Kultur beruhte auf der stetig zunehmenden Häufigkeit und Komplexität, mit der Sprechen und Denken interagierten

Die wechselseitige, immer komplexere Annäherung von Denken und Sprechen vollzog sich in drei Schüben. Der erste Schub begann vor etwa 100 000 Jahren mit dem Beginn der Entwicklung von der Protosprache zur grammatischen Sprache. Der zweite Schub setzte vor etwa 70 000 Jahren ein, als der Prozess der Grammatikalisierung weitgehend abgeschlossen war und sich in einem bislang nicht gekannten Ausmaß Werkzeugkultur und Kunst entwickelten. Und schließlich kam es zu einem dritten Schub vor etwa 3 000 Jahren, als Denken und Sprechen stärker miteinander integriert wurden, ein modernes Bewusstsein und die ersten Schriftsysteme entstanden und dadurch das Denken präziser, logischer und wissenschaftlicher wurde – allerdings von Kultur zu Kultur und von Mensch zu Mensch in höchst unterschiedlichem Ausmaß.

Sprechen und Denken haben sich im Laufe der Zeit immer stärker verwoben. Der Motor dieser Integration war nicht die komplexer werdende kulturelle Welt, die eine verbesserte kognitive Leistung erforderte, sondern die Erwartung an die Sprecher, möglichst geschickt Sprache und Denken miteinander zu verbinden. Vor allem in pädagogischen, fachlichen und politischen Kontexten soll mit der Sprache gezeigt werden, dass man Zusammenhänge kognitiv zu erfassen vermag. Wer nicht in der Lage ist, mühelos einen angemessenen Begriff für einen Sachverhalt zu finden, oder logische Beziehungen mit sprachlich inadäquaten Mitteln darstellt, gibt sich gegenüber einem stets kritischen Publikum eine Blöße. Fehlende sprachliche Prägnanz wird als kognitiver Mangel interpretiert. In Diskussionen ist das Publikum weniger an möglichst objektiven Informationen über Sachverhalte interessiert, sondern achtet vor allem darauf, wie man sich verbal schlägt – Diskussionen ähneln sportlichen Wettkämpfen, in denen es darum geht, möglichst viele Punkte zu sammeln und zum Schluss als Sieger dazustehen.

Diskussionen ähneln sportlichen Wettkämpfen, in denen es darum geht, möglichst viele Punkte zu sammeln und zum Schluss als Sieger dazustehen

Während die meisten Tiere in erster Linie ihre körperlichen Qualitäten wie Kraft und Schnelligkeit zuverlässig signalisieren müssen, steht für die Menschen die Fähigkeit im Vordergrund, komplexe Denkvorgänge zu bewältigen, etwa die Fähigkeit, sich über mehrere Stufen in das Denken anderer hineinzuversetzen.

Für Menschen ist das Gehirn die entscheidende Instanz, die es ihnen erlaubt, auch unter schwierigen Lebensverhältnissen zu überleben. Um die Denkfähigkeit glaubhaft zu signalisieren, mussten Signale entwickelt werden, die ebenso komplex wie das Denken waren. Aus einer für die Bedürfnisse des Alltags ausreichenden Protosprache ging deshalb eine hochkomplexe grammatische Sprache hervor, die diese Aufgabe zuverlässig und glaubhaft erfüllte. Das Gehirn als Denkorgan betreibt mit seinen Sprachzentren gewissermaßen eine aufwändige und kostspielige Werbung, damit menschliche Artgenossen erfahren können, zu welchen kognitiven Leistungen man fähig ist. Dabei wird das Denken keineswegs deckungsgleich in Sprache übertragen. Den Zuhörern wird vielmehr mitgeteilt, dass bestimmte Denkvorgänge in bestimmten Richtungen stattgefunden haben oder immer noch stattfinden. Der dabei entstehende Eindruck ermöglicht ihnen, die Relevanz einer Äußerung für eigenes Denken und Handeln sowie die Qualität eines Individuums zu beurteilen.

Literatur

Bates E, MacWhinney B (1989) Functionalism and the Competition Model. In: Bates E, MacWhinney B (Hrsg) The Crosslinguistic Study of Sentence Processing. New York: Cambridge University Press.

Gaillard WD et al (2001) Cortical localization of reading in normal children. In: *Neurology* 57: 47–54.

Herbert RK (1995) The sociohistory of clicks in southern Bantu. In: Mesthrie R (Hrsg) Language and Social History. A Reader in South African Sociolinguistics. Cape Town: David Philip, S. 51–67.

Huneke H-W (2004) Sprechen zu Tieren. Formen und Funktionen tiergerichteten Sprechens. München: Iudicium.

Jaynes J (1976) The Origin of Consciousness in the Breakdown of the Bicameral Mind. Boston: Houghton Mifflin.

Kleist H von (1805) Über die allmähliche Verfertigung der Gedanken beim Reden. In: Kleist H von: Werke und Briefe in vier Bänden. Hrsg. von Siegfried Streller. Bd. 3., Berlin 1978, S. 453ff.

Karpf A (1990) Selbstorganisationsprozesse in der sprachlichen Ontogenese: Erst- und Fremdsprache(n). Tübingen: Narr.

Meisel J (1991) Principles of universal grammar and strategies of language use. In: Eubank LA (Hrsg) Point – Counter-Point. Universal Grammar in the Second Language. Amsterdam: John Benjamin S. 231–276.

Ladefoget P, Traill A (1984): Linguistic phonetic descriptions of clicks. In: *Language* 60: 1–20.

Levinson SC (2003) Space in Language and Cognition: Explorations in Cognitive Diversity. Cambridge: Cambridge University Press.

Lord AB (²2000) The Singer of Tales. Cambridge, Mass: Harvard University Press.

Luria AR (1986) Die historische Bedingtheit individueller Denkweisen. Weinheim: VCH.

Parry A (Hrsg) (1971) The Making of Homeric Verse: The Collected Papers on Milman Parry. Oxford, London: Oxford University Press.

Sands B (1998) The linguistic relationship between Hadza and Khoisan. In: Schladt M (Hrsg) Language, Identity and Conceptualization Among the Khoisan (Khoisan studies, Bd. 15), Köln: Rüdiger Köppe Verlag, S. 266–283.

Savage-Rumbaugh S, Lewin R (1995) Kanzi, der sprechende Schimpanse. München: Droemer.

Steinig W (1981) Psychologische Fachsprache und Alltagskommunikation. In: Bungarten T (Hrsg) Wissenschaftssprache. München: Fink, S. 422–453.

Twain M (1997) Bummel durch Europa. Frankfurt/M.: Leipzig. (Am. Original 1869)

Winter JC (1981) Die Khoisan-Familie. In: Heine B, Schadeberg TC, Wolff EH (Hrsg) Die Sprachen Afrikas, Hamburg: Buske, S. 328–374.

7

Ritual und Sprache

Rituale kommen ins Spiel, wenn es um etwas geht, wenn etwas bedeutsam wird.[1] Und geht es um etwas Bedeutsames, so strengt man sich stärker an und bemüht sich, Erwartungen und Verhaltensnormen nicht nur zu erfüllen, sondern gut zu erfüllen. Da Rituale nach bestimmten Regeln ablaufen, lassen sie sich immer wieder neu in Szene setzen – sie sind Inszenierungen, die alle Beteiligten mehr oder weniger gut kennen und mitgestalten können.

Rituale kommen ins Spiel, wenn es um etwas geht, wenn etwas bedeutsam wird

---

[1] Ein scheinbares Gegenbeispiel sind Beschwichtigungsrituale, die Macht einschränken und verhindern sollen, dass ein Konflikt an Bedeutsamkeit gewinnt. Umso bedeutsamer ist aber dann das Ritual, da es ein machtvolles Gegengewicht zum Konflikt bildet und ihn auf eine andere Ebene verlagert.

Hierbei sind spezielle Kompetenzen und Befugnisse erforderlich, denn nicht jeder darf in rituellen Situationen jede Rolle
übernehmen. Meist herrscht unter den Beteiligten eine deutliche
Hierarchie – einer oder einige wenige gestalten ein Ritual aktiv,
die Mehrheit bleibt eher passiv. So gibt bei einer Taufe der Pfarrer den Ablauf des Rituals vor und Eltern, Paten, die Gemeinde
und nicht zuletzt auch der Täufling richten sich nach seinen
Anweisungen. Keiner darf aus seiner Rolle fallen, denn dann
könnte ein Ritual scheitern. Ähnlich ist es bei einer Hochzeit,
beim Abendmahl oder bei einer Beerdigung.

Bei einer betrieblichen Feier oder gar bei einem privaten
Fest sind die Erwartungen und Vorgaben weitaus weniger
streng, doch auch hier muss man darauf achten, dass der Rahmen stimmt und man sich als Gastgeber keine Blöße gibt. Eine
Veranstaltung gilt als gelungen, wenn sie als eine „runde Sache"
erlebt wird, wenn alles harmonisch ineinander greift. Ein besonderes Lob bekommen die Gastgeber, wenn man der Inszenierung
nicht anmerkt, wie viel Mühe sie gekostet hat.

Aber warum nehmen Menschen überhaupt diese Mühen
einer rituellen Inszenierung auf sich? Warum begnügen sie
sich nicht mit dem Alltag, der anstrengend genug ist? Warum
gibt man hohe Summen für eine Hochzeit aus? Warum überlegt man genau, welche Personen man einlädt und welchen
Platz und welche Rolle man ihnen zuweist? Warum scheut sich
eine Stammesgesellschaft nicht, für ein Initiationsritual die
besten Tiere zu schlachten, obwohl sie im Alltag am Hunger-
tuch nagt? Welche Funktion haben diese scheinbar irrationalen
Handlungen?

Warum Rituale?

Nach Mircea Eliade (1998) will der religiöse Mensch in einer
zeitlosen Zeit leben, in einer heiligen Zeit, die ewig und unver-
ändert bleibt und vom Alltag getrennt ist. Rituale seien Mittel,
um diesen zeitlosen Zustand herbeizuführen. Der Alltag als

stetiger, oft unberechenbarer Strom mit seiner Langeweile, seinen Mühen, Lasten und Schicksalsschlägen schwäche die Lebenskraft des Menschen. Mit rituellen Pausen im Strom alltäglicher Verrichtungen schöpfe man Kraft und wappne sich für den mühsamen Kampf ums Überleben. Die inszenierte Struktur von Ritualen schaffe immer wieder von neuem Sicherheit und Ordnung, unabhängig von momentanen Bedürfnissen, Gefühlen und Antrieben.

Rituale können tatsächlich eine Distanz zum täglichen Einerlei oder den Verstrickungen des Lebens schaffen. Die Teilnahme an einem Gottesdienst oder der Besuch einer Oper lassen den Alltag vergessen und geben neue Kraft. Aber lässt sich die Notwendigkeit von Ritualen damit ausreichend begründen? Die meisten Menschen gehen nur selten in die Kirche oder in die Oper und bewältigen dennoch ihren Alltag. Ein Waldspaziergang, Tagträumen am Lagerfeuer oder ein Fernsehabend haben für viele einen ähnlichen Effekt. Psychologische Argumente allein reichen also nicht aus. Für rituelles Verhalten als universales Handlungsmuster muss es tiefergehende Gründe geben.

> **Rituale können eine Distanz zum täglichen Einerlei oder den Verstrickungen des Lebens schaffen**

Menschen hätten sich Rituale geschaffen, weil ihnen ihre tierischen Instinkte abhanden gekommen seien, die ihren Urahnen noch Verhaltenssicherheit bieten konnten – so jedenfalls argumentiert Arnold Gehlen (Gehlen 2005). Mit Ritualen sei diese Unsicherheit kompensiert worden, denn Menschen bekämen durch sie Normen und Werte vermittelt, die sich von Kultur zu Kultur anders darstellen und auch verändern ließen. So sei der Mensch nicht mehr seinen Instinkten ausgeliefert, sondern habe die Möglichkeit, sich seine eigene Kultur zu schaffen und sie zu überliefern. Scheinbar rituelle Verhaltensweisen bei Tieren, wie die Balz bei Auerhähnen, hätten demnach andere Gründe und seien mit menschlichen Ritualen nicht zu vergleichen – zwischen biologischer Evolution und Kulturgeschichte gebe es keine Brücke.

Das regelgeleitete, planbare Ritual auf der einen und eine unvorhersehbare, chaotische Realität auf der anderen Seite markieren zwei Endpunkte auf einer Skala möglicher Situationen. Rituale sind somit ein ordnendes und mäßigendes Gegengewicht zum Chaos des Unerklärlichen und Erschreckenden. Nicht umsonst stehen Rituale häufig in unmittelbarem Bezug zu unvorhersehbaren, bedrohlichen oder schrecklichen Ereignissen: Beerdigungsrituale nach dem Tod, Jagdrituale vor der Jagd und kriegerische Rituale in Kriegszeiten. Rituelle Ordnung, Normen und Strukturen verleihen Menschen den Glauben, sie hätten die Ungewissheit und Schicksalhaftigkeit ihres Lebens sowie die Wildheit und Unberechenbarkeit der Natur unter Kontrolle – das Ritual als kraftspendendes Illusionstheater!

Es wird auch behauptet, Rituale dienten der Affektkontrolle, da sich spontane und starke Emotionen mit Ritualen besser kontrollieren und verarbeiten ließen. So werde der tiefen Trauer über den Tod eines nahen Menschen mit einem Beerdigungsritual eine Form verliehen, die den Schmerz besser ertragen helfe, da die Gemeinschaft der Trauernden tröstlich sei. Auch Gewalt und Aggressionen bis hin zur Mordlust ließen sich durch Rituale eindämmen. Beispielsweise könne mit Opferriten, also den rituellen Tötungen von Tieren oder Menschen, ein unkontrolliertes Töten bis hin zu Kriegen verhindert oder begrenzt werden (Girard 1979). Zumindest auf die aztekische Kultur trifft dies jedoch nicht zu, denn dort wurden Kriege geführt, um Gefangene zu machen, die für die zahlreichen rituellen Menschenopfer benötigt wurden, was demnach nicht zu weniger, sondern zu mehr Tötungen führte.

Dienen Rituale der Affektkontrolle?

Somit sind psychologische und kulturelle Erklärungen, die als Ziel von Ritualen eine Kontrolle von Affekten anführen, kaum haltbar, umso mehr, wenn man bedenkt, dass Menschen trotz all ihrer Rituale mordlustiger sind als alle Säugetiere. Ein Ritual kann zwar die Kontrolle von Affekten erreichen, aber auch das Gegenteil – so können während einer Beerdigung – etwa eines politisch Verfolgten – Wut und Rachegefühle der Beteiligten außer Kontrolle geraten und eine rituelle Tötung kann die Mordlust noch weiter anstacheln.

Bereits Aristoteles vermutete, eine Tragödie, die im alten Griechenland als kultisches Ritual verstanden wurde, reinige von Furcht und Schrecken, denn im Gegensatz zu den banalen Ängsten des Alltags werde man in der Tragödie in einer ästhetisch inszenierten Form mit fürchterlichen Ereignissen konfrontiert, die einen die eigenen Ängste vergessen ließen. Die Ästhetik der Vorführung sowie reflektierende Einschübe, etwa durch den Chor, nehme die Aufmerksamkeit der Zuschauer dabei so gefangen, dass spontane und unkontrollierte Gefühlsausbrüche nicht zu erwarten seien. Diese aristotelische Argumentation ist uns recht angenehm, da sie unserem menschlichen Selbstverständnis als kulturelle Wesen schmeichelt. Wir möchten gerne glauben, wir hätten uns, im Gegensatz zu Tieren, die in instinkthafter Verstrickung mit der Natur verhaftet bleiben, als bewusst handelnde Wesen mit Ritualen unsere eigenen kulturellen Räume geschaffen, in denen wir unsere Affekte kontrollieren.

Ein instinkthaftes, „bewusstloses" Verhalten, das immer wieder, meist in problematischen Situationen, in unser Leben einbricht, ist eine ständige Bedrohung für das gesellschaftliche Miteinander. Es ist deshalb durchaus denkbar, dass Rituale den gewonnenen Abstand zu vormenschlichen instinkthaften Verhaltensweisen sichern sollen. So wären sie Pausen im täglichen Kampf ums Überleben, um die unbewusst ablaufenden Routinen und Reiz-Reaktions-Ketten zu unterbrechen und uns zum eigentlichen Menschsein zu führen. Gewissermaßen als Mahnung, dass ein Rückfall in instinkthaftes Verhalten zu verhindern sei, würde mit und im Ritual ein Gegengewicht aufgebaut, das Menschen aus ihren alltäglichen Verstrickungen lösen und sie mit nicht immer leicht zu verstehenden, aber formal ästhetischen Texten von Furcht und Schrecken reinigen könne. Genau dies ist die Funktion, die Aristoteles dem rituellen Theater zuschrieb:

eine Katharsis, um uns das Recht zu sichern, Mensch zu sein und zu bleiben.

Möglicherweise geht es aber gar nicht um die universale menschliche und kulturelle Aufgabe, Affekte und Instinkte zu kontrollieren. Bei einer rituellen Handlung sollen vielleicht nur deshalb spontane Regungen unterdrückt werden, weil dies den Machtanspruch eines Schamanen, Priesters oder Führers unterstreicht: Wem es gelingt, Menschen kontrolliert in einem strengen Ablaufschema agieren zu lassen, dem wird Achtung gezollt. Bricht etwa ein Teilnehmer während eines Rituals plötzlich in lautes Lachen aus, so fühlen sich die Personen an der Spitze der rituellen Hierarchie verunglimpft und in ihrer Ehre gekränkt; spontaner Humor und kritisches Hinterfragen sind also unerwünscht. Hinter der Fassade kulturpsychologischer Erklärungen für rituelles Verhalten steht offenbar auch der Wille einzelner Personen, Menschen zu kontrollieren.[2]

Bedeutsame Signale mit geringer Bedeutung

Die Sprache in Ritualen ist durch ein eigentümliches Missverhältnis gekennzeichnet – so stehen dem hohen ästhetischen Anspruch an die sprachliche Gestalt und die Präzision der Aussprache eines rituellen Textes oft ein schwer verständlicher Inhalt gegenüber. In allen Kulturen sind Rituale bedeutsam, aber die Informationsdichte ritueller Äußerungen ist meist ge-

---

[2] In Ritualen, die ohne Publikum durchgeführt werden, versucht man Kontrolle über sich selbst zu gewinnen und seine Gefühle in geordnete Bahnen zu lenken. Gleichwohl werden mit diesen privaten Ritualen auch Wirkungen in der Öffentlichkeit erzielt. Es bleibt nicht verborgen, wenn man seinen privaten Alltag mit rituellen Handlungen überhöht, etwa fastet oder meditiert. Diese rituellen Handlungen sprechen sich herum und steigern das öffentliche Ansehen.

ring. Kommunikation zur Vermittlung von Informationen findet kaum statt; man erfährt nichts Neues, sondern verwendet eine formelhafte, gefrorene Sprache mit zahlreichen Wiederholungen und Redundanzen. Die Formulierungen sind zwar häufig syntaktisch komplex und enthalten eine differenzierte Lexik. Dieser verbale Aufwand steht aber in einem eigentümlichen Kontrast zur geringen

> **In allen Kulturen sind Rituale bedeutsam, aber die Informationsdichte ritueller Äußerungen ist meist gering**

Informationsdichte. Hinzu kommen Wörter wie „Halleluja" oder „Amen", die die Teilnehmer kennen und für höchst bedeutsam halten, ohne ihre genaue Bedeutung angeben zu können. Man denke etwa an katholische Gebete wie an den heiligen Josef:

> Heiliger Josef, du reinster Bräutigam der Jungfrau Maria, mein liebevoller Beschützer! Denk daran, man hat noch nie gehört, dass einer, der deinen Beistand anrief, der zu dir um Hilfe flehte, ohne Trost geblieben ist. Mit diesem Vertrauen komme ich zu dir und empfehle mich dir. Überhöre mein Bitten nicht, du Nährvater des Heilands, sondern nimm sie in Güte auf! Amen.

Die Reihenfolge der Wörter und Handlungen ist weitgehend festgelegt. Das, was Sprache ausmacht – die Möglichkeit immer neue Äußerungen zu erzeugen, ihre generative Flexibilität – ist im Ritual stark eingeschränkt. Umso erstaunlicher ist, dass Menschen in allen Kulturen mit größter Ernsthaftigkeit und Konzentration trotz ihrer anscheinend langweiligen und inhaltsleeren Routinen an Ritualen teilnehmen. Meist lautet die lapidare Begründung, dies gehöre zu ihren religiösen Pflichten. Aber auch nichtreligiöse Menschen haben offenbar den Wunsch oder vielleicht sogar ein tiefes Verlangen, Ritualen beizuwohnen. So wird nach dem Zusammenbruch der DDR immer noch die „Fahnenweihe" gepflegt, obwohl ihre sozialistische Begründung längst hinfällig geworden ist. Offenbar ist nicht die inhaltliche

Rechtfertigung entscheidend, sondern der Vollzug an sich. Der
Sinn einer rituellen Handlung muss nicht bekannt sein – wichtig
ist, sie angemessen und glaubwürdig am rechten Ort, zur rechten Zeit und mit den richtigen Menschen durchzuführen (Werlen
1984). Sind diese Bedingungen erfüllt, so ist das Ritual stimmig,
und wenn sich alle Mühe geben, dann kann es zu allgemeiner
Zufriedenheit gelingen. Was während eines Rituals in den Köpfen der Teilnehmer geschieht, lässt sich nicht überprüfen – jeder
mag dabei denken, was er will. Die privaten Gedanken und
Gefühle dürfen jedoch nicht – etwa durch Grinsen oder Gähnen
– zum Ausdruck kommen. Hält man sie nicht unter Kontrolle, so
wird man rasch zum Außenseiter. Dies gilt auch für ekstatische
Schreie oder Totenklagen, die zur rechten Zeit in vorhersehbarer
Weise erfolgen müssen.

Im Alltag spricht man gerne, wie einem der Schnabel gewachsen ist. Wer was wann zu wem sagen darf, ist umso weniger geregelt, je informeller die Situation ist. In einer gemütlichen Runde
unter Freunden muss man seine Worte nicht auf die Goldwaage
legen. Auch in höchster Gefahr, wenn sich die Ereignisse in
unvorhergesehener Weise überstürzen, wenn es um Leben oder
Tod geht, schert man sich nicht um einen normgerechten Satzbau, eine standardsprachliche Artikulation oder darum, wie und
wann man etwas zu wem sagt. In diesen Situationen handelt,
spricht und schreit man geradezu instinkthaft und bewusstlos.
Der formale Aspekt der Sprache wird unwichtig. Sobald jedoch
eine Hackordnung relevant wird, beispielsweise wenn ein Lehrer
oder ein Vorgesetzter in einen Freundeskreis platzt, gewinnt
die Form der sprachlichen Äußerung sofort an Gewicht und der
Inhalt der Aussagen verliert an Bedeutung.

Rituelle Sprache lässt sich nicht einheitlich betrachten – innerhalb eines Rituals, beispielsweise in einem Gottesdienst,
gibt es streng geregelte und unveränderbare Anteile, aber auch
frei formulierte Texte, wie etwa spontane Abkündigungen vor
dem Abschlusssegen. Alle Gottesdienstteilnehmer wissen jedoch,
dass die formelhaften Texte der Liturgie besonders ernst und
wichtig zu nehmen sind, da sie den rituellen Kern des Gottes-

dienstes ausmachen und mit ihnen die Nähe zu Gott hergestellt werden soll. Wenn wir uns hier mit rituellem Sprechen beschäftigen, dann ist damit zunächst dieser heilige Kern der größten Gottesnähe gemeint.

Mantras

Im Sprechen und Singen zu Göttern oder Geistern findet kein alltäglicher Informationsaustausch statt – ein kommunikatives Modell mit Sprecher und Hörer taugt zur Analyse dieser rituellen Kommunikation wenig. Auch kommunikative Funktionen sind kaum dingfest zu machen. In Ludwig Thomas Geschichte *Ein Münchner im Himmel* sieht der Briefträger Alois nicht ein, warum er ständig *Hosianna* singen muss. Dies erscheint ihm nicht nur sinnlos, sondern auch langweilig. Sprachliche Zeichen zu äußern, die für den Zeichenverwender keinen Sinn ergeben und von keinem Gesprächspartner beantwortet werden, hat mit sprachlichem Handeln kaum etwas zu tun. Ähnliches gilt für das Äußern von Mantras, die in hinduistischen Ritualen eine zentrale Rolle spielen, aber auch von Buddhisten, Sikhs und Jains übernommen wurden. Mantra setzt sich aus der Wurzel „man" und dem Suffix „-tra" zusammen, wobei „man" denken und „-tra" Werkzeug bedeutet. Ein Mantra wäre demnach ein Werkzeug zum Denken und nicht zur Kommunikation. Wie aber funktioniert dieses Werkzeug?

Mantras sind sprachliche Elemente, wenn auch höchst merkwürdige. Ihre Laut-, Wort- und Satzstruktur lässt sich untersuchen, ihre Bedeutung hingegen ist nur eingeschränkt oder gar nicht analysierbar, da sie vage bleibt oder nicht erkennbar ist. Pragmatisch lassen sie sich nicht einer Sprechhandlung mit einer bestimmten Absicht zuordnen. Sie sind kein Ausdruck für einen bestimmten Sprechakt wie beispielsweise Bitten, Fragen oder Verzeihen.

Mantras sind sprachliche Elemente, wenn auch höchst merkwürdige

Mantras sind Laute, Silben, Wörter, Sätze oder Meditations-
formeln, die im Rahmen unterschiedlicher indischer Mantra-
Praktiken mit einer meditativen Haltung gesummt, leise oder
laut gesungen oder gesprochen werden. Man soll sich dabei
innerlich möglichst leer fühlen und versuchen, an nichts zu
denken. So kann ein Mantra seine stärkste Wirkung entfalten.
Mantra-Silben haben meist keine bestimmte Bedeutung, allen
voran die beiden bedeutendsten Mantras, die als heilig gelten-
den Silben *OM* und *AUM*. Nur die Form der Lautäußerung – die
Silbe selbst, aber auch die Art und Weise der Aussprache – ist
entscheidend für eine erfolgreiche Mantra-Praxis. Diese kurzen
Mantras, die aus wenigen oder nur einer Silbe bestehen, verweisen auf keine Inhalte. Lautlich entsprechen sie den phonolo-
gischen Regeln des Sanskrit, obwohl sie keine Sanskrit-Wörter
sind (Staal 1989, S. 253).
    Als Silben ohne Bedeutung verhindern sie, dass die Gedan-
ken – wie normalerweise beim Aussprechen von Wörtern oder
Sätzen – von einer bestimmten Semantik beeinflusst werden.
Mantras eröffnen vielmehr semantische Leerstellen, die mit
allen möglichen Bedeutungen gefüllt werden können, die man
aber möglichst lange offen halten soll. Sie stärken angeblich
allein durch ihr Aussprechen Geistes- und Willenskräfte. Sie
regen die Kognition zu einem intensiven Prozess an, von dem
man aber nicht vorhersagen kann, in welche Richtung er führen wird. Mit der Artikulation mantrischer Silben kann eine
intensiv erfahrende neue Wirklichkeit entstehen, unabhängig
von der Wirklichkeit des Alltags. Beim Äußern von Mantras
werden nach tantrischer Lehre Vibrationen und Resonanzen
erzeugt, die kosmische Energien freisetzen. Das Individuum
werde mit dem Ursprung allen Seins und dem gesamten Kosmos verbunden – und all das nur durch die Produktion von
kurzen, bedeutungslosen Lautketten!
    Wenn ein Mantra während einer Meditation gesprochen wird,
sollen nicht nur Gedanken, sondern auch Handlungen unterblei-
ben. Es entsteht eine Pause im Strom alltäglicher Gedanken und
Handlungen. Dabei kann man leicht in eine Trance geraten. Die

intensive Wirkung lässt sich möglicherweise mit einem Zurückfallen in frühkindliche Zustände erklären, als man immer wieder
gleichen oder ähnlichen unverständlichen Lautketten lauschte,
die von der Mutter in einer wohlig geborgenen Atmosphäre gesprochen oder gesungen wurden und Ausdruck ihre Nähe und
Liebe waren. Doch diese Erklärung kann nicht ausreichen, da neben Gefühlen von Geborgenheit und Vereinigung mit göttlichen
Kräften auch angstauslösende und zerstörerische Wirkungen
entstehen können. Der Umgang mit Mantras ist deshalb nicht
ungefährlich – kein harmloses Spiel! Eine geradezu unheimlich
anmutende Macht kann von seinen Silben ausgehen, die zwar
weitgehend oder gänzlich bedeutungslos, aber außergewöhnlich
bedeutsam sind. Ihr Signalwert ist extrem hoch und deshalb auch
mit einem entsprechend großen Handicap ausgestattet.

Ursprünglich waren Mantras nur den Brahmanen bekannt,
der priesterlichen Kaste der Arier, und nur ihnen war es erlaubt,
sie in rituellen Situationen zu singen. Damit sich ihre Wirkung
entfalten konnte, wurden sie von Gurus an Menschen vergeben,
die sie für würdig befanden. Mitglieder niedriger Kasten oder
Menschen, die außerhalb der Kasten standen – Unreine, Ausge-
stoßene oder Fremde – wurden sogar für das unbeabsichtigte Hören von Mantras hart bestraft. Um Missbrauch zu verhindern,
wurden angeblich Menschen, die Mantras ohne Befugnis hörten
oder aussprachen, flüssiges Blei in die Ohren gegossen (Staal
1989, S. 242). Mit einer grausa-
men Strafe sollte ihr Signalwert
geschützt werden. Nur Menschen,
die zur Elite gehörten und von den
religiösen Führern der Gemeinschaft auserwählt waren, durften
sie verwenden. Vor dem Hintergrund dieser Maßnahmen konnten Lautketten, die keine oder eine nur geringe semantische
Bedeutung haben, höchste Bedeutsamkeit erlangen.

**Ursprünglich waren
Mantras nur den
Brahmanen bekannt**

Die Bedeutung von Mantras hängt von dem jeweiligen Sprecher, der meditativen Situation und dem rituellen Kontext ab,
also vom Gebrauch und nicht von einer lexikalischen Festle-

gung. Sie wird so weit wie möglich offen gehalten, damit sich in
der Meditation eine nicht vorhersehbare Bedeutung mit einer
mantrischen Silbe vereinigen kann. Eine Bedeutung kommt
so gewissermaßen von außen zu einem lautlichen Substrat. Es
kommt zu einer als mystisch erlebten Vereinigung von lautlicher
Form und Inhalt. Lautbild und inhaltliches Konzept finden auf
unvorhersehbare, willkürliche Weise zueinander. Zwischen Sig-
nifiant und Signifié entsteht eine arbiträre Beziehung, die aber
auf dieser individuellen Ebene einer Meditation nicht sehr fest
ist und sich rasch wieder lösen kann.

Man sollte meinen, Mantras seien einfach nur ein merkwür-
diges sprachliches Grenzphänomen, eine Kuriosität, mit dem
sich allenfalls Indologen befassen mögen. Sie erlaubten keine
weitreichenden Schlüsse für die Linguistik – vor allem nicht für
unsere Frage nach dem Ursprung der Sprache. Ich halte Mantras jedoch für einen wichtigen Schlüssel, denn sie erfüllen exemplarisch alle Forderungen, die wir an Signale gestellt haben:
Der Grad der Standardisierung bei der Aussprache und der ar-
tikulatorische Aufwand sind hoch, selbst dann, wenn sie stumm
gesprochen oder geflüstert werden. Sie haben einen außergewöhnlich hohen Marktwert – um
von einem Guru ein Mantra zu
bekommen, werden bis heute hohe
Summen geboten. Und schließlich
wurde durch eine elitäre und ge-
heime Verwahrung und Vergabe
sowie durch reale oder psychische
Strafen versucht, den Missbrauch

> **Mantras sind trotz ihrer
> Inhaltsleere mit hohen
> Kosten belegt und daher
> als sprachliche Signale
> von höchstem Interesse**

von Mantras zu verhindern, auch wenn dies heute nicht mehr
praktiziert wird. Kurz: Mantras sind trotz ihrer Inhaltsleere
mit hohen Kosten belegt und daher als sprachliche Signale von
höchstem Interesse. Als extreme Form rituellen Sprechens markieren sie einen Gegenpol zur kommunikativen Praxis im Alltag.
Sie scheinen eine Art linguistisches Fossil aus archaischen Ritualen zu sein, als erstmals bedeutungslose Lautketten mit Namen
und Bezeichnungen verknüpft wurden.

In einer Meditation mit einem Mantra wird die ursprüngliche Situation der Bedeutungskonstitution als eine Art regressiver Zeugungsakt wiederholt. Die Zeit des Übergangs zwischen 100 000 und 80 000 als „semantische Inkubationszeit", in der *Homo sapiens* sich von den einschränkenden Festlegungen der Protosprache befreite und nach und nach rituelle Lautfolgen mit Bedeutung füllte, scheint auf dem indischen Subkontinent als entscheidender Akt der Menschwerdung im kulturellen Gedächtnis bewahrt worden zu sein. In meditative Praxis zur geistigen Erbauung wird sie bis heute immer wieder neu als rituelle Zeit aktualisiert. Die Mantra-Meditation erinnert an die archaische Zeit semantischen Erwachens, in der möglicherweise ein Gefühl grenzenloser Machtfülle herrschte, da man relativ plötzlich zu der Erkenntnis kam, alles benennen zu können. Die ganze Welt konnte in Worte gefasst werden – welch eine Vorstellung! Am Anfang war das Wort, aber das Wort war nun kein leeres, rituelles, göttliches Wort mehr, sondern eines, das im Alltag zu gebrauchen war. Dieses prometheische Gefühl der Macht und Grenzenlosigkeit können Menschen in einer Mantra-Meditation als Vereinigung mit dem Universum, als *una mystica*, bis heute erleben. Sie spüren den Zauber, der im Anfang der Wortgebung lag, als rituelle, bedeutungslose Lautketten zu Bedeutungen kamen und Sprache entstand.

> **Am Anfang war das Wort, aber das Wort war nun kein leeres, rituelles, göttliches Wort mehr, sondern eines, das im Alltag zu gebrauchen war**

Religiöse Texte

In Ritualen findet man neben hochgradig rituellen Anteilen – Mantras, Segensformeln, Zaubersprüchen und Gebeten – auch Sprachverhalten, das der Kommunikation im Alltag näher steht oder kaum davon zu unterscheiden ist und als eher profan empfunden wird. In einem protestantischen Gottesdienst teilt der

Pfarrer beispielsweise vor dem hochgradig rituellen Schlusssegen
der Gemeinde den Betrag der am Sonntag zuvor eingenommenen
Kollekte mit. Auch in unserem Alltag gibt es zahlreiche ritualisierte Handlungen wie Begrüßungen, Tanzen oder das Vorlesen
einer Gute-Nacht-Geschichte. Demnach besteht in nicht-sprach-
lichen sowie in sprachlichen Bereichen ein Kontinuum mit den
Endpunkten „stark rituell / heilig" und „schwach rituell / profan".
Dieses Kontinuum scheint kulturübergreifend für ritualisierte
Handlungen zu gelten. Alle Versuche, eine scharfe Grenze zwischen rituellem und alltäglichem Handeln zu ziehen, sind wegen
der fließenden Übergänge letztlich gescheitert. Daher kann man
sich bei der sprachlichen Analyse nicht für ein „Entweder-oder"
entscheiden, sondern muss von einem „Mehr-oder-weniger" ausgehen – es kommt auf den jeweiligen Grad der Ritualisierung an.

Unmittelbar hinter dem extremen Beispiel der Mantras befinden sich auf diesem Kontinuum liturgische Texte. Die in
den USA und in Kanada lebende zweisprachige Glaubens-
gemeinschaft der Amischen (Amish People) verwendet dafür
weder Englisch noch Pennsylvaniadeutsch, das sich aus einem
pfälzischen Einwandererdialekt entwickelt hat, sondern das
Hochdeutsche, das für sie zu einer rein sakralen Sprache wurde,
die sie außerhalb des religiösen Rahmens nicht mehr aktiv verwenden. Sie wird nur für den Gottesdienst am Leben gehalten.[3]
Der Aufwand, diese Texte lesen und verstehen zu können, wird
umso größer, je länger der produktive Gebrauch dieser Sprache
zurückliegt. Nur für das rituelle Zentrum ihres Glaubens muss
sie gelernt werden. Für den Alltag hat sie keine Funktion.

Ähnlich ist es im Islam. Mohammedaner müssen die für sie
mehr oder weniger unverständlichen Texte aus dem Koran in
klassischem Arabisch, die sie als Schüler auswendig lernen,
rezitieren. Auf diese Weise werden sprachliche Signale, die im
Alltag keine kommunikative Funktion haben, ausschließlich

---

[3] Persönliche Mitteilung von Mark Louden, Linguist an der Universität von Wis-
     consin in Madison.

für ihre Glaubensrituale erhalten.
Auch in der katholischen Kirche
wurden bis 1969, nach dem Zweiten Vatikanischen Konzil, die li-
turgischen Texte in der Messe auf
Latein gesprochen und gesungen,
sodass durchschnittlich gebildete
Katholiken den Inhalt der Worte
nicht verstehen konnten. Bis heute
wird in den bedeutenden Papst-

**Auf Java werden
rituelle Schattenspiele
aufgeführt, bei denen
alle mythischen Personen
Altjavanisch sprechen
– eine Sprache, die den
meisten Teilnehmern
unverständlich ist**

messen das Vaterunser oder Teile der Liturgie im Kontext der
Kommunion in Latein gesprochen. An hohen Feiertagen wie
Ostern oder Weihnachten erfolgt die Schriftlesung häufig auch
in Latein und teilweise sogar in Altgriechisch. Auf Java werden
rituelle Schattenspiele aufgeführt, bei denen alle mythischen
Personen Altjavanisch sprechen – eine Sprache, die den meisten
Teilnehmern unverständlich ist.

Die geringe Verständlichkeit oder auch Unverständlichkeit
der rituellen Worte wird von den Gläubigen keineswegs moniert.
Im Gegenteil – jeder Versuch, diese rituellen Sprachformen
durch verständliche aus der Alltagssprache zu ersetzen, wird
meist heftig bekämpft. Der Versuch aufgeklärter Griechen, das
Neue Testament aus der Katharevoussa, einer künstlich geschaf-
fenen und schwer zu verstehenden Schriftsprache, in die Dimo-
tiki, die Alltagssprache des griechischen Volkes, zu übertragen,
löste 1901 in Athen einen Aufstand aus, bei dem es zahlreiche
Verletzte, ja sogar Tote gab. In der Verfassung des griechischen
Staates wurde festgelegt, dass das Evangelium nur in der Katharevoussa geschrieben werden dürfe und eine Übersetzung in
eine andere Sprache ohne Genehmigung der griechischen Kirche
verboten sei.

Dieses scheinbar irrationale Verhalten lässt sich mit dem
zentralen Motiv für die Selektion von Signalen erklären – der
Wert bedeutsamer Signale soll dadurch erhalten bleiben, dass
ihre Verwendung einer erheblichen Anstrengung bedarf. Gegenüber Fremden und Unbefugten sind Hürden aufgebaut, damit

> Der Wert bedeutsamer Signale soll dadurch erhalten bleiben, dass ihre Verwendung einer erheblichen Anstrengung bedarf

sie es schwer haben, diese Signale zu imitieren. Aber auch innerhalb einer Kultur oder Gruppe, die mit einem Ritual vertraut ist, lassen sich mit „schwierigen" Signalen leicht Unterschiede in der Signalkompetenz der einzelnen Mitglieder feststellen, indem man prüft, ob sie diese Texte auswendig können, im Ritual angemessen auf sie reagieren und sie korrekt aussprechen. Die Eliten einer Gesellschaft, die für das Erlernen komplexer, aufwändiger und schwieriger Signale über mehr Zeit und Übung verfügen, schneiden in dieser rituellen Testsituation durchweg besser ab. Sie haben kein Interesse daran, den Zugang zu kulturell wichtigen Signalen zu vereinfachen, da sie sonst ihre privilegierte Ausgangslage verlören.

Risiken beim Kontakt mit dem Heiligen

Die Risiken und Handicaps ritueller Sprachhandlungen betreffen nicht nur die Aussprache, sondern den gesamten Handlungskontext. Da es bei religiösen Ritualen darum geht, sich spirituellen Mächten – Göttern, Geistern oder Fabelwesen – zu nähern, stellt sich immer die Frage, wie diese Annäherung gelingt. So wird im Tantra-Ritual eine Gottheit gegenwärtig, sobald ein Mantra ausgesprochen wird. Mit der korrekten Artikulation einer Folge von Lauten begibt man sich demnach in die unmittelbare Nähe eines Gottes.

Suchen schwache Menschen die Nähe von mächtigen Geistwesen, so birgt diese Begegnung Risiken. Man muss die Ausspracheregeln sorgfältig beachten, um die Götter nicht zu erzürnen. Vielen Mitgliedern einer Gemeinschaft fehlt dazu der Mut oder sie fühlen sich zu minderwertig. Nur diejenigen, die als würdig befunden werden und die Kraft haben, nehmen das Handicap der Begegnung auf sich und sprechen die heiligen Formeln. Darum wird nur wenigen auserwählten Personen – Schamanen, Gurus,

Priestern, Propheten, Sehern oder Heiligen – diese Aufgabe zugeteilt. Sie werden als die rituell kompetentesten und spirituell stärksten Individuen gewissermaßen vorgeschickt, da die einfachen Gläubigen dazu weder befugt noch fähig sind.[4]

> **Suchen schwache Menschen die Nähe von mächtigen Geistwesen, so birgt diese Begegnung Risiken**

So näherte man sich dem vormals furchterregenden und unerklärlichen Donner, indem man den Gott des Donners anrief, ihn szenisch darstellte und die Konfrontation mit ihm suchte.

Nichts anderes signalisiert eine Gazelle, die sich einem Löwenrudel nähert und dort bizarre Sprünge aufführt. Sie geht das Risiko der Nähe zur Gefahrenquelle ein und nimmt das Handicap in Kauf, durch ihre Prellsprünge Kraft zu verlieren und nicht rasch genug fliehen zu können, weil sie sich der Gefahr gewachsen fühlt. Zugleich signalisiert sie mit ihren Sprüngen den Artgenossen in ihrer Herde wie auch den lauernden Löwen ihre Qualität. Ein Schamane verfährt ähnlich, wenn er sich im spirituellen Kern eines Rituals in Trance versetzt, um den Kontakt mit Geistern aufzunehmen. Sein Mut überträgt sich auch auf die weniger Mutigen und die Gemeinschaft geht gestärkt aus dem Ritual hervor. Dem Schamanen, der die nicht ungefährliche Konfrontation mit den mächtigen Quellen der Angst am intensivsten gesucht und ertragen und somit die höchsten Kosten auf sich genommen hat, gebührt dabei die größte Anerkennung. Wie groß die Kosten tatsächlich gewesen sind, können alle an der physischen und psychischen Verfassung nach seiner inneren Reise zur fremden Welt numinoser Mächte erleben – meist ist er erschöpft und ausgelaugt, aber auch glücklich und stolz, die gefährliche Nähe oder gar einen Kampf überstanden zu haben.

Statt einer inneren Reise im Rahmen einer rituellen Inszenierung kann sich ein Schamane aber auch real von seinem

---

[4] Hier wird deutlich, welch ungeheure Aufwertung es für den einfachen Christen bedeutete, als Martin Luther verkündete, jeder könne zu Christus ganz persönlich wie zu einem Freund sprechen.

Stamm entfernen, um sich allein der Auseinandersetzung mit Göttern, Geistern, Dämonen oder Teufeln zu stellen. Dabei lässt sich das Handicap der Reise steigern – man kann auf Nahrungszufuhr verzichten, ohne Waffen losziehen, sich nur spärlich oder gar nicht bekleiden, sich Wunden zufügen oder, wie Jesus, 40 Tage in der Wüste leben. Je größer das Handicap, desto größer werden Anerkennung und Prestige bei der Rückkehr in die Gemeinschaft sein.

Dieses Motiv – der Held unternimmt eine Reise aus seiner gewohnten, alltäglichen Umgebung und dem geschützten Raum seiner heimatlichen Gruppe in die Fremde zur Quelle der Angst – ist Grundlage nahezu aller großen Mythen. Dort, in der Fremde, hat der Held die härtesten Prüfungen zu bestehen. Ist er erfolgreich, so kann er gestärkt in seinen Alltag zurückkehren und ist anerkannter und mächtiger denn je. Der Erzähler dieser Mythen erntet ähnliche Früchte wie sein heldenhafter Protagonist, da die Zuhörer ihn – je nach Erzählform – mehr oder weniger stark mit dem Helden identifizieren. Auch sie bekommen einen kleinen Teil seiner Stärke ab, da sie den Mut hatten, die schrecklichen Erlebnisse in ihrer Fantasie nachzuvollziehen. Wer einen spannenden Krimi gelesen oder einen furchterregenden Film gesehen hat, fühlt sich ebenfalls gestärkt, da er die Spannung ertragen konnte.

Als Moses auf den Berg Sinai stieg, um von Gott die zehn Gebote zu empfangen, war diese Begegnung nach der jüdischen Volksüberlieferung von Blitzen, Feuer, Erdbeben, Sturm und Hagel begleitet. Ähnliche Prüfungen musste Gautama aushalten, bevor er, nach sieben Tagen größter Qualen, zum Buddha, dem Erleuchteten, aufstieg. Auch Jesus musste Höllenqualen ertragen, bevor er zum Vater ins Paradies kommen konnte. In Mythen, Epen und Filmen wie *Indiana Jones*, *Krieg der Sterne*, *Unheimliche Begegnung der dritten Art* oder *Der Herr der Ringe* – immer wiederholt sich das gleiche Muster: Ein Held

> **Jesus musste Höllenqualen ertragen, bevor er zum Vater ins Paradies kommen konnte**

hört einen Ruf und begibt sich auf eine Reise, die ihn in die unmittelbare Nähe einer gefährlichen Macht führt. Er bewährt sich dort in schwersten Prüfungen als Kämpfer oder Märtyrer und kehrt gestärkt in seinen heimatlichen Alltag zurück (Campbell 1978, S. 36–50). Mit dem Mythos wird der ursprünglich rituelle Akt der Annäherung an das angstauslösende Numinose erzählerisch für eine Kultur aufbereitet und bewahrt.

Doch zurück zu den Ritualen! Wir dürfen nicht unser Ziel aus den Augen verlieren, das Prinzip der sprachlichen Signalisierung als evolutionäres Paradigma zu verstehen. Dazu sind Rituale wie geschaffen, denn sie bieten Signalen einen exklusiven Raum zur Entfaltung und lassen sich wie in einem Laboratorium studieren. Sollte sich das Handicap-Prinzip in sprachlichen Signalen aufspüren lassen, so müsste es sich geradezu exemplarisch in Ritualen zeigen.

Kosten und Handicaps von Ritualen

Rituelle Handlungen erfordern stets Aufwand und Kosten – biologische, psychische, physische und materielle. Sie benötigen Anstrengung, Konzentration, Vorbereitung, Übung, Souveränität, Wissen und Können. Und sie lösen Lampenfieber und Ängste aus, denn in der Öffentlichkeit, vor den Augen und Ohren kompetenter Teilnehmer, gilt es, sprachliche Handlungen zu vollziehen, die nicht nur glücken, sondern besonders gut ausgeführt werden sollten. Die Gefahr des Scheiterns und der Blamage lauert bedrohlich im Hintergrund. Kurz – Rituale sind Inszenierungen mit Handicaps. Schauen wir uns weitere Beispiele dazu an.

Rituale, in denen Jugendliche in den Kreis der Erwachsenen aufgenommen werden sollen, sind oft mit schmerzhaften Prüfungen verbunden. Die Aufnahme wird davon abhängig gemacht,

> **Rituelle Handlungen erfordern stets Aufwand und Kosten – biologische, psychische, physische und materielle**

ob ein Novize quälende Prozeduren souverän übersteht. Bei Knabenbeschneidungsriten der Tsonga, einer Stammeskultur im südlichen Afrika, werden die Knaben beim geringsten Anlass hart geschlagen, müssen nachts in der Kälte nackt auf dem Boden schlafen, dürfen kein Wasser trinken und werden gezwungen, üble Speisen zu essen, sodass sie sich übergeben müssen. Ein starker Mann klemmt ihnen Stöcke zwischen die Finger, quetscht sie zusammen und hebt die armen Jungen daran hoch, und schließlich droht den Beschnittenen sogar der Tod, falls ihre Wunden nicht richtig heilen. Jeder, der in der Hierarchie aufsteigen möchte, muss zunächst tief hinabsteigen und größte Qualen erleiden (Junod 1962, Bd. 1, S. 82–85).

Menschen entwickeln eine geradezu perverse Fantasie, um Initiationsriten schmerzhaft zu gestalten. Die Nuer im Sudan oder die Iatmul in Neuguinea ritzen jungen Männern in die Haut, bei den südkalifornischen Luiseño müssen sie sich bewegungslos von Ameisen beißen lassen und Apachen werden in eisigem Wasser gebadet. Nicht nur Initiationsriten – religiöse Rituale jedweder Art enthalten Elemente, die unangenehm oder oft auch schmerzhaft und gesundheitsschädigend sind. Im Mittelalter geißelten sich christliche Pilger, bis das Blut spritzte; fanatische Moslems tun dies bis heute. Malaysische Hindus durchbohren ihre Haut während des Thaipusam-Festivals mit scharfen Haken (Alcorta/Sosis 2004). Bei der ursprünglichen christlichen Taufe wurde der Körper des Täuflings vollkommen unter Wasser getaucht, sodass die Gefahr zu ertrinken den hohen Wert dieses Signals unterstrich. Noch im 19. Jahrhundert wurde in der russisch-orthodoxen Kirche das Taufwasser auch im Winter nicht erwärmt, sodass einem Täufling neben dem Ertrinken der Kältetod und eine Lungenentzündung drohten.

Ein bedeutendes Handicap beim Initiationsritus der Beschneidung besteht darin, die Vorhaut eines Jungen so abzutrennen, dass sein Glied keinen Schaden nimmt. Australische Ureinwoh-ner begnügen sich nicht mit der Vorhaut, sondern schlitzen den Penis eines Jugendlichen an seiner Unterseite mit einem Kno-chenmesser auf, was nicht nur extrem schmerzhaft ist, sondern möglicherweise zum Verlust der Zeugungsfähigkeit oder zum Tod führt. Eine unsachgemäß durchgeführte Beschneidung bedeutet also möglicherweise, dass sich der betreffende junge Mann nicht mehr am evolutionären Spiel der sexuellen Selektion beteiligen kann. Verläuft der Ritus aber nach Plan, so steht einem späte-ren Werbungserfolg nichts mehr im Wege. In einer Kultur, die eine Beschneidung vorschreibt, dürfen nur Männer heiraten, die diese rituelle Prozedur erduldet haben. Die fehlende Vorhaut markiert dauerhaft die Zugehörigkeit zu einer Kultur oder Religi-onsgemeinschaft. Fremde und Ungläubige bleiben außen vor. Es kommt aber nicht nur darauf an, die Beschneidung zu vollziehen. Alle Beteiligten achten auch darauf, wie gut, sicher und würde-voll sie erfolgt. Die Eltern eines Jungen wären gekränkt, wenn ihr Sohn vor Schmerzen schreien würde, und auch die Sicherheit und Kompetenz des Priesters beim Umgang mit der Klinge und den begleitenden Worten steht auf dem Prüfstand.

Beerdigungen gehören wie Geburtsriten, Initiationsriten und Hochzeitsriten zur Gruppe der Übergangsriten, den Rites-de-Passage (van Gennep 1909). In diesen Ritualen vollzieht sich der bedeutsame Übergang von einem alten in einen neuen Status – vom vorgeburtlichen Leben ins Menschenleben, vom Kind zum Mann oder zur Frau, vom ledigen zum ehelichen Zustand und vom Leben zum Tod. Im Ritual wird die Veränderung des Status vollzogen, die sozialen Positionen werden öffentlich neu verteilt. Entsprechend der großen Bedeutung dieser Rituale sollte auch das Handicap der Signalisierung hoch sein.

Rituelle Menschenopfer sind wohl die Signale mit den größ-ten Kosten und besitzen so auch den höchsten Grad an Zuver-lässigkeit. Man denke hier etwa an Gottes Befehl an Abraham, seinen einzigen Sohn Isaak zu opfern. Abraham trifft alle Vorbe-reitungen für den rituellen Mord und signalisiert so zuverlässig, dass er Gott gehorsam ist und ihn als seinen Herrn anerkennt.

Gott wiederum opfert seinen einzigen Sohn und möchte damit
den Menschen versichern, wie sehr ihm ihr Seelenheil am Her-
zen liegt. Beim Abendmahl essen Christen symbolisch seinen
Leib und trinken sein Blut, um sinnlich nachzuvollziehen, dass
diese Opferung tatsächlich geschehen ist und Gott zu seinen
Versprechungen steht. Die begleitenden sprachlichen Handlungen zum Abendmahl werden mit Würde vollzogen. Undeutliches
Sprechen, Versprecher oder Dialektgebrauch gelten als nicht ak-
zeptabel. Es geht nicht nur darum, dass eine Handlung gelingt,
sondern auch, wie gut sie gelingt und wie jeder einzelne Akteur
zum Gelingen der Handlung beiträgt.

Da der Grad der Ritualisierung unterschiedlich hoch ist, sind
auch die damit verbundenen Risiken und Handicaps verschieden. Verglichen mit den zentralen Akteuren eines Rituals trägt
die Masse der Teilnehmer ein deutlich geringeres Handicap. Sie
leiden vor allem an der Einschränkung ihrer Bewegungsfreiheit,
da sie gezwungen sind, bis zum Ende des Rituals in vorgeschriebenen, oft unbequemen, ja sogar schmerzhaften Haltungen zu
verharren, bestimmte Bewegungen auszuführen sowie vorgegebene Texte und Lieder zu sprechen und zu singen. Insbesondere
wenn der Grad der Ritualisierung hoch ist, sind alle spontanen
Regungen zu unterdrücken. In den weniger ritualisierten Phasen dazwischen gibt es zwar Möglichkeiten zur Entspannung
und zu spontanen Äußerungen, aber falls diese Phasen zu lang
werden, droht der Wert eines Rituals zu fallen.

Auch lange Reden mit bekannten und vorhersagbaren Formulierungen in ritualisierten Situationen können die Zuhörer
auf unangenehme Weise fesseln. Wenn dann noch die unge-
wohnte festliche Kleidung drückt und zwickt und man Interesse
an langweiligen Texten heucheln muss, kann ein Ritual zu einer
regelrechten Tortur werden. Dies würde jedoch niemand zuge-
ben, denn mit einer beherrschten und würdevollen Haltung signalisiert man seine Zuverlässigkeit und Bedeutung als Mitglied
der Gemeinschaft. Die Gottesdienstbesucher signalisieren ihre
Religiosität und die Theater- und Operngänger ihre Verbunden-
heit mit der bürgerlichen Kultur, wobei der soziale Wert und das

Handicap der Oper deutlich höher ist als das des Theaters, weil die gesungenen Äußerungen – ähnlich wie bei rituellen Texten und Mantras – nahezu unverständlich sind und die musikalische Darbietung wesentlich bedeutsamer ist als ihre häufig banalen Inhalte.[5] Hier zeigt sich wieder das Prinzip:

> **Je unverständlicher die Sprache, je mühevoller ihre Aussprache und Darbietung, je nebulöser die Handlung, desto höher sind Wert und Prestige eines Rituals**

Je unverständlicher die Sprache, je mühevoller ihre Aussprache und Darbietung, je nebulöser die Handlung, desto höher sind Wert und Prestige eines Rituals oder einer rituell geprägten Veranstaltung. Auch die Kleidung der Besucher deutet den Unterschied hin, denn in der Oper kleidet man sich aufwändiger und teurer als im Theater.

In der Frühzeit des Menschen war das Handicap ein Ritual durchzuführen grundsätzlich größer als heute. Da man sich in einer rituellen Situation auf die Form der Durchführung konzentriert, oft wie gebannt in vorgeschriebener Körperhaltung steht, kniet oder sitzt und sich folglich nicht umdreht und wachsam die Umgebung beobachtet, ist man etwaigen Angriffen stärker ausgeliefert. Dieses Handicap wird jedoch in Kauf genommen, wenn man sich den Feinden gegenüber stark genug fühlt. So wie Tiere während der Balz kaum auf Gefahren achten, kümmerten sich die frühen Menschen während ihrer Rituale nicht um mögliche Bedrohungen. Man wollte demonstrieren, dass man sich ein ungeschütztes Agieren leisten konnte, um mit diesem Handicap den Signalwert des Rituals zu erhöhen.

---

[5] Wenn Opernbesucher heute ein informatives Programmheft bekommen können, aus dem die gesungenen Texte und die Handlung zu entnehmen sind, dann zeigt dies, wie weit man sich inzwischen vom rituellen Kern einer Inszenierung entfernt hat. Im klassischen Griechenland hätte man die Nase gerümpft, wenn ein Theaterbesucher nach Hintergrundinformationen, etwa zu Aischylos *Persern*, verlangt hätte. Er wäre als Fremder negativ aufgefallen, einer, der nicht zur eigenen Kultur gehört.

Alltägliche Verrichtungen dienen dem Erhalt des Lebens. Werden sie bei einem Ritual unterbunden, so setzen sich die Teilnehmer dem Handicap aus, ihren alltäglichen Lebensbedürfnissen nicht nachgehen zu können. Die häufigen Appelle, die die SS mit KZ-Häftlingen durchführte, verdeutlichen dieses Prinzip auf makabre Weise – hungernde und kranke Häftlinge mussten stundenlang stumm und unbeweglich in einer Reihe stehen und den unsinnigen Äußerungen der Kommandanten zuhören; Essen, Trinken oder Wasserlassen waren verboten. Aber auch in freiwillig besuchten rituell geprägten Veranstaltungen, wie einem Konzert oder einem Gottesdienst, müssen diese natürlichen Bedürfnisse zurückgehalten werden. In einem klassischen Konzert wird sogar das Bedürfnis zu husten unterdrückt. Zwischen den stumm in Reihen sitzenden oder stehenden Menschen entsteht kaum eine kommunikative Verbindung.

Rituale schaffen Räume, in denen Signale anscheinend um ihrer selbst willen zum Ausdruck gebracht und nicht durch spontane, alltägliche Handlungen und Reaktionen gestört werden sollen. Die Signalfunktion selbst erhält einen eigenen Ort – einen höchst bedeutsamen, kostbaren Ort, den wichtigsten im Leben eines Stammes, einer Gemeinschaft oder einer Kultur. Damit diese Funktion einzigartig bleibt, darf sie nicht mit profanem kommunikativem Handeln verknüpft werden. An dem geheiligten Ort des Rituals können sich alle als Beobachter auf die äußerst bedeutsamen, aber bedeutungslosen Lautketten konzentrieren, und es zeigt sich, wie gut oder schlecht die Mitglieder der Gemeinschaft mit diesen Lautketten umzugehen vermögen.

Sprachpflege

Signale mit hohem Handicap-Faktor werden in rituell geschützten Räumen gepflegt und überliefert. Man könnte auf die Idee kommen, in Ritualen würde eine Art Sprachpflege betrieben, da hier die höchste Messlatte angelegt wird. Sprachliche Nachlässigkeiten sind hier inakzeptabel. Die Mitglieder einer Sprachge-

meinschaft bekommen im Ritual
gezeigt, zu welch artikulatorischen,
semantischen, grammatischen und
stilistischen Höhenflügen die Sprache ihres profanen Alltags fähig ist,
besonders in der Poesie. Dahinter
könnte die Sorge stehen, Sprache

**Signale mit hohem
Handicap-Faktor werden
in rituell geschützten
Räumen gepflegt
und überliefert**

würde an Wert verlieren, sie würde degenerieren, wenn man sich
nicht in Ritualen in einem besonders „gepflegten" Sprachmodus
intensiv um sie kümmern würde.

Linguisten aus der Chomsky-Schule, die von einer angebo-
renen Sprachfähigkeit ausgehen, etwa Steven Pinker, haben
für Sprachpflege und -pfleger nur Spott übrig. Denn wenn die
Fähigkeit zur Sprache zu unserer genetischen Ausstattung, zu
unserem Menschsein gehört, dann müssten wir uns um Erhalt
und Pflege dieses Mediums wahrlich keine Gedanken machen,
genauso wenig wie sich Elefanten sorgen müssten, dass die
Fähigkeit, ihren Rüssel adäquat zu gebrauchen, nachlassen
könnte. Elefantenrüssel und menschliche Sprache hätten sich
nach den Gesetzen der natürlichen Evolution entwickelt und
seien in Jahrtausenden so „stabil" geworden, dass ein Verfall
auszuschließen sei (Pinker 1996, S. 385–387, 398, 406).

Die Klagen von konservativen Kulturkritikern, Lehrern und
Erziehern, mit unserer Sprache ginge es langsam bergab, findet
Pinker allenfalls amüsant, jedenfalls absolut grundlos. Zu allen
Zeiten hätte es diese Klagen gegeben, aber ein Sprachverfall sei
historisch nirgendwo zu beobachten. Aber möglicherweise ist es
nie zu einem Verfall von Sprachen gekommen, weil Menschen in
allen Kulturen und zu allen Zeiten sich immer wieder neu um
sie bemüht haben und stets versuchten, ihren Wert zu erhalten. Möglicherweise sind Sprachpfleger nicht nur irgendwelche
bornierte Sprachkritiker und bildungsbürgerliche Besserwisser,
die uns in Zeitungskolumnen und spitzfindigen Büchern mit mo-
ralisierendem Unterton unsere Sprachschludereien vorwerfen,
sondern wir sind mehr oder weniger selbst alle Sprachpfleger, da
wir, weitgehend unbewusst, den Wert unserer Sprache erhalten

wollen und müssen. Eine mehr oder weniger angeborene Sprachfähigkeit zu besitzen und die Fähigkeit zur Sprachkritik wären
dann nicht mehr zwei gänzlich getrennte Bereiche, sondern Teil
einer allgemeinen sprachlichen Signalkompetenz. Und in der
Forschung müssten Linguisten, die sich mit dem Sprachsystem
beschäftigen, nicht mehr herablassend auf angewandte Linguisten und Sprachkritiker schauen, da beide Bereiche untrennbar
zusammengehören.

Während die Evolution des Elefantenrüssels auf natürlicher
Selektion beruht, entwickeln sich Zeichen – nicht nur sprachliche Zeichen – unter den grundsätzlich anderen Bedingungen
der Signalselektion. Der Elefantenrüssel hat sich als funktionale
Anpassung an Umweltbedingungen entwickelt. Zeichen müssen
ebenfalls funktional sein und sich an Umweltgegebenheiten anpassen, aber darüber hinaus müssen sie eine ausreichend hohe
kommunikative Wertigkeit entwickeln und erhalten, da sie sonst
nicht mehr ernst genommen werden. Wie wir an zahlreichen
Beispielen gesehen haben, sorgt das Handicap-Prinzip für diesen
Werterhalt von Zeichen.

Signale können nur dann entstehen und erhalten werden,
wenn ihr Handicap genügend hoch ist. Wären sie „billig" und
ohne jegliche Anstrengung zu produzieren, so verlören sie an
Wert. Deshalb sorgt jede Sprachgemeinschaft mit unterschiedlicher Intensität und mit unterschiedlichen Mitteln dafür, dass
zumindest ein bestimmter Teil sprachlicher Zeichen „kostbar"
bleibt. Jeder Sprecher – allerdings in höchst unterschiedlichem
Ausmaß – ist daran interessiert, dass der Wert der Sprachzeichen in seiner Gemeinschaft nicht sinkt oder sogar noch
gesteigert werden kann. Daran ist besonders den Eliten einer
Gesellschaft gelegen, die immer viel in Sprache investiert haben, sich bereits in der Schule anstrengen, in ihren Aufsätzen
um die besten Formulierungen ringen und sich mit den Tücken
der Rechtschreibung auseinander setzen. Sie schützen und
pflegen „ihre" Sprache in Institutionen wie Schule oder Theater, die wie kulturelle Festungen versuchen, Sprachzeichen
zu schützen, zu konservieren und in ihrem Wert zu erhalten

– ähnlich der Bundesbank, die dafür sorgt, dass der Geldwert
erhalten bleibt.

Rational betrachtet wird in Ritualen sinnlos Energie verschwendet. Für den Kampf ums Überleben erscheinen rituelle
Handlungen unsinnig – die Kosten sind hoch und das Risiko,
Schaden zu nehmen und vorzeitig zu sterben, ist teilweise beträchtlich. Selbst bei einfachen Gebeten oder Meditationen lässt
sich der Aufwand an Zeit und Energie kaum mit einer rationalen
Kosten-Nutzen-Analyse rechtfertigen. Überdies können religiöse Praktiken den Körper, aber auch den Geist, etwa durch die
Einnahme bewusstseinserweitern-
der Drogen, schwächen und schä-
digen. Dennoch werden von jeder   **Rational betrachtet**
Religion rituelle Kosten eingefor-   **wird in Ritualen sinnlos**
dert. Auch wenn sie von Religion   **Energie verschwendet**
zu Religion unterschiedlich hoch
sind, bleibt niemand, der einer Religionsgemeinschaft angehören
möchte, von ihnen verschont, denn wer sie meidet, verwirkt das
Recht auf Zugehörigkeit, wird von der Gemeinschaft verstoßen
und kann nicht mehr mit ihrer Unterstützung rechnen. Da aber
die Menschen zum Überleben auf Kooperation angewiesen sind,
versucht jeder – sicherlich mit unterschiedlichem Aufwand und
Erfolg – die Erwartungen zu erfüllen.

Demnach signalisieren Rituale Gemeinschaft und garantieren, dass alle Teilnehmer sich gegenseitig unterstützen. Doch
diese Erklärung reicht nicht aus, um zu verstehen, warum Rituale anstrengend, oft gar schmerzhaft sind und hohe Kosten
verursachen. Den Grund haben wir anhand zahlreicher Beispiele verdeutlicht: Je zeitaufwändiger, komplizierter, anstrengender, unangenehmer und schmerzhafter ein Ritual – etwa
eine Beschneidung – ist, desto glaubwürdiger wird die Zugehörigkeit zur Gruppe signalisiert. Dadurch soll verhindert werden,
dass sich jemand unverdientermaßen Schutz und Hilfe sichert.
Schmarotzer, die es in jeder Gemeinschaft gibt, sollen es schwer
haben – es darf sich für sie nicht lohnen, die Gemeinschaft zu
täuschen und auszunützen. Rituale bieten dabei eine angemes-

sene Hürde, denn durch einen Initiationsritus in eine Gemeinschaft aufgenommen zu werden und die Zugehörigkeit durch
ständige Teilnahme an allen weiteren Ritualen zu signalisieren,
verursacht so hohe Kosten, dass es sich für Schmarotzer nicht
lohnen würde.

Sprache in Ritualen und im Alltag

In Ritualen ist Sprache mit Kosten, Risiken und Handicaps
belastet. Aber trifft dies auch für die Sprache des Alltags zu?
Hier scheint Sprache wohlfeil, ja geradezu billig zu sein und
bereitet offenbar kaum Mühe. Deshalb könnte man annehmen,
die Sprachevolution lasse sich nicht mit einer Theorie teurer
Signale erklären. Diesen scheinbaren Widerspruch zwischen
Sprache im Alltag und Sprache im Ritual müssen wir auflösen,
um zu einer in sich stimmigen Theorie zu gelangen.

Lassen sich überhaupt klare Grenzen zwischen Alltagssprache
und ritueller Sprache ziehen? Wenn man genau zuhört, wie Menschen tatsächlich sprechen, wird man im Alltag rituelle Elemente
finden und im Ritual alltägliche. So begrüßt und verabschiedet
man sich im Alltag mit formelhaften Wendungen, die in einen Be-
grüßungs- und einen Abschiedsritus eingebettet sind. Je traditioneller eine Gesellschaft ist, desto häufiger wird der Alltag durch
kurze rituelle Pausen unterbrochen, wie etwa Gebete, Segenssprü-
che, Sentenzen oder Sprichwörter. Das Sprachregister wechselt
dabei von einer spontanen, informellen zu einer vorstrukturierten
und allgemein geachteten höheren Ebene. Umgekehrt finden wir im Ritual neben sprachlichen Sequenzen, die zu ihrem heiligen Kern gehören und mit höchster Sorgfalt und Achtung gesprochen oder gesungen werden, auch profanere, die weniger Gewissenhaftigkeit erfordern. In Ritualen herrscht also
keine sprachliche Monokultur, sondern eine Vielfalt von Äußerun-

> **Lassen sich klare
> Grenzen zwischen
> Alltagssprache und
> ritueller Sprache ziehen?**

gen mit verschiedenen Funktionen und unterschiedlichen Bedeutungen, die unterschiedlich hohe Kosten verursachen.

Insgesamt finden sich demnach in jeder Sprache, vom innersten Kern eines Rituals mit seinen Mantras und heiligen Formeln bis zu einem banalen Gespräch unter Freunden, alle möglichen Register von höchster rhetorischer und stilistischer Qualität bis hin zu nachlässig artikulierten, ungrammatischen, ungeplanten und chaotisch anmutenden Äußerungen, die nur gute Freunde verstehen, weil sie ihren Gesprächspartner und den Kontext kennen und die sprachliche Nachlässigkeit eher tolerieren als Konkurrenten. Allerdings: Gute Freunde sind auch Konkurrenten – man merkt es nur nicht so deutlich.

Auch im Alltag trifft man auf Gesprächsteilnehmer, die jedes Wort auf die Goldwaage legen und genau hinhören, wie man einen Sachverhalt darstellt, wie präzise einzelne Laute und Lautketten artikuliert werden, welche grammatischen Konstruktionen man beherrscht und welche stilistischen Figuren man in seine Äußerungen einbaut. Und man kann nie sicher sein, wer wann wie genau auf die Qualität der sprachlichen Äußerungen achtet – nicht nur auf diejenigen anderer Personen, sondern auch auf seine eigenen. Sogar die Hörer selbst merken häufig nicht, dass ihre kritischen Ohren immer auch auf das Wie ihrer Sprache gerichtet ist – auch dann, wenn sie nicht ausdrücklich darum gebeten wurden. Nur wenn sprachliche Normen deutlich verletzt und stilistische Erwartungen enttäuscht oder deutlich übertroffen werden, wird einem dies bewusst. Der eingebaute Monitor tritt manchmal stärker, manchmal schwächer in Aktion. In bedeutsamen Situationen, vor allem während eines Rituals, etwa einer Taufe, oder bei öffentlichen Reden ist der innere Monitor genau justiert und registriert alle Äußerungen möglichst präzise. In Situationen, in denen nichts auf dem Spiel steht und man keine Konkurrenz fürchten muss, arbeitet der Monitor dagegen nur mit halber Kraft, aber ausgeschaltet ist er nie.

Unterliegt jegliches Sprechen – mal stärker, mal schwächer – einer ständigen Bewertung, so muss man fragen, nach welchem Maßstab das Sprachverhalten in einer Horde, Gemeinschaft oder

Rituale konservieren den hohen sprachlichen Maßstab, dem alle Mitglieder einer Sprachgemeinschaft verpflichtet sind

Kultur gemessen wird. Wo und wie wird verbindlich festgelegt, wie sich vorbildliches Sprechen anhört? Ich nehme an, dass dies in Ritualen geschieht, welche wiederum zu großen Teilen von der Sprache verursacht werden. Die heiligen Formeln, Litaneien, Gebete, Gesänge oder Zaubersprüche, die in religiösen Ritualen unter hohem physischem und psychischem Einsatz geäußert werden, stehen für das Richtige, Wahre und Gute. Jede Verfälschung oder Nachlässigkeit in Aussprache und Formulierung ist im Rahmen einer aufwändigen rituellen Inszenierung nicht zu tolerieren. So konserviert das Ritual den hohen sprachlichen Maßstab, dem alle Mitglieder einer Sprachgemeinschaft verpflichtet sind. Auch wenn im Alltag ständig gegen ihn verstoßen wird, wissen alle Mitglieder, dass dieser Anspruch besteht, und sie spüren, wie nah einzelne Sprecher an dieser Norm stehen oder wie weit sie sich von ihr entfernt haben.

Literatur

Alcorta CS, Sosis R (2004) Ritual, Emotion, and Sacred Symbols: The Evolution of Religion as an Adaptive Complex. University of Connecticut.

Austin J (1962) How to Do Things With Words. Cambridge, Mass.: Harvard Univ. Press.

Campbell J (2004) The Hero With a Thousand Faces. Princeton: Princeton Univ. Press.

Eliade M (²1998) Das Heilige und das Profane. Frankfurt/M.: Insel.

Gehlen A (⁶2005) Urmensch und Spätkultur. Frankfurt/M.: Klostermann.

Girard, R (1979) Violence and the Sacred. Baltimore: The Johns Hopkins Univ. Press.

Junod HA (1962) The Life of a South African Tribe. New York: University Books. (Faksimile der 2. Aufl. von 1927)

Pinker S (1996) Der Sprachinstinkt. München: Kindler.

Staal F (1989) Rules Without Meaning. New York u.a.: Lang.

van Gennep A (1909) Les rites de passage. Paris: Nourry.

Werlen I (1984) Ritual und Sprache. Tübingen: Narr.

Zimmer DE (2005) Sprache in Zeiten ihrer Unverbesserlichkeit. Hamburg: Hoffmann und Campe.

8

Grammatik für Gespräche

Gespräche bei einem Klassentreffen

Klassentreffen sind spannend. Nach langer Zeit trifft man seine alten Schulfreunde wieder. Man kennt sich, denn schließlich war man über viele Jahre hin in der Schule zusammen, aber andererseits kennt man sich doch nicht mehr richtig – alle haben sich in der Zwischenzeit verändert und eine Menge erlebt. So prägen Freude auf das Wiedersehen und Neugier auf die Erlebnisse der anderen die Begegnung.

Die alte Schulklasse war keine Gemeinschaft von Gleichen, sondern ein komplexes hierarchisches Gefüge. Da gab es die Klassenbeste, den Besserwisser, den beliebtesten Jungen, das beliebteste Mädchen, den Klassenclown, das schwarze Schaf und es gab Gruppen und Grüppchen, die mehr oder weniger fest zusammenhielten. Alle konkurrierten miteinander – wenn auch meist subtil – um die besten Plätze auf einer sozialen Leiter. Zu körperlichen Auseinandersetzungen kam es selten. Mit äußerlichen Attributen wie Kleidung, Frisur oder Körpergröße konnte man Punkte sammeln, aber entscheidend war letztlich, wie man sich sprachlich verkaufte. Wer schlagfertig war, Ideen hatte und „heiße Storys" erzählen konnte, hatte die Bewunderer auf seiner Seite und war Chef im Ring.

Mit Erinnerungen aus alten Zeiten im Kopf und etwas unsicher, ob man sich noch an alle erinnern wird, betritt man den
Raum, wo schon einige zusammenstehen. Wie spricht man in
dieser Situation miteinander? Welche Gesprächsstrategien prägen das Treffen?

Zunächst die Begrüßung – man nähert sich freundlich seinem
Gegenüber, gibt sich zu erkennen, begrüßt sich mit warmen
Worten, schüttelt sich die Hände und umarmt sich vielleicht sogar. Beim ersten verbalen Austausch lauert gleich ein Handicap,
das den weiteren Verlauf des Gesprächs möglicherweise stark
beeinträchtigt: Fällt einem der Name seines alten Schulkamera-
den wieder ein? Spricht man ihn nicht gleich bei der Begrüßung
aus, so signalisiert man der begrüßten Person, dass sie offenbar
keine tiefe Gedächtnisspur hinterlassen hat und deshalb auch
nicht so wichtig für den Grüßenden ist. Sie mag gekränkt sein,
aber vielleicht – wenn ihr Selbstbewusstsein groß genug ist
– wundert sie sich auch über diese Gedächtnislücke und deutet
sie als mangelnde soziale und kognitive Fitness, möglicherweise
gar als erstes Anzeichen von Alzheimer.

Nach dem Begrüßungsritual versucht man im Smalltalk Konsens herzustellen, indem man alte Gemeinsamkeiten auffrischt
und in „Weißt-du-noch"-Geschichten schwelgt. So harmlos und
lustvoll diese Phase sein mag, auch hier herrscht ein subtiler
Wettbewerb – wer erinnert sich an die aufregendsten, spektaku-
lärsten und witzigsten Situationen? Man möchte demonstrieren,
dass man unterhaltsam ist, weil
man sich an relevante Begebenheiten erinnert und diese sprachlich
effektvoll in Szene zu setzen weiß.
„Schaut mal auf mich", lautet die
Botschaft, „ich bin kein Langweiler! Mit mir ist man gerne zusam-
men. Mein Gesprächsgrüppchen ist größer als das am Nach-
bartisch und in meiner Gruppe wird auch mehr gelacht." Das
Lachen als ein typisch menschliches Geräusch, das allerdings
auch bei Schimpansen in Ansätzen vorhanden ist, funktioniert

**Lachen funktioniert
hervorragend als ein
weithin hörbares
Relevanzsignal**

hervorragend als ein weithin hörbares Relevanzsignal. In öffentlichen Situationen, in denen mehrere Gesprächsgruppen nebeneinander bestehen, lacht man wesentlich lauter, als es zum Ausdruck des eigenen Vergnügens notwendig wäre, denn alle anderen, die nicht zur Gruppe gehören, sollen wissen, dass ihnen etwas entgehen könnte. Darum zieht es in der Regel auch die meisten dorthin, wo am meisten gelacht wird. Wer es versteht, Lachsalven in möglichst rascher Folge zu zünden, erzielt die höchsten Werte auf einer imaginären Beliebtheitsskala.

Hier kommt es allerdings auch sehr auf die Dosierung und die Art der Präsentation an. Personen, denen man anmerkt, dass sie sich nur profilieren wollen, wirken spätestens nach einer Weile eher abstoßend. Angeben will gekonnt sein: Nur wer sich geschickt in den Vordergrund spielt und seine verbalen Fähigkeiten taktisch klug einsetzt, kann Statuspunkte sammeln.

Geschichten aus der Schulzeit wählt man jedoch nicht nur nach der Höhe des Spaßfaktors aus. Wer damals einen hohen Status hatte, favorisiert Szenen, in denen die alte Hierarchie wieder lebendig wird, um an sie anzuknüpfen und sie neu zu etablieren. Die damaligen Außenseiter, die nach der Schulzeit möglicherweise Karriere gemacht haben, finden solche genüsslich erzählten alten Storys vielleicht nicht so lustig, weil sie nicht gern an ihre frühere Randstellung erinnert werden möchten. Aber da man ja nach dem Klassentreffen wieder auseinander gehen wird, flackert die alte Hierarchie nur kurzzeitig auf, und mögliche Verletzungen halten sich in Grenzen.

Selbstverständlich tauscht man auch Neuigkeiten aus. Man berichtet von den wichtigsten privaten wie auch beruflichen Stationen aus der Zeit nach der Schule, und geschickt verweist man dabei auf seine Erfolge. Doch auch Misserfolge bleiben nicht unerwähnt, denn mit ihnen lässt sich demonstrieren, dass man damit umgehen und an ihnen vielleicht sogar wachsen konnte und den Mut und die innere Stärke hat, sie öffentlich preiszugeben. Bei diesen Lebensgeschichten muss man darauf achten, dass man nicht zu ausführlich, aber auch nicht zu knapp erzählt und Stationen auswählt, die relevante Informationen bieten.

Von einem Umzug im gleichen Ort wird man kaum berichten, ein Jahr im Ausland hingegen deutlich hervorheben.

Eine weitere Gesprächsstrategie besteht darin zu zeigen, dass man sich in relevanten Bereichen des Lebens auskennt, weshalb auf manchen Klassentreffen mit größtem Engagement darüber gesprochen wird, wo man sein Geld am besten anlegen kann und welche Versicherung die günstigste ist. Wer es hier versteht, seine Lebenstüchtigkeit in finanziellen Dingen zu demonstrieren, kann ebenfalls Prestigepunkte sammeln. Und schließlich gibt es noch die Strategie zu demonstrieren, dass man vorausschauend denkt und Organisationstalent besitzt. Wer die Initiative ergreift, das nächste Klassentreffen zu planen, erntet Anerkennung, weil er die damit verbundenen Anstrengungen und Kosten nicht scheut und weil er sein planerisches Geschick unter Beweis stellen kann. Die Botschaft lautet: „Vertraut mir, denn ich bin in der Lage, an die Zukunft zu denken und euch zu führen."

So findet beim Klassentreffen ein gegenseitiges Taxieren statt: Wo auf der Leiter standen alle damals und wo stehen sie heute? Wer hat in den Jahren nach der Schulzeit Punkte gut gemacht und wer ist ins Hintertreffen geraten? Möglicherweise ist der damals beliebteste Junge arbeitslos geworden und das einst schüchterne Mauerblümchen leitet ein

Auf Sprachverhalten als Beurteilungskriterium ist mehr Verlass als auf materielle Attribute

Unternehmen. Im Gespräch erweist sich die Qualität der Person. Wenn jemand mit einem Ferrari vorfährt, erzielt er vielleicht einen prestigeträchtigen Anfangserfolg, aber erst im Gespräch zeigt sich, wie viel jemand wirklich zu bieten hat. Einen Ferrari kann man sich ausleihen, aber die Art und Weise, wie man spricht, ist untrennbar mit der Persönlichkeit verbunden. Auf Sprachverhalten als Beurteilungskriterium ist mehr Verlass als auf materielle Attribute.

Und noch etwas ist bemerkenswert bei einem Klassentreffen, wenn man sich seit vielen Jahren nicht mehr gesehen hat:

Einige erkennt man nicht auf den ersten Blick, da sie sich im Aussehen stark verändert haben, aber sobald man jemanden sprechen hört, kommt meist sofort die Erinnerung zurück. Die Art und Weise, wie man spricht, ist offenbar ein tief verankertes Persönlichkeitsmerkmal, das sich nach der Pubertät nicht mehr grundlegend verändert. An seiner Sprechweise wird man als Person identifiziert. Sie charakterisiert einen Menschen mehr als alle anderen Attribute.

Was haben Klassentreffen mit dem Ursprung der Sprache zu tun? Die Situation, nach längerer Zeit alte Bekannte zu treffen und sich sprachlich auszutauschen, ist typisch für menschliches Miteinander. Ein Klassentreffen habe ich gewählt, weil hier ein großer zeitlicher Abstand zu der früheren engen Gemeinschaft und somit ein starkes Bedürfnis nach sprachlichem Austausch besteht. So lassen sich die zentralen Gesprächsstrategien wie unter einem Brennglas betrachten. Überdies entsprechen Klassentreffen dem urmenschlichen Bedürfnis, auch über längere Zeiträume hinweg Kontakte zu erhalten. Stammesgesellschaften wie etwa die Aborigines in der australischen Savanne, die in kleinen Gruppen über ein großes Areal verstreut leben, da sie nur so ausreichend Nahrung beschaffen können, treffen sich in unregelmäßigen Abständen, feiern gemeinsame Feste und tauschen sich aus. Auch die Olympischen Spiele sind aus dem Bedürfnis entstanden, bei einem friedlichen Treffen aller griechischen Stämme das Miteinander zu pflegen. Genauso sollten aber auch die Stärken und Schwächen der anderen immer wieder auf die Probe gestellt werden – im sportlichen Kampf, aber auch im Wettstreit um die schönste Poesie, der zwar nicht nach formalen Regeln ausgetragen wurde, aber dennoch bei diesen rituellen Begegnungen eine herausragende Rolle spielte.

Sich lausen, singen und Gespräche führen

Die Ursprünge der eben beschriebenen kommunikativen Strategien reichen bis weit in vorsprachliche Zeiten zurück. Sie werden

von Primaten und anderen sozial lebenden höheren Säugetieren
genutzt. Da ist zunächst die Strategie, Gemeinsamkeiten herzustellen und Koalitionen zu schmieden. Viele Affenarten lausen
sich gegenseitig, und weil sie damit für andere Zeit und Zuwendung investieren, können sie auf deren Unterstützung in prekä-
ren Situationen hoffen. Diese taktile Körperstrategie verfolgen
wir bis heute: Menschen streicheln
und kraulen sich und zeigen so
ihre Zuneigung und Liebe. Neben
dieser taktilen Strategie gibt es
bereits bei Primaten eine lautliche: Mit gemeinsam intonierten
Lautmodulationen drücken einige
Arten ihr Zusammengehörigkeits-
gefühl aus. Schimpansen etwa sin-
gen regelrechte lautmalerische Duette. Dieses Verhalten entspricht von seiner Funktion her dem gegenseitigen Lausen und
gilt als Zeichen intensiver Zuwendung. Auch Menschen singen
gemeinsam Lieder, was meist als sehr befriedigend empfunden
wird, insbesondere wenn man gesanglich gut harmoniert und
alle den richtigen Ton treffen.

> **Weil Affen beim Lausen für andere Zeit und Zuwendung investieren, können sie auf deren Unterstützung in prekären Situationen hoffen**

Im Duett singende Schimpansen entsprechen dem sprachlichen Miteinander von Menschen zwar eher als sich stumm
lausende Affen, doch der Weg vom schaurig-schönen Lautduett
zur Sprache ist noch weit – obgleich beide Partner aktiv sind,
gibt es hier keinen für Gespräche so typischen Wechsel zwischen
Sprecher und Hörer. Die gesungene Demonstration gegenseitiger Zuneigung erfordert keinen Sprecherwechsel.

Bei Kontakt- und Konsensgesprächen wendet man sich den
Gesprächspartnern länger und intensiver zu. Sie können mit
dem Ziel geführt werden, Verbündete zu gewinnen, Aggressionen abzubauen, einen harmonischen Zustand herzustellen und
sich seiner selbst zu vergewissern. Der englische Anthropologe
Robin Dunbar leitet, wie ich bereits erwähnt habe, die Entwicklung der Sprache aus diesem Motiv ab (Dunbar 1996). Das
gegenseitige Lausen, englisch *grooming*, sei auf dem Weg zum

Homo sapiens nicht mehr ausreichend gewesen, als die Gruppen der Hominiden immer größer wurden. In einer Gruppe mit bis zu circa 50 Individuen ließen sich Koalitionen noch mit einer Grooming-Strategie schmieden, aber in Gruppen mit bis zu 150 Individuen sei diese Strategie nicht mehr ausreichend gewesen, da immer nur ein Individuum zur gleichen Zeit gelaust werden könne, während man sich in Gesprächen etwa drei Individuen gleichzeitig intensiv zuwenden könne. Die Ausweitung der Gruppenstärke sei demnach die entscheidende Veränderung unter Hominiden gewesen, die zur Entwicklung von Sprache geführt hätte, da nur mit Sprache die für Primaten charakteristische Bündnisstrategie aufrecht erhalten werden konnte.

Problematisch an dieser Theorie ist die einseitige Ausrichtung von Sprache auf die Funktion, gegenseitige Zuwendung und Gemeinsamkeit zu ermöglichen. Doch dies ist nur eine Funktion unter zahlreichen anderen. Um das Gefühl von Gemeinsamkeit und gegenseitiger Zuwendung entstehen zu lassen, würde sich gemeinsames Singen besser eignen als Sprechen. Wäre es lediglich darum gegangen, eine ursprünglich taktile Grooming-Strategie, also das gegenseitige Lausen, auf eine lautliche Strategie zu übertragen, an der mehrere Individuen gleichzeitig partizipieren können, dann wäre das geeignete Medium der gemeinsame Gesang gewesen, wie er ja bereits in rudimentärer Form bei Schimpansen und anderen Affen zu beobachten ist. Gesang hätte gegenüber Gesprächen im kleinen Kreis von etwa vier Personen den Vorteil, dass auch größere Gruppen gemeinschaftlich miteinander verbunden werden könnten. Bis heute fördert gemeinsames Singen wesentlich stärker das Gefühl, zu einer Gruppe zu gehören, als Gespräche im kleinen Kreis, die ja keineswegs immer zu Koalitionen oder gar verschworenen Gemeinschaften führen müssen, sondern

Wer miteinander singt, kann sich nicht streiten

auch im Streit enden können. Wer miteinander singt, kann sich jedoch nicht streiten. Die Entwicklung eines gemeinschaftlich singenden Wesens, eines *Homo cantans,* wäre die logische Fort-

setzung des gegenseitigen Lausens. Mit Robin Dunbars Grooming-Theorie ließe sich vielleicht erklären, warum Menschen
zu Sängern wurden, aber nicht, warum Sprache notwendig
wurde. Menschen singen zwar bis heute überall auf der Welt in
kleineren oder größeren Gruppen, aber sie sind nun einmal zu
sprechenden und nicht zu singenden Wesen geworden. Dennoch
hatten Singen und Musik eine wichtige Rolle in der Sprachentwicklung, und zwar – wie ich gezeigt habe – im Rahmen einer rituell-tänzerischen Modalität, die in einer komplexen Beziehung
zur Kommunikation im Alltag stand (vgl. Kapitel 4 und 5). Für
eine lineare Entwicklung vom Gesang zu Sprache gibt es keine
plausiblen Gründe.

Passende Anschlüsse

Zu diesen beiden Gesprächsfunktionen – Konsens und Information – gehört ein weiterer Aspekt: Damit eine intensive kommunikative Zuwendung möglichst erfolgreich ist und sich in
genügend Anerkennung und längerfristigen Bündnissen niederschlägt, sollte man ein Höchstmaß an Einfühlungsvermögen zeigen. Das kann man mit einem wechselseitigen nichtssagenden
Bestätigen von längst Bekanntem ausdrücken, das ein wohliges
Gefühl von Gemeinsamkeit vermittelt und insbesondere bei
Gesprächen unter Freunden in den Vordergrund tritt. Um sich
als geschätzter Gesprächspartner zu erweisen, sollte man fähig
sein, auf das zuvor Gesagte mit einem möglichst gelungenen
Anschluss zu reagieren, der ähnlich relevant ist und auch vom
Inhalt her passt. Wenn jemand einen Witz erzählt, kann man mit einem neuen Witz ähnlicher Qualität fortfahren, auf etwas Trauriges kann etwas Trauriges folgen und ein Bericht über eine lustige Begebenheit aus der Kindheit lässt sich mit eigenen Kindheits-

> Das wechselseitige
> nichtssagende
> Bestätigen von längst
> Bekanntem vermittelt
> ein wohliges Gefühl
> von Gemeinsamkeit

erfahrungen fortsetzen. Aber man muss nicht unbedingt auf die Äußerung eines anderen etwas Ähnliches draufsetzen, um zu zeigen, dass man, ähnlich wie beim Skat, mithalten oder den anderen übertrumpfen kann. Man kann auch auf das, was ein anderer erzählt, eingehen und nachfragen, um auszudrücken, dass man die Relevanz seines Beitrags erkennt und respektiert. Diese unterschiedlichen Strategien sind prototypisch für das Gesprächsverhalten von Männern und Frauen: bei Männern eher geprägt von Konkurrenz und bei Frauen eher von Einfühlung und Verständnis – wobei natürlich Ausnahmen die Regel bestätigen (Tannen 1990).

Gelingt es einem Sprecher mehrfach hintereinander, auf erzählte Erlebnisse mit einer eigenen Schilderung ähnlich gelagerter Vorkommnisse zu reagieren, so müssen Zuhörer den Eindruck gewinnen, dass er mit seinem großen Erfahrungsschatz auf nahezu jede Geschichte etwas „draufsetzen" kann. Daraus kann sich ein kommunikatives Spiel zwischen Sprechern und Hörern entwickeln, in dem es – vor allem unter Männern – um Gewinnen

> Männliches Gesprächsverhalten ist eher geprägt von Konkurrenz, weibliches eher von Einfühlung und Verständnis

und Dominanz geht: Wer hat den längsten Atem und schafft es, mit seiner Geschichte die Runde für sich zu entscheiden? Auch dann, wenn eine Situation weniger Wettkampfcharakter hat, versucht jeder mehr oder weniger engagiert zu demonstrieren, dass er etwas Relevantes zu sagen hat und in der Lage ist, das Gesprächsniveau thematisch und sprachlich zu halten, sodass sich die Zuhörer nicht langweilen und man als Gesprächspartner geschätzt wird.

Im Gespräch Geschichtensequenzen zu erzeugen erfordert höhere kognitive Fähigkeiten als ein höfliches Smalltalk-Geplänkel mit Bemerkungen zum Wetter und Erkundigungen nach dem Befinden. Verfolgt man eine komplexere Gesprächsstrategie mit dem Austausch von Informationen und Erfahrungen, sollte man wissen, was dem Zuhörer bereits bekannt ist, und die Relevanz neuer Informationen abschätzen können. Falls man Nähe erzeugen will, kann man mit einer „Weißt-du-noch-Strategie" an gemeinsame oder ähnliche Erlebnisse anknüpfen, die keine oder kaum neue Informationen bieten – so wie bei einem Klassentreffen, wenn man sich seit Jahren nicht gesehen hat und ein wenig fremd geworden ist.

Die Sequenzierung von Gesprächen durch Grammatik

Kein Verhalten unterscheidet uns stärker von allen anderen Wesen als die Fähigkeit, Gespräche zu führen. In Gesprächen wird – neben Mimik und Gestik – Sprache erzeugt. Gespräche sind der zentrale Ort für die Produktion von Sprache. Hier werden in einem ständigen Wechsel zwischen Sprechern und Hörern grammatisch mehr oder weniger akzeptable Sätze geäußert.

Ein Satz soll hier nicht als grammatische Einheit aus einer Schulgrammatik verstanden werden, die die Norm der Vollständigkeit mit Subjekt und Prädikat erfüllen muss. Spricht man mit Menschen aus einer Stammesgesellschaft, die weder schreiben noch lesen können, so wird man von ihnen keine Auskunft darüber bekommen, was ein Satz ist. Dagegen haben sie sehr wohl ein Gefühl dafür, wann eine Äußerung abgeschlossen ist und wann sie auf unangemessene Weise von einem Gesprächspartner unterbrochen wird.

Äußerungen wie „*Na, dann tschüss auch!*" oder „*Einfach irre, der Typ!*" werden von Grammatiken nicht als Sätze akzeptiert, von Sprechern aber sehr wohl als Äußerungseinheiten, die nicht unterbrochen werden sollten. Einen Satz verstehen wir deshalb als eine Äußerung, die von Sprechern wie Hörern gleichermaßen als Einheit aufgefasst wird. Wenn Sprecher sich nicht vorzeitig unterbrechen lassen möchten und sagen: „*Moment mal, ich bin mit meinem Satz noch nicht zu Ende!*", meinen sie keineswegs Sätze im Sinne einer Schulgrammatik, sondern Äußerungseinheiten. Ebenso meint ein Sprecher mit der Ankündigung „*Noch zwei Sätze!*" nicht etwa Sätze mit Subjekt und Prädikat, sondern weist vielmehr die Hörer darauf hin, dass er in seinen abschließenden kurzen Äußerungen nicht unterbrochen werden möchte. Da der schwerfällige Begriff „Äußerungseinheit" in unserer Alltagssprache nicht verwendet wird, sagt man gemeinhin „Satz", ohne damit eine Syntaxtheorie zu verbinden. Auch ich verwende diesen Begriff ebenfalls in diesem alltäglichen und für Gespräche funktionalen Sinn.

Wenn Wölfe miteinander kommunizieren, nehmen sie normalerweise wenig Rücksicht darauf, wer gerade an der Reihe ist, sondern heulen, sobald einer angestimmt hat, im Chor. Es gibt keine Nahtstellen, die Konkurrenten die Gelegenheit zum Abwechseln bieten. Alle heulen simultan im Rudel, bis ihnen die Luft ausgeht und sie eine Pause einlegen oder ihr Konzert beenden. Bei Hirschen, Löwen oder Vögeln tun sich eher einzelne Individuen hervor, die sich gegenseitig signalisieren, wie attraktiv und stark sie sind. Sie beziehen sich nicht inhaltlich aufeinander, sondern stellen sich mit ihrem Ausdruck gegenüber der männlichen Konkurrenz, aber auch gegenüber den von ihnen umworbenen Weibchen dar. Sie röhren, brüllen oder singen nicht alle gleichzeitig, sondern eher nacheinander. Es scheint, als ob sich Konkurrenten nach mehr oder weniger langen Pausen gegenseitig antworteten, aber es gibt auch Phasen gleichzeitiger Lautäußerung. Zwischen einer mehrstimmigen Gleichzeitigkeit und einem einstimmigen Nacheinander gibt es fließende Übergänge. Die Feinabstimmung zwischen den einzelnen Äußerungen scheint aber nirgendwo so reibungslos und präzise zu verlaufen wie in Gesprächen.

In Gesprächen achtet man wie bei einem Spiel darauf, wer gerade am Zug ist. Man passt genau auf, wann jemand mit seinem Beitrag zu Ende kommt und man selbst das Wort ergreifen kann. Man fällt sich meist nicht ins Wort. Wenn man an der Reihe ist, bezieht man sich meist auf das unmittelbar zuvor Gesagte. Gespräche lassen sich als regelhafte Sprachspiele beschreiben,

In Gesprächen achtet man wie bei einem Spiel darauf, wer gerade am Zug ist

die grundsätzlich so ähnlich wie andere Spiele funktionieren. Auch Spiele von jungen Tieren richten sich nach diesem Prinzip – ihre spielerischen Aktionen beziehen sich auf die vorausgegangene Aktion. So folgt auf einen Angriff die Verteidigung, und wenn man verfolgt wird, flieht oder versteckt man sich. Ständig werden Erwartungen für die nächste Aktion aufgebaut – schleicht sich einer spielerisch an, so erwartet der andere einen Angriff. Demnach können Tiere das, was kommt, mal mehr, mal weniger gut antizipieren. Ähnlich ist es im Gespräch: Nach einer Äußerung kann man mehr oder weniger gut vorhersagen, wie es weitergeht. Manche Äußerungen ziehen mit hoher Wahrscheinlichkeit ganz bestimmte andere Äußerungen nach sich. So folgt auf einen Gruß ein Gegengruß, auf eine Frage eine Antwort, auf eine Einladung eine Zu- oder Absage, auf einen Vorschlag eine Stellungnahme.

Von Zeit zu Zeit unterbrechen Tiere ihr Spiel, weil sie erschöpft sind oder weil sie ihr Interesse am bisherigen Spiel verloren haben und es verändern möchten. Es entsteht eine Pause im Spielfluss und das Sequenzprinzip wird unterbrochen. Die Tiere wirken, als wollten sie sich etwas Neues ausdenken. Auch in Gesprächen wird das Sequenzprinzip gelegentlich unterbrochen, wenn ein Gesprächsteilnehmer nicht an das Vorausgegangene anschließt und sich unvermutet einem anderen Thema zuwendet. Damit durch einen plötzlichen Themenwechsel niemand den Gesprächsfaden verliert, leitet ihn der Sprecher häufig mit einer kurzen Bewerkung ein, wie *„Nun mal was ganz anderes!* oder *Ach übrigens – was ich noch sagen wollte ...“*. Diese formelhaften Einleitungen verdeutlichen, welch großen Stellenwert das Sequenzprinzip für Sprecher haben.

In Spielen von Tieren wird das Sequenzprinzip nicht so strikt befolgt wie in Gesprächen und es kommt häufiger zu parallelen und überlappenden Aktionen. Da man mehrere Ereignisse gleichzeitig visuell erfassen kann, ist eine strenge Sequenzierung hier nicht zwingend erforderlich. In Gesprächen hingegen kommt es seltener zu Überlappungen, da man Gehörtes besser verarbeiten kann, wenn man die betreffenden Ereignisse nach-

einander wahrnimmt. Alle an einem Gespräch Beteiligten sind
stark daran interessiert, dass niemand unterbrochen wird. Sie
möchten möglichst ungestört sprechen und die anderen ungestört hören, auch wenn die Äußerungen der einzelnen Sprecher
extrem schnell aufeinander folgen.

Da Gespräche nur funktionieren können, wenn der Wechsel
von einem Sprecher zum anderen reibungslos erfolgt, müssen
in einer Abfolge von Wörtern diejenigen Stellen deutlich markiert werden, an denen ein Sprecherwechsel stattfinden kann.
Da Wörter in Sätzen nicht willkürlich aufeinander folgen,
sondern nach grammatischen Prinzipien geordnet sind, ist für
einen Hörer meist gut zu erkennen, wann sich eine Äußerung
auf einen Abschluss zu bewegt und er die Chance bekommt, mit
einem eigenen Gesprächsbeitrag einzuhaken. Man könnte fast
meinen, Grammatik habe sich entwickelt, damit Sprecherwechsel möglichst reibungslos funktionieren können. Sie hat sich
jedoch — wie ich annehme — gänzlich außerhalb von Alltagskommunikation in einer musikalisch-tänzerischen Modalität
entwickelt. Dennoch gibt es hier eine Brücke: Als Grammatik
als formales Prinzip einer komplexen Sequenzierung aufeinander folgender Tanzschritte entstanden war und zunächst
auf musikalische Lautmuster angewandt wurde, stand sie als
Modell zur Organisation von Äußerungen in Gesprächen zur
Verfügung. Die regelhaften Bewegungen von Hominiden, die
miteinander tanzten, dienten als Modell für Menschen, die
miteinander sprechen.

Noch heute spüren wir, dass die Struktur eines Gesprächs
viel mit einem Tanz gemein hat. Der Eindruck von einem guten Gespräch entsteht immer dann, wenn Rede und Gegenrede
sich besonders gut aufeinander be-
ziehen, sowohl inhaltlich als auch
formal in der Geschmeidigkeit der
aufeinander folgenden Gesprächsbeiträge, so als ob die Schritte von
Tanzenden ineinander greifen.
Und da sich diese „Tanz-Gram-

**Eine Gruppe, die sich
intensiv miteinander
unterhält, verhält sich
ganz ähnlich wie Musiker
einer Jazzband**

matik" zunächst in Musik und Gesang manifestierte, kann man auch den Eindruck bekommen, dass sich eine Gruppe, die sich intensiv miteinander unterhält, ganz ähnlich wie Musiker einer Jazzband verhält: Auf dem Hintergrund eines breiten kommunikativen Teppichs tritt nacheinander immer ein anderer Sprecher in den Vordergrund und „spielt sich auf". Besonders dann, wenn man eine Sprache nicht versteht und nur auf die Klangstruktur eines Gesprächs achten kann, drängt sich dieser Eindruck auf.

Mit Grammatik lassen sich Beginn und Ende von Äußerungen ähnlich deutlich markieren wie mit Sprechpausen. Aufgrund des regelhaften Baus von Äußerungen bekommen Hörer die Möglichkeit, bereits vor dem Abschluss einer Äußerung in Bruchteilen von Sekunden zu erkennen, wann sie voraussichtlich zu Ende gehen wird. Die in sich geschlossenen hierarchischen Strukturen von Sätzen und Satzteilen erschweren es, einen Sprecher mitten in seiner Äußerung zu unterbrechen, denn sonst hinge sie als unvollständiges Fragment in der Luft. Sind Wörter nach grammatischen Mustern in einzelnen Wortgruppen organisiert, die wiederum in einer höheren Ordnung miteinander verknüpft sind, so ergibt sich eine kunstvoll verzweigte Baumstruktur, die durch eine willkürliche Unterbrechung zerstört würde. Demnach muss der Hörer abwarten, bis der Sprecher diese komplexe syntaktische Gestalt, die nur auf der lautlichen Oberfläche wie eine bloße Aneinanderreihung einzelner Wörter erscheint, vollendet hat.

Hätte sich das protosprachliche Prinzip einfacher Abfolgemuster anstatt einer hierarchisch gebauten Syntax durchgesetzt, so müssten wir heute deutliche Pausen zwischen einzelnen Äußerungen machen, um Anfang und Ende zu markieren. Es wäre dann nicht möglich, einen derartig geschmeidigen Sprecherwechsel zu vollziehen, wie wir dies mit grammatisch organisierten Äußerungen offenbar mühelos schaffen.

Da wir Wörter nicht einfach ungeordnet aneinander reihen, sondern gut überschaubare, handliche Päckchen mit einer grammatischen Struktur an unsere Hörer versenden, ist jeder Äußerung ein Plan beigefügt, der dem Empfänger mitteilt, wann eine übergaberelevante Stelle naht. Das Ende von Sätzen, aber auch von Satzteilen (Phrasen) markiert die Sollbruchstellen für mögliche Sprecherwechsel. Mit der Übertragung grammatischer Strukturen von einem tänzerisch-musikalischen Modus auf die Alltagskommunikation wurden erstaunlich reibungslose Sprecherwechsel mit hoher Geschwindigkeit ermöglicht. Aber dieser Transfer fand auch statt, weil man etwas von der grammatischen Brillanz, die zunächst nur im tänzerisch-musikalischen Ritual herrschte, auf den kommunikativen Alltag übertragen wollte, um auch hier das sprecherische Handicap zu erhöhen. Grammatik entstand also nicht – wie gemeinhin angenommen –, um das, was man ausdrücken wollte, möglichst optimal ausdrücken zu können. Grammatik entstand nicht im Schlepptau einer Entwicklung zu immer höheren Formen des Denkens. Zwar kamen sich Denken und Grammatik in die Quere und beeinflussten sich auch gegenseitig, aber erst in einem späteren Stadium der Sprachentwicklung – in einem Stadium, in dem wir uns immer noch befinden.

Beobachtet man die Wechsel von Sprecher zu Sprecher einmal genauer, so ist man überrascht, wie rasch und reibungslos sie verlaufen. In Bruchteilen von Sekunden, meist spätestens kurz vor dem Ende einer Äußerung, erkennt man, dass sie vor dem Abschluss steht und man selbst die Chance erhält, das Gespräch fortzusetzen. Manchmal erwischt man den Übergabepunkt nicht genau und beginnt zu sprechen, bevor eine Äußerung zu Ende ist, aber normalerweise trüben kurze Überlappungen das Verständnis nicht. Vor allem, wenn in hitzigen Gesprächen mehrere Teilnehmer darauf brennen, ihren Beitrag loszuwerden, hakt man möglichst früh ein, um sich das

Rederecht zu sichern, was zu Fehlstarts führt, die jedoch nicht
übel genommen werden. Nur regelrechte Unterbrechungen, die
einen Sprecher am Weiterreden hindern, empfindet man als unangenehm, aber sie sind eher sel-
ten. Wer öfters gegen diese Ge-
sprächsregel verstößt, macht sich
unbeliebt. Wie rasch und häufig
unterbrochen und parallel gesprochen werden darf, ist jedoch von
Kultur zu Kultur verschieden – so wird in Italien paralleles
Sprechen eher toleriert als in Deutschland. Überall gilt freilich
die Regel: Je bedeutsamer ein Sprecher ist, desto sorgfältiger
wird darauf geachtet, ihn nicht zu unterbrechen.

> **Paralleles Sprechen wird
> in Italien eher toleriert
> als in Deutschland**

Unser grammatisches Wissen, nach dem wir eigene Äußerungen produzieren und die Äußerungen anderer antizipieren,
funktioniert nahezu völlig unbewusst. Normalerweise denken
wir nie über unsere Fähigkeit nach, blitzschnell die Sprecherrollen wechseln zu können. Wir können es einfach. Kinder sind
darin zwar noch nicht so gut wie Erwachsene, aber alle erlernen
diese Fähigkeit irgendwann.

Im *Minimalist Program*, der bislang letzten Version von
Chomskys Versuchen[1], die irgendwo in unseren grauen Ge-
hirnzellen verankerte Fähigkeit zur Produktion grammatisch
akzeptabler Sätze zu beschreiben, werden alle grammatischen
Regeln letztlich auf die generelle Anweisung *Merge!* reduziert,
was so viel bedeutet wie: *Ihr Einzelwörter, beziehet euch aufeinander, bildet Gruppen im Satz, die Gemeinsamkeiten erkennen
lassen, fusioniert!* Und in der Tat: Die zu einem Satz gehörigen
Wörter verhalten sich in allen Sprachen so, als seien sie diesem
Befehl gefolgt. Sie gruppieren sich, scharen sich um jeweils
einen „Kopf", den Kern eines Satzteils, und bilden häufig auf

---

[1] Vgl. Chomsky 1995. Seine „Generative Transformationsgrammatik" erschien
1957 und die „Rektions- und Bindungstheorie" 1981.

höheren Ebenen noch größere Einheiten, bis hin zur obersten Ebene, dem Satz.

Das *Merge*-Prinzip verursacht enge Bindungen zwischen den Wörtern einer Äußerung, sodass es den Hörern schlecht gelingt, die grammatisch geschmiedete Äußerungskette zu sprengen und irgendwo innerhalb der nicht abgeschlossenen Äußerung einen eigenen Beitrag zu beginnen. Außerdem dürfen die Komponenten eines Satzteils auch nicht so weit auseinander liegen, dass die Hörer den Überblick über die Gestalt des gesamten Satzes verlieren und die übergaberelevanten Stellen nicht mehr zuverlässig antizipieren können.

> **Das Merge-Prinzip verursacht enge Bindungen zwischen den Wörtern einer Äußerung**

Das *Merge*-Prinzip lässt sich – ähnlich wie wir es bei der Rekursivität gesehen haben – auf die Grammatik des Tanzes zurückführen. Auch beim Tanz gruppieren sich einzelne Schritte zu Mustern, die nicht an einer beliebigen Stelle unterbrochen werden können. Dies hat beim Tanz physiologische Gründe, da eine Sequenz von Tanzschritten am besten unterbrochen werden kann, wenn die Füße bequem stehen. Man muss nach einer Schrittfolge, die einen Tänzer teilweise in labile Stellungen bringt, die sich nur für Sekundenbruchteile aufrechterhalten lassen, wieder zu einer stabilen Ausgangslage zurückfinden. Zwischendurch kann eine Tanzschrittfolge, ähnlich wie eine syntaktisch organisierte Wortfolge, nicht unterbrochen werden. Beim Tanz kommt hinzu, dass man sein Gleichgewicht verlieren könnte, wenn man innerhalb einer nicht abgeschlossenen Sequenz plötzlich abbrechen würde. Hier wird deutlich, dass Grammatik eine ganz handfeste – besser „trittfeste" – physiologische Basis hat, also keine reine Kopfgeburt ist. Musikalische Harmonien funktionieren nach dem gleichen Prinzip: Auch sie dürfen nicht an einer beliebigen Stelle unterbrochen werden, sondern nur dort, wo eine harmonische Tonfolge dies zulässt.

> **Grammatik hat eine ganz handfeste – besser: „trittfeste" – physiologische Basis**

Fragen und Befehle

Für alle erdenklichen Absichten lassen sich Sprechakte formulieren. In jeder Sprache kann man etwas behaupten, verdeutlichen, bezweifeln, beschwören, versprechen, man kann jemanden informieren, begrüßen, beleidigen, beschimpfen oder sich entschuldigen. All diese unterschiedlichen Sprechakte lassen sich mit einer Vielzahl grammatischer Strukturen ausdrücken, doch nur für zwei Sprechakte gibt es in den meisten Sprachen eine spezifische grammatische Form – für Fragen und Befehle. Auch dieses eigentümliche Ungleichgewicht zwischen der Zahl der verschiedenen Satzmuster und der Zahl der verschiedenen Sprechakte lässt sich mit der Funktion des Sprecherwechsels erklären.

Fragesätze gibt es in allen Sprachen der Welt. Sie markieren normalerweise eindeutig das Ende eines Gesprächsbeitrags und signalisieren einem Hörer, dass er nun mit seinem Gesprächsbeitrag – einer Antwort – fortfahren muss. Fragen werden meistens durch eine „fragende" Intonation und zusätzlich grammatisch so deutlich markiert, weil sie einen Sprecherwechsel erzwingen – abgesehen von rhetorischen Fragen, die aber in der Sprachentwicklung erst später entstanden sind. Weil der Fragende eine Antwort erwartet, muss der Hörer an der Fragestruktur erkennen können, dass er an der Reihe ist. Wenn ein Hörer nicht erkennt, dass ihm eine Frage gestellt wird, entsteht ein unangenehmer Bruch im Gespräch. Darum werden Fragesätze meistens grammatisch von anderen Satztypen unterschieden.

Im Deutschen gibt es drei Grundformen:

- Entscheidungsfragen, die man mit *ja* oder *nein* beantwortet: *Hat dir das Buch gefallen?*
- Alternativfragen: *Möchtest du dein Eis mit oder ohne Sahne?*
- Ergänzungsfragen: *Wie haben dir die Ferien gefallen?*[2]

---

[2] Hinzu kommen Echofragen – das sind Rückfragen zur Bestätigung des richtigen Verständnisses.

Auch Befehle werden, ähnlich wie Fragen, grammatisch besonders markiert. Beispiele für deutsche Befehlssätze oder Imperativsätze sind:

- *Hau ab!*
- *Hilf mir endlich!*

Aber auch Befehle haben eine besondere grammatische Form. Nach ihnen erfolgt kein Sprecherwechsel wie nach einer Frage – das Gespräch wird üblicherweise gar nicht fortgesetzt. Befehle sind oft nicht einmal in Gespräche eingebettet, erfolgen etwa als Einzeläußerungen, die man auch als Schrei äußern kann, etwa als Warnruf in höchster Not oder als Ausdruck von Dominanz. Ihre knappe grammatische Form entspricht ihrer speziellen Funktion außerhalb eines normalen Gesprächs. Sie signalisiert, dass vom Hörer keine sprachliche Äußerung erwartet wird wie nach einer Frage, sondern vielmehr eine nichtverbale Handlung.[3] Vor allem in einer Gesellschaft, die durch einen autoritativen Führungsstil gekennzeichnet ist, soll der Hörer sofort aktiv werden, jedoch in der Regel nicht sprachlich – nach einem Befehl gibt es keine „Widerworte"! Für alle Sprechakte außer Befehlen und Fragen gibt es keine speziellen Satzmuster. Sie zeigen dem Hörer zwar, wann er im Gespräch seine Äußerung anschließen könnte, nötigen ihn aber nicht zu einer bestimmten Reaktion.

Der Sprecherwechsel wurde zu einem solch zentralen Phänomen des sprachlichen Miteinanders, weil es im Gespräch ständig hin und her gehen muss, denn einerseits müssen Menschen fortwährend prüfen, ob ihr Gegenüber als zuverlässig und relevant einzuschätzen ist oder nicht, und andererseits müssen sie selbst ihre Zuverlässigkeit demonstrieren und zeigen, dass sie etwas Relevantes zu sagen haben. Damit dies reibungslos funktioniert, werden die einzelnen Äußerungen mit Hilfe der Grammatik zu gut überschaubaren, mundgerechten Häppchen geformt.

---

[3] Ausnahmen sind Äußerungen wie *Sprich mit mir!* oder *Antworte mir!*

Aber es geht nicht nur um den Sprecherwechsel, es geht auch nicht nur um erwartbare Strukturen einzelner Sätze. Es geht ganz generell um die Zuverlässigkeit von Mustern, damit Sprecher und Hörer sie erkennen, erlernen, internalisieren und automatisieren können, um nicht bei jeder Formulierung eines Satzes immer wieder neu und bewusst über ihre Konstruktion nachdenken zu müssen. Diese erwartbare Musterhaftigkeit hat sich bei der Organisation von Tanzschritten und Tänzen herausgebildet. Sie war ein geradezu ideales Vorbild für die Organisation von Wörtern und Sätzen in Gesprächen. Wer bei jeder Äußerung darüber nachdenken wollte, nach welcher grammatischen Regel er vorgegangen ist, würde sich verhaspeln und seine Gesprächspartner verunsichern. Und wer ständig darüber nachdenkt, wie er beim Tanzen seine Schritte zu setzen hat, gerät ins Straucheln oder tritt seinem Tanzpartner auf die Füße.

> Wer ständig darüber nachdenkt, wie er beim Tanzen seine Schritte zu setzen hat, gerät ins Straucheln

Sein Rederecht behaupten

Die Länge der in Gespräch und Rede beanspruchten Zeit sagt zunächst nichts über die Relevanz des Gesagten aus. Dennoch erwarten die Hörer, dass Redezeit und Relevanz in einem angemessenen Verhältnis zueinander stehen – je länger jemand spricht, desto größer müsste die inhaltliche Relevanz seiner Rede sein. Sprechern mit hohem Prestige und Status räumt man allerdings normalerweise eine längere Redezeit ein, gleichgültig, ob sie etwas Bedeutsames mitzuteilen haben oder nicht. Ihren hohen Status verdanken sie nicht zuletzt

> Sprechern mit hohem Prestige und Status räumt man normalerweise eine längere Redezeit ein, gleichgültig, ob sie etwas Bedeutsames mitzuteilen haben oder nicht

ihren geschickt genutzten Redezeiten und jeder weitere Erfolg im Gespräch festigt die bereits errungene Position.

Was diese Personen inhaltlich zu sagen haben, tritt dabei häufig hinter ihrer personalen, durch den sozialen Status geprägten Relevanz zurück; die längere Redezeit beanspruchen sie schlicht und einfach aufgrund ihrer dominanten Stellung – ähnlich wie ein Gockel, der auf dem Misthaufen kräht, weil er auf sich und seine Bedeutung aufmerksam machen muss. Die meisten Äußerungen wichtiger Personen beruhen zu großen Teilen auf diesem Relevanzprinzip. Dennoch kommt es auch für sie nicht nur darauf an, sich möglichst lange das Rederecht zu sichern, sondern auch, sozial relevante Informationen, nützliche, durchdachte Ratschläge, kluge Anmerkungen und wichtige Erfahrungen in angemessener Weise zu äußern, um so ihre kognitiven und sozialen Fähigkeiten zu demonstrieren.

Oft sind Sprecher daran interessiert, ihr Rederecht über mehrere Sätze hinaus zu behalten und den Gesprächspartner daran zu hindern, dieses Recht an übergangsrelevanten Stellen zu übernehmen. Vor allem Sprecher, die Dominanz ausdrücken und Eindruck schinden möchten, werden versuchen, das Rederecht so lange wie möglich für sich zu beanspruchen. Dazu reichen grammatische Mittel auf der Satzebene nicht aus. Der Sprecher muss seinen Gesprächsbeitrag so relevant und interessant wie möglich gestalten und seine Äußerungen so geschickt miteinander verknüpfen, dass es dem Hörer schlecht gelingt, ihn zu unterbrechen. Es reicht also nicht aus, einzelne Äußerungen und Sätze grammatisch möglichst normgerecht zu produzieren: Auch die Verknüpfungen zwischen den Äußerungen müssen grammatisch stimmig sein. Mit textgrammatischen Mitteln wird dem Hörer signalisiert, dass ein Gesprächsbeitrag mit einem Satzende noch nicht abgeschlossen und eine übergangsrelevante Stelle noch nicht gekommen ist – er sich also gefälligst noch etwas gedulden muss, bis er wieder an der Reihe ist.

Gestern kam ich nach Heidelberg. Da ist mir doch gleich auf dem Bahnhof ein Mann begegnet, der ...

Mit den Wörtern *da* und *der* wird signalisiert, dass es unmittelbar weiter geht und der Sprecher keine Unterbrechung wünscht. Auch mit einer Formel wie *Also, passt mal auf!* wird der Anspruch auf ein längeres Rederecht angemeldet. Wer eine Erzählung oder einen Witz so ankündigt, versetzt seine Zuhörer in gespannte Erwartung, und unausgesprochen steht die Frage im Raum, ob der Sprecher mit seinem längeren Beitrag beeindrucken kann oder nicht. Gelingt ihm dies nicht, so leidet sein Ansehen – möglicherweise nicht sofort, aber die Zuhörer haben ein gutes Gedächtnis und registrieren Flops sorgfältig, vor allem wenn sie sich häufen. Wer etwas erzählen möchte, geht somit ein Risiko ein: Kommt eine Erzählung, eine Anekdote oder ein Witz gut an, so sammelt man Prestige- und Statuspunkte – scheitert man aber, so schlägt dies negativ zu Buche.

Die Textgrammatik liefert zahlreiche Möglichkeiten, um Sätze enger zusammenzufügen und einen vorzeitigen Sprecherwechsel zu verhindern. Das funktioniert in allen Sprachen recht gut. Zu Beginn unserer Sprachentwicklung verlief der Sprecherwechsel jedoch bei weitem noch nicht so reibungslos wie heute, vor allem wenn man in einem Gespräch mehrere Äußerungen hintereinander zu Gehör bringen wollte. In einem Ritual hingegen war dies möglich, da hier sehr genau geregelt war, wer wann wie lange sprechen oder singen durfte. Vor allem die Verknüpfung der Äußerungen mit musikalischen Mustern erlaubte längere Äußerungssequenzen.

> Die Textgrammatik liefert zahlreiche Möglichkeiten, um Sätze enger zusammenzufügen und einen vorzeitigen Sprecherwechsel zu verhindern

Da längere Vorträge im Ritual nur bestimmten Menschen mit entsprechender Autorität vorbehalten waren, versuchte man, dieses Muster einer längeren, musikalisch und grammatisch zusammenhängenden Rede in den Gesprächsmodus zu übertragen. Sprecher mit der Fähigkeit, längere grammatisch verknüpfte Äußerungsketten zu erzeugen, konnten so ihr Rederecht ausdehnen. Auch wenn relativ wenig zu sagen war, verstanden sie sich doch sprachlich so zu spreizen, dass sie über mehr Redezeit verfügen konnten. Die Zuhörer ließen sich von ihren kunstvoll gebauten Äußerungen beeindrucken und trauten sich nicht, sie zu unterbrechen. Sprecher mit geringem Einfluss und wenig Prestige sprachen eher in kürzeren Einheiten, da sie ständig befürchten mussten, unterbrochen zu werden. Grundsätzlich hat sich daran bis heute nichts geändert.

Literatur

Chomsky N (1957) Syntactic Structures. The Hague: Mouton.
Chomsky N (1981) Lectures on Government and Binding. Dordrecht: Foris.
Chomsky N (1995) The Minimalist Program. Cambridge, Mass.: MIT Press
Tannen D (1990) Du kannst mich einfach nicht verstehen. Warum Männer und Frauen aneinander vorbeireden. Hamburg: Kabel.

9

Essen und Sprechen:
Risiken in Mund und Rachen

Was gibt es Schöneres, als sich beim Essen zu unterhalten? Am Küchentisch beim Frühstück oder im Restaurant bei einem opulenten Mahl mit guten Freunden über Gott und die Welt reden – wer möchte sich dafür keine Zeit nehmen? Essen macht Freude, vor allem in der Gemeinschaft mit anderen. Und miteinander zu sprechen ist ebenfalls ein Vergnügen, vor allem, wenn man sich mit seinen Gesprächspartnern versteht. Eine Unterhaltung beim Essen verdoppelt das Vergnügen. In allen Kulturen wird ein gemeinsames Mahl – ob in Familie, Gruppe oder Horde – als angenehm und lustvoll empfunden, denn es ist der ideale Ort, um Informationen auszutauschen, Geschichten zu erzählen und sich mit witzigen Bemerkungen zu erheitern.

Sich verschlucken

Was könnte diese Freude trüben? Es gibt tatsächlich einen Wermutstropfen, der mit der Tätigkeit des Essens und des

Sprechens unmittelbar zusammenhängt – die Gefahr, sich zu verschlucken und dabei zu ersticken. Wie jeder aus Erfahrung weiß, kann es leicht passieren, dass man beim Schlucken etwas „in den falschen Hals bekommt"; dabei geraten Nahrungsteilchen, die auf dem normalen Weg über die Speiseröhre in den Magen gelangen sollten, in die Luftröhre oder sogar in die Lunge. Man mag einwenden, diese Gefahr sei doch relativ gering und könne keineswegs die Freude am Plaudern beim Essen trüben. Tatsächlich haben Erwachsene in der Regel keine Mühe, während des Essens zu sprechen, und verschlucken sich eher selten, doch gelegentlich gerät ihnen ein Fremdkörper in die Luftröhre, insbesondere wenn sie ungenügend kauen, das Essen hastig hinunterschlingen oder zu unbedacht sprechen. Kinder und alte Menschen sind noch stärker gefährdet.

Gelangen Speiseteile in die Luftröhre und bleiben dort stecken, werden die Atemwege teilweise oder vollkommen blockiert. Der Fremdkörper löst einen starken Hustenreiz aus – ein Schutzreflex, der ihn nach draußen befördern soll. Gelingt dies jedoch nicht, so entsteht ein ziehendes, pfeifendes Atemgeräusch. Der Betroffene ringt nach Luft und durch den Sauerstoffmangel verfärbt sich die Haut bläulich. Neben der Atemnot drohen Bewusstlosigkeit, Atemstillstand, Versagen des Blutkreislaufs oder gar der Tod. Besonders gefürchtet ist auch die Aspirationspneumonie, eine schwere Lungenentzündung, die ausgelöst wird, wenn man beim Erbrechen Magensäure einatmet.

Beim Essen denkt man normalerweise nicht an derart schlimme Konsequenzen. Allenfalls beim Verzehr eines grätigen Fisches isst man vorsichtiger und erinnert sich an seine besorgte Mutter, die einem in Kindertagen stets verbot, beim Essen zu sprechen, und ständig mahnte, auf die Gräten zu achten. Weil man das Verschlucken eher mit kindlicher Unachtsamkeit verbindet als mit einem gesunden Erwachsenen, war man recht amüsiert, als die Medien das Missgeschick des ame-

Selbst George Bush, der mächtigste Mann der Welt, hat sich beim Verzehr einer Brezel verschluckt

rikanischen Präsidenten George W. Bush verbreiteten, der sich beim Verzehr einer Brezel verschluckt hatte und bewusstlos vom Sofa auf den Boden gerutscht war. Die Vorstellung, dass der mächtigste Mann der Erde von einer Brezel niedergestreckt wurde und sich wie ein kleines Kind verschluckt hatte, passte trefflich zu dem Bild eines inkompetenten Muttersöhnchen mit schlecht entwickelten rhetorischen Fähigkeiten und mangelnder intellektueller Brillanz.

Auch wenn die Gefahr, sich während des Essens zu verschlucken, heute allenfalls ein Thema für besorgte Mütter und HNO-Ärzte ist, mag dies in der Frühzeit der menschlichen Entwicklung noch anders gewesen sein. Tatsächlich zeigt sich, sobald man die evolutionäre Uhr nur ein wenig zurückdreht, dass diese Gefahr damals ungleich größer gewesen sein muss. In einer Zeit, zu der unseren Vorfahren noch keine Fertignahrung zur Verfügung stand und ihre Nahrung noch nicht nach allen Regeln der Kochkunst zubereitet, sondern weitgehend roh und unbehandelt gegessen wurde, konnte es leicht passieren, dass eine Gräte, ein Knochensplitter oder eine zähe Pflanzenfaser in die Luftröhre geriet. Bedenkt man zudem, dass damals nicht regelmäßig Nahrung zur Verfügung stand und immer wieder Hungerzeiten zu ertragen waren, dann war nur allzu verständlich, dass man ein erlegtes Tier geradezu verschlang und dabei weniger sorgfältig auf gröbere Teile achtete, die einem zum Verhängnis werden konnten. Mit hungrigem Magen vergessen Menschen ja auch heute noch jegliche Esskultur.

Da die Mitglieder einer Horde damals möglichst rasch möglichst viel von einer gemeinsamen Mahlzeit ergattern mussten, erhöhte sich die Gefahr beträchtlich, dass man sich beim hastigen Verschlingen der Nahrung verschluckte. Dabei waren diejenigen Individuen einer Horde, die sich trotz ihres anatomischen Handicaps nicht verschluckten, evolutionär im Vorteil, während die Individuen, deren Nahrungsaufnahme nicht problemlos funktionierte, geringere Überlebenschancen hatten. So bewirkte die natürliche Selektion, dass für die heutigen Menschen nur noch ein Restrisiko besteht, beim Essen zu ersticken. Die geschickten

Esser haben überlebt, die anderen sind – nicht nur statistisch gesehen – unter den Tisch gefallen.

Wie aber kam es während der Entwicklung der Menschheit überhaupt zu diesem Problem, das buchstäblich das Überleben der gesamten Art bedrohte? Man sollte meinen, das Herunterschlucken von Nahrung sei über die Jahrmillionen der natürlichen Evolution so perfektioniert worden, dass es völlig reibungslos und ohne Gefahr verlaufe, da die Evolution schließlich darauf abziele, Leben zu erhalten und nicht zu gefährden – schon gar nicht bei dem so lebenswichtigen Vorgang der Nahrungsmittelaufnahme. Warum entwickelte sich beim Menschen das offensichtliche Handicap, nicht gleichzeitig Nahrung über die Speiseröhre in den Magen befördern und atmen oder Laute von sich geben zu können?

Alle Säugetiere, auch die Affen als unsere nächsten Verwandten, können bei der Nahrungsaufnahme atmen oder Laute erzeugen, ohne dabei Gefahr zu laufen sich zu verschlucken. Das liegt daran, dass die Luftröhre bei ihnen in der Nasenhöhle beginnt und somit keine Nahrung hineingelangen kann. Sogar Menschenbabys können bis zum Alter von drei Monaten noch gleichzeitig atmen und trinken – doch dann verändert sich die Lage. Ältere Kinder und Erwachsene sind der Gefahr des Verschluckens ausgesetzt, weil der Mensch evolutionär den Weg gegangen ist, der ihn zu einem Sprachfähigen Wesen gemacht hat. Mit der Fähigkeit zu sprechen hat er sich das Risiko eingehandelt, beim Verzehr seiner Nahrung zu ersticken.

> Alle Säugetiere, auch die Affen als unsere nächsten Verwandten, können bei der Nahrungsaufnahme atmen oder Laute erzeugen, ohne dabei Gefahr zu laufen sich zu verschlucken

Abgesehen von den ersten Lebenswochen liegt der Kehlkopf beim Menschen wesentlich tiefer als bei seinen nächsten Verwandten. Zur Zeit des *Homo erectus*, vor ungefähr 1,8 Millionen Jahren, begann er langsam in den Hals hinabzuwandern und konnte so die Funktion, Sprachlaute zu produzieren, immer besser erfüllen. Der evolutionäre Prozess, der dazu führte, kommunikative Signale in immer besserer Qualität zu erzeugen, machte unseren Kehlkopf zu einem komplexen Klanginstrument, während durch seine Verlagerung in den Hals zugleich die Fähigkeit verloren ging, gleichzeitig zu atmen und Nahrung aufzunehmen. Da der Kehlkopf aus weichem Knorpel besteht, lassen sich leider keine Reste finden, sodass man über seine frühere genaue Lage und Form nur spekulieren kann. Philip Lieberman hat jedoch anhand von vergleichenden Messungen der Schädelbasis bei modernen Menschen, Menschenaffen und Hominiden darauf geschlossen, dass der Kehlkopf seit der Zeit des *Homo erectus* langsam nach unten wanderte, um dort Stimmlippen zu entwickeln, die kräftige und klare Töne erzeugen konnten, welche für den Klang menschlicher Sprache unabdingbar sind. Bei einem tiefer im Hals liegenden Kehlkopf lassen sich die dort erzeugten Töne optimal verstärken, da sie der Luftdruck aus der Lunge über ein zunächst schmales Rohr im Hals in einen sich weitenden Mund- und Nasenraum befördert, ähnlich wie bei einer Trompete.

Die Anatomie des unteren Schädelbereichs wies beim *Homo erectus* bereits Unterschiede zu dem für Säugetiere typischen Aufbau der oberen Atemwege auf (Lieberman et al 1992 und Duchin 1990: 694). Der Kehlkopf mit den Stimmlippen verlagerte sich von der hinteren Schädelbasis in den Hals hinab, wodurch der Eingang zur Luftröhre noch unter den Eingang zur Speiseröhre verschoben wurde. Demzufolge ergab sich erstmals in der Evolution der Säugetiere beim *Homo erectus* das Problem, dass beim unachtsamen Schlucken Nahrung in die Luftröhre gelangte.

Zu Beginn der Entwicklung des *Homo erectus* sah es so aus, als wüsste die Evolution nicht, wie sie sich entscheiden solle. Während die Dynamik der natürlichen Selektion darauf gerichtet ist, lebenserhaltende Funktionen zu sichern und zu verbessern, und keine Änderungen vornimmt, die für das Überleben einer Spezies bedrohlich sind, zielt die Dynamik der sexuellen Selektion darauf ab, das kommunikative Verhalten einer Spezies so zu entwickeln, dass sie zu einer möglichst optimalen Partnersuche und Partnerfindung befähigt wird. Wie wir bereits

> Zu Beginn der Entwicklung des Homo erectus sah es so aus, als wüsste die Evolution nicht, wie sie sich entscheiden solle

gesehen haben, ist es für die Entwicklung kommunikativer Signale nicht nur wichtig, dass man sie versteht, sondern auch, dass sie vom Empfänger ernst genommen werden. Und offenbar werden sie dies umso mehr, je höher das Handicap ihrer Erzeugung ist. Demnach musste das Sprechen, die Fähigkeit, die uns vor allen anderen Lebewesen auszeichnet, teuer erkauft werden. Diejenigen Hominiden, aus denen der *Homo erectus* hervorging, ließen sich also ungewollt auf ein evolutionäres Pokerspiel ein, indem sie Sprechorgane entwickelten und dabei das Überleben der gesamten Art aufs Spiel setzten.

Um des erfolgreichen Signals willen nimmt die sexuelle Selektion Risiken in Kauf, weil das Individuum so zeigen kann, dass es mit diesem Signal trotz der damit verbundenen Risiken kompetent umzugehen versteht. Marshall McLuhans Aussage »Das Medium ist die Botschaft« (McLuhan/Fiore 1967) gilt nicht nur in der Medientheorie, sondern auch in einem evolutionstheoretischen Sinn – evolutionär gesehen ist es nicht unbedingt entscheidend, welche Informationen man einem Zuhörer vermittelt, sondern dass man überhaupt in der Lage ist, sinnvolle Sprachlaute in verschiedensten Situationen, beispielsweise mit vollem Munde, präzise und deutlich zu produzieren. Werden die Sprechwerkzeuge nicht perfekt beherrscht, weil die Sprachlaute beispielsweise beim Essen undeutlich werden oder der Sprecher sich gar verschluckt, so wird die Botschaft, wie wichtig sie inhaltlich auch immer sein mag, abgewertet und ihr Übermittler verliert an Glaubwürdigkeit.

Präzise Bewegungen in Mund und Rachen

Beim Sprechen bewegen sich – im Millisekundentakt präzise aufeinander abgestimmt – über 200 Muskeln in Mund, Hals und Oberkörper. Um diese hochkomplexen Bewegungen so zu steuern, dass dabei sprachliche Äußerungen produziert werden, muss das Gehirn 300 000 Bit pro Sekunde verarbeiten. Nur das reibungslose Zusammenspiel von Milliarden Neuronen garantiert

Beim Sprechen bewegen sich über 200 Muskeln in Mund, Hals und Oberkörper

den Erfolg des Sprechvorgangs. Selbst die leistungsfähigsten Computer erreichen diese Zahl nicht annähernd. Man könnte erwarten, dass die Natur für eine derart komplexe Aufgabe eigens ein Organ entwickelt hätte, das einzig und allein auf diese extrem schwierige Aufgabe spezialisiert ist, denn je größer die Anzahl der beteiligten Organe und Muskeln, desto höher ist die Wahrscheinlichkeit, dass Störungen auftreten. Offensichtlich hat die Evolution aber einen höchst problematischen Weg genommen, um sprachliche Lautketten erzeugen zu können.

Die Selektion hat nicht dazu geführt, dass etwas völlig Neues entwickelt wurde, sondern auf dem aufgebaut, was sie vorgefunden hat. Aber die Selektion bastelt nicht einfach etwas aus Lust und Laune zusammen. Jede Veränderung wird vielmehr dem Wettbewerb mit anderen mehr oder weniger ähnlichen Varianten ausgesetzt, sodass sich ständig neu erweisen muss, was sich in einer bestimmten Phase der Entwicklung durchsetzen kann und was nicht. Und da sich die ökologischen Bedingungen ständig ändern, kann man nie voraussagen, was sich wann in welcher Form durchsetzen wird. Unter den Nachkommen jeder Generation entsteht eine mehr oder weniger große Varianz einzelner Merkmale, die sich für jedes Individuum als mehr oder weniger nützlich erweisen. Sind sie hilfreich, um in einer bestimmten Umwelt zu überleben, und erlauben sie ihrem Träger, seine Gene weiterzugeben, so werden sich diese Merkmale durchsetzen.

Bei der Evolution der Sprache hat sich die Evolution unter anderem der Lippen, der Zunge und der Zähne bedient – alles Organe, die ursprünglich nur für das Aufnehmen, Zerkleinern und Weiterbefördern von Nahrung zuständig waren, nun aber – neben ihrer alten Aufgabe, die sie nach wie vor verrichten müssen – als hochsensible Sprechorgane Präzisionsarbeit leisten müssen.

Der Unterschied zwischen den Aufgaben, einerseits Nahrung zu zerteilen und andererseits mit präzise festgelegten Bewegungen in rascher Abfolge Laute zu produzieren, könnte nicht extremer sein. Er ist vergleichbar mit der künstlerischen Arbeit eines Bildhauers, der nebenher Holz hacken muss – ein falscher Schlag mit dem Stechbeitel zerstört eine Skulptur, aber das Feuerholz muss lediglich so zerteilt werden, dass es in den Ofen passt. Ganz ähnlich geht es im Mund zu – berührt die Zungenspitze bei einem /s/ die Schneidezähne nur um wenige Millimeter zu tief, so entsteht ein unerwünschtes Lispeln, aber wie und wo im Mund ein Stück Fleisch zerkleinert wird, spielt keine Rolle. Die blitzschnelle Steuerung dieser unterschiedlichen Tätigkeiten erfordert viel Übung – wenn die Zunge nach vorne fährt, um das /t/ von *Tasse* zu bilden, und die Schneidezähne gerade ein Stück Fleisch zerteilen möchten, kann man sich leicht auf die Zungenspitze beißen.

Was bei kompetenten Sprechern leicht und mühelos zu gelingen scheint, erfordert ein außergewöhnliches Können: Beim gleichzeitigen Essen und Sprechen muss die Zunge, die schmackhafte Happen im Mund so bewegt, dass sie von den Zähnen effizient zerkleinert werden können, auf einen neuronalen Befehl hin diese Arbeit unterbrechen, um in extrem rascher Abfolge Laute zu artikulieren, und zwischen diesen unterschiedlichen Funktionen ständig wechseln. Während sie beim Essen eher die grobe Arbeit einer Schaufel verrichtet, erfordert die Artikulation einer Lautkette höchste Präzision – millimetergenau und in Bruchteilen von Sekunden steuert die Zunge unterschiedliche Positionen im Mundraum an, um den Luftstrom für die Lauterzeugung zu regulieren. Die komplexe neuronale Steuerung der Zungenbewegungen wird einem normalerweise nicht bewusst, sondern erfolgt reibungslos und routiniert. Ähnlich verhält es sich mit den anderen Organen in Mund und Rachen. Alle Teile des Kauapparats – Lippen, Zähne, Zunge, Gaumen, Wangen und

> **Während die Zunge beim Essen eher die grobe Arbeit einer Schaufel verrichtet, erfordert die Artikulation einer Lautkette höchste Präzision**

Kiefer – müssen beim Sprechen ihre Kaubewegungen unterbrechen, um den Luftstrom für die Artikulation der Sprachlaute
millimetergenau zu kanalisieren.

Der ständige und oft auch rasche Wechsel von einer Tätigkeit
zur anderen birgt Risiken, die evolutionär wenig plausibel zu
sein scheinen. Eine Lösung des Problems könnte sein, während
des Essens einfach nicht zu sprechen. In zahlreichen Kulturen
gibt es in der Tat Vorschriften, die das Sprechen beim Essen
einschränken oder ganz unterbinden. Vor allem Kindern erlaubt
man häufig nicht, sich am Tischgespräch zu beteiligen, stillzu-
sitzen und einfach nur zu essen, während die Erwachsenen sich
bei Tisch unterhalten dürfen.

So zeigt sich erneut die Wirksamkeit des Handicap-Prinzips:
Die Inhaber von Macht und Prestige beanspruchen die Möglichkeit, sich einer risikoreichen Kommunikation auszusetzen, in
der man als Sprecher scheitern kann. Indem sie dies tun und die
problematische Gesprächssituation meistern, stabilisieren sie
ihre Macht und ihren Einfluss. Personen mit geringerem Einfluss
lassen sich nicht oder nur begrenzt auf das risikoreiche Parlieren
beim Essen ein, da sie kaum etwas zu gewinnen haben. Jugendliche, in traditionellen Gesellschaften junge Männer, sehen jedoch
in dieser Gesprächssituation ihre Chance, sich zu bewähren und
im Kreis der bedeutenderen Mitglieder akzeptiert zu werden.

Immer wieder entstehen aber auch Situationen, in denen
der Funktionswechsel vom Nahrungsverteilen zum Sprechen
nicht problemlos gelingt. Soll man beispielsweise auf eine Frage
reagieren, obwohl man den Mund noch voll hat, muss man dem
Gesprächspartner signalisieren, dass man antworten möchte,
aber noch ein wenig Zeit zum Kauen benötigt. Dies erfolgt durch
Deuten auf den Mund, einen kurzen Brummton oder eine kurze
Äußerung, wie *Moment!* Der Sprecher muss genau abschätzen,
ab welcher Nahrungsmenge er antworten kann. Dabei spielen
kulturelle Unterschiede eine wich-
tige Rolle – in einigen Ländern,
etwa in China, darf man mit we-   **Mit vollem Munde**
sentlich vollerem Mund sprechen   **spricht man nicht!**

als in Deutschland. Bei uns nimmt man die Regel *Mit vollem Munde spricht man nicht!* relativ ernst. Doch auch in China gibt es eine physiologische Obergrenze – mit zu viel Nahrung im Mund kann man einfach nicht mehr artikulieren.

Neben den beiden weitgehend automatisiert und unbewusst ablaufenden Tätigkeiten der Nahrungsaufnahme und der Artikulation gibt es einen Konflikt zwischen der sinnlichen Wahrnehmung des Essens und der Konzentration auf den Inhalt der sprachlichen Äußerungen. Während des Essens wird besonders gerne erzählt und Erzählungen, insbesondere spannende, beanspruchen die gesamte Aufmerksamkeit des Erzählers wie auch der Zuhörer. Der Vorgang des Essens und der gleichzeitigen Produktion von Sprache muss deshalb so stark automatisiert sein, dass sich der Erzähler voll und ganz auf seine Erzählung konzentrieren kann. Darum wird sich ein routinierter Erzähler auch nicht aus dem Konzept bringen lassen, wenn er etwa unvermutet auf einen Knochen oder eine Gräte beißt. Weniger versierte Sprecher hingegen müssen ihre Geschichte unterbrechen, um sich bewusst auf das Problem beim Kauen konzentrieren zu können. Für die Zuhörer gilt das Gleiche – sind sie kompetent und versiert, so bleibt der Kauvorgang – auch in problematischen Situationen – unterhalb der Schwelle des Bewusstseins. Anderenfalls wird sie eine unvorhergesehene Situation beim Essen vom Zuhören ablenken.

Flirts beim Essen

Wenn sich in unserer westlichen Zivilisation ein Mann und eine Frau kennen gelernt haben und aus der ersten flüchtigen Begegnung mehr werden könnte, dann lädt der Mann die Frau in der Regel zu einem gemeinsamen Essen ein. Und normalerweise nimmt die Frau, falls sie an dem Mann zumindest ein wenig interessiert ist, diese Einladung an. In allen westlichen Gesellschaften, vor allem in den USA, ist diese Abfolge beim Flirt üblich, denn beim Essen besteht ausreichend Gelegenheit, sich näher kennen

zu lernen. Oberflächlich betrachtet, geht es vor allem darum festzustellen, ob man von seinen Interessen her zueinander passt, und
auf den ersten Blick scheint nur das, was man sagt, für den Erfolg
oder Misserfolg einer näheren Beziehung bedeutsam zu sein.

In Wirklichkeit geht es jedoch vor allem darum, wie geschickt
sich ein potenzieller Partner beim gleichzeitigen Essen und
Sprechen anstellt. Da auch hier grundsätzlich die alte Regel
Darwins gilt – der Mann wirbt und die Frau wählt –, wird der
Mann in seiner werbenden Rolle die meisten Gesprächsanteile
für sich beanspruchen und die Frau wird genau beobachten,
ob es ihm gelingt, die Tätigkeiten
des Essens und des Sprechens in
eine möglichst harmonische und
den Gepflogenheiten der jeweiligen Kultur angemessene Form zu
bringen. Sobald der Ober das Essen gebracht und man sich einen
„guten Appetit" gewünscht hat,

> **Sobald der Ober
> das Essen gebracht und
> man sich einen „guten
> Appetit" gewünscht hat,
> wird es spannend**

wird es spannend. Grundsätzlich gibt es zwei sehr unterschiedliche Möglichkeiten – entweder widmet sich der Mann schweig-
sam seinem Essen und nimmt den Gesprächsfaden erst wieder
auf, wenn sein Teller leer ist, oder er unterbricht sein Kauen
und Schlucken immer wieder in geschickter Weise, sodass es
zu einem anregenden Gespräch kommt. Der kommunikative
Esser geht dabei ein größeres Risiko ein – weil ihn das Sprechen
ablenkt, kann er sich leichter bekleckern, sich am heißen Essen
den Mund verbrennen, mit seinen untermalenden Gesten das
Weinglas umstoßen und schließlich über seinen Erzählungen
das Essen kalt werden lassen. All diese Risiken sind mit der
Entwicklung der Esskultur entstanden. Das evolutionär älteste
Risiko ist aber nach wie vor die Gefahr sich zu verschlucken.

Die Frau, die den werbenden Mann aufmerksam beobachtet,
muss jedoch nicht auf derartige Katastrophen warten, um sich
ein genaueres Bild von seinen Qualitäten machen zu können. Sie
achtet auf subtilere Anzeichen – so registriert sie, ob neben den
Sprachlauten auch Essgeräusche zu hören sind, sie achtet auf die

Feinabstimmung zwischen mehr oder weniger gefülltem Mund, Schlucken, Trinken und Sprechen und sie bemerkt Essensreste, die sich am Mund befinden und nicht entfernt werden. (Man denke an den klassischen Sketch von Loriot, in dem eine wandernde Nudel auf dem Gesicht des werbenden Mannes die Aufmerksamkeit der umworbenen Frau völlig gefangen nimmt und den Flirt schließlich scheitern lässt.) Und schließlich achtet die Frau – wenn auch unbewusst – vor allem darauf, ob die Artikulation durch das Essen beeinträchtigt wird. Meistert der Mann all diese Unwägbarkeiten mit Bravour und es gelingt ihm, die Frau mit seinen Bemerkungen und Erzählungen zu beeindrucken, so stehen die Chancen, dass es beim nächsten Treffen oder sogar noch am gleichen Abend zu einem sexuellen Kontakt kommt, nicht schlecht. Hat der Mann den kommunikativen Flirttest mit hohem Handicap zufrieden stellend oder gar glänzend bestanden, bekommt er vielleicht die Gelegenheit, die Gene mit seinen kommunikativen Fähigkeiten an mögliche Nachkommen weiterzugeben.

Hier wird wahrscheinlich manche Leserin einwenden, dass beim Essen sicherlich auch derartige, auf den ersten Blick banal erscheinende Dinge wie das Sprechen mit vollem Mund bemerkt werden und in die Einschätzung eines Mannes einfließen, aber doch wohl nicht ausschlaggebend sind! Wesentlich wichtiger sei doch, was ein Mann sagt und wie er es sagt, welche Ansichten und Einstellungen erkennbar werden, ob er nicht nur redet, sondern auch zuhört, ob er Interesse an dem zeigt, was eine Frau sagt, ob er freundlich ist oder nur höflich, ob er Humor hat und ob beim Lächeln nicht nur seine Zähne blitzen, sondern auch seine Augen. All das gäbe doch viel eher den Ausschlag als die Tatsache, ob er sich mal verschluckt oder kleckert.

Dieser Einwand lässt sich entkräften, wenn man den kulturellen Rahmen berücksichtigt, in denen Begegnungen beim Essen eingebunden sind. Als Frau aus gehobenem sozialen Milieu kommt man selten in die Situation, gemeinsam mit einem ungehobelten Burschen ohne Bildung und Manieren essen zu gehen, um erst hier zu entscheiden, ob er in die nähere Wahl für ein tiefer gehendes Engagement infrage kommt. Die äußerliche

Barriere, sich gut zu benehmen und einigermaßen „anständig" zu essen, müsste zunächst einmal genommen werden, damit überhaupt komplexere Flirtfähigkeiten zum Zuge kommen können. Flirts beim Essen sind Situationen, in denen nur selten größere Milieuunterschiede überschritten werden. Das Sprachverhalten, etwa ein als „derber" eingeschätzter Dialekt, sorgt dafür, dass die sozialen Unterschiede gewahrt bleiben. Frauen wie Männer kennen alle die Erfahrung, dass sie vom Aussehen eines anderen beeindruckt sein können, das Interesse aber schlagartig erlahmt, sobald die ersten Äußerungen in einer Sprachform zu hören sind, die einem nicht behagen.

Wenn man den kulturellen Fokus historisch verändert und tief in die Vergangenheit von *Homo Sapiens* zurückschaut, dann wird das Verhalten beim Essen wahrscheinlich ein noch wichtigeres Kriterium zur Einschätzung eines Mannes gewesen sein. Die Art und Weise, wie sich ein hungriger Mann über die Nahrung, vor allem über sein selbst erbeutetes Fleisch hermacht, lässt darauf schließen, wie sehr jemand in der Lage ist, seine spontanen Bedürfnisse zu kontrollieren und sich im Zusammenleben mit einer Frau verhalten wird: zuvorkommend, rücksichtsvoll, unterstützend oder rüpelhaft, unkontrolliert oder aggressiv. Gerade weil das Bedürfnis, sich so rasch wie möglich zu sättigen, so überaus stark werden kann, wurden mit ritualisierten Essensmanieren im Prozess der Zivilisation Hürden eingebaut, an denen sich erweisen kann, ob und in welcher Weise Männer in der Lage sind, ihren Sättigungstrieb und wohl auch ihren sexuellen Trieb zu kontrollieren.

Aber es geht hier nicht nur um Triebkontrolle! Frühe Vertreter von *Homo sapiens*, die beim Essen in der Gemeinschaft Lautketten äußerten und sie präzise artikulierten, ohne sich zu verschlucken, demonstrierten damit, dass sie zur exakten Steuerung eines außerordentlich komplexen Muskelapparates fähig waren. Beobachter konnten daraus relativ zuverlässig schließen, dass sie auch die Feinsteuerung der übrigen Muskeln beherrschten, etwa beim präzisen Wurf von Speeren, und deshalb als Kandidaten für einen sexuellen Kontakt in die nähere Wahl kamen.

Ob der Bewegungsapparat in irgendeiner Weise beeinträchtigt ist, lässt sich bis heute besonders gut daran feststellen, ob jemand in der Lage ist, deutlich zu artikulieren. Bei Müdigkeit, nach dem Genuss von Alkohol oder nach einem Schlaganfall wird die Artikulation rasch beeinträchtigt.

Die Kommunikation beim Essen wurde nicht erst mit der Entstehung des *Homo sapiens* für die Partnerwahl bedeutsam. Bereits wesentlich früher, zur Zeit des *Homo erectus* vor 1,8 Millionen Jahren, als der Kehlkopf langsam nach unten wanderte und differenziertere Laute ermöglichte, aber auch die Gefahr des Sich-Verschluckens zunahm, da die Öffnungen von Luft- und Speiseröhre immer näher zusammenrückten, sollte sich entscheiden, in welche Richtung die evolutionäre Reise gehen würde. Entweder würde der Weg zu einer ausdifferenzierten Sprache und zum modernen Menschen führen, der das Handicap einer problematischeren Nahrungsaufnahme bewältigen müsste, oder zu einem robusten Affenmenschen, der zwar unfähig wäre, komplexe Lautketten zu produzieren, dafür aber beim Fressen nicht den Erstickungstod fürchten müsste. Die Reise führte zu uns – an ihrem vorläufigen Endpunkt steht der moderne sprechende Mensch als einziger Vertreter seiner Gattung. Alle anderen Arten und Unterarten sind während der Reise innerhalb einer evolutionär kurzen Zeitspanne ausgestorben – der Neandertaler als letzter Konkurrent zum modernen Menschen erst vor 27 000 Jahren. Möglicherweise war für sie alle das Handicap bei der Nahrungsaufnahme zu groß.

Literatur

Duchin L (1990) The evolution of articulate speech: Comparative anatomy of the oral cavity in Pan and Homo. In: *Journal of Human Evolution* 19: 687–697.

Lieberman P et al (1992) The anatomy, physiology, acoustics and perception of speech. Essential elements in analysis of the evolution of human speech. In: *Journal of Human Evolution* 23: 447–467.

McLuhan M, Fiore Q (1967) The Media is the Message. New York: Random House.

10

Homo didacticus

Der Wunsch, es allen zu zeigen

Ich hab's allen gezeigt – so lautet der Titel des Buches, in dem der Fußballer Stefan Effenberg seine Karriere Revue passieren lässt. Jemand, der auf dem Fußballplatz Hervorragendes geleistet hat, teilt uns mit seinem Buch mit, was für ein toller Kerl er ist. Mit seinem „Stinkefinger" hatte er bereits gestisch Eigensinn und Unabhängigkeit demonstriert und jetzt möchte er noch einmal allen schriftlich seine menschlichen und fußballerischen Qualitäten beweisen.

Dahinter verbirgt sich das grundsätzliche menschliche Bemühen, Erfolge, Leistungen und Fähigkeiten Anderen kundzutun. Hat man etwas Besonderes geleistet, so möchte man es bekannt machen; möglichst viele sollen es sehen oder darum wissen. Bereits kleine Kinder verfolgen, manchmal sogar noch vor Beginn des Spracherwerbs, diese „Informationspolitik". Mit zwei Jahren kann man zwar noch nicht von seinen Glanztaten erzählen, aber man kann auf sie hinweisen, während man sie vollbringt.

> **Hat man etwas Besonderes geleistet, so möchte man es auch bekannt machen**

Kurz nachdem unser Sohn sprechen konnte, rief er ständig: „Guck mal!" Mit diesen Worten warb er um die Aufmerksamkeit seiner Eltern sowie aller sonstigen Anwesenden und lenkte ihre Blicke mit einer verbalen Zeigegeste auf sich und seine Handlungen. Mit seinen kindlichen Mitteln versuchte er etwas Interessantes zu tun, um andere zu beeindrucken oder zu beeinflussen. Dabei verhielt er sich wie ein kleiner Wahlkämpfer, der allen deutlich machen will, was für ein toller Typ er ist. Als er älter wurde, begann er von dem zu erzählen, was wir selbst nicht mit ihm zusammen erlebt hatten. Eine Erzählung ist grundsätzlich nichts anderes als eine umfangreichere und besonders strukturierte verbale Zeigegeste, mit der auf ein bestimmtes Geschehen verwiesen wird, um beim Hörer eine innere Vorstellung davon zu erzeugen. „Hör zu, ich erzähle dir was!" bedeutet eigentlich: „Guck dir mal vor deinem inneren Auge an, was ich dir jetzt sage! Schau mit mir zusammen in die Vergangenheit!"

Um dieses Ziel zu erreichen, muss man geschickt vorgehen. Ein schlichter Verweis mit Gesten oder Worten reicht nicht – es muss sich für das Gegenüber auch lohnen, in die angezeigte Richtung zu schauen. Wird man nämlich enttäuscht, weil das Gezeigte langweilig oder irrelevant ist, so ist man beim nächsten Mal weniger geneigt, der Zeigegeste zu folgen. Menschen erkennen rasch, ob jemand die Fähigkeit besitzt, auf etwas Relevantes zu zeigen; wer ständig etwas erzählt, das banal, weitgehend bekannt oder vorhersehbar ist, gilt bald als substanzloser Schwätzer und Langweiler. Dann hat niemand mehr große Lust, seiner Zeigegeste zu folgen – man wendet sich ab und schenkt seine Aufmerksamkeit lieber einem Menschen, bei dem sich die Mühe lohnt.

Somit ließe sich jegliches Sprechen als zeigendes Sprechen beschreiben, das immer mit der Aufforderung an andere verbunden ist, ihre Aufmerksamkeit auf das zu richten, worauf die verwendeten sprachlichen Zeichen verweisen. Zugleich aber wird das Augenmerk auf den Sprecher gelenkt, der mit seinem Sprechen immer auch auf sich selbst zeigt und damit versucht, die Hörer in ihrem Verhalten und in ihrer Einstellung zur Welt und zu ihm zu beeinflussen. So ist jeder Sprecher ein nimmermüder Wahlkämpfer, der um seinen Platz in der Gemeinschaft buhlt, indem er verkündet: „Guckt mal, hier bin ich und habe etwas Relevantes zu sagen! Und deshalb bin ich wichtig und wertvoll!"

Jeder Sprecher ist ein nimmermüder Wahlkämpfer, der um seinen Platz in der Gemeinschaft buhlt

Bei unserem Sohn wurde diese Strategie deshalb so deutlich, weil er die Erwachsenen immer wieder in stereotyper Weise aufforderte, zu ihm hinzugucken – auch wenn es keine allzu interessanten Ereignisse zu beobachten gab. Er hatte zwar sehr früh das universale Prinzip des Zeigens erkannt, verstand aber noch nicht, es geschickt genug umzusetzen. Als Erwachsene rufen wir nicht ständig: „Guck mal!" Da wir nicht, wie Kinder, in erster Linie auf sichtbare Geschehnisse in unserer Umgebung verweisen, sondern auf sprachlich aufbereitete Ereignisse aus der Vergangenheit, beginnen wir unsere Äußerungen mit „Pass mal auf!", „Wisst ihr schon das Neueste?" oder schlicht mit „Also ...", um die Aufmerksamkeit unserer Gesprächspartner auf die zu erwartende Erzählung zu lenken. Weil unser Sohn noch nicht genügend Einfühlungsvermögen und Weltwissen hatte, konnte er schlecht abschätzen, was Erwachsene interessiert. Während meine Frau fast immer seinem Wunsch nach Aufmerksamkeit folgte, machte ich ihm bereits früh klar, dass ich nicht immer alles interessant fand, worauf er gerade zeigte. Gerade mein häufiges Desinteresse führte jedoch dazu, dass er sich bei mir wesentlich stärker bemühte, meine Aufmerksamkeit zu gewinnen, und sich besonders interessante Aktionen überlegte.

Als ich einmal einen Kollegen besuchte, kamen wir kaum dazu, ein Gespräch zu führen, da uns sein fünfjähriger Sohn ständig mit irgendwelchen Versuchen nervte, die Aufmerksamkeit auf sich zu lenken. Schließlich platzte seinem Vater der Kragen, er herrschte ihn an, endlich den Mund zu halten, und verbannte ihn ins Kinderzimmer. Seine jüngere, wesentlich ruhigere Schwester wurde ebenfalls dorthin geschickt. Ungefähr eine halbe Stunde lang konnten wir uns in Ruhe unterhalten – dann öffnete sich die Tür zum Kinderzimmer wieder und das Mädchen, als Herold verkleidet, verkündete: „Der König kommt!" Daraufhin zog sie ihren Bruder ins Wohnzimmer, der würdevoll schweigend und mit rotem Tuch, Krone und Zepter ausstaffiert in einem Bollerwagen saß.

Die Strategie des um Aufmerksamkeit buhlenden Jungen war aufgegangen: Mein Kollege und ich unterbrachen unser Gespräch und schauten – gemäß der Ankündigung des Mädchens – beeindruckt auf ihren Bruder, der ja nicht im Wohnzimmer sprechen durfte. Durch einen Trick war es ihm gelungen, wieder in den Mittelpunkt der Aufmerksamkeit zu rücken, ohne selbst sprechend auf sich und seine Taten verweisen zu müssen. Mit seiner Schwester als Herold hatte er gewissermaßen den Königsweg gewählt. Er bekam so mehr Aufmerksamkeit als durch eigenes Reden. Das mit väterlicher Autorität verhängte Redeverbot, das ihn zu einem unterdrückten stummen Kind degradiert hatte, münzte der kleine Kerl um in königliches Schweigen,

> Das Ziel, Aufmerksamkeit zu erlangen, setzt bereits bei kleinen Kindern eine erstaunliche Kreativität frei

das wiederum alle, die ihn sahen, verstummen ließ. So brach er den väterlichen Bann, indem er etwas wirklich Interessantes demonstrierte, für das sich auch bei einem Erwachsenen das Hinschauen lohnte. Mit seiner geradezu politisch strategischen Inszenierung erreichte er, beim Besuch eines fremden Erwachsenen wieder als ein wichtiges Mitglied der Familie ernst genommen und akzeptiert zu werden. Das Ziel, Aufmerksamkeit zu erlangen, setzt offenbar bereits bei kleinen Kindern eine erstaunliche Kreativität frei.

Stefan Effenberg ruft mit seinem Buch eigentlich auch nur: „Guckt mal! Lest mein Buch und schaut dabei auf mich!" Er zeigt also nicht auf das, was er gerade tut oder getan hat, sondern

erzählt in schriftlicher Form davon. Als er noch beim Fußball
Tore schoss, konnte er unmittelbar danach den Zuschauern im
Stadion und an den Bildschirmen demonstrieren, dass er es war,
der gerade ein Tor geschossen hatte. Alle Torschützen tun das,
indem sie beispielsweise hüpfend und mit erhobener Faust über
den Platz laufen, bäuchlings über den Rasen schlittern oder sich
ihr Trikot über den Kopf ziehen, also sich in irgendeiner Weise
auffällig, teilweise geradezu grotesk verhalten, damit ein jeder
die unmittelbar vorausgegangene Leistung und ihren Erbringer
gebührend würdigt.

Beim Erzählen über früher vollbrachte Taten kommt noch
etwas hinzu – man zeigt nicht nur, dass man etwas geleistet
hat, sondern zugleich auch, dass man davon zu erzählen versteht. Hinter dem Erzählen verbirgt sich somit die doppelte Zeigegeste: „Schaut auf das, was ich getan habe, und schaut euch
gleichzeitig an, wie ich meine Handlungen sprachlich gestalte!"
Hinterlässt beides einen positiven Eindruck, so zollt man dem
Erzähler Anerkennung, und wird dieser Eindruck mehrfach
bestätigt, so winken Ehre und Ruhm.

Wichtiger als die Taten selbst ist die Art und Weise, wie darüber informiert wird, denn die Form der Botschaft entscheidet
über die empfundene Größe einer Tat – nicht die Tat selbst. Ein
Geschehen wird vergessen, falls es nicht sprachlich bewahrt
wird. Heute kann man zwar auch mit visuellen Medien ein
Geschehen immer wieder neu reproduzieren, sich etwa die Tore
Effenbergs so oft anschauen, wie man möchte, aber erst mit den
Erzählungen zu diesen Toren kann ihre Relevanz verdeutlicht
werden. Die Zeigegeste allein steuert nur die Aufmerksamkeit
in eine bestimmte Richtung, aber die Bedeutung von dem, auf
das gezeigt wird, kann nur erfasst werden, wenn es sprachlich
in ein bestimmtes Licht gerückt wird. Die Botschaft wird auch
deshalb wichtiger als die Tat, weil nach der Tat nur noch die
Botschaft übrig bleibt. Wie viele Berichte, Erzählungen, Do-
kumentationen, Filme und Mythen sind im Anschluss an Hel-
mut Rahns entscheidendes Tor zur Fußballweltmeisterschaft
1954 entstanden. Das „Wunder von Bern" wurde zum Mythos,

weil es als Wunder immer wieder neu erzählt wurde. Dabei ist nicht nur die Quantität der Textproduktion wichtig, auch die Qualität zählt: Je aufwändiger und überzeugender, auch kunstvoller, von einer Tat erzählt wird, desto größer ist die Chance, dass sie erinnert wird. Und der Bote, Tatzeuge oder Journalist, der davon erzählt oder berichtet, hat gute Chancen, dass man sich auch an ihn erinnert. Der Bote einer Botschaft profitiert vom Erfolg einer Erzählung. Und derjenige, der sie hört, wird wiederum zum Boten, trägt sie weiter und partizipiert ebenfalls an seinem Erfolg. Das funktioniert im Alltag genau so wie in der Wissenschaft: Man zeigt, dass man etwas weiß, und gibt diese Nachricht weiter an alle, die sich wahrscheinlich davon beeindrucken lassen. Bei jedem Transfer wird sie mehr oder weniger stark modifiziert, um den eigenen Anteil beim Weiterstricken zu markieren. So entstehen in jeder Kultur Textgewebe über Taten, deren eigentlichen Hergang man irgendwann nicht mehr rekonstruieren kann.

> **In jeder Kultur entstehen Textgewebe über Taten, deren eigentlichen Hergang man nicht mehr rekonstruieren kann**

Doch Informationsstrategien, mit denen wir auf unsere Fähigkeiten verweisen und uns in ein besonderes Licht zu setzen versuchen, können auch riskant sein, vor allem dann, wenn zwischen einer Tat und der Art und Weise, wie wir darüber informieren, der Eindruck entsteht, hier könnte etwas nicht stimmen oder man würde regelrecht belogen. Das *Märchen vom tapferen Schneiderlein* ist ein schönes Beispiel dafür, wie eine derartige Informationsstrategie nur aufgrund märchenhafter Umstände glücklich enden konnte.

In diesem Märchen tötet bekanntlich ein schmächtiger Schneider mit einem Lappen sieben Fliegen auf seinem Pflaumenmusbrot – ein geschickter Schlag zwar, aber wahrlich keine Heldentat. In grotesker Überschätzung seiner Leistung will er jedoch möglichst vielen Menschen verkünden, wozu er fähig ist. Deshalb stickt er mit großen Buchstaben *Siebene auf einen*

Streich auf einen Gürtel, bindet ihn um seinen Leib und geht in die Welt hinaus, um es, wie Herr Effenberg, allen zu zeigen. Unter normalen Umständen würde der Schneider mit seiner Eigenpropaganda scheitern, denn sein missverständlicher Werbeslogan, der vermuten lässt, er habe sieben Personen auf einen Streich erschlagen, steht im Widerspruch zu seiner Körperkraft. Doch der Mut, die Schneiderei aufzugeben, und die Kühnheit, sich mit Riesen und wilden Tieren zu messen, werden belohnt – seine Strategie geht auf, obwohl seine Botschaft scheinbar alles andere als glaubwürdig und zuverlässig ist. Normalerweise ist es erlaubt und weitgehend risikofrei, sich und seine Taten in ein etwas besseres Licht zu rücken, doch je größer die Kluft zwischen Anspruch und Wirklichkeit wird, desto höher steigt auch das Risiko zu scheitern – vor allem wenn der Anspruch mit großem Aufwand öffentlich propagiert wird.

Das tapfere Schneiderlein geht also mit seinem Slogan ein großes Risiko ein, aber gerade deshalb ist der Gewinn am Ende besonders hoch: Es heiratet eine Königstochter und wird selbst König. Auch die ihm zuvor gestellten Aufgaben, in denen es immer um die Glaubwürdigkeit seiner Behauptung *Siebene auf einen Streich* geht, löst es zwar nicht mit außergewöhnlicher Körperkraft, aber mit List und Geschick und zeigt sich so allen Anforderungen gewachsen. Anspruch und Wirklichkeit rücken im Verlauf des Märchens immer enger zusammen, und zum Schluss ist man überzeugt, dass der Schneider es verdient hat, König zu werden, und kein Hochstapler ist. In der Auseinandersetzung mit den starken, aber dummen Riesen zeigt er, dass menschliche Intelligenz und sprachliche Schlagfertigkeit roher Körperkraft überlegen sind – ein Motiv, das möglicherweise noch aus Zeiten der Koexistenz von *Homo sapiens* und Neandertaler stammt und sich hier wieder findet. Auch wenn wir heute wissen, dass Neandertaler keineswegs dumme Kraftprotze waren, wurden sie wahrscheinlich bereits während der Koexistenz der beiden Arten zur Zeit der letzten Eiszeit von den smarteren *Sapiens*-Gruppen so wahrgenommen: Soziale Ausgrenzung führt bis heute zu extremen Zuschreibungen – man denke etwa an

„unsere Ostfriesen", deren angebliche Primitivität in unseren Witzen immer wieder neu und erfolgreich kolportiert wird.

Lassen sich aus den Zeigegesten kleiner Kinder, großer Fußballer und tapferer Schneider allgemeine Prinzipien ableiten? Stoßen wir auf diesem Wege möglicherweise gar zum Ursprung der menschlichen Sprache vor? Verbirgt sich hinter dem Wunsch, es allen oder zumindest doch möglichst vielen zu zeigen, das Motiv, das uns zum Sprechen brachte? Liegt hier vielleicht der Schlüssel für das Geheimnis der Sprache – oder zumindest ein Schlüssel? Aber was wäre denn so überaus wichtig gewesen, dass dafür eigens ein neues Medium geschaffen werden musste? Was hätte man unbedingt zeigen müssen? All das, was ein Mensch vollbringen kann und die Gesellschaft und er selbst als erstrebenswert und wichtig erachtet? Oder auch Negatives, über das man vielleicht besser schweigen sollte? Machen wir die Probe aufs Exempel – mit einem Mord.

> Lassen sich aus den Zeigegesten kleiner Kinder, großer Fußballer und tapferer Schneider allgemeine Prinzipien ableiten?

Jemand, der auf einen Mörder zeigt oder über dessen Tat berichtet, erzielt höchste Aufmerksamkeit. Selbst wer von fiktiven Mordgeschichten oder Mordtaten spannend erzählt, profitiert davon. Nicht umsonst sind die Fernsehprogramme voller Kriminalserien, in denen fast immer zumindest ein Mord geschehen muss – sonst wären die Zuschauer enttäuscht. Es darf aber auch gerne etwas mehr sein. Sieben auf einen Streich zu töten – damit kann man nicht nur im Märchen prahlen. In Gangs, in archaischen Gesellschaften oder in Kriegszeiten steigt die Erzählwürdigkeit mit der Zahl der Morde. Für die Menschen sind Morde äußerst relevante Ereignisse, vor allem wenn ein junger, noch fortpflanzungsfähiger Mensch stirbt. Solche Nachrichten erschüttern die meisten von uns, aber einige wenige empfinden möglicherweise Genugtuung, weil ein Konkurrent eliminiert wurde und so ihre eigenen Chancen steigen, sich mehr Ressourcen zu verschaffen und einen höheren Fortpflanzungserfolg zu verbuchen. Da mit Mord das evolutionäre Spiel um genetischen Erfolg unmittelbar beeinflusst wird, besteht ein großes Interesse, etwas darüber zu erfahren.

In modernen Gesellschaften ist es moralisch verwerflich, zu morden und als Mörder darüber zu erzählen. Sobald allerdings Morde in Kriegen als unvermeidbare und notwendige „Kampfhandlungen" gesellschaftlich sanktioniert werden, ist es nicht nur erlaubt, darüber zu erzählen, sondern sogar erwünscht: Man erntet Anerkennung und kann beim Zuhörer ein wohliges Gruseln erzeugen. Kriegshelden beschreiben in Büchern, wie viele Gegner sie abgeschossen haben. Indianische Krieger schmücken sich mit Skalps oder Schrumpfköpfen, um allen zu zeigen, welch mutige Helden sie sind. Im Krieg macht es keinen großen Unterschied, ob man als Mörder mit seinen eigenen Taten prahlt oder ob man über einen Mord berichtet, den ein anderer begangen hat.

Da man möglichst viele von seinen Qualitäten überzeugen will und erst mehrere Taten ein Bild ergeben, erwähnen viele auch ihre Misserfolge. Wer von seiner Qualität überzeugt ist, kann es sich leisten, das Handicap einzugehen, einen zwiespältigen Eindruck zu hinterlassen. Denn wer auch mit Niederlagen fertig wird und es schafft, aus einem Tal wieder auf einen neuen Gipfel zu steigen, demonstriert Stärke. Wer einen problematischen Lebensabschnitt meistert, etwa eine

> **Wer auch mit Niederlagen fertig wird und es schafft, aus einem Tal wieder auf einen neuen Gipfel zu steigen, demonstriert Stärke**

Midlife-Crisis, gilt als erfahrener und reifer als ein Glückspilz, dem alles auf Anhieb gelingt. Negatives zu schildern, erhöht die Glaubwürdigkeit der Erfolgsmeldungen – wer ausschließlich über seine Erfolge redet, dem traut man nicht recht.

Bekehrte Christen erzählen freimütig von ihren früheren schlimmen Taten, was die Zuverlässigkeit ihrer Botschaft erhöht. Sie haben berühmte Vorbilder: Der Apostel Paulus oder der Kirchenvater Augustinus erscheinen glaubwürdig, weil sie vor ihrer Bekehrung zum Christentum ein sündiges Leben geführt hatten und dies freimütig zugaben. 2004 erschien Präsident Bush im Wahlkampf mit seinem Herausforderer John Kerry glaubwürdiger, weil er offen über seinen ausschweifenden Lebensstil und seine frühere Alkoholsucht vor der christlichen Wende zum Guten berichtete, während man Kerry nicht abnehmen wollte, im Vietnamkrieg ein makelloser Held gewesen zu sein. Auch die Führung der DDR erschien der Bevölkerung unglaubwürdig, weil sie ihre Misserfolge verschwieg und Schwächen oder Fehler nie eingestanden wurden. Aber sie konnte sich auch nicht auf dieses Handicap einlassen, weil das politische System zu schwach war, um sich Ehrlichkeit leisten zu können. Der Verlust an Glaubwürdigkeit von Politikern lässt sich meist mit einer ungeschickten oder fehlenden Handicap-Strategie beim Zeigen auf sich und seine Taten erklären.

Freilich sollte man nicht gleich vor die Fernsehkameras treten, eine Biografie schreiben oder sich einen Gürtel mit dem Slogan *Siebene auf einen Streich* um den Leib binden, um auf seine Qualität zu verweisen. In jedem Gespräch, mit allem, was wir sagen, und vor allem, wie wir es sagen, zeigen wir anderen, wer wir sind und welche Qualitäten in uns stecken. Dies geschieht meist vollkommen unbewusst. So offenbart der Klang unserer Stimme, ob wir ein Mann oder eine Frau, ein Mädchen oder ein Junge sind. Unsere Stimme gibt sogar Hinweise darauf, wie sexy wir sind. Nach einer Untersuchung besteht bei Männern wie auch bei Frauen ein recht deutlicher Zusammenhang zwischen der Attraktivität ihrer Stimme und ihrer sexuellen Aktivität. Bei Frauen ist die Stimme dabei ein noch zuverlässigerer Indikator als das Verhältnis von Taillenweite und Hüftumfang, das ebenfalls als Gradmesser für weibliche Fruchtbarkeit und Attraktivität dient (Hughes et al 2004).

Menschen haben im Laufe der Evolution offenbar die Fähigkeit entwickelt, fortpflanzungsfreudige Artgenossen an ihrer Stimme zu erkennen. Doch diese stimmlichen Signale müssen ihr Publikum erreichen! Demonstriert ein Individuum seine Qualitäten, wie etwa ein Hirsch im Kampf um die Vorherrschaft im Revier, so erfahren alle zuschauenden Mitglieder des Rudels dies durch unmittelbare Anschauung; der Rest erfährt es durch das Röhren des Siegers und das anschließende Verhalten der Konkurrenten. Problematisch wird die Verbreitung von Informationen über die Qualität einzelner Individuen und die damit zusammenhängenden hierarchischen Verhältnisse, wenn die Gruppe ein bestimmtes Maß an Mitgliedern überschritten hat und nicht mehr alle Mitglieder durch den unmittelbaren situativen Kontext informiert werden. Fehlt die unmittelbare Anschauung, die in Arten mit kleinen Gruppen gegeben ist, so müssen die Qualität eines Individuums, seine Siege und Niederlagen sowie sein Status auf anderem Wege weitergegeben werden, denn auch in einer noch so großen Gruppe muss jeder wissen, woran er ist, um sich adäquat verhalten zu können. Besonders präzise gelingt diese Information mit Hilfe der Sprache: durch Propaganda in eigener Sache und durch Klatschen und Tratschen über nicht Anwesende. Wenn Menschen zusammenkommen, reden sie bis heute am liebsten über andere, um etwas über sie in Erfahrung zu bringen, sie in ihrem Wert einschätzen zu können, sie in Relation zum eigenen Wert zu setzen und wenn möglich etwas dazu beizutragen, dass der Wert der eigenen Person im Verlaufe des Gesprächs steigt. Das Karussell des Aufeinander-Zeigens dreht sich ständig: Jeder zeigt auf sich und auf andere – sachliche Informationen sind meist nur Vehikel, damit das Kreisen um das immer gleiche Ziel nicht langweilig wird.

Zeigende Wesen

Menschenaffen sind neugierige Geschöpfe. Doch obwohl alles Mögliche ihre Aufmerksamkeit erregt, deuten sie merkwürdigerweise nicht mit ihren Händen und Fingern darauf. Affen

Affen zeigen nicht!

zeigen nicht! Zeigegesten sind bei ihnen selten zu beobachten, und falls sie vorkommen, werden sie von anderen kaum beachtet. Affen haben offenbar wenig Lust dazu, andere darüber zu informieren, was sie gerade sehen und was ihr Interesse weckt. Droht Gefahr, so werden zwar alle durch Warnrufe alarmiert, aber diese Rufe sind unwillkürlich und instinktgeleitet und entspringen nicht dem erkennbaren Interesse, andere bewusst auf eine Gefahr hinzuweisen.

Menschen dagegen sind zeigende Wesen. Sie zeigen nicht nur auf Gefahrenquellen, sondern auf alle möglichen Gegenstände und verweisen auf Vorkommnisse unabhängig davon, ob sie gerade zu sehen sind oder sich an einem anderen Ort befinden, ob sie in der Vergangenheit oder in der Zukunft liegen. Auf nicht sichtbare Ereignisse kann man nicht mit der Hand zeigen, aber man kann mit der Sprache auf sie hindeuten. Wenn man sagt: „Gestern habe ich in Heidelberg ein faszinierendes Feuerwerk gesehen", so taucht vor dem inneren Auge des Zuhörers vermutlich irgendein Bild von einem Feuerwerk auf. Und wenn der Sprecher dann auch noch die Farben und Formen der verschiedenen Raketen beschreibt, wird dieses innere Bild immer detaillierter.

Wenn Zeigen ein zentrales Motiv menschlichen Verhaltens ist, dann war Sprache ohne Frage ein günstiges Medium

Wenn Zeigen ein zentrales Motiv menschlichen Verhaltens ist, dann war Sprache ohne Frage ein günstiges Medium, um interessanter, farbiger und spannender auf etwas zeigen zu können. Affen kennen dieses Motiv nicht, denn wer auf nichts zeigt, der muss auch nichts benennen.

Sprache ist ein wesentlich effektiveres Mittel, um auf etwas zu zeigen, als Handgesten. Mit der Hand zeigen wir nur, wenn wir auf etwas Bestimmtes in unserem Gesichtsfeld hindeuten möchten. Doch auch wenn wir über etwas sprechen, das wir nicht sehen, bleiben unsere Hände meist in Bewegung – sie gestikulieren, als wollten sie immer noch zeigen. Fast scheint es, als trauten die Menschen dem bloßen Zeigen mit Worten nicht ganz und bewegten deshalb zusätzlich die Hände. Sind die Hände aber zur Unterstützung der sprachlichen Kommunikation notwendig, so lässt sich das Argument nicht mehr halten, Sprache sei entwickelt worden, um bei der Kommunikation die Hände für andere Aufgaben frei zu bekommen. Vor allem wenn man etwas wirklich Wichtiges sagen möchte, benötigt

> **Je höher der Aufwand beim Erzeugen von Signalen ist, desto größer ist die Glaubwürdigkeit**

man seine Hände, um die Worte zu unterstreichen. Auf Gesprächspartner wirkt man engagierter und überzeugender, wenn man sich nicht nur sprachlich, sondern zusätzlich mit den Händen bemüht, eine Nachricht zu übermitteln. Wieder zeigt sich das signaltheoretische Prinzip: Je höher der Aufwand beim Erzeugen von Signalen ist, desto größer ist die Glaubwürdigkeit.

Menschliche Kommunikation ist nicht immer einfach, jedenfalls nicht so einfach und „kostenfrei", wie es auf den ersten Blick scheint. Vordergründig betrachtet scheint das Sprechen – ganz im Gegensatz zum Schreiben – keine großen Kosten zu verursachen. Wir reden von morgens bis abends scheinbar ohne uns besonders anzustrengen. Nur in Situationen wie Bewerbungsgesprächen oder feierlichen Reden spüren wir die Anstrengung des Formulierens. Worin aber bestehen die verbalen Kosten, wenn wir entspannt im Café sitzen und mit unserer besten Freundin plaudern? Die meisten empfinden dies als pures Vergnügen – und jedenfalls nicht als sprachlichen Ritt über dem Abgrund!

Biologische Kosten muss man subjektiv nicht als Anstrengung empfinden. Könnte man einen Pfau fragen, ob sein riesiger Schwanz für ihn nicht lästig und anstrengend, ja ein regelrechtes Handicap sei, so würde er das sicherlich bestreiten. Ein Rad zu schlagen, würde ihn wohl eher mit Stolz und Vergnügen erfüllen als mit dem Gefühl, eine lästige und aufwändige Pflicht zu erfüllen. Dennoch sind die biologischen Kosten für den Pfau sowie die Kosten unseres verbalen Aufwands beim Sprechen, ohne dass wir uns dessen bewusst sind, enorm hoch. Wir bewe-

gen nämlich nicht einfach unsere Artikulationsorgane, sondern
haben – verglichen mit Menschenaffen und frühen Hominiden
– ein überdimensionales Gehirn entwickelt, das (neben vielen
anderen Aufgaben) die Artikulation neuronal steuert, die semantischen und syntaktischen Informationen liefert und darüber
hinaus ständig darüber nachdenkt, was man wann zu wem in
welcher Form sagen darf oder sagen sollte. Dafür benötigt das
Gehirn sehr viel mehr Energie als andere Organe vergleichbarer
Größe. Eine Störung im Gehirn könnte rasch dazu führen, dass
das Gespräch im Café plötzlich erheblich größere Mühe macht.
Ist man nicht fit, so wird einem plötzlich bewusst, dass Sprechen
eine höchst aufwändige Tätigkeit ist.

Und warum betreiben wir diesen Aufwand und leisten uns
einen großen Kopf mit einem geradezu unersättlichen Gehirn und
einer höchst aufwändigen Sprachabteilung? Offenbar deshalb,
weil wir ständig verbal auf etwas zeigen müssen! Wir können gar
nicht anders. Jeder Mensch ist ein zeigendes Wesen, ein *Homo
didacticus*. Aber warum zeigen wir?
Die Antwort liegt scheinbar auf der
Hand: weil wir andere ganz selbstlos auf etwas hinweisen möchten,
das für sie nützlich sein könnte.
Wir sind halt menschlich, also hilf-
reich und gut. Wir sind Altruisten, die immer an andere denken
und dadurch die Menschen in der engeren Umgebung, die eigene
Sprachgemeinschaft und schließlich die Menschheit als Ganzes
voranbringen möchten. Wir haben es auf dieser Erde so weit
gebracht, weil wir ständig verbal auf etwas zeigen und so andere
informieren, sie belehren und aufklären und aus ihrer Unmün-
digkeit befreien – die Menschheit auf dem Weg zu verbessertem
Können und höherem Wissen und alle helfen mit, dieses schöne
Ziel zu erreichen. Das wäre eine Antwort, die uns schmeichelt,
doch die Wirklichkeit ist komplizierter und recht ernüchternd.

Kehren wir zurück zu unserem Gespräch mit der besten Freundin in einem gemütlichen Café. Auch hier wird ständig sprachlich
auf etwas gezeigt – auf die Speisekarte, auf die neuen Schuhe, die

> **Jeder Mensch ist ein
> zeigendes Wesen, ein
> *Homo didacticus***

man gerade günstig gekauft hat, auf die eigenen Kinder, auf berufliche Erfolge oder manchmal auch auf Misserfolge, also immer auf etwas, das irgendeinen Neuigkeitswert und Relevanz besitzt (Dessalles 1998). Je interessanter erzählt wird, desto länger wird das Gespräch dauern und desto öfter möchte man sich wieder treffen. Nun könnte man annehmen, die beiden Freundinnen im Café sprächen ohne jegliche Hintergedanken miteinander, weil sie sich gegenseitig selbstlos informieren möchten, um aus dem Gespräch einen möglichst großen Nutzen zu ziehen und ihr Leben besser gestalten zu können. Sie unterstützen sich bei dem Bemühen, den Alltag zu meistern, einen besseren Zugang zu Ressourcen zu bekommen, fit zu bleiben und ihre Chancen auf einen Fortpflanzungserfolg zu verbessern. Denkt man an Gespräche, in denen es um Liebeskummer geht oder um die Frage, wie man sich am besten um einen attraktiven Mann bemüht, so hat es den Anschein, als handle man selbst bei der Partnersuche solidarisch. Sprächen jedoch die Menschen grundsätzlich auf diese Weise miteinander, so würden sie das darwinistische Gesetz der natürlichen als auch der sexuellen Selektion unterlaufen. Ist es tatsächlich so, dass sich Menschen stets altruistisch und kooperativ verhalten, damit möglichst alle die gleichen nützlichen Informationen bekommen und keiner beim Kampf um Ressourcen und Fortpflanzungschancen ins Hintertreffen gerät? Spätestens hier wären Zweifel angebracht, ob die beiden Freundinnen in ihrem Gespräch tatsächlich ganz selbstlos Informationen austauschen.

Aus unserer täglichen Erfahrung wissen wir, dass wir genau überlegen, was wir zu wem sagen, warum wir etwas verschweigen und wann wir auch einmal die Unwahrheit oder nur die halbe Wahrheit sagen – besonders wenn es um die Einschätzung anderer Personen und um Beziehungen geht. In jeder Fernseh-Soap wie *Verbotene Liebe* oder *Lindenstraße* erleben wir, mit welch doppelbödigem Geschick die Protagonisten ihre Gespräche führen, dabei Allianzen schmieden, auf Distanz gehen oder sich wieder versöhnen. Ihr Klatsch ist eine hochkomplexe Gesprächspolitik, die die Fernsehzuschauer mit größtem Interesse verfolgen, weil sie sich darin wieder erkennen. Selten legt man die Karten offen

auf den Tisch und meistens behält man einen Trumpf im Ärmel.
Rückt man aber mit einer wichtigen Information heraus, so will
man meistens auch damit zeigen, dass man geschickt und klug
genug war, um an diese Information zu kommen. So erhöht das
offenbarte Wissen und die damit verbundene altruistische Atti-
tüde die eigenen Lebenschancen, da sich herumspricht, dass man
jemand ist, der viel weiß und dieses Wissen gerne weitergibt.

Immer höflich und zum Flirt bereit

Stellen wir uns die banale Situation einer Wegbeschreibung vor.
Auf den ersten Blick verhält sich ein Ortskundiger, der höflich
stehen bleibt und dem Fragenden den Weg erklärt, vollkommen
altruistisch. Er trägt dazu bei, die Lebenschancen einer völlig
fremden Person zu erhöhen – möglicherweise sogar extrem,
wenn diese Person pünktlich zu einem Rendezvous kommen
möchte. Wer Auskunft gibt, verliert dagegen Lebenszeit, ohne
begründete Hoffnung, irgendwann eine vergleichbare Gegenleistung für seinen verbalen Dienst zu erhalten. Dennoch verhält
man sich höflich und kooperativ, weil man – möglicherweise auch
von Mitgliedern der eigenen Gemeinschaft – beobachtet werden
könnte. Man möchte als höflicher Mensch gelten und gleichzeitig demonstrieren, dass man räumliches Vorstellungsvermögen
besitzt und dies auch anschaulich versprachlichen kann. Gelingt
es dann, durch weitere kooperative Bemühungen ein positives
Bild von sich zu entwerfen, das allgemeine Verbreitung findet,
so hätte sich der altruistische Aufwand gelohnt.

In feiner Gesellschaft, etwa bei Hofe, ist man besonders höflich. Höfliches Verhalten muss man lernen. Es erfordert einen besonderen Aufwand und eine beson-
dere Anstrengung. Am Hofe kann
man sich nicht gehen lassen. Man
muss sein Verhalten kontrollieren
und zahlreiche Regeln beachten,
wenn man nicht in Fettnäpfchen

> **Höfliches Verhalten erfordert einen besonderen Aufwand und eine besondere Anstrengung**

treten möchte. Begrüßungen, Abschiedsgrüße, Trinksprüche, Komplimente – all diese höflichen Sprachhandlungen sind stark konventionalisiert und ritualisiert. Aber man kann sie nicht einfach auswendig lernen. Sie erfordern sprachliches Geschick, da sie – je nach Gesprächspartner und Situation – immer wieder neu angepasst werden müssen. Auch wenn man *jemandem den Hof macht*, wird man das auf höfliche Weise tun. Man wird versuchen, gegenüber einer Frau, die man erobern möchte, im besten Licht zu erscheinen – und dazu gehört Höflichkeit. Höfliches Verhalten signalisiert, dass man in der Lage ist, seine Triebe zu beherrschen und nicht zu aggressivem Verhalten neigt. Höflichen Männern schenken Frauen eher ihr Vertrauen und befürchten weniger, physisch bedrängt, geschlagen oder vergewaltigt zu werden. Höfliche Männer erwecken den Anschein, dass sie sich auf einfühlsame und liebenswürdige Weise um eine Frau kümmern können, auch dann, wenn sie sich schwach und elend fühlt. Wer bei seiner Werbung erfolgreich sein möchte, sollte seiner Angebeteten möglichst glaubwürdig signalisieren, dass er nicht nur in der Werbungsphase, sondern grundsätzlich ein höflicher Mensch ist, auch dann noch, wenn seine Werbung erfolgreich war und ein gemeinsames Leben begonnen hat. Für Frauen ist es extrem wichtig, dass sie möglichst zuverlässige Signale von Männern bekommen, dass sie deren physische Überlegenheit nicht fürchten müssen und dass die Männer zu empathischem und kooperativem Verhalten fähig sind.

Aus diesem Grund reden Frauen häufig untereinander über Männer, damit sie möglichst viele Informationen über ihr Verhalten und ihre Einstellung bekommen können. Auch wenn sich Männer über dieses „Weibergeschwätz" gerne mokieren – es ist keineswegs banaler Tratsch, denn aus evolutionärer Perspektive ist es geradezu überlebenswichtig, Männer als Partner zu finden, die den Vorstellungen von einem kooperativen Partner entsprechen.

„Weibergeschwätz" ist keineswegs banaler Tratsch, sondern aus evolutionärer Perspektive geradezu überlebenswichtig

Denn falls sie sich in einer Partnerschaft nicht als kooperativ erweisen sollten, haben Frauen geringere Chancen, ihre Kinder so lange erfolgreich zu versorgen und zu erziehen, bis sie zu geschlechtsreifen, gesunden und attraktiven Erwachsenen werden und in der Lage sind, die Gene ihrer Familie zu verbreiten.

Da Männer wissen oder wissen sollten, dass sie unter ständiger Beobachtung stehen und ihr Verhalten in Gesprächen thematisiert wird, werden sie sich bemühen, sich nicht nur gegenüber Frauen, die sie erobern möchten, sondern generell gegenüber allen Menschen höflich und kooperativ zu verhalten. Die Investition in Höflichkeit, die mit einem relativ hohen verbalen Aufwand verbunden ist, lohnt sich offenbar, da sich höfliches Verhalten herumspricht. Es würde nicht ausreichen, nur beim Flirt den Höflichen zu markieren. Eine kluge Frau kommt an Informationen, um sich ein umfassendes Urteil bilden zu können. Je umfangreicher ihre sozialen Kontakte sind, desto größer ist ihre Chance, an zuverlässige Informationen zu kommen und einen kooperativen Mann zu finden.

Da Frauen – anders als sonstige Säugetiere – das ganze Jahr über fortpflanzungsfähig sind, Männer aber nicht an äußeren Merkmalen erkennen können, in welchem Stadium des Ovulationszyklus sie sich befinden, zahlt es sich für die Männer aus, ständig ein Mindestmaß an Höflichkeit zu investieren – man kann schließlich nie wissen, ob sich eine höfliche Geste nicht vielleicht doch zu einem heftigen Flirt entwickelt, der wiederum rasch zu einem unerwarteten Fortpflanzungserfolg führen könnte. Das verlockende sexuelle Angebot der ganzjährigen Bereitschaft, das aber immer mit der Unsicherheit gekoppelt ist, nie genau zu wissen, wann der günstigste Zeitpunkt gekommen ist, Nachwuchs zu zeugen, nötigt Männer, sich in der Nähe von Frauen aufzuhalten, um auf ihre Chance zu warten. Dies wiederum gibt Frauen die Möglichkeit, Männer längerfristig zu beobachten, um sicher zu gehen, ob mögliche Frustrationen in Zeiten sexueller Unsicherheit nicht in Aggressionen umschlagen können.

Da viele Männer den Druck, Erwartungen von Frauen möglichst immer zu entsprechen, als anstrengend und unangenehm empfinden, lassen sie gerne, wenn sie sich unbeobachtet fühlen, „die Sau raus". Nicht nur männliche Jugendliche geben sich Saufexzessen hin, auch gestandene Männer sind oft gerne dabei, wenn sie An-

> **Viele Männer lassen, wenn sie sich unbeobachtet fühlen, gerne „die Sau raus"**

standsregeln einmal nicht beachten müssen und ihre Aggressivität ausleben können, etwa als Hooligans beim Fußball, unter denen sich auch erstaunlich viele Akademiker befinden. Während es für Männer in Stammesgesellschaften noch zahlreiche soziale Räume gibt, die für Frauen tabu sind und in denen sie sich unbeobachtet fühlen dürfen, ist der moderne Mann im Prozess der Zivilisation immer stärker domestiziert worden: Er kann sich nur noch selten in reine Männernischen zurückziehen. Er bleibt, auch wenn er gerade nicht direkt beobachtet wird, auf dem weiblichen Monitor, den er längst selbst internalisiert hat.

Aber nicht nur Männer sind höflich! Frauen sind selbstverständlich ebenfalls höflich. Nur warum? Bei ihnen liegt das evolutionäre Motiv nicht in der Absicht, Männer zu erobern, sondern sie zu erziehen. Sie bieten mit ihrem höflichen Verhalten Männern ein Verhaltensmuster, an dem sie sich orientieren können, ganz ähnlich wie sich auch Kinder an ihrer Mutter orientieren. Frauen bieten sprachlich elaborierte Muster höflichen Verhaltens, die von Männern imitiert werden können. Das erklärt auch, warum Frauen sprachlich Männern durchschnittlich überlegen sind. Die meisten Untersuchungen zur Sprachentwicklung zeigen, dass Mädchen nicht nur ihre Muttersprache rascher erwerben, sondern auch Fremdsprachen. Auch im schriftlichen Ausdruck und beim Leseverhalten schneiden Mädchen in der Regel besser ab als Jungen.[1] Bei Jungen und auch bei Männern scheint dagegen die Varianz zwischen besseren und schlechteren sprachlichen Fä-

---

[1] Die Ergebnisse der PISA-Studie zeigen die Überlegenheit der Mädchen (vgl. Baumert et al 2001, S. 249-269).

Bei Frauen liegt das evolutionäre Motiv der Höflichkeit nicht in der Absicht, Männer zu erobern, sondern sie zu erziehen

higkeiten wesentlich größer zu sein als bei Mädchen und Frauen. Auch in den meisten soziolinguistischen Untersuchungen zum geschlechtsspezifischen Sprachverhalten zeigt sich, dass sich Frauen eher an der prestigeträchtigen Standardsprache orientieren, während sich Männer, insbesondere aus unteren sozialen Schichten, tendenziell weniger bemühen, normgerecht zu sprechen.

Dass Motive und Funktionen von Höflichkeit bei Männern und Frauen unterschiedlich sind, lässt sich übrigens auch daran erkennen, dass unhöfliche Frauen auf Männer keinesfalls abstoßend wirken müssen. Wenn sie gegenüber Männern ihre Höflichkeit ablegen, direkt werden, sich gehen lassen oder gar als „Schlampe" erscheinen, wirkt dies auf Männer häufig keineswegs abstoßend, sondern eher sexuell stimulierend, da sie dieses Verhalten als Signal deuten, ihr höfliches Verhalten ablegen zu können und sexuell zur Sache zu kommen. Auf der anderen Seite bekommen Männer aber auch Bedenken, wenn Frauen sich zu sehr gehen lassen, denn auch sie haben – wenn auch in einem geringeren Ausmaß – die erfolgreiche Aufzucht eines möglichen gemeinsamen Nachwuchses im Auge. Und eine „Schlampe" ist nun einmal als Mutter nicht sonderlich geeignet. Während die Höflichkeitsstrategie des Mannes stärker auf dem Wunsch nach Fortpflanzung beruht, signalisieren Frauen mit ihrer Höflichkeit ihre erzieherischen Fähigkeiten, die dem potenziellen Nachwuchs zugute kommen können und ihn ebenfalls in die Lage versetzen, später sexuell erfolgreich zu sein.

Die überaus lange Kindheit von Menschenkindern liefert demnach eine weitere Erklärung für höfliches und altruistisches Verhalten. Menschen erziehen ihre Kinder mindestens bis zur Pubertät – manche sogar noch, wenn die Kinder längst erwachsen sind. Mütter und Väter, aber auch Großeltern und andere Verwandte zeigen den Kindern, wie sie sich verhalten sollen; als intuitive Didaktiker machen sie sie mit der Kultur

ihres Volkes vertraut. Je besser Eltern und Verwandte dies können,
desto größer ist die Chance, dass
ihr Nachwuchs in der Gesellschaft
eine gute Position erreicht und
sich ihre Gene durchsetzen. Bei
der Partnerwahl sollte man deshalb nach einem Partner suchen,
der die Fähigkeiten zu einem gu-
ten Didaktiker hat, der den gemeinsamen Kindern das für ihren
Lebenserfolg Relevante geschickt vermitteln kann. Um das zu
erkennen, benötigt man Signale, und dafür eignet sich Höflichkeit. An ihr lässt sich recht zuverlässig erkennen, ob sich jemand
nicht nur bei einem Flirt als attraktiv erweist, sondern auch mit
seinen Kindern aufmerksam und respektvoll umgeht und ihnen
behutsam und nachdrücklich den Weg zur eigenen Kultur sowie
zu Ressourcen und Positionen weisen kann. Hier sind Männer
wie Frauen grundsätzlich gleichermaßen gefordert.

> **Bei der Partnerwahl
> sollte man nach einem
> Partner suchen, der den
> gemeinsamen Kindern
> das für ihren Lebens-
> erfolg Relevante geschickt
> vermitteln kann**

Höflichkeit lässt sich also mit egoistischen Motiven erklären:
zum einen als Signal von Männern, um sich als kooperative
und nicht aggressive Individuen zu präsentieren, um so zum
Geschlechtserfolg zu kommen, und zum anderen als Signal von
Frauen wie Männern, sich bei der Aufzucht gemeinsamer Kinder
pädagogisch geschickt zu verhalten und die Höflichkeit als Vorbilder vermitteln zu können. Einen wie auch immer genetisch
verankerten Altruismus, der uns Menschen als grundsätzlich
gute Wesen prägen würde, die sich durch Liebe, Freundschaft
und Vertrauen von anderen Lebewesen abheben, müssen wir
nicht bemühen. Unsere sprachliche Signaltheorie reicht vollkommen aus, um kooperatives Verhalten zu erklären.

Signale der Höflichkeit funktionieren, weil sie ein Handicap
enthalten, denn wer sich höflich verhält, opfert Zeit und Energie. Er formuliert sprachlich aufwändiger und komplexer, als es
zur Übermittlung von Informationen notwendig wäre. Komplexere sprachliche Formulierungen wiederum erhöhen das Risiko,
Fehler zu machen. Wer wen zuerst grüßt, in welcher Form

Komplimente gemacht werden dürfen, wie viel Zeit man für den Austausch höflicher Redeformeln aufwendet, wie man eine Einladung gestaltet oder sich verabschiedet – überall lauern Fußangeln. Je höher der Rang eines Gesprächspartners, desto größer wird das Handicap, gegen Regeln zu verstoßen. Dieses Höflichkeits-Handicap ist ein zentraler Bestandteil jeglichen Sprachverhaltens, da Menschen ständig unter der Maxime handeln, ihre altruistische Einstellung demonstrieren zu müssen, um erfolgreich zu sein.

Weitergabe nützlicher Informationen

Menschen haben alle anderen Erdbewohner überflügelt und sich die Erde untertan gemacht, weil sie zwei Eigenschaften besitzen – eine hohe Intelligenz und die Fähigkeit, Informationen mithilfe von Sprache effektiv zu vermitteln. Nur weil das Wissen Einzelner ständig an andere weitergegeben wird, konnten sich die Sprachgemeinschaften eine überwältigende Vielfalt technischer, wissenschaftlicher und künstlerischer Kenntnisse aneignen. Hätten die Menschen ihr Wissen für sich behalten, hätten sie nicht offen über ihre Entdeckungen und Erfindungen mit anderen gesprochen, so würden sie auch heute noch – wie zu Beginn ihrer Entwicklung – in Höhlen wohnen und Faustkeile herstellen. Ihr kognitives Potenzial war vor 150 000 Jahren bereits ähnlich hoch wie heute, aber erst ein intensiver Austausch von Informationen hat die Menschheit zu der kulturellen Entwicklung geführt, die Flüge zum Mond, Herztransplantationen und das Internet ermöglichte. Dieser Austausch wurde erst möglich, als die protosprachliche Kommunikation aufgegeben wurde – als man sich nicht mehr nur auf das beziehen konnte, was im Gesichtsfeld lag, und mit der Hand darauf zeigen konnte, sondern als man

> Hätten die Menschen ihr Wissen für sich behalten, so würden sie auch heute noch in Höhlen wohnen und Faustkeile herstellen

mit sprachlichen Benennungen auf das verweisen konnte, was vergangen und nicht mehr zu sehen war. Erst als man Vergangenes durch Wörter und Sätze vor den inneren Augen und Ohren aller, die sie hörten, wieder hervorzaubern und zu neuem Leben erwecken konnte, bekam die kulturelle Entwicklung ihre ungeheure Schubkraft.

Sich gegenseitig möglichst umfassend über alle wichtigen Ereignisse, Erfindungen und Entdeckungen zu informieren, ist für alle Gesprächspartner überaus nützlich. Diese Einsicht erscheint uns trivial, denn selbstverständlich halten wir uns für kooperativ. Kooperationsfähigkeit zeichnet unsere Art in besonderer Weise aus! Aus evolutionärer Sicht kommt man jedoch rasch in Erklärungsnot, denn warum sollten Menschen beim Austausch von Informationen kooperativ sein, wenn doch alle miteinander um Ressourcen und Fortpflanzungschancen konkurrieren? Unter dieser Prämisse müssten sie eher äußerst vorsichtig mit der Weitergabe von relevanten Informationen sein.

Eigentlich dürfte man nur an die Mitglieder der eigenen Familie bereitwillig wichtige Informationen weitergeben, da sie dann Menschen zugute kommen, die Träger der eigenen Erbinformationen sind und somit dazu beitragen, die eigenen Gene zu verbreiten. Und in der Tat: Mütter und Väter versuchen ihren Kindern so viele Informationen wie möglich mit auf den Weg ins Leben zu geben, damit sie beim Kampf um Ressourcen erfolgreich sind. Sie machen sie ständig auf außergewöhnliche oder unwahrscheinliche Vorkommnisse aufmerksam und raten ihnen, was sie vermeiden und welche Ziele sie anstreben sollten, um im Leben voran oder nach oben zu kommen. Die Eltern, aber auch Großeltern, Tanten und Onkeln werden zu Didaktikern, die den Kindern zeigen, worauf man in Natur und Gesellschaft achten muss, um erfolgreich zu sein, denn mit einem Fortpflanzungserfolg der Jungen sind auch die Alten genetisch erfolgreich. Aber warum geben wir auch Menschen Informationen, die

Warum geben wir auch Menschen Informationen, die nicht mit uns verwandt sind?

nicht mit uns verwandt sind? Was hätten wir davon, wenn wir nicht erwarten können, dass wir ähnlich wichtige und relevante Informationen dafür im Austausch erhalten werden? Kein fairer Austausch von Informationen, kein ausgeglichenes Geben und Nehmen konnte der Motor für die Evolution von Sprache sein, da derartig symmetrische Verhältnisse seltene Ausnahmen sind. Unterschiedliche Interessen und Fähigkeiten von Mächtigen und Mitläufern, von Männern und Frauen, von Alten und Jungen führen ständig zu Schieflagen. Selbst unter den besten Freunden gibt es Konkurrenz. Und ohne Konkurrenz und Wettbewerb entsteht nichts Neues, erst recht nicht etwas derartig Aufwändiges wie Sprache.

Nochmals nachgefragt: Warum geben wir Menschen, die nicht zur eigenen Familie gehören und zur Verbreitung unserer Gene beitragen könnten, wichtige Informationen auch dann, wenn wir im Gegenzug nichts Gleichwertiges dafür bekommen? Warum geben wir normalerweise gerne und bereitwillig Auskunft? Warum sind wir nicht vorsichtiger, anderen auf den Leim zu gehen? Warum sind wir nicht misstrauischer, dass uns andere nur aushorchen möchten, selbst aber Lügen verbreiten?

Weder das Motiv, als geborene Gutmenschen – egal was es koste – einfach nur helfen zu wollen, noch das Motiv, auf halbwegs gleichwertige Informationen im Austausch zu hoffen, scheint plausibel. Somit führt auch die Begründung, Sprache sei entstanden, damit alle Menschen – nicht nur verwandte – möglichst effektiv Informationen austauschen können, um einen besseren Zugang zu Ressourcen zu erhalten und ihre Fortpflanzungschancen zu erhöhen, auf einen Holzweg. Hier kann nicht der Grund für die Entwicklung von Sprache liegen. Ein zentrales Dogma der meisten Sprachursprungstheorien lässt sich offenbar nicht halten.

Aber vielleicht lässt es sich doch noch retten, wenn wir uns auf die Kommunikation in der Familie oder mit Verwandten beschränken. Möglicherweise hat sich ja Sprache zunächst hier entwickelt, weil wir uns vor allem unter Verwandten austauschen, die wir gezielt unterstützen möchten, weil sich hier unser

Engagement genetisch auszahlen würde. Wenn wir uns aber vorstellen, wie heute im privaten Kreis der Familie und wie in der Öffentlichkeit miteinander kommuniziert wird, dann zeigt sich auch hier kein Weg, das Kooperationsdogma zu retten. Der fundamentale Unterschied zwischen einer rituell-öffentlichen Kommunikation, die auf eine komplexe Syntax, eine elaborierte Lexik und aufwändige, ornamentale Sprachmuster setzt, und einer pragmatisch-alltäglichen Kommunikation, die bereits lange vor Beginn des *Homo sapiens* als primitive, schmucklose, aber für die Bedürfnisse des Alltags nützliche Protosprache existierte, weist in eine gänzlich andere Richtung: Mit nicht verwandten, weniger bekannten Personen, die wir eher in öffentlichen Situationen

Warum etwas kompliziert sagen, wenn es auch einfach geht?

antreffen, sprechen wir gesuchter, aufwendiger, kunstvoller, vielleicht auch verblasener als am Küchentisch in der Familie. Sicherlich gibt es auch im privaten Kreis sprachliche Highlights, etwa wenn Mutter oder Vater ihren Kindern aus Bilderbüchern vorlesen oder Geschichten erzählen, aber ein derartiger Aufwand wird eher in der Mittelschicht getrieben. Für Eltern aus der Arbeiterschicht klingen schriftnahe Formulierungen meist unnatürlich und geschwollen; sie empfinden den sprachlichen Aufwand, der in höheren Kreisen oft zur Übermittlung einfacher Informationen getrieben wird, als überflüssig: Warum etwas kompliziert sagen, wenn es auch einfach geht?

Die Annahme, Sprache habe sich beim Informationsaustausch im Rahmen einer altruistischen Strategie unter Verwandten entwickelt, überzeugt also wenig. Menschen, die ständig auf engstem Raum zusammenleben, haben wenig Bedarf an sprachlicher Komplexität. Hier hätte sich kein selektiver Druck aufbauen können, der zur Entwicklung einer grammatisch komplexen Sprache zur effektiveren Weitergabe von Informationen geführt hätte. In archaischen Sippen bis vor etwa 80 000 Jahren reichte es vollkommen aus, mit knappen Gesten, einigen Lauten und wenigen Protowörtern den Alltag zu meistern.

Bei alten Ehepaaren kann man oft beobachten, dass sie nur noch wenig miteinander sprechen. Ihr Leben verläuft in vorhersagbaren Bahnen, die nicht mehr kommentiert werden müssen. Alles ist eingespielt, jeder Handgriff sitzt und Überraschungen sind kaum noch zu erwarten. Wie viel eintöniger und vorhersagbarer mag das Leben erst in den Zeiten unseres Ursprungs gewesen sein, als man jahrtausendelang nahezu identische Faustkeile herstellte? Damals war Sprache wahrlich nicht notwendig, um sich gegenseitig zu informieren.

Wir haben es mit einer paradoxen Situation zu tun: Sprache war seit ihren Ursprüngen und ist bis heute kein Medium, das in familiärer Umgebung zur vollen Entfaltung kommt. Hier war und ist der Druck am geringsten, lexikalisch aufwändig und grammatisch korrekt zu formulieren. Hier kann und konnte man sich sprachlich gehen lassen. Aber hier, in der Familie und der Verwandtschaft ist andererseits der Ort, wo ein möglichst effektiver Informationsaustausch besonders wichtig wäre, wenn man sich gegenseitig unterstützen möchte, um sich und dem eigenen Nachwuchs die besten Lebenschancen zu ermöglichen. Wenn im Zentrum von Sprache und Sprachevolution die Funktion stünde, all die möglichst effektiv zu informieren, die einem genetisch nahe stehen, dann müsste sie in der Verwandtschaft zur größten Entfaltung kommen. Aber wir beobachten das Gegenteil: In der Kommunikation mit Menschen, mit denen wir nicht verwandt sind und gegenüber denen wir eher zurückhaltend mit unseren Informationen sein müssten, da wir ja hier keinen genetischen Vorteil erwarten könnten und uns vielleicht sogar eher Nachteile einhandeln, formulieren wir am aufwändigsten. Hier, in der Öffentlichkeit, legen wir uns sprachlich ins Zeug, suchen nach den treffendsten Wörtern und achten darauf, dass unsere Sätze einen grammatisch normgerechten Bau bekommen.

Funktioniert aber der Informationsaustausch in Familie und Verwandtschaft ohne große sprachliche Anstrengungen mit relativ einfachen sprachlichen Mitteln, so stellt sich umso dringlicher die Frage, wie eine überaus komplexe Grammatik und ein allgemein verbindlicher großer Wortschatz in einer größeren

Gruppe von Menschen entstehen konnte, die nicht verwandt-schaftlich miteinander verbunden sind und in der ein intensiver Informationsaustausch keine eindeutigen genetischen Vorteile für einzelne Individuen erkennen lässt.

Die Annahme, Sprache sei entstanden, weil ein immer unsicherer und komplexer werdendes Leben einen effizienten Informationsaustausch unabhängig von familiären oder verwandtschaftlichen Beziehungen erforderte, lässt sich jedenfalls auf kein genetisches Motiv zurückführen. Sie entspricht einer naiven Wunschvorstellung, aber nicht den harten Regeln sexueller Selektion. Doch wo liegt das genetische Motiv? Wenn es nicht im Bedürfnis nach Kooperation und kommunikativem Austausch lag, wo dann?

Um zu einer Antwort zu kommen, müssen wir das scheinbar törichte Verhalten erklären, warum Menschen im Gespräch ohne Vorsicht oder Misstrauen gegenüber kaum Bekannten oder Fremden Informationen preisgeben, ohne dafür eine Gegenleistung zu erwarten. Warum verraten wir unsere Geheimnisse, obwohl wir anderen dadurch Vorteile verschaffen könnten und selbst leer ausgehen? Und warum verpacken wir zudem noch unsere Informationen in höchst aufwändige sprachliche Bouquets, wenn wir sie an Menschen weitergeben, mit denen wir nicht einmal verwandt sind?

Statusgewinn durch gut verpackte Informationen

Der Grund für das freigiebige Verteilen unseres Wissens liegt nicht in dem altruistischen Motiv, die Lebenschancen anderer zu erhöhen. Wir geben Informationen auch auf die Gefahr hin preis, potenzielle Konkurrenten zu unterstützen, weil der voraussichtliche Gewinn an Ansehen und Status höher wiegt. Wer etwas weiß, was andere nicht wissen, spricht darüber, weil er mit seinem Wissen beeindrucken kann. Wir erzählen von unseren Erfahrungen und Eindrücken und berichten über unsere Beobachtungen und Erkenntnisse, weil wir uns dadurch mehr Geltung verschaffen.

Nicht die Informationsbedürfnisse des Adressaten stehen im Mittelpunkt, sondern der Sprecher, der mit seinen Äußerungen auf sich selbst verweist. „Hört und staunt, was ich alles weiß!", lautet seine Botschaft. Besonders deutlich ist dies bei Erzählungen über eigene Erlebnisse oder Biografien. Der Hörer oder Leser benötigt eher selten bestimmte Informationen von einem Sprecher oder Schreiber, aber er hört doch zu oder liest, was jemand über sich zu sagen hat und lässt sich mehr oder weniger stark beeindrucken. Er benötigt diese Informationen nicht zur Bewältigung eigener Lebenssituationen, aber sie sind ihm dennoch willkommen, weil er sich so ein Bild von anderen machen möchte. Entscheidend ist, möglichst viel über möglichst viele in Erfahrung zu bringen, zu wissen, woran man bei ihnen ist und welche Geltung sie beanspruchen dürfen. Und mit diesen Informationen kann man wiederum in zukünftigen Gesprächen zeigen, dass man seine Ohren und Augen überall hat und Bescheid weiß, wie andere einzuschätzen sind. Deshalb werden die Klatschkolumnen über Prominente so gerne gelesen, deshalb nehmen wir begierig auf, wer was wann zu wem und mit welcher Absicht gesagt hat und welche Wirkung dies ausgelöst hat. Deshalb geben wir gerne weiter, wie sich Schröder, Merkel, Beckenbauer oder Harald Schmidt in bestimmten Situationen gegenüber bestimmten Leuten verhalten haben, nicht um zu informieren, sondern um gut bei unseren Gesprächspartnern anzukommen, vor allem dann, wenn man seine Informationen amüsant zu verpacken versteht. Die Inhalte sind weit weniger wichtig, als die Art und Weise, wie sie präsentiert werden. Fakten und Details werden meist rasch vergessen. Auch die Frage, ob eine Aussage tatsächlich der Realität entspricht, wird selten genau überprüft. Was wirklich zählt, ist der Eindruck, den man sich von einer Person machen kann, wobei die sprachliche Verpackung die zentrale Rolle spielt. Selbst bei Vorträgen von Wissenschaftlern ist dies so, also bei Themen, von denen man ja doch annehmen

> **Wer etwas weiß, was andere nicht wissen, spricht darüber, weil er mit seinem Wissen beeindrucken kann**

müsste, dass es hier um wahre Aussagen über die Welt geht. Wenn nicht hier, wo denn sonst? Aber auch hier besteht selten bei den zuhörenden Kollegen ein dringendes Informationsbedürfnis zur Sache selbst. Auch hier richtet sich das Interesse vor allem auf den Wissenschaftler. Die Zuhörer möchten wissen, ob jemand seinem Ruf gerecht werden kann und wie er als Kollege einzuschätzen ist, nicht nur fachlich, sondern auch als Person.

Wenn wir uns die Informationen, die wir so bereitwillig preisgeben, genauer anschauen, dann sind es meist keine besonders wichtigen Informationen, die uns ganz unmittelbar Vorteile beim täglichen Kampf um Ressourcen einbringen oder unsere Lebenschancen erhöhen. Ein schriller Warnschrei, um zu verhindern, ein Stromkabel anzufassen, oder der Hinweis, bei einer Löwensafari nicht das Auto zu verlassen, sind gegenüber Äußerungen zur Ehe von Brad Pitt und Angelina Jolie eher selten. Und sie sind zudem sprachlich meist extrem knapp gegenüber den Geschichten, die man etwa über diese beiden Leinwandstars erzählen könnte. Hinzu kommt noch etwas Drittes, nämlich die Frage nach der Wahrheit: Wenn es ums Überleben oder um den Zugang zu Ressourcen geht, dann sollten die Informationen der Wahrheit entsprechen, da man andernfalls getäuscht und Lebenschancen vermindert würden. Aber beim Klatsch über Prominente, beim Politisieren in launiger Runde, ja selbst in Gesprächen unter Philosophen oder Wissenschaftlern spielt Wahrheit meist eine untergeordnete Rolle. Meistens wird heiße Luft erzeugt: Wir zeigen uns informiert, geben alles Mögliche zum Besten, aber mit der Wahrheit nehmen wir es nicht so ganz genau – nicht, weil wir andere bewusst täuschen wollen, sondern weil uns die Wahrheit nicht sonderlich interessiert. Deswegen verändern sich unsere Erzählungen auch ständig. Wir überprüfen sie nicht auf ihren Wahrheitsgehalt, sondern orientieren uns an

> **Beim Klatsch über Prominente, beim Politisieren in launiger Runde, ja selbst in Gesprächen unter Philosophen oder Wissenschaftlern spielt Wahrheit meist eine untergeordnete Rolle – meistens wird heiße Luft erzeugt**

unseren Zuhörern, die wir beeindrucken möchten. Wir labern uns durchs Leben, um einen bestimmten Eindruck von uns zu erwecken. Harry G. Frankfurt, Philosoph an der Universität Princeton, würde sagen, wir erzeugen Bullshit (Frankfurt 1988). Während er sich verwundert und indigniert fragt, warum es so viel davon gibt, erscheint die Produktion von Bullshit aus evolutionärer Perspektive als sinnvolle, ja notwendige Strategie. Wir erzeugen vor allem in der Öffentlichkeit ständig heiße Luft, wir dreschen Phrasen, wir geben den neuesten Klatsch weiter, wir blasen unausgegorene Gedanken auf, weil wir im sozialen und biologischen Spiel um Einfluss, Anerkennung und Ressourcen ständig Flagge zeigen müssen, gleichgültig, ob wir über wichtige Informationen verfügen, und gleichgültig auch, ob wir den Wahrheitsgehalt unserer Äußerungen überprüfen können. „Publish or perish" lautet eine Maxime amerikanischer Wissenschaftler: Publiziere, sonst bist du weg vom Fenster! Was genau du publizierst, ist nicht so entscheidend, Hauptsache, es erscheint in einer anerkannten Fachzeitschrift oder in einem bekannten wissenschaftlichen Verlag. Übertragen auf menschliche Kommunikation allgemein könnte man analog formulieren: Bleib mit deinem Geschwätz am Ball! Gib zu allem und jedem deinen Senf, auch wenn du von der Sache nicht allzu viel verstehst! Hauptsache, du machst dich bemerkbar und du formulierst so, dass das, was du zu sagen hast, einigermaßen intelligent klingt. Kurz: Erzeuge Bullshit! Bereits Kinder ab etwa vier Jahren erkennen diese Maxime und reden – zum Stolz ihrer Eltern – „altklug" über Dinge, von denen sie kaum etwas verstehen.

Neben der Bullshit-Strategie, die so verbreitet ist, weil wir uns ständig mit klugem Geschwätz in Szene setzen müssen, obwohl die Menge relevanter Informationen begrenzt ist, besteht – zum Glück – auch noch die Strategie, etwas wirklich Relevantes zu sagen. Relevante Informationen sind umso wertvoller, je schwerer sie zu erlangen sind. Bei diesen Informationen ist es nicht notwendig, sie sprachlich aufzublähen. Wer weiß, wo sich Osama bin Laden derzeit aufhält, würde für diese Information einen hohen Preis erzielen.

Mit einer „Informationspolitik", die auf wahren Aussagen über die Welt beruht, stehen wir nicht alleine da – sozial lebende Tiere verfolgen eine ähnliche Strategie. Wir verhalten uns grundsätzlich nicht anders als die bereits im ersten Kapitel erwähnten Graudrosslinge, die der israelische Ornithologe Amotz Zahavi in Vorderasien beobachtet hat. Auf exponierten Zweigen von Büschen, in denen sich die gesamte Vogelkolonie tummelt, sitzen die ranghöchsten Männchen, um Ausschau nach Raubvögeln zu halten und bei Gefahr die Gruppe mit schrillen Warnlauten zu informieren. Mit diesem Verhalten setzen sie sich einem scheinbar sinnlosen Risiko aus, denn da sie auf ihrem Wachtposten gut sichtbar sind und überdies mit ihrem Warnschrei auf sich aufmerksam machen, besteht die Gefahr, dass sie als Erste von einem Raubvogel erfasst werden, während ihre Konkurrenten tief unter ihnen in den Büschen nach leckeren Beeren picken – sie erhöhen also die Überlebenschancen aller übrigen Mitglieder der Kolonie und mindern gleichzeitig ihre eigenen.

Verfolgten die mutigen Wächter damit tatsächlich uneigennützige Motive, so wäre ihr furchtloses Verhalten nichts als eine biologisch fruchtlose Harakiri-Strategie. In Wahrheit jedoch verfolgen sie das egoistische Interesse, ihren Status hoch zu halten und einen großen Fortpflanzungserfolg zu erzielen. Für die Vogelweibchen sind sie attraktiv, weil sie es sich offenbar leisten können, sich dem gefahrvollen Wächteramt[2] auszusetzen, denn nur körperlich fitte Männchen sind dazu in der Lage. Weil sie sich diesem Handicap gewachsen zeigen, signalisieren sie glaubwürdig der gesamten Vogelkolonie und ihren Fressfeinden ihre Fitness.

---

[2] Apropos Wächteramt – das erinnert mich an die Zeugen Jehovas, die stundenlang in der Öffentlichkeit an exponierten Stellen stehend ausharren und ihre Zeitschrift *Der Wachtturm* hochhalten. Auch dahinter steckt das Handicap-Prinzip mit der Botschaft an die Ungläubigen: „Wie robust muss unser Glauben sein, dass wir uns dem Handicap aussetzen, Zeit und Energie zu opfern und angefeindet zu werden!"

Die Männchen lateinamerikanischer Prachtbienen verfolgen eine ähnlich aufwändige Informationspolitik (Eltz/Lunau 2005). Sie sammeln Blütendüfte in den Taschen ihrer Hinterbeine und stellen so artspezifische Duftbouquets aus bis zu 50 Komponenten zusammen. Während der Balz setzen sie im Anflug auf die umworbenen Weibchen mit ihren Beinen diese Duftstoffe frei und fächeln sie ihnen mit ihren Flügeln zu. Die Zusammensetzung des Duftes informiert die Weibchen darüber, wie viele unterschiedliche Blüten, zumeist Orchideen, ein Männchen angeflogen hat und wie hoch der Aufwand für die jeweilige Komposition gewesen ist, denn je komplexer der Duft ist, desto aufwändiger war die Beschaffung. Die Männchen müssen dafür nicht nur lange Flugstrecken zurücklegen, sondern sich auch merken, welche Blüten sie bereits angeflogen haben und welche sie noch benötigen. So ergibt sich eine zuverlässige Information über die biologische Fitness eines Männchens.

Das gefahrvolle Wächteramt der Graudrosslinge und die aufwändige Jagd der Prachtbienen nach Düften weisen Parallelen zur Jagd der Menschen nach Wild auf. Auch hier geht es um Aufwand, Risiken und Gefahren, die auf den Erfolg bei der Brautwerbung und einen höheren Status abzielen. Vor allem in der Frühzeit der menschlichen Entwicklung stand der mögliche ökonomische Nutzen einer Jagd oft in einem ungünstigen Verhältnis zum Aufwand und den Gefahren für Leib und Leben. Pflanzen zu sammeln und zu fischen ist in Stammesgesellschaften bis heute eine wesentlich zuverlässigere Form der Nahrungsbeschaffung als die risikoreiche Jagd. Dennoch gehen Männer jagen, damit sie an Prestige und Status gewinnen. Da dies aber nur gelingt, wenn die anderen von ihren Jagderlebnissen erfahren, muss man sie mit spannenden Erzählungen möglichst glaubwürdig informieren, damit die Zuhörer „hautnah" miterleben können, was

> **Von der Jagd heimkehrende Männer müssen also gewissermaßen wie männliche Prachtbienen ihren Erlebniscocktail den auf sie wartenden Frauen „zufächeln", um sie damit zu beeindrucken**

geschehen ist. Von der Jagd heimkehrende Männer müssen also gewissermaßen wie männliche Prachtbienen ihren Erlebniscocktail den auf sie wartenden Frauen „zufächeln", um sie damit zu beeindrucken. Und je komplexer und stimulierender der Cocktail ausfällt, desto größer ist der Erfolg bei Frauen.

Auch Höhlenmalereien wie etwa die in den berühmten Höhlen von Lascaux in Südfrankreich waren ein Versuch, die Jagd als eine Erfahrung mit hohem Handicap glaubwürdig zu vermitteln. Denn wenn jemand unzählige Stunden darauf verwendete, Jagdszenen auf eine Felswand zu malen, so erhöhte diese außergewöhnliche Anstrengung die Glaubwürdigkeit der Information. Zudem musste der Künstler nicht nur Zeit aufwenden; auch die Beschaffung der nötigen Farbpigmente war mit hohen Kosten verbunden, und bei der Beleuchtung der Höhle bedeuteten Feuer und Rauch ein zusätzliches Gesundheitsrisiko. Nur so aber ließ sich das reale Handicap der Jagd durch das Handicap der aufwändigen bildlichen Darstellung glaubhaft vermitteln und der Status der Jäger wie auch des Künstlers bekräftigen oder erhöhen.

Nicht nur die Jagd beruht auf der Handicap-Strategie, an beeindruckende Informationen zu gelangen, um später damit zu prahlen. Menschen nahmen bei der ständigen Suche nach informatorisch wertvollen Ereignissen weite Wege auf sich – sie unternahmen nicht nur Jagdausflüge, sondern auch Kriegszüge und Wanderungen in fremde Gegenden oder Entdeckungsfahrten mit Flößen und Booten über Seen und Meerengen. Bereits *Homo erectus* hat sich dieser Strategie bedient.[3] Mit der Entwicklung der Zivilisation wurde das Angebot an gefahrvollen Aktionen immer vielfältiger, und mittlerweile bieten schnelle

---

[3] Michael Moorwood von der University of New England in Australien hat auf der Insel Flores, östlich von Java und Bali gelegen, fossile Belege gefunden, die darauf schließen lassen, dass *Homo erectus* bereits vor 800 000 Jahren diese Insel besiedelt hat. Um dorthin zu gelangen, musste er eine damals mindestens 18 Kilometer breite Meeresenge überwinden, eine nautische Leistung, die man diesem Vorläufer von *Homo sapiens* nicht zugetraut hätte (vgl. Moorwood et al 1998).

Mittlerweile bieten schnelle Autos, Extremsportarten oder gefährliche Reisen Risiken und Gefahren, über die sich gewinnbringend berichten lässt

Autos, Extremsportarten oder gefährliche Reisen Risiken und Gefahren, über die sich gewinnbringend berichten lässt. Da Status und Prestige umso höher sind, je überzeugender man die eigenen Kenntnisse präsentiert, hat sich in der Geschichte der Menschheit immer mehr Wissen angehäuft. Nicht nur unter Erfindern, Entdeckern und Wissenschaftlern, sondern auch in jedem alltäglichen Gespräch gibt man gerne Auskunft über das, was man weiß. Aber da die Möglichkeiten, an spannende Informationen zu kommen, begrenzt sind, muss man das Wenige aufblähen und ständig neu sprachlich aufbereiten. Längst Bekanntes bekommt so gewissermaßen eine sprachliche Frischhaltepackung oder wird recycelt.

Aber selbst dann, wenn eine Information tatsächlich neu und spannend ist, reicht eine sprachlich knapp formulierte Nachricht nicht mehr aus. Wenn man zuverlässig erreichen möchte, dass andere anerkennend und bewundernd auf einen zeigen, muss man auch die relevantesten Informationen so verpacken, dass sie die gewünschte Wirkung erzielen. Inhalt wie auch Form des Informationspakets müssen stimmen! Seit Sprache zum Medium der Kommunikation wurde, gewann die sprachliche Gestalt einer Nachricht immer mehr an Bedeutung, da sich die Qualität und Fitness von Menschen immer seltener durch unmittelbare Anschauung feststellen ließ.

Wahrheit und Fiktion

Die Kunde von großen Taten wurde im europäischen Altertum und Mittelalter von Sängern verbreitet. Damit sie überzeugend wirkte, wurde sie – beispielsweise durch eine gleichmäßige Rhythmisierung der Verse – in eine höchst aufwändige sprachliche Form gebracht, und auch die Anstrengung, die der Sänger auf sich nahm, trug zur Glaubwürdigkeit des Vortrags bei. So gewann der Sänger an Prestige und die Protagonisten der Erzählungen wurden zu Helden oder Göttern, deren Ruhm sich auf diese Weise über den Tod hinaus bewahren, ja sogar noch steigern ließ.

Erstaunlich ist dabei allerdings, dass man es in den Epen und Erzählungen mit der Wahrheit nicht so genau nimmt. Die Belagerung Trojas mag es ja gegeben haben, aber waren die Kriegshelden tatsächlich so stark, wie Homer schreibt? Die Grenzen zwischen Wirklichkeit und Fiktion sind fließend – wie kann man da einer Erzählung trauen? Kann sie überhaupt zuverlässig Informationen vermitteln? Die Sprache bietet keine verlässlichen Hinweise auf den Wahrheitsgehalt. Dieser offensichtliche Mangel wäre nicht mit der Theorie erklärbar, Menschen würden einander selbstlos und kooperativ über relevante Vorkommnisse informieren. Geht man aber davon aus, dass sie Informationen weitergeben, um Prestige und Status zu erlangen, so erklärt sich auch, dass weniger bedeutsame oder spektakuläre Ereignisse sprachlich aufgeblasen werden und man gerne aus einer Mücke einen Elefanten macht. Weil die Zuhörer diese Erzählstrategie aber von sich selber kennen, sind sie stets wachsam und fragen hin und wieder nach, um den Wahrheitsgehalt von Informationen zu überprüfen. Da im Laufe der Zeit, insbesondere in Gesprächen mit Fremden, falsche Informationen sprachlich immer raffinierter verpackt wurden und die Hörer ihrerseits immer geschickter zwischen den Zeilen lesen konnten, wurden die Texte zunehmend komplexer.

Kinder erkennen ab einem bestimmten Alter Ungereimtheiten in Erzählungen oder Märchen, überprüfen Geschichten auf ihren Realitätsgehalt und akzeptieren ausweichende Erklärungen von Erwachsenen nicht mehr. Irgendwann wird ihnen jedoch klar, dass Erzähler und Schriftsteller mit Wahrheit, Wahrscheinlichkeit und Logik relativ frei umgehen können. Auch wenn deren Erzählungen nicht auf tatsächlichen Begebenheiten beruhen, sondern mehr oder

> **Kinder erkennen Ungereimtheiten in Erzählungen oder Märchen und akzeptieren ausweichende Erklärungen von Erwachsenen nicht mehr**

weniger ihrer Fantasie entspringen, werden sie vom Publikum akzeptiert – freilich nur, wenn sie in sich stimmig sind und wenn sie kleine Welten schaffen, die für das Leben der Zuhörer oder Leser irgendeine Relevanz haben.

Gelingt es dem Erzähler, den Nerv des Publikums zu treffen, so kann er darauf hoffen, sein Ansehen und seinen Status zu steigern – gleichgültig, ob seine Botschaften Anspruch auf Wahrhaftigkeit und Wirklichkeitsnähe erheben oder rein fiktiver Natur sind. Offenbar lässt sich das Publikum gerne von erfundenen Geschichten fesseln, weil es dabei seinen Kontrollmonitor ausschalten kann, mit dem es sonst ständig den Wahrheitsgehalt von Informationen überprüft. Es begibt sich auf die komfortable Ebene eines geradezu allmächtigen Zuschauers, der die Protagonisten amüsiert oder betroffen beobachten kann, ohne Verantwortung zu übernehmen, Entscheidungen zu treffen oder handelnd einzugreifen. Er macht sich ein Vergnügen daraus, die Strategien der fiktiven Akteure zu durchschauen, und trainiert dabei seine Fähigkeit, Übertreibungen und Unwahrheiten in der Realität leichter zu erkennen und Betrüger zu entlarven.

Doch selbst wenn die Grenzen zwischen Realität und Fiktion verschwimmen und die Zuhörer nicht sicher sind, was sie glauben können und was nicht, unterstellen sie dem Erzähler meist keine böswillige Täuschungsabsicht. Es scheint ihnen gar nicht darauf anzukommen, über reale Vorkommnisse möglichst objektiv informiert zu werden. Vielmehr lassen sie sich auf ein Spiel mit der Wirklichkeit ein, weil auch sie von diesen Geschichten profitieren können, denn bei passender Gelegenheit können sie sie weitererzählen und dadurch selbst Anerkennung und Prestige erlangen. Der Wunsch, objektive Fakten über die Welt zu erfahren, um sich dadurch Vorteile zu verschaffen, tritt hinter den Wunsch zurück, die Geschichten selbst als Handelsobjekte einzusetzen, welche einen Profit abwerfen, wenn man sie in ausreichender sprachlicher Qualität zum Besten gibt. Ohne entsprechendes erzählerisches Talent sollte man sich auf diesen Handel jedoch nicht einlassen – das Risiko, sich zu blamieren und dadurch an Status zu verlieren, wäre zu hoch.

Ob es nun aber um wahre oder erfundene Geschichten geht – stets handelt es sich dabei um sprachlich aufbereitete Informationen, die man nicht aus Nächstenliebe weitergibt, sondern weil sich der Handel mit ihnen lohnt. Dahinter steht das egoistische Motiv, Prestige- und Statuspunkte zu sammeln, um den eigenen Zugang zu Ressourcen zu verbessern. Die menschliche Gesellschaft ist nicht erst seit dem Internet, sondern von Anfang an eine Informations- und Wissensgesellschaft gewesen – auch wenn sich über das Internet wesentlich mehr Empfänger erreichen lassen, die man mit seinen Informationen beeindrucken kann.

> **Die menschliche Gesellschaft ist nicht erst seit dem Internet, sondern von Anfang an eine Informations- und Wissensgesellschaft gewesen**

Kommentare zu Informationen

Beim Wettstreit um Statuspunkte wird die Informationsstrategie durch die Strategie des Kommentierens ergänzt, denn auch hiermit lässt sich ein sozialer Gewinn erzielen. Da die Zuhörer wissen, dass die Sprecher mit ihren Informationen punkten möchten, versuchen sie, deren Äußerungen zu relativieren, ironisch zu kommentieren oder gar ins Lächerliche zu ziehen, damit sich ihr Prestigegewinn in Grenzen hält. Überdies dienen Kommentare dazu, die Informationen auf ihren Wahrheitsgehalt hin abzuklopfen und Lügen zu entlarven. Dem Sprecher signalisiert jedes *hm*, das ein Zuhörer in unterschiedlicher Tonlage und Intonation hervorbringt, wie dieser zu einer Äußerung steht – neutral, zustimmend oder skeptisch. Auf diese Weise fühlt sich der Sprecher durch die Rückmeldungen des Hörers ständig bewertet und bemüht sich, unklare Äußerungen oder logische Brüche zu vermeiden.

Während manche Personen die Strategie verfolgen, in Gesprächen möglichst viele neue Informationen oder aber auch Bullshit anzubieten, um sich damit in Szene zu setzen, spezialisieren sich

andere aufs Kommentieren, wobei sich die jeweiligen Rollen idealtypisch in asymmetrischer Weise auf Jung und Alt verteilen:
Während die Jungen in die Welt gehen, um später am heimischen
Feuer unerhörte Neuigkeiten verbreiten zu können, verlegen sich
die Alten aufs Kommentieren, geben dann aber auch ihre eigenen
Erfahrungen und Kenntnisse preis, um die Neuigkeiten zu relativieren, um sich selbst ins rechte Licht zu rücken und den Jungen
deutlich zu machen, dass es zwischen Himmel und Erde noch
wesentlich mehr gibt, als sie in ihrer Jugend erfassen können.

Die Glaubwürdigkeit von Äußerungen mit Kommentaren zu
überprüfen, ist überaus wichtig, denn weil Sprecher ihr Wissen
im Allgemeinen nicht kooperativ und uneigennützig zum Besten
geben, sondern nach Anerkennung und Status streben, wird
mit jeder Information, in jeder Erzählung und in jedem Bericht
beschönigt, verschwiegen, verschleiert und oft auch gelogen.
Politische Diskussionen sind dabei nur die Spitze des Eisbergs,
denn im Grunde verhalten wir uns
alle wie Politiker, da wir uns in
jedem Gespräch einer Wahl stellen
– mag sie auch noch so subtil sein.
Wir sprechen mit dem Ziel, unsere
Anhänger bei der Stange zu halten, unsere Freunde nicht zu verlieren und um geschätzt, geachtet
und geliebt zu werden. Wenn wir
uns streiten, möchten wir unseren
Gesprächspartner überzeugen und
die Mehrheit der Zuhörer, oder zumindest die Zuhörer mit dem
höchsten Status, auf unsere Seite bringen. Darum ist es gut,
darauf zu achten, dass sich Abweichungen von der Wahrheit in
Grenzen halten.

> **Wenn wir uns streiten, möchten wir unseren Gesprächspartner überzeugen und die Mehrheit der Zuhörer, oder zumindest die Zuhörer mit dem höchsten Status, auf unsere Seite bringen**

Wer alles glaubt, was man ihm erzählt, handelt sich einerseits bald Nachteile beim Kampf um Ressourcen ein und verliert
andererseits als naiver und ungeschickt kommentierender Zuhörer an Prestige und Status. Bei Sprechern, die einen höheren
Status als die Zuhörer haben, hält man sich mit kritischen Kom-

mentaren jedoch häufig zurück. Hier zahlt sich ein zustimmender oder anerkennender Kommentar, auch wenn man einiges zu kritisieren hätte, meist stärker aus, da man so möglicherweise an dem höheren Prestige des Sprechers partizipieren kann. Mitläufer – oder auch „Speichellecker" – sind erfolgreich, wenn sie sich einem erfolgreichen Führer anschließen.

Wahrhaft kooperative, symmetrisch verlaufende Gespräche gibt es nicht. Ständig schlüpfen die Gesprächspartner abwechselnd in die Rolle des Sprechers auf der einen und die des Zuhörers auf der anderen Seite, wobei die Zuhörer die Äußerungen der Sprecher – häufig nur mit einem kurzen *sag bloß* oder *is ja irre* – kommentieren, um dann meist selbst einen Beitrag abzuliefern, der wiederum

> **Wahrhaft kooperative, symmetrisch verlaufende Gespräche gibt es nicht**

von der Gegenseite kommentiert wird. Nach jedem Gespräch könnte ein unabhängiger Schiedsrichter beurteilen, wer die meisten Prestigepunkte gesammelt hat, um den Sieger des Gesprächs zu ermitteln. Ein Paradebeispiel sind TV-Duelle zwischen einem Regierungschef und seinem Herausforderer, etwa zwischen Gerhard Schröder und Angela Merkel. Hier geht es weniger darum, wer Recht hat oder wer die besten Vorschläge für eine zukünftige Politik machen kann. Wichtiger ist vielmehr, mit sprachlichen Mitteln zu punkten und als Sieger aus dem Duell hervorzugehen. Wer was gesagt hat, haben die meisten Zuschauer kurz nach dem Duell bereits wieder vergessen, aber man wird sich noch lange daran erinnern, wer überzeugender gewirkt hat.

Sprachliche Kostenerhöhung

Das Wettbewerbsverhalten in Gesprächen treibt die sprachlichen Kosten in die Höhe. Da relevante Informationen ein knappes Gut sind, reicht das Angebot nicht aus, um das Bedürfnis an Prestige und Status mit ihnen zu stillen. Daher müssen alte Informationen wiederverwertet und dabei sprachlich aufwändig verpackt werden, damit der Empfänger den Eindruck bekommt, es handele sich um eine Neuigkeit. Je stereotyper und vorhersagbarer jemand dabei formuliert, desto geringer sind seine Chancen, den gewünschten Ertrag an Anerkennung und Einfluss zu erzielen. Angehörige höherer sozialer Schichten und die Eliten einer Gesellschaft formulieren wortgewandter und stilistisch flexibler als Arbeiter und Menschen mit einfacher Bildung. Darum ziehen sie im Wettbewerb um die oberen Ränge der Gesellschaft meist den Kürzeren und müssen sich mit Positionen begnügen, in denen Sprache einen geringeren Stellenwert hat.

Die wettbewerbsbedingte grammatische, lexikalische und stilistische Variabilität in jeder Äußerung und in jedem Gespräch führt dazu, dass sich die Sprache ständig verändert. In einer lernfähigen Gemeinschaft mit starker Konkurrenz um Ressourcen nutzt sich der Wert sprachlicher Zeichen ständig ab. Deshalb ist es fortwährend erforderlich, den Wortschatz mit neuen Wörtern attraktiver zu machen. Gegenwärtig sind Anglizismen der Renner – auch wenn man auf einen bekannten Gegenstand oder Vorgang verweist, verwendet man gerne ein englisches Wort, da dies dem Zuhörer einen höheren Informationswert

> **In einer lernfähigen Gemeinschaft mit starker Konkurrenz um Ressourcen nutzt sich der Wert sprachlicher Zeichen ständig ab**

suggeriert. Wer am Bahnschalter statt einer *Fahrkarte* ein *Ticket* verlangt, scheint näher am Puls der Zeit zu sein und signalisiert, dass er einen besseren Zugang zu relevanten Informationen hat.

Mit dem Gebrauch eines neuen, attraktiven Wortes ist allerdings auch das Handicap verbunden, es im passenden Zusammenhang verwenden oder richtig aussprechen zu müssen. Wer es beispielsweise nicht fertig bringt, das /θ/ in *Thriller* als englischen Laut zu produzieren, wird von kompetenten Zuhörern eher abschätzig beurteilt, da er sich der ungewohnten Aussprache nicht gewachsen zeigt. In allen ihren Bereichen bietet die Sprache unzählige Möglichkeiten, das Handicap durch immer neue, noch komplexere oder elegantere Formulierungen zu erhöhen. Doch wer sich darauf einlässt, kann auch daran scheitern. Wer wagt, gewinnt – oder verliert.

Jetzt verstehen wir wahrscheinlich besser, warum die außergewöhnlich hohe Komplexität und Vielfalt in Grammatik und Wortschatz entstanden ist. Weder die Notwendigkeit zu kooperieren noch härtere Lebensbedingungen, weder das zunehmende Geschick bei Werkzeugherstellung, Kunst oder Jagdtechniken noch gewachsene Ansprüche an soziale Kompetenzen können die Notwendigkeit einer hochkomplexen Sprache erklären. All diese Ansätze reichen nicht aus oder sind zu unspezifisch, um den hohen Selektionsdruck zu begründen, der für die Entwicklung eines derart komplexen Signalsystems erforderlich war. Dieser Selektionsdruck konnte sich nur aufbauen, weil ursprünglich in Ritualen und später in Gesprächen ein permanenter Wettstreit um Statuspunkte geführt wurde. Menschen sprechen miteinander, um auf eine Bemerkung eine andere draufsetzen zu können, um damit zu punkten, und dabei sind ihnen alle sprachlichen Mittel recht. Je höher der soziale Anspruch, desto aufwändiger die sprachlichen Mittel – eine nicht endende Spirale, die immer neue Darstellungsformen erfordert.

Je höher der soziale Anspruch, desto aufwändiger die sprachlichen Mittel – eine nicht endende Spirale, die immer neue Darstellungsformen erfordert

Die Grammatik sorgt dabei sowohl für Handicaps als auch für die Vergleichbarkeit der Sprecher, da für alle die gleichen grammatischen Regeln gelten. Wenn wir sprechen, reiten wir alle gleichsam über ein und denselben sprachlichen Parcours, bei dem wir die Höhe der Hindernisse jedoch selbst bestimmen – wir können die einfachsten Äußerungsmuster verwenden oder Sätze wie Heinrich von Kleist oder Thomas Mann konstruieren. Am Ende wird abgerechnet, wie viele Hindernisse wir in welcher Höhe genommen oder gerissen haben. Das Ergebnis wird in Status umgemünzt.

Was für ein schreckliches, einseitiges Bild, mögen Sie denken! Wo in dieser Theorie ist Platz für Liebe, Freundschaft, Vertrauen?

Funktionieren wir denn nur wie Hamster in einem sprachlichen
Laufrad auf der unermüdlichen Suche nach Anerkennung und
Status? Produzieren wir Erzählungen, Lieder, Epen und wissenschaftliche Texte nur, weil wir nach Anerkennung lechzen und
einen hohen Platz in der Hackordnung bekommen möchten? Darf
man den höchsten Leistungen menschlicher Kultur und dem
banalsten Klatsch und Tratsch ähnliche Motive unterstellen? Ich
fürchte: ja! Denn wenn wir tatsächlich so menschlich wären, wie
wir uns gerne sehen möchten, so altruistisch, selbstlos und bereit zu gegenseitiger Hilfe, Gastfreundschaft und Nächstenliebe,
dann ließen sich Kriege und Völkermorde, Folter und Lust am
Töten nicht erklären. Die Vielfalt unserer Aggressionen und unserer Fantasien, Menschen zu quälen, ist unvorstellbar groß. Wir
sind die bei weitem aggressivste Art auf diesem Planeten. Dass
es trotz unserer Aggressivität so viel Kooperation und Altruismus gibt, hängt mit dem hohen Wert zusammen, den wir diesen
Handlungsweisen zuerkennen und mit den Texten, mit denen
immer wieder neu für sie geworben wird. Es gibt viel Bullshit und
viele Texte, die Egoismus und Aggressivität fördern. Aber es gibt
auch Texte, die uns den Weg zu einem friedlichen Miteinander
zeigen, oft auf der Folie des Bösen.

Das weltweit bekannteste religiöse Symbol ist das Kreuz,
ein unvorstellbar grausames Folterinstrument. Im Zentrum der
größten Religion steht der denkbar qualvollste Tod, den sich
Menschen ausdenken konnten. Ein Mensch, der als Sohn Gottes angebetet wird, stirbt nach furchtbaren Qualen. Nach den
Berichten der Evangelisten ist Gott das denkbar größte Handicap eingegangen, als er seinen eigenen Sohn auf qualvollste
Weise sterben ließ – einen Tod, den sich die Römer für Schwer-
verbrecher ausgedacht hatten. Aber gerade weil sein Opfer so
groß war, wurde die Botschaft von
Jesus, dass Gott alle Menschen
liebt und vom Tod erretten will,
geglaubt. Man nahm es Jesus ab,
dass er tatsächlich meinte, was er
sagte, und es ihm mit seiner Bot-

**Jesus Handicap war
so überzeugend, dass
seine Botschaft nicht
vergessen wurde**

schaft wirklich ernst war. Sein Handicap war so überzeugend, dass seine Botschaft nicht vergessen wurde.

Aber nicht nur seine Geschichte, auch die Geschichten, die er erzählte, seine Gleichnisse, zeugen von Altruismus und Nächstenliebe – allen voran sein Gleichnis vom barmherzigen Samariter, der in einer brutalen Welt voller Räuber und Mörder nicht die Augen verschloss, sondern Hilfe leistete. Auch wenn dieser verachtete Samariter aus einem egoistischen Motiv gehandelt haben sollte, weil ihm die Rettung eines Todgeweihten Anerkennung einbrachte: Wichtig ist, dass er es tat! Und wichtig ist, dass diese Tat mit einem Gleichnis publik gemacht wurde, auch dann, wenn sie nie passiert wäre und Jesus sie sich „nur" ausgedacht hätte: Ihre Wirkung hält bis heute an. Ein Außenseiter wurde zum Vorbild für Menschlichkeit, vollkommen gleichgültig, aus welchen Motiven er gehandelt haben könnte und aus welchen Motiven sein Gleichnis erzählt wurde. Menschlichkeit, Liebe, Freundschaft und Vertrauen müssen immer wieder neu erworben werden. Auch dann, wenn dies mit einer egoistischen Strategie gelingt, die auf soziale Anerkennung zielt, sollten wir zufrieden sein.

Literatur

Baumert J et al (2001) PISA. Basiskompetenzen von Schülerinnen und Schülern im internationalen Vergleich. Opladen: Leske + Budrich.

Dessalles J-L (1998) Altruism, status and the origin of relevance. In: Hurford JR, Studdert-Kennedy M, Knight C (Hrsg) Approaches to the Evolution of Language. Cambridge, New York, Melbourne: Cambridge University Press, S. 130–147.

Eltz T, Lunau K (2005) Antennal responses to fragrance compounds in male orchid bees. In: *Chemoecology* 15: 135–138.

Frankfurt HG (1988) The Importance on What We Are About. Philosophical Essays. Cambridge: Cambridge University Press.

Hughes SM, Dispenza F, Gallup GG (2004) Ratings of voice attractiveness predict sexual behavior and body configuration. In: *Evolution and Human Behavior* 25: 295–304.

Moorwood MJ et al (1998) Fission-track ages of stone tools and fossils on the east Indonesian island of Flores. In: *Nature* 392: 173–176.

11

In Kinder und Sprache investieren

Die Phylogenese, die Entwicklung einer Art, kann Parallelen zur Ontogenese, der Entwicklung des Individuums, aufweisen. Ernst Haeckel ging 1866 sogar so weit zu behaupten, dass die Ontogenese eine kurze Wiederholung der Phylogenese sei.[1] Doch wie soll man sich dies für die Entstehung von Sprache vorstellen? Ein Baby wächst in eine Sprachgemeinschaft hinein – es ist von Geburt an von Sprache umgeben, die bereits seit Jahrtausenden besteht. *Homo sapiens* aber musste Sprache ganz neu für sich erfinden. Deshalb kann es hier keine Parallelität geben. Dennoch gibt es einige zentrale Probleme, die *Homo sapiens* zu lösen hatte und die bis heute auch bei jedem Kind relevant sind, wenn sich Hören und Sprechen entwickeln. Wenn man weiß, wie Kinder zur Sprache kommen, kann man zwar nicht daraus ableiten, wie die Menschheit zur Sprache gekommen ist, aber man bekommt möglicherweise einige wichtige Hinweise. Mich interessiert bei diesem Vergleich vor allem, welche Signalkosten mit der Sprach-

---

[1] Haeckels biogenetische Grundregel lautet: »Die Ontogenesis ist eine kurze und schnelle Rekapitulation der Phylogenesis, bedingt durch die physiologischen Funktionen der Vererbung (Fortpflanzung) und Anpassung (Ernährung).« (Haeckel 1866).

entwicklung in Phylogenese und Ontogenese verbunden sind,
wie viel Eltern in ihre Kinder sprachlich investieren und wie sich
diese Investitionen bei der Partnerwahl niederschlagen.

Hilflose Traglinge

Mütter müssen bei der Geburt und der Aufzucht ihrer Kinder
mit mehreren Problemen fertig werden: Da ist zunächst die
schwierige Geburt, die eine Mutter schlecht ohne fremde Hilfe
bewältigt. Verantwortlich dafür ist der relativ große Kopf eines
Säuglings, der nur mit Mühe und meist unter großen Schmerzen
durch den – bedingt durch die veränderte Anatomie seit Beginn
des aufrechten Gangs – engen Geburtskanal gepresst werden
kann. Damit der Geburtsvorgang nicht an seiner Größe scheitert, wird das Kind in einem fötalen Stadium ausgetragen – etwa
zehn Monate vor der Zeit, gemessen an der Reife eines Schim-
pansenbabys. Da der Kopf aus weicher Knorpelmasse besteht,
kann er außerhalb der Gebärmutter weiter wachsen. Dieses Rei-
fen nach der Geburt ähnelt der Entwicklung von Nesthockern,
wie beispielsweise Mäusen oder Vögeln. Da sie sich zunächst
nicht aus eigener Kraft fortbewegen können, besteht die Gefahr,
dass sie Fressfeinden zum Opfer fallen. Darum verstecken die
Eltern ihre Nester gut, und bei ihrer Abwesenheit verhalten sich
die Kleinen ruhig. Auch Menschenkinder können sich unmittelbar nach der Geburt nicht selbstständig fortbewegen. Sie bleiben
aber nicht ruhig und geduldig im Nest, sondern müssen getragen
werden. Nesthocker wäre deshalb nicht die richtige Bezeichnung
– sie sind vielmehr zu früh geborene Traglinge.[2]
    Beim Tragen sind Mütter in ihren Flucht- und Angriffsmög-
lichkeiten erheblich eingeschränkt, vor allem ohne Traghilfe.
Das Absetzen des Kindes ist ebenfalls problematisch, da es un-

---

[2] Diese Bezeichnung geht auf Hassenstein (2001) zurück. Portmann (1969) be-
     zeichnet sie als sekundäre Nesthocker, Prechtl (1984) als physiologische Früh-
     geburten.

vorhersehbaren Gefahren ausgesetzt ist, sobald sich die Mutter entfernt. Auch Schimpansenkinder müssen von ihren Müttern in den ersten beiden Monaten aktiv getragen werden, da sie sich noch nicht an der Mutter festhalten können, aber danach reiten sie selbstständig auf ihrem Rücken, festgeklammert in ihrem Fell, sodass die Schimpansenmütter ihre Hände frei haben, sofern sie sie nicht zur Fortbewegung benötigen. Schimpansenkinder sind also bereits nach kurzer Zeit bei weitem pflegeleichter als Menschenkinder, die erst nach etwa einem Jahr die ersten Schritte machen können. Sie können sich nicht im Fell ihrer Mutter festkrallen. Aber selbst dann, wenn es im Verlauf der Hominisation nicht zum Verlust des Fells gekommen wäre, könnten Menschenkinder sich daran nicht mehr sicher festhalten, da die Füße seit Beginn des aufrechten Gang die Fähigkeit verloren haben, wie eine Hand zu greifen. Der große Zehennagel stand bereits bei Lucy, der berühmten *Australopithecus afarensis*-Dame, nicht mehr, wie der Daumen unserer Hand, den Fingern gegenüber, um kräftig zupacken zu können. Die Hände eines Babys allein hätten nicht verhindern können, dass es seinen Halt verliert und abstürzt. Der Verlust des Fells war also nicht die Ursache für die Notwendigkeit, Säuglinge tragen zu müssen, sondern die aufrechte Fortbewegung auf dem Boden und im seichten Wasser und die Unfähigkeit der zu früh geborenen Traglinge, sich selbstständig mit allen Vieren festzuklammern.

Frauen mussten beim Tragen und Hüten ihrer Babys auf die Unterstützung durch andere setzen – auch auf die Hilfe von Männern. Die anstrengende Aufzucht der Kinder erforderte ein kooperatives Verhalten, aber trotz aktiver Hilfe blieb das Handicap, das mit dem ständigen aktiven Tragen verbunden war, gleichwohl hoch. Da Hominiden sammelnd und jagend umherzogen, mussten sie ihre Kinder mit sich nehmen. Sie konnten allenfalls für kurze Zeit ihre Säuglinge sich selbst überlassen. Die Gefahr, dass sie Fressfeinde angelockt oder sich Schaden zugefügt hätten, war einfach zu groß. Darum musste immer ein Erwachsener in ihrer Nähe bleiben. Entfernte man sich außer Sichtweite, so durfte zumindest der lautliche Kontakt nicht abreißen.

Ein akustisches Band

Mütter versuchen, jeden Laut ihres Kindes zu erfassen. Sie können gut unterscheiden, ob ihr Kind oder ein anderes schreit. Hören sie ihr Kind, antworten sie ihm auf vielfältige Weise – sie sprechen mit ihm, summen, singen oder ahmen die Geräusche und Laute des Kindes nach. Wird das Kind lauter und fordernder, nehmen sie es auf den Arm, versuchen es zu beruhigen und seine Bedürfnisse zu befriedigen. Haben Mutter und Kind keinen Körper- oder Sichtkontakt, so gibt die lautliche Verständigung dem Säugling Sicherheit. Sie ist ein ideales Kontaktmedium für mittlere Distanzen, da sie Rückmeldungen erlaubt, die das Baby über eine visuelle Kommunikation nicht leisten könnte. Das Neugeborene kann noch nicht selbstständig den Kopf heben und wenden, um seinen Blick gezielt auf die Gesten der Mutter richten zu können oder gar eigenständig Gesten zu formen. Seine Augen erfassen nur den unmittelbaren Nahbereich, während sein Gehör, das bereits im Mutterleib auf Sprachlaute eingestimmt wird, ein breiteres Frequenzspektrum wahrnehmen kann als es Erwachsene vermögen.[3] Eine lautliche Verbindung zum Baby ist dagegen sogar über eine recht große Distanz möglich, da das Baby vom ersten Atemzug an in der Lage ist, durch Schreien mit einer beachtlichen Lautstärke auf sich aufmerksam zu machen. Wären Mutter und Kind nur auf den visuellen Kanal angewiesen, könnte sich die Mutter kaum einen Meter vom Kind entfernen und müsste darauf achten, in

> **Babys sind vom ersten Atemzug an in der Lage, durch Schreien mit beachtlicher Lautstärke auf sich aufmerksam zu machen**

---

[3] Der französische Arzt Alfred Tomatis (2002) war meines Wissens der erste, der die Fähigkeit von Babys im Mutterleib, Geräusche und Sprachlaute wahrzunehmen, experimentell untersucht hat.

seinem Gesichtsfeld zu bleiben. Der lautliche Kanal ist für Nähe wie für Distanz das zentrale kommunikative Medium für eine stabile Beziehung zwischen Mutter und Kind. Mit einem gut funktionierenden lautlichen Kontakt ist es der Mutter möglich, den engen körperlichen Kontakt für eine gewisse Zeit zu unterbrechen und das Kind abzusetzen.[4]

Die Überlegenheit der lautlichen gegenüber der gestischen Verständigung zeigt sich besonders im Dunkeln. Wenn in der ostafrikanischen Heimat der Hominiden, in der Nähe des Äquators, plötzlich die Dunkelheit hereinbrach und man ein abgelegtes Kleinkind nicht mehr sehen konnte, war es für seine Sicherheit wichtig, den lautlichen Kontakt mit der Mutter zu halten. Vor allem in mondlosen Nächten und im flackernden Schein des Feuers, das die Konturen verschwimmen ließ, mussten die wechselseitigen lautlichen Vergewisserungssignale funktionieren. Nur wenn das Kind schlief, konnte dieser dialogische Kontakt nicht aufrechterhalten werden, aber dann wurden besondere Sicherheitsmaßnahmen getroffen, etwa durch ein Feuer oder Dornenzweige, mit denen Raubfeinde abgehalten wurden.

Problematisch sind vor allem die Zeiten, in denen das Kind krabbelnd versucht, seine Umgebung zu erkunden. Seine Neugier treibt es voran und es kann rasch in gefährliche Situationen geraten, wenn der lautliche Kontakt zur Mutter abreißt. Da sich das Kind wie ein tollpatschiger Forscher sehend, fühlend und schmeckend mit seiner Umgebung auseinandersetzt, kann es nicht gleichzeitig den Blickkontakt zu seiner Mutter halten. Mit gestischer Kommunikation ließe sich kein dialogischer Draht zwischen Mutter und Kind spannen – allein schon deshalb nicht, weil ein Säugling seine Hände zum Krabbeln benötigt. Je besser ein Kind im vorsprachlichen Stadium lernt, rasch auf die Äuße-

---

[4] Auf den Zusammenhang zwischen Fellverlust und einem lautlichen Kanal zwischen Mutter und Kind hat bereits 1979 das Forscherehepaar Jonas hingewiesen.

rungen seiner Mutter mit eigenen Lauten zu reagieren, desto
größer ist seine Überlebenschance. Während bei der Jagd, für die
Werkzeug- und Waffenherstellung oder andere Tätigkeiten des
Alltags sprachliche Kommunikation nicht zwingend notwendig
erscheinen und gestische Kommunikation hier häufig sinnvoller
ist ein dialogischer Lautkontakt zwischen Mutter und Kind jeglicher gestischen Kommunikation überlegen.

Ob Mütter ihre Babys nun zugleich sehen und hören oder
auch nur hören können – die Art und Weise, wie sie mit ihnen
sprechen, unterscheidet sich stark vom Sprechen mit Erwachsenen. Frauen wie Männer, ja sogar Kinder verändern ihre
Stimme, wenn sie mit Babys kommunizieren. Spricht man zu
einem Säugling, so weiß man, dass er die Worte nicht versteht.
Die Information steckt in der Melodie, dem Timbre, dem Rhythmus der Worte. Sie wecken sein Interesse und er horcht intensiv
auf die an ihn gerichteten Äußerungen.

Dieses kindgerechte Sprechen, vor allem von Müttern zu ihren Babys, unterscheidet sich von der Sprache zwischen Erwachsenen durch charakteristische Merkmale: Die Stimme ist höher,
der Frequenzumfang ist größer, die Vokale werden deutlicher und
länger artikuliert, die Sätze sind kürzer und werden öfter ganz
oder in Teilen wiederholt, und die Pausen sind länger und deutlicher, um Wort- und Satzgrenzen zu markieren und dem Baby
die Chance auf eine Reaktion zu geben. Artikulation, Intonation
und Rhythmus werden stärker konturiert. Das Sprechtempo ist
geringer und neue Wörter werden besonders hervorgehoben und
wiederholt. Mit dieser besonderen Stimmführung gelingt es der
Mutter, die Aufmerksamkeit des Kindes zu gewinnen, es mit ihrer Stimme zu fesseln. So formen sich die glucksenden Geräusche
des Babys und das „Mutterisch"
(engl. *Motherese*) zu einem eigentümlichen Mutter-Kind-Dialog –
einem stark emotionalen, fein aufeinander abgestimmten lautlichen
Konzert mit ständig wechselnden
Rollen von Sprecher und Hörer.

**Die glucksenden
Geräusche des Babys
und das „Mutterisch"
formen sich zu einem
eigentümlichen Dialog**

Die beiden Kommunikationspartner Mutter und Säugling könnten kaum unterschiedlicher sein – auf einer Seite eine Erwachsene mit einem hochkomplexen Sprachvermögen, auf der anderen Seite ein Baby, das schreit und eigentümliche Laute von sich gibt. Dennoch funktioniert diese Kommunikation, da Mütter auf höchst subtile Weise an die Äußerungen der Babys anknüpfen, sodass eine Art Gespräch, ein Dialog entsteht, der für beide als angenehm, ja lustvoll empfunden wird und sie eng aneinander bindet. Bereits in diesem frühen Stadium, bevor Kinder Sprache verstehen, geschweige denn produzieren können, gibt es eine Art Sprecherwechsel wie in einem Gespräch unter Erwachsenen – nur dass die Bedeutung einzelner Wörter oder Äußerungen noch keine Rolle spielt.

Die Fähigkeit, Dialoge mit ständig wechselnden Sprecherrollen zu führen und Sprecherwechsel rasch und reibungslos zu vollziehen, ist – wie ich im achten Kapitel ausführte – mit Hilfe von Grammatik gelungen, die sich zunächst im tänzerisch-musikalischen Kontext des Rituals entwickelte. Hier nun, in der frühen Kommunikation zwischen Mutter und Kind können wir ebenfalls eine Form des Sprecherwechsels beobachten. Dean Falk, Paläoanthropologin an der Florida State University, sieht sogar in dieser Form des Dialogs den Beginn zur phylogenetischen Entwicklung von Sprache. Sie argumentiert, dass die Evolution Mütter, die mit ihren Säuglingen besonders gut kommunizieren konnten, bevorzugt habe, sodass sich ihre ursprünglich einfachen Kontaktlaute zu immer komplexeren entwickelt hätten, bis sie schließlich – heureka! – zu einer kompletten Sprache herangereift seien, mit der sich Mütter nicht mehr nur mit ihren Babys, sondern auch mit Erwachsenen unterhalten konnten (Falk 2004).

Diese Theorie ist wohl kaum zu halten, da sie zu viele unwahrscheinliche Annahmen enthält. Falk kann keine Gründe anführen, warum sich einfache Kontaktlaute hätten weiterentwickeln sollen, da sie doch die Funktion einer gegenseitigen Vergewisserung, wo sich Mutter und Kind jeweils befinden, optimal erfüllt haben. Sie kann nicht plausibel machen, warum

sich der spezielle Mutter-Kind-Dialog auf die Kommunikation mit Erwachsenen hätte ausweiten sollen. Sie kann keine
Übergangsstadien zwischen einem ursprünglich undifferenzier-
ten Gebrabbel und einer ausgereiften Sprache skizzieren. Sie
erklärt nicht, wie und warum Grammatik und Semantik ins
Spiel kommen sollten. Und sie scheint auch zu einseitig von
dem Erziehungsstil amerikanischer Mütter auszugehen, die in
der Tat häufig ihr Baby in einer Wiege absetzen, während sie
sich im Nebenzimmer beschäftigen oder Fernsehen schauen.
In Stammesgesellschaften verbringen Babys aber über 90%
der Tageszeit in Körperkontakt mit der Mutter und anderen
Bezugspersonen. Sie werden nahezu ständig getragen, auf der
Hüfte oder mit einem Tuch auf dem Rücken. Das Absetzen von
Kindern und die damit verbundene Notwendigkeit, eine dialogische Verbindung aufzubauen, war möglicherweise nicht so
groß, wie es aus der Sicht moderner Mütter oder Forscherinnen
erscheinen mag.

Mutterisch bzw. *Motherese* ist ein Sprachverhalten, das in
allen Kulturen zu finden ist – ein universelles Phänomen, allerdings in höchst unterschiedlichem Ausmaß. Während Mütter
aus westlichen Gesellschaften, vor allem aus akademisch geprägten Mittelschichten, sich intensiv ihrem Baby zuwenden, ist
die Aufmerksamkeit von Müttern aus Stammesgesellschaften in
der Regel geteilt: Während sie ihr Kind tragen, ihm die Brust
geben oder es liebevoll streicheln, können sie sich gleichzeitig
mit anderen unterhalten, arbeiten oder – tanzen. Ihnen und
ihren Babys scheint es größtes Vergnügen zu bereiten, wenn sie
sich gemeinsam zum Rhythmus von Musik und Gesang tanzend
bewegen. Ich vermute deshalb, dass *Motherese* und der damit
verbundene Mutter-Kind-Dialog im rituellen Kontext entstanden sind – dort, wo gesungen und getanzt wurde.

Archaische Mütter werden ihre Säuglinge mit zu den rituellen Versammlungen genommen haben – sie hätten sie nirgendwo
zurücklassen können, da ja alle Stammesmitglieder daran beteiligt waren. Wenn gesungen und getanzt wurde, blieb das Kind
im Arm seiner Mutter und konnte so Musik und Rhythmus haut-

nah miterleben. Damals wie heute ein äußerst lustvolles Erlebnis für ein Baby! Es bereitet höchstes Vergnügen. Schlechte Laune, Unwohlsein, Schreien und Quengeln hören meistens sofort auf, wenn Mutter und Kind in einen rhythmischen Swing geraten. Musik und Tanz lösen Glücksgefühle aus, die an die

> **Die Glücksgefühle bei Musik und Tanz erinnern an die positive Stimmung, die Menschen über Jahrtausende in tänzerisch-musikalischen Ritualen erlebt haben**

positive Stimmung erinnern, die Menschen über Jahrtausende in tänzerisch-musikalischen Ritualen erlebt haben und bis heute auf jedem Tanzfest erleben können.

Wie ich im vierten und fünften Kapitel ausgeführt habe, wurden Lautketten, die während des Tanzes artikuliert wurden, auf die rhythmischen Bewegungen von Trommelschlägen und Schrittfolgen abgestimmt. Pausen zwischen grammatisch zusammenhängenden Einheiten und Silbengrenzen wurden dabei deutlich hervorgehoben. Artikulation, Intonation und Rhythmus wurden stärker konturiert. Die Äußerungen wurden in einer singenden Form vorgetragen, in einer Tonlage, die höher war als die Tonlage in der ursprünglich protosprachlichen Alltagskommunikation. Und schließlich: Die Semantik der Äußerungen war zunächst irrelevant. Wir kommen so zu einer erstaunlichen Ähnlichkeit zwischen Merkmalen des *Motherese* und der Kommunikation im tänzerisch-musikalischen Modus des Rituals.

Da sich dieser Modus so überaus positiv auf die Stimmung des Säuglings auswirkte, lag es nahe, ihn auf alltägliche Situationen zu übertragen. Dort, im Alltag, gab es wahrscheinlich bereits seit Beginn des aufrechten Gangs oder noch früher einfache Kontaktlaute, um Nähe zu ermöglichen, wenn kein körperlicher Kontakt bestand – ganz ähnlich wie dies auch Dean Falk vermutet. Aber zu einer Höherentwicklung, zu einem lautlich anspruchsvollen *Motherese*, kam es erst, als Mütter begannen, ihre positiven Erfahrungen aus dem rituellen Kontext auf den Alltag zu übertragen. Mit dem Rhythmus, den Lautfolgen und den Melodien, die

Säuglinge mit Glücksgefühlen assoziierten, konnten Mütter ihre Kinder auch im Alltag beruhigen. Zunächst sind daraus wahrscheinlich archaische Wiegenlieder entstanden: Melodien, mit Silben ohne Bedeutung, mit denen Kinder in den Schlaf gesungen wurden und die dabei sogar eine heilende Wirkung entfalten konnten (Standley 1996). Nach und nach wurden dann die alten, einfachen Kontaktlaute durch lautliche Elemente aus diesen Wiegenliedern ersetzt, da so die Säuglinge leichter beruhigt und in eine positive Stimmung versetzt werden konnten als mit den lautlichen Möglichkeiten aus protosprachlicher Zeit.

Es kam aber nicht nur auf die Wirkungen an, die *Motherese* beim Baby auslöste, sondern auch auf die Reaktionen der erwachsenen Stammesmitglieder. Eine Mutter, der es rascher gelingt, ihr Baby zu beruhigen oder zu trösten, und die dies mit anspruchsvolleren lautlichen Mitteln tut, erscheint in der Gemeinschaft als bessere Mutter. *Motherese* ist zwar primär immer an ein Baby gerichtet, aber andere Erwachsene sollen auch hören und beurteilen können, wie gut man diese spezifische Modalität beherrscht. Damit lässt sich signalisieren, wie sehr man bereit und fähig ist, sprachlich in ein Kind zu investieren. Beim seltenen Besuch einer Tante kann man manchmal erleben, wie übertrieben „kindgemäß" sie mit ihrer kleinen Nichte oder ihrem Neffen spricht, um der Mutter zu signalisieren, dass sie eine gute Tante ist, auch wenn sie sich nur selten blicken lässt.

Abgesehen von den Bemühungen dieser uns allen bekannten Tanten: Die sprachliche Investition in ein Baby in Form von *Motherese* lohnt sich! Kinder bekommen damit einen leichteren Zugang zu ihrer Muttersprache. Durch deutliches und langsames Sprechen, durch das verstärkte Setzen von Pausen und durch eine

> **Die sprachliche Investition in ein Baby in Form von Motherese lohnt sich**

stärkere intonatorische Konturierung der Wörter und Sätze erkennen Kinder leichter Wort- und Satzgrenzen und durchschauen so eher die grammatische Struktur der eigenen Sprache. Aber es geht nicht nur um den Erwerb der Muttersprache! Der dialogische Austausch zwischen Mutter und Kind ist für die Entwicklung eines Säuglings hoch bedeutsam, weil er wesentlich, wenn nicht entscheidend dazu beiträgt, dass er gesund heranwächst. Er sichert den ständigen Kontakt zwischen Mutter und Kind – auch in Situationen, in denen ein Kind nicht von der Mutter gehalten oder getragen wird. Er gibt dem Kind emotionale Sicherheit und das Gefühl der Geborgenheit. Die Mutter muss keine Angst um ihr Kind haben, wenn dieser dialogische Austausch besteht. Solange ein Kind auf ihre Äußerungen mit Lallen und Plappern reagiert, muss sie sich nicht um sein Wohlergehen sorgen.

Elterliche Didaktik

Babys als motorisch stark eingeschränkte Traglinge nehmen in ihren ersten Lebensmonaten vor allem das wahr, was sie in ihrer unmittelbaren Umgebung fühlen, sehen und hören. Der entscheidende Akteur dabei ist die Mutter, die dem Kind eine zumeist anregende Show bietet. Sie stillt den Hunger und das Saugbedürfnis des Kindes und fasziniert es mit ihrem Gesicht, das durch seine vertraute, aber gleichwohl überaus flexible Mimik immer neue Anregungen bietet. Sie fesselt das Kind durch alle möglichen Laute und Lautfolgen sprachlicher und nichtsprachlicher Art, und die Berührungen ihrer überaus geschickten Hände lösen meist angenehme, manchmal aber auch unangenehme Gefühle aus. So bieten Mimik, Gestik, Berührungen und Laute der Mutter dem Säugling ein anregendes Szenario, dem er in den ersten Wochen und Monaten nicht entrinnen kann.

Säuglingen steht unmittelbar nach der Geburt ein zuverlässig funktionierender lautlicher Kanal mit der Mutter zur Verfügung – gewissermaßen eine Standleitung, die jederzeit benutzt werden kann. Sie werden so von Anfang an mit der Funktionsweise sprachlicher Kommunikation, insbesondere mit dem Sprecherwechsel, vertraut gemacht. Die ständige sprachliche

Mütter verfolgen von der Geburt ihres Kindes an eine intuitive elterliche Didaktik

Begleitung der Mutter, die sich mit großem Einfühlungsvermögen an den Bedürfnissen des Kindes orientiert, ist im Kern didaktisches Handeln. Mütter verfolgen von der Geburt ihres Kindes an eine intuitive elterliche Didaktik (Papousek 1994). Auch die Väter sind daran beteiligt, wobei sie jedoch oft erst didaktisch aktiver werden, wenn ihre Kinder älter sind.

Die Mutter-Kind-Kommunikation, die das Band zwischen Mutter und Kind stabil und zuverlässig werden ließ, entwickelte sich nach und nach zu einer intuitiven sprach-didaktischen Steuerung – zu einem „sprachlichen Gängelband", mit dem sich das Handicap eines viel zu früh geborenen und verletzlichen Säuglings ausgleichen ließ. Diese artspezifische Anpassung mütterlich-elterlichen Verhaltens ist vermutlich genetisch verankert, da sie in allen Kulturen zu beobachten ist, sich »auf intuitiver, nicht bewusster Ebene reguliert« und unmittelbar an Reifungsprozesse des Säuglings geknüpft ist (Papousek 1994, S. 34).

Trotz dieser universalen intuitiven Fähigkeit von Eltern, auf ihre Kinder didaktisch einzuwirken, bestehen von Kultur zu Kultur, aber auch innerhalb jeder Kultur deutliche Unterschiede. Die Mutter-Kind-Kommunikation unterscheidet sich nach Häufigkeit, Dauer, Intensität und Angemessenheit der lautlichen Reaktionen auf die Äußerungen des Säuglings (Papousek 1994, S. 42). Wie bei allen Fähigkeiten gibt es auch hier große Unterschiede zwischen einem sprachlich besonders einfühlsamen und förderlichen und einem weniger förderlichen Verhalten. Manche Eltern kommunizieren mit viel Empathie und bieten ihren Kindern ein Gerüst, an dem sie sich sprachlich orientieren können. Beim Erwerb von Erzählungen fragen sie beispielsweise nach Zeit und Ort der Handlung, nach den beteiligten Personen oder nach dem, was für sie am spannendsten war, um sie darauf aufmerksam zu machen, dass diese Elemente zu einer gelungenen Erzählung gehören, um so ihren Erwerb zu fördern (Hausendorf/Quasthoff 1996). Anderen Eltern ist der sprachliche Fortschritt ihrer Kinder eher gleichgültig und sie verwenden entsprechend weniger Zeit und Mühe auf eine kindgerechte Kommunikation.

Das Sprachvermögen ist für alle erwachsenen Sprecher grundsätzlich recht ähnlich – alle Mitglieder einer Sprachgemeinschaft sprechen auf einer weitgehend gemeinsamen grammatischen Basis. In der Art und Weise und im Umfang, wie die grammatischen und besonders die stilistischen Möglichkeiten ausgeschöpft werden, unterscheiden sie sich allerdings deutlich voneinander. Beim Wortschatz tritt dieser Unterschied am stärksten zutage. Und in der Aussprache kann jeder Hörer feinste Nuancen wahrnehmen und anhand dieser Unterschiede den sozialen Status von Sprechern meist recht genau einschätzen.

Kognitive Linguisten wie Steven Pinker würden zwar nicht bestreiten, dass es erkennbare qualitative Unterschiede in der Sprachverarbeitung und -erzeugung gibt, gehen aber davon aus, dass die Unterschiede zwischen „besseren" und „schlechteren" Sprachbenutzern im Verhältnis zu ihrem grundsätzlichen Sprachvermögen irrelevant sind, wenn man die spezifisch menschliche Fähigkeit zu sprechen beschreiben will – auch wenn sich diese Unterschiede in der Pflege von Beziehungen oder im beruflichen Fortkommen durchaus positiv oder negativ niederschlagen können (Pinker 1996, S. 381–384). Soziolinguisten wie William Labov (Labov 1973) hingegen betonen die sprachlichen Unterschiede innerhalb einer Sprachgemeinschaft. Ich denke, beide haben recht, wenn man die Positionen in eine evolutionäre Perspektive rückt und aufeinander bezieht: Die sprachliche, insbesondere die grammatische Basis ist bei allen Sprechern einer Sprachgemeinschaft sehr ähnlich, weil so die Kommunikation grundsätzlich befriedigend gelingen kann, aber auch, weil mit einem für alle gleichermaßen gültigen Maßstab die Unterschiede von Sprecher zu Sprecher besonders gut miteinander verglichen werden können. Es sind die „feinen Unterschiede" (Bourdieu 1987), die alle Hörer einer Gemeinschaft heraushören können und die in der Mutter-Kind-Kommunikation angelegt werden.

Die Art und Weise, wie Mütter mit ihren Kindern kommunizieren, beeinflusst Geschwindigkeit und Qualität der Entwicklung. Bereits unmittelbar nach der Geburt zeigt sich, in welchem
Ausmaß eine Mutter in der Lage ist, ihr Baby in einen aktiven,
aufmerksamen Zustand zu versetzen und seine Entwicklung zu
fördern. Ein zu früh geborener Tragling erfordert höchsten Einsatz, ständige Fürsorge und Unterstützung, um seine noch un-
fertigen Anlagen und Funktionen zu verstärken (Papoušek 1994,
S. 33f). Gelingt es einer Mutter, mit Aufmerksamkeit und Sensibi-
lität auf die Bedürfnisse ihres Kindes einzugehen, seine positiven
wie negativen Signale richtig zu deuten und rasch und adäquat
darauf zu reagieren, ihm mit körperlicher Nähe und zärtlicher
Berührung ein Gefühl der Wärme und Geborgenheit zu vermitteln, seine Sinne anzuregen und es sprachlich auf vielfältige
Weise zu stimulieren, dann wird das Kind gute Chancen haben,
sich zu einer stabilen, selbstbewussten und liebesfähigen Persönlichkeit zu entwickeln und in der späteren Auseinandersetzung
um Ressourcen, Geschlechtspartner und Macht erfolgreich zu
sein. Seine Gene und damit auch die Gene seiner Eltern werden
es leichter haben, sich durchzusetzen und zu verbreiten. Selbstverständlich können „gute Eltern" den Lebenserfolg von Kindern
nicht garantieren. Neben der genetischen Ausstattung werden
noch viele andere Faktoren die Entwicklung eines Heranwach-
senden in positiver oder negativer Weise beeinflussen. Besonders
ist dabei an den Einfluss der Gruppe gleichaltriger Freunde und
Kameraden zu denken[5], aber auch hier haben Eltern die Möglichkeit, auf die Auswahl der Freunde Einfluss zu nehmen und
schließlich auch die Wahl des Ehepartners mitzubestimmen.

Im Laufe der Evolution haben Mütter, aber auch Väter
und Großeltern, wirksame Methoden zur frühen Förderung
ihrer Kinder und Enkelkinder entwickelt. Auf vielfältige Weise
versuchen sie, ihre Aufmerksamkeit auf Menschen, Gegen-

---

[5] Vgl. Harris (1998), die den Einfluss der Peer Group für wichtiger hält als den
     der Eltern.

stände und Ereignisse zu lenken und ihnen etwas zu zeigen. Sie zeigen und erklären ihrem Nachwuchs die Welt. Aber sie zeigen nicht nur auf das, was zur Bewältigung gegenwärtiger oder zukünftiger Lebenssituationen unbedingt benötigt wird. Sie zeigen und erklären ihnen auch Phänomene und vermitteln ihnen Wissen, das weder heute noch morgen eine praktische Relevanz haben könnte. Eltern investieren mit einem mehr oder weniger großen Aufwand in den Aufbau eines begrifflichen Inventars, mit dem ihr Nachwuchs in die Lage versetzt wird, möglichst viele Phänomene in einem begrifflichen Netz zu verorten und sich so einen eigenständigen Reim auf das Funktionieren von Welt machen zu können. Je größer und beziehungsreicher dieses Begriffsnetz geknüpft wird, umso besser für ein Individuum. Aber meist nicht deshalb, weil sich seine Handlungsmöglichkeiten dadurch unmittelbar erweitern würden, sondern weil man in der Lage sein wird, nun seinerseits kompetent und umfassend auf diese Begriffe und ihre Bezüge verweisen zu können und sich dadurch Geltung zu verschaffen.

In der Evolution haben Mütter, aber auch Väter und Großeltern, wirksame Methoden zur frühen Förderung ihrer Kinder und Enkelkinder entwickelt

In modernen Gesellschaften haben Schulen diese Aufgabe übernommen. Eltern, die auf den Erfolg ihrer Kinder bedacht sind, betreiben eine Frühförderung, die es ihren Kindern ermöglicht, einen guten schulischen Start zu erwischen und einen möglichst hohen Abschluss zu erreichen, der ihnen weit reichende Lebenschancen ermöglicht. Auf eine einfache Formel gebracht: Kindern wird etwas gezeigt, damit sie selbst wiederum darauf zeigen können. Und je versierter sie in diesem Spiel des Zeigens, Benennens und Verknüpfens werden, desto höher ist die Wahrscheinlichkeit, damit

Je mehr Eltern mit ihrem Kind sprechen, je mehr sie ihm erzählen, aus Büchern vorlesen und mit ihm diskutieren, desto reichhaltiger und vielschichtiger wird die sprachliche Welt des Kindes aufgebaut

beeindrucken zu können. Um in diesem Spiel erfolgreich zu sein, müssen die Eltern sprachlich in ihr Kind investieren: Je mehr sie mit ihm sprechen, je mehr sie ihm erzählen, aus Büchern vorlesen und mit ihm diskutieren, desto reichhaltiger und vielschichtiger wird die sprachliche Welt des Kindes aufgebaut und desto besser wird es die sprachlichen Welten anderer verstehen können.

Ein Säugling, der zunächst noch keine Sprache versteht, begreift rasch, dass ein lautliches Signal, das die Mutter mit einer Zeigegeste verknüpft, auf etwas Interessantes verweist. So entwickelt der Säugling assoziative Bezüge, die ihrerseits das Verstehen von Wortbedeutungen einleiten. Hat das Kind nach etwa einem Jahr verstanden, dass zu etwas Bezeichnetem nicht irgendeine Lautkette gehört, sondern immer nur ein ganz bestimmtes Wort, erwacht in ihm der Wunsch, selbst alles zu benennen – auch das, was ihm nicht unmittelbar relevant erscheint. Es hat von seinen Eltern gelernt, dass grundsätzlich alles benannt werden kann und dass es wünschenswert ist, viele Wörter zu kennen. Das semantische Netz sollte möglichst viele Phänomene der Lebenswelt erfassen und möglichst eng geknüpft sein. Wie umfassend und wie eng es schließlich wird, hängt von der Qualität der Erziehung und den kognitiven wie sprachlichen Fähigkeiten eines Menschen ab. Unterschiede im Wortschatz und im Begriffsverständnis werden jedenfalls deutlich hervortreten. Während die grammatische Basis für alle Sprecher einer Sprachgemeinschaft relativ ähnlich ist, sind die Unterschiede im Wortschatz teilweise extrem. Goethes überlieferter Wortschatz weist über 90 000 Wörter auf. Ein durchschnittlicher Sprecher verfügt dagegen nur über einen aktiven Wortschatz von etwa 8 000 bis 10 000 Wörtern, wobei zwischen Sprechern mit Hauptschulabschluss und Abitur deutliche Unterschiede bestehen.

> **Ein durchschnittlicher Sprecher des Deutschen verfügt nur über einen aktiven Wortschatz von etwa 8 000 bis 10 000 Wörtern**

Beim kindlichen Spracherwerb wird die Bedeutung von Wörtern zunächst nur mit der Zeigefunktion in Verbindung gebracht. Erst später, ab dem dritten Lebensjahr, erkennen Kinder die Möglichkeit, sich mit Sprache vom Hier und Jetzt des Wahrnehmens und Zeigens zu lösen und sich eigene sprachliche Welten auszudenken, das heißt, mit Sprache kognitive Räume zu konstruieren und Probleme zu lösen. In seinen Untersuchungen zum Problemlöseverhalten von etwa dreijährigen Kindern stellte der russische Psychologe Lew Wygotski fest, dass sie beim Spielen immer dann laut zu sich selbst sprechen, wenn sie ein anspruchsvolleres Problem zu lösen haben, etwa mit Bauklötzen einen Turm zu bauen (Wygotski 1971, S. 17–73). Offensichtlich benutzen Kinder ihre Äußerungen in dieser Situation nicht dazu, mit anderen Menschen zu kommunizieren, sondern mit Hilfe von Sprache ihre Denkprozesse zu unterstützen. Diese kindlichen Selbstgespräche, die Jean Piaget als egozentrisches Sprechen bezeichnete (Piaget 1972), deuten darauf hin, dass es im Alter von etwa drei Jahren – zumindest in bestimmten Situationen – zu einer Integration von Denken und Sprechen kommt.

Egozentrisches Sprechen könnte allerdings auch dem Wunsch entspringen zu demonstrieren, dass man zu bestimmten gedanklichen Leistungen fähig ist. Somit wäre es ein Appell an alle Zuhörer, die Problemlösefähigkeit anerkennend zu beachten – eine Art „altkluges Reden", um sich gegenüber Erwachsenen oder Gleichaltrigen interessant zu machen und sich dadurch aufzuwerten. In diesem Falle hätte sich egozentrisches Sprechen nicht primär entwickelt, um Denkprozesse zu unterstützen, sondern um sich mit einem erhöhten sprachlichen Aufwand wichtig zu machen und zu zeigen, dass man an einer relevanten Aufgabe arbeitet. Im Ergebnis wäre egozentrisches Sprechen eine Hilfe beim Lösen von Problemen, aber das Motiv, wie es zu dieser eigentümlichen Form des Sprechens kam, wäre ein anderes – die Sprache hätte sich gewissermaßen durch die Hintertür zum Denken gesellt.

In dieser Zeit der zunehmenden Integration von Sprache und Denken werden Kinder selbstständiger und entwickeln eigene

> **Dinge benennen und sprachlich Einfluss nehmen zu können, verleiht Kindern ein Gefühl der Stärke und Unabhängigkeit**

Handlungspläne, die den Vorstellungen der Erwachsenen oft entgegenstehen. Von ihrer Neugier angetrieben, entwickeln sie ein starkes Bewegungsbedürfnis, ohne sich der Risiken ihrer Aktivitäten bewusst zu sein. Dinge benennen und sprachlich Einfluss nehmen zu können, verleiht ihnen ein Gefühl der Stärke und Unabhängigkeit. In dieser Zeit wird es immer schwieriger, das Handeln und Denken der Kinder zu steuern.

Mit seiner neu entwickelten kognitiven Symbolfunktion, die erst durch die Integration von Sprache und Denken möglich wird, kann das Kind nun eine virtuell konstruierbare Welt betreten, in der alles denkbar erscheint – ähnlich wie Alice, die ins Wunderland kommt. Diese Entkoppelung der Sprache von konkreten Situationen eröffnet nicht nur Chancen, sondern erhöht auch Risiken. Das Kind kann sich selbst in seiner konstruierten Welt verstricken und dabei auch – ganz real – seine Mutter aus den Augen verlieren. Es kann zu einem kreativen Tagträumer werden, der die Anforderungen der Wirklichkeit ignoriert und an Lebenstüchtigkeit verliert. Es hört wahrscheinlich auch nicht mehr so aufmerksam zu, wenn seine Mutter mit ihm spricht. Während man etwa noch im 19. Jahrhundert vor den Gefahren des Lesens von Romanen warnte, weil sich Kinder, Jugendliche und Frauen (!) in den künstlichen Lebensräumen der Dichtung verirren könnten und die Flucht aus der Realität möglicherweise zur Sucht würde, warnt man heute umgekehrt davor, nicht zu lesen und seine Fantasie verkümmern zu lassen. Neue Medien – damals Bücher, heute der Computer – eröffnen Chancen, lösen aber Ängste aus. Der mögliche Gewinn an Status und Prestige, der mit der Nutzung von Medien einhergeht, wird einerseits begrüßt, andererseits empfindet man aber auch deutlich die Handicaps, die mit einem neuen Medium verbunden sind.

Je dichter das kulturelle Netz geknüpft wurde und der Prozess der Zivilisation voranschritt, desto besser konnte es sich die

Gesellschaft freilich leisten, dieses Handicap zu tolerieren. Kulturen entwickeln zunehmend komplexere virtuelle semantische Räume, die immer mehr Aufmerksamkeit und Ressourcen benötigen. Die Medienindustrie erschafft neue Welten, die mit dem realen Leben wenig

> **Jede neue Stufe medialer Entwicklung erhöht den Wert der Zeichen, die im neuen Medium ausgedrückt werden**

zu tun haben. Dies löst Faszination, aber auch Ängste aus. Jede neue Stufe medialer Entwicklung erhöht den Wert der Zeichen, die im neuen Medium ausgedrückt werden. Ihre Produktionskosten, aber auch die Kosten, die zum Erwerb der jeweiligen Geräte benötigt werden, um die medial aufbereiteten Zeichen sicht- oder hörbar zu machen, treiben den Wert dieser Zeichen nach oben.

Während man beim Schreiben eines Briefes auf Papier normalerweise versucht, sich möglichst genau an orthographische Regeln zu halten, ist man beim Schreiben von E-Mails meist wesentlich nachlässiger. Dieser Unterschied lässt sich nur teilweise mit der Geschwindigkeit und Flüchtigkeit des elektronischen Mediums erklären. Ich vermute, dass man die korrekte Schreibung hier weniger beachtet, weil der Wert der Zeichen allein aufgrund der Kosten von Computer und Internet so hoch ist, dass man ihn nicht noch zusätzlich durch den Aufwand einer normgerechten Schreibung erhöhen muss. Die finanziellen Kosten und das Prestige des Mediums wiegen die kognitiven Kosten für die Produktion einer normgerechten Schreibung auf: Der Kosten- und Handicapfaktor korrekten Schreibens auf Papier entspricht in etwa einem nachlässigen und fehlerhaften Schreiben einer E-Mail im Prestigemedium Computer – selbstverständlich immer in Relation zum jeweiligen Adressaten und der Schreibintention.

Mit der Entwicklung des symbolischen Denkens wird es für die Eltern schwieriger, die kognitiven Prozesse des Kindes zu beeinflussen. Dennoch geben sie ihre Bemühungen nicht auf, dem Kind zu zeigen, wie es sich verhalten und denken soll. Selbst nach der Pubertät wird die Erziehung fortgeführt, da sich die

Eltern weiterhin um Status und genetischen Erfolg ihrer Kinder sorgen. Sogar wenn sie einen Partner gefunden haben und selber Kinder bekommen, ziehen sich ihre Eltern oft noch immer nicht zufrieden zurück, sondern versuchen in die Erziehung ihrer Enkel einzugreifen – immer in dem Bemühen, das Beste für ihre Nachkommen und den Fortbestand ihrer Gene zu tun.

Gute Mütter und Väter sind gefragt

Besteht bei potenziellen Eltern die Bereitschaft und Fähigkeit, sprachlich in ihren Nachwuchs zu investieren? Und wenn ja: In welchem Ausmaß und in welcher Qualität? Diese Frage müsste bei der Partnerwahl möglichst verlässlich geklärt werden. Fürsorgliche Lebenspartner mit didaktischen Fähigkeiten sind gefragt, da sie die Lebenschancen eines Kindes erhöhen. Dabei wird ein möglichst breites Spektrum didaktischer Fähigkeiten gefordert – der Partner muss den kommunikativen Austausch mit einem Neugeborenen beherrschen sowie in der Lage sein, Zugang zu pubertierenden Jugendlichen zu finden, um sie anregen und leiten zu können. Sicherlich wird man nicht bewusst nach einem Partner mit diesen Eigenschaften suchen, insbesondere nicht in westlichen Industrienationen, in denen man nach individueller Selbstverwirklichung strebt und der Wunsch nach Kindern in den Hintergrund tritt. Der biologische Imperativ, einen möglichst großen genetischen Erfolg zu erzielen, ist im Prozess der Zivilisation immer stärker in den Hintergrund getreten. Deshalb sind viele Motive, die zu Beginn der Menschwerdung bei der Partnerwahl bedeutsam waren, unwichtiger geworden und von modernen Menschen nur noch schwer nachzuvollziehen. Gleichwohl ist dieser biologische Imperativ auch in unserer Kultur noch wirksam, wenn auch mit nachlassender Kraft.

> Der biologische Imperativ, einen möglichst großen genetischen Erfolg zu erzielen, ist auch in unserer Kultur noch wirksam

Um möglichst fitte Nachkommen zu zeugen, damit sich die eigenen Gene durchsetzen, sollten Männer daran interessiert sein, Frauen zu finden, die für eine möglichst optimale Aufzucht ihres Nachwuchses sorgen können. Eine notwendige Voraussetzung dafür wären Gesundheit und Belastbarkeit. Darüber hinaus sollten sie fähig sein, mit Einfühlungsvermögen und didaktischem Geschick auf die körperlichen, emotionalen und kognitiven Bedürfnisse ihrer Kinder einzugehen und sie zu fördern, damit sie später gesellschaftlich erfolgreich sind und den sozialen Status ihrer Eltern erreichen oder übertreffen. Aus diesem Grunde versuchen Männer bei der Wahl ihrer Partnerin intuitiv, ihre Tauglichkeit als Mutter zu erkennen.

Aber welche Signale helfen den Männern bei dieser Einschätzung? Männer scheinen sich gerne in Frauen zu verlieben, die liebevoll und didaktisch geschickt mit Kindern umgehen. Das Interesse wird zwar sicherlich zunächst vom Aussehen einer Frau geweckt, da es ihre Gesundheit und körperliche Fitness signalisiert, doch am besten lässt sich die Mütterlichkeit einer Frau testen, wenn der Mann sie im Umgang mit Kindern beobachten kann.

Die Belletristik liefert zwar keine Beweise, aber Schriftsteller erkennen diesen Zusammenhang oft intuitiv: In einer der berühmtesten Liebesgeschichten der Weltliteratur, Goethes Roman *Die Leiden des jungen Werther*, verliebt sich Werther in Lotte, als er beobachtet, wie sie mit ihren jüngeren Geschwistern umgeht.

Ich ging durch den Hof nach dem wohlgebauten Hause, und da ich die vorliegenden Treppen hinaufgestiegen war und in die Tür trat, fiel mir das reizendste Schauspiel in die Augen, das ich je gesehen habe. In dem Vorsaale wimmelten sechs Kinder, von eilf zu zwei Jahren, um ein Mädchen von schöner Gestalt, mittlerer Größe, die ein simples weißes Kleid, mit blassroten Schleifen an Arm und Brust, anhatte. Sie hielt ein schwarzes Brot und schnitt ihren Kleinen ringsherum jedem sein Stück nach Proportionen ihres Alters und Appetits ab, gab's jedem mit solcher Freundlichkeit, und jedes rufte so ungekünstelt sein: Danke! indem es mit den kleinen Händchen lange in die Höhe gereicht hatte, eh es noch abgeschnitten war, und nun mit seinem Abendbrote vergnügt entweder wegsprang oder nach seinem stillern Charakter gelassen davonging nach dem Hoftore zu, um die Fremden und die Kutsche zu sehen, darinnen ihre Lotte wegfahren sollte.

Und später:

Im Gehen gab sie Sophien, der ältsten Schwester nach ihr, einem Mädchen von ungefähr eilf Jahren, den Auftrag, wohl auf die Kinder achtzuhaben und den Papa zu grüßen, wenn er vom Spazierritte nach Hause käme. Den Kleinen sagte sie, sie sollten ihrer Schwester Sophie folgen, als wenn sie's selber wäre, das denn auch einige ausdrücklich versprachen. Eine kleine naseweise Blondine aber, von ungefähr sechs Jahren, sagte: Du bist's doch nicht, Lottchen, wir haben dich doch lieber (Goethe 1774, Münchner Ausgabe, Teilband 1.2, S. 209f).

In dieser kurzen Szene – jenem »reizenden Schauspiel« – werden die mütterlichen Qualitäten Lottes offenbar. Sie ist liebevoll zu ihren Geschwistern, versorgt sie angemessen mit Nahrung, delegiert Führungsaufgaben geschickt an eine Jüngere und erzieht zu höflicher Sprache – und sie wird von den Kindern respektiert und geliebt. Werther verliebt sich nicht wegen ihres Aussehens, sondern weil ihn ihr Verhalten als Erzieherin und potenzielle Mutter beeindruckt hat. Sicherlich ist ihm der Gedanke an Kinder, die er mit Lotte haben könnte, nicht bewusst – genauso wenig, wie heutige Männer beim ersten Treffen mit einer Frau an spätere Kinder denken, ja, derartige Gedanken weit von sich weisen würden. Dennoch ist das Kriterium des pädagogisch geschickten Umgangs mit Kindern wirksam, da es evolutionär verankert ist.

Das Kriterium des pädagogisch geschickten Umgangs mit Kindern ist evolutionär verankert

Auch wenn Mädchen mit ihren Puppen sprechen und dabei deren Sprecherrollen übernehmen, möchten sie vermutlich nicht nur die Mutter-Kind-Kommunikation spielerisch imitieren, sondern auch zeigen, dass ihnen diese Form der Kommunikation nicht fremd ist und sie sich entsprechend als Mutter in Szene setzen können. Wer dieses Spiel gut beherrscht, gewinnt in einer Gruppe gleichaltriger Mädchen an Status und dieser Statusvorteil bleibt oft bis zur Geschlechtsreife und Partnerwahl bestehen.

Mit ihren Haustieren sprechen Kinder und Erwachsene ebenfalls so, als würden sie von ihnen verstanden, und versuchen dabei, ähnlich wie in der Kommunikation mit Säuglingen, eine Art „Sprecherwechsel" zu initiieren, also auf das Bellen eines Hundes oder das Miauen einer Katze zu antworten und deren Lautäußerungen wiederum als Antworten zu interpretieren. Nach meiner Beobachtung tun dies Frauen und Mädchen jedoch häufiger als Männer und Jungen. Darüber hinaus scheint es ihnen auch sehr recht zu sein, dabei von anderen Menschen gehört zu werden, denn mit ihrem Verhalten können sie ihre Fähigkeit zur didaktischen Kommunikation demonstrieren und signalisieren, eine gute Mutter zu sein.

Hegen Frauen ähnliche Erwartungen an ihre männlichen Partner? Pädagogische Fähigkeiten sind für sie ebenfalls wichtig – Frauen wünschen sich einen Mann, der fürsorglich und liebevoll mit seinen Kindern umgeht und seine potenzielle Aggressivität nicht gegen sie richtet. In einigen Naturvölkern entsprechen die Männer diesem Rollenbild offenbar besser als in westlichen Industrienationen. So ist es beispielsweise in Zentralafrika bei den Aka-Pygmäen üblich, dass die Männer ihre Babys zur Beruhigung an ihren Brustwarzen saugen lassen. Auch die Zeit, die sie mit ihnen verbringen, ist wesentlich länger als in westlichen Gesellschaften (Hewlett 1991 und Hewlett et al 2000). Dies mag auch ein Indiz dafür sein, dass Männer in menschlicher Frühzeit noch stärker zur Kooperation und Hilfe bereit waren, als man dies heute beobachten kann.

Partnerwahl im Patriarchat

Wahrscheinlich haben sich die Erwartungen von Frauen an die Väter ihrer Kinder seit der Entwicklung des Patriarchats mit der Neolithischen Revolution, die vor etwa 11 000 Jahren am Oberlauf von Euphrat und Tigris ihren Ausgang nahm, verändert. Mit Sesshaftigkeit, Landbesitz, Ackerbau und Viehzucht veränderten sich die Rollen von Mann und Frau. Die Fähigkeit des Mannes, die materielle Grundlage der Familie zu sichern, ihren Besitz zu verteidigen und zu mehren, wurde immer wichtiger, da der zukünftige Status der Nachkommen entscheidend davon abhing. Kinder aus vermögenden Familien bekamen deutlich bessere Lebenschancen. Vor dieser Zeit patriarchaler Besitzverhältnisse lebten menschliche Gemeinschaften gewissermaßen von der Hand in den Mund: Beim Sammeln und Jagen mussten Frauen und Männer gemeinsam für das Wohlergehen eines ganzen Stammes sorgen. Die Statusunterschiede waren deshalb auch weitaus geringer. Alle waren gleichermaßen davon abhängig, was die Natur bieten konnte. Mit Beginn des Patriarchats hatten sich jedoch die Machtverhältnisse zugunsten des Mannes verändert, da es nun von seinem Besitz abhing, ob die Ernährung gesichert werden konnte. Verfügte ein Mann über große Viehbestände und viel Ackerland, war die Chance größer, auch in schlechten Zeiten über die Runden zu kommen. Wer viel besaß, konnte einer Frau eine größere Unabhängigkeit von den Launen der Natur bieten. Frauen, die wohlhabende Patriarchen zum Lebenspartner gewählt hatten, durften auf ein angenehmes Leben und gesunden Nachwuchs hoffen.

> Mit Sesshaftigkeit, Landbesitz, Ackerbau und Viehzucht veränderten sich die Rollen von Mann und Frau

Der Machtzuwachs des Mannes lässt sich noch auf einen weiteren wichtigen Umstand zurückführen: Mit Beginn der Zucht von Haustieren erkannten Männer, dass der Geschlechtsakt in einem ursächlichen Zusammenhang mit der Geburt von Kindern steht.[6] Sie fühlten sich von nun an legitimiert, Kinder, die sie gezeugt hatten, als Teil ihres Besitzes anzusehen und zu kontrollieren. Neben Feldern und Viehherden gehörten ihnen nun auch Kinder und Frauen. Macht und Prestige eines Mannes ließen sich ganz konkret an der Anzahl seiner Frauen und seines Viehs ablesen. So ist es auch in einer Gemeinschaft kein Geheimnis, wer zu den Reichen gehört. Ländereien, Viehbestand und Behausung sind für

> **Macht und Prestige eines Mannes ließen sich einst an der Anzahl seiner Frauen und seines Viehs ablesen**

jeden sichtbar. Sie bedürfen keiner zusätzlichen sprachlichen Signalisierung, jedenfalls keiner besonders aufwändigen.

Um zu einem gesunden Nachwuchs zu kommen, war es für eine Frau meist ratsamer, sich mit anderen Frauen einen reichen Mann zu teilen, als allein mit einem armen zu leben. Die Kriterien für eine Partnerwahl haben sich seit dem Aufkommen des Patriarchats entsprechend verändert. Ein vermögender Mann musste sich nicht mehr stark um eine Frau bemühen, da sein Besitz als Signal für seine Qualität oft bereits ausreichte. Ein reicher Mann sollte unter diesen veränderten Bedingungen erste Wahl sein.

Frauen hatten in patriarchalen Gesellschaften allerdings oft nicht mehr die Wahl, sich frei für einen Mann entscheiden zu können. Sie konnten Männer nicht mehr vornehmlich nach den Kriterien Aussehen, Gesundheit, Kooperationsfähigkeit, Zuverlässigkeit, Väterlichkeit, Liebesfähigkeit und sprachliche Kompetenz wählen, sondern durften froh sein, wenn ein Patriarch sie in seinem Harem aufnahm, da sie hier für sich und ihre Kinder ausreichend versorgt wurden. Sie konnten nun nicht mehr darauf hoffen, einen Mann zu finden, der sie besonders einfühlsam bei der Erziehung ihrer Kinder unterstützte. Ein Patriarch ist viel zu sehr mit der Verwaltung und Kontrolle seines Besitzes beschäftigt, als dass er sich um Säuglinge und kleine Kinder

---

6 Bei zahlreichen Jäger-und-Sammler-Gesellschaften ist dieser Zusammenhang bis heute nicht bekannt!

kümmern könnte. Dies blieb den Frauen im Harem vorbehalten. Für einen Patriarchen wäre es unter seiner Würde, sich der Aufzucht seiner Kinder zu widmen oder ihnen gar seine Brustwarzen zum Nuckeln anzubieten.

Auch wenn sich Frauen unter den Bedingungen des Patriarchats bei der Partnerwahl nur ein wenig stärker am Besitz und etwas weniger an der genetischen Qualität orientierten, müssten sich relativ rasch Auswirkungen zeigen, da sexuelle Selektion wesentlich schneller zu Veränderungen führt als die natürliche Selektion. Wenn wir weiter davon ausgehen, dass Besitz im Gegensatz zu genetischer Qualität – sieht man einmal vom Aussehen ab – nicht sprachlich signalisiert werden muss, dann müsste dies zu Veränderungen im Sprachgebrauch geführt haben.

Da sprachliche Signale aufwändig und kostspielig sein müssen und Handicaps enthalten sollten, um über die Qualität eines Sprechers zuverlässig Auskunft geben zu können, könnte man vermuten, dass die sprachlichen Signalkosten mit Beginn des Patriarchats nicht mehr auf dem gleichen hohen Niveau bleiben mussten wie in den tausenden Jahren zuvor. Da mit dem Patriarchat visuelle Signale für Besitz und Wohlstand in den Vordergrund rückten – Äcker, Viehbestand und Behausung waren ja für alle sichtbar –, könnte man annehmen, dass seit dieser Zeit etwas weniger in Sprache investiert wurde. Der Signalwert sprachlicher Zeichen könnte seit etwa 11 000 Jahren langsam, aber stetig gesunken sein, insbesondere in Sprachgemeinschaften, in denen der Besitz eine herausragende Rolle spielt. Die ursprünglich hohen sprachlichen Signalkosten konnten in Völkern, die Viehzucht und Ackerbau betrieben, gesenkt werden. Da Status und Ansehen eines Individuums in patriarchalen Kulturen über einen direkten visuellen Zugang erschlossen werden konnten, mussten spezifisch „menschliche" Qualitäten nicht mehr in dem Ausmaß, wie dies zuvor notwendig war, mit Sprache signalisiert werden.

Sprachliche Signalkosten lassen sich senken, indem man eine Sprache auf allen Ebenen ökonomischer macht – auf der grammatischen, der phonetischen, der semantischen und der pragmatischen, dort wo mit Sprache gehandelt wird, etwa wenn man jemanden begrüßt oder tauft. Man macht sie insgesamt einfacher, sodass sie leichter erlernbar wird. Man vernetzt die neuronale Steuerung besser mit anderen kognitiven Funktionen und reduziert ihre Handicaps. Eine komplizierte Morphologie mit variantenreichen Flexionsendungen und komplexer Wortbildung wird abgebaut. Vor- und Nachsilben werden vereinheitlicht oder fallen weg. Ausnahmen werden beseitigt, Analogien setzen sich durch, Übergeneralisierungen werden zur Norm. Die artikulatorischen Distanzen zwischen den Vokalen einer Sprache werden optimiert, sodass sie vom Hörer leichter wahrgenommen werden können. Vokale, die schlecht von anderen unterschieden werden können, werden aufgegeben. Das konsonantische System wird reduziert. Aufwändige Begrüßungs- und Abschiedsfloskeln werden vereinfacht.

> **Sprachliche Signalkosten lassen sich senken, indem man eine Sprache auf allen Ebenen ökonomischer macht**

All dies geschieht vollkommen unbewusst. Keiner in einer Sprachgemeinschaft arbeitet darauf hin, dass sprachliche Kosten gesenkt werden. Es gibt keine Intention zu mehr Ökonomie in der Sprache. Sprache wandelt sich, ohne dass irgendjemand dies will oder gezielt intendiert. Es geschieht einfach. Einigen wird allerdings manchmal bewusst, dass ein Sprachwandelprozess im Gange ist, vor allem den Eliten einer Gesellschaft. Sie geißeln dann meist diesen Prozess als Sprachverfall und versuchen ihn aufzuhalten, da sie ein Interesse daran haben, dass die Signalkosten nicht sinken und Sprache mit ihren Handicaps einen möglichst hohen Wert erhalten kann.

Wenn heute der Eindruck vorherrscht, Sprechen sei einfach und Sprache sei mit geringem Aufwand zu produzieren, dann ist dies möglicherweise ein Ergebnis eines langen Prozesses, in dem die sprachlichen Signalkosten – seit Beginn der Neolithischen Revolution – langsam, aber stetig sanken, sieht man von punktuellen und zeitlich begrenzten Entwicklungen ab, in denen es auch zu steigenden Kosten kam. Der bekannte Topos, die vorangegangene Generation habe besser gesprochen, sei mit Sprache sorgsamer umgegangen und habe sie höher geschätzt, wäre dann möglicherweise gar kein Topos, sondern entspräche einem impliziten kulturellen Wissen über die Richtung einer langfristigen generellen Strömung, die zur Reduktion sprachlicher, insbesondere grammatische Kosten führte.

Anhand der Entwicklung indogermanischer Sprachen lässt sich meine These zur Senkung sprachlicher Signalkosten und der daraus resultierenden Vereinfachung und Ökonomisierung von Sprache plausibel machen. Russel Gray und Quentin Atkinson von der Universität Auckland (Neuseeland) haben kürzlich mit Methoden der evolutionären Biologie nachweisen können, dass das Indoeuropäische vor circa 9000 Jahren in Anatolien entstanden ist – in einem Gebiet, wo die Neolithische Revolution mit Ackerbau und Viehzucht begann (Gray/Atkinson 2003 und Rohl 1998). Wenn man Veränderungen in der Grammatik der indoeuropäischen Sprachfamilie vom angenommenen Ursprung, für den es keine schriftlichen Zeugnisse gibt, der aber aufgrund der Kenntnisse anderer alter Sprachen wie des Altgriechischen und Sanskrit teilweise erschlossen werden kann, bis zu den heutigen europäischen Sprachen verfolgt, lässt sich eine Entwicklung von einem flektierenden Sprachbau mit komplexen Konjugations- und Deklinationsmustern zu einem isolierenden Sprachbau beobachten, in dem die Flexion zunehmend abgebaut wird. Am stärksten hat sich dieser Trend im Englischen durchgesetzt. Hier kam es zum Abbau der meisten Kasusformen. Während es im Indogermanischen noch sieben Fälle gab, nämlich Nominativ, Genitiv, Dativ, Akkusativ, Ablativ, Vokativ und Instrumentalis, sind im Urgermanischen Ablativ, Vokativ und Instrumentalis bereits weggefallen. Im Englischen lässt sich lediglich noch anhand von wenigen Pronomen erkennen, um welchen Kasus es sich handelt.[7]

In dem Maße, in dem die flektierten Formen abgebaut wurden, musste mit der Stellung eines Wortes im Satz angezeigt werden, welche syntaktische Funktion es erfüllt. Ein grammatischer

---

[7] Man unterscheidet noch zwischen *I* und me, *he* und *him*, *we* und *us*.

Regelapparat, der weitgehend auf Flexionsendungen mit einer flexiblen Wortstellung zugunsten von endungslosen und unveränderlichen Wörtern mit fester Wortstellung verzichtet, ist sicherlich neuronal weniger aufwändig zu steuern und leichter zu erlernen – sowohl in der Muttersprache wie in der Fremdsprache. Dieser Trend zum Abbau von Endungen und fester Wortstellung hat alle indoeuropäischen Sprachen erfasst – am stärksten das Englische und am geringsten das Litauische, das dem ursprünglichen Formenreichtum des Indoeuropäischen noch am nächsten steht.

> Der Trend zum Abbau von Endungen und fester Wortstellung hat alle indoeuropäischen Sprachen erfasst – am stärksten das Englische, am geringsten das Litauische

Es gibt in der Linguistik bislang keine plausible Erklärung dafür, wie es zu dieser starken, langfristigen Sprachwandel-Drift gekommen ist. Hinweise dafür, dass sie sich umkehren könnte und es – etwa im Englischen – wieder zu stark flektierten Wortformen mit zahlreichen Endungen kommen würde, gibt es nicht. Es scheint sich um eine unumkehrbare Entwicklung zu handeln, die allenfalls durch lokal begrenzte Grammatikalisierung ins Stocken gerät. Nur mit einer langfristigen Reduktion grammatischer Signalkosten und Handicaps lässt sich aus meiner Sicht diese Drift erklären – einer Reduktion, die in der Neolithischen Revolution mit dem Übergang zum Patriarchat und einem veränderten Verhalten bei der Partnerwerbung und Kinderaufzucht ausgelöst wurde und bis heute in allen indogermanischen Sprachen anhält. Nur dann, wenn die Wirkung visueller Signale, die auf materiellen Besitz von Männern verweisen, nachlassen sollte und sprachliche Signale wichtiger würden, könnte wieder stärker in sprachliche Signale investiert werden. Aber diese Trendumkehr ist nicht in Sicht. Im Gegenteil: Wir lassen uns weltweit immer

> Der Kurs sprachlicher Aktien droht weiter zu fallen, während die Notierungen von Bilderwelten unaufhaltsam steigen

stärker von Konsumgütern faszinieren. Damit einher geht der Trend zur Visualisierung, der zunächst durch das Fernsehen und dann durch das Internet immer stärker wurde. Gegen diese Bilderwelten, die mit großem Aufwand und hohen Kosten produziert werden, erscheinen sprachliche Kosten immer geringer. Der Kurs sprachlicher Aktien droht weiter zu fallen, während die Notierungen von Bilderwelten unaufhaltsam steigen. Dies wird gegenwärtig besonders deutlich beim Schreiben im Internet: In Mails, aber besonders in Chats zählen normgerechte grammatische Formen und Orthographie immer weniger. Hier werden Wörter, die sich auf spontane Reaktionen und emotionale Zustände beziehen, oft nur auf den Stamm reduziert (*froi*, *sich wunder*, *grinz*) oder mehrere Wörter werden in eine Form gebracht (*einmalmitfreu*) (Zimmer 2005, S. 63). Hinzu kommen Emoticons wie :-), ein mit Doppelpunkt, Bindestrich und Klammer gezeichnetes lachendes Gesicht, das dem Leser signalisieren soll, er möge nicht alles so ernst nehmen.

Auch wenn wir im Deutschen, wie in allen indogermanischen Sprachen, eine Reduktion sprachlicher Signalkosten beobachten können, so gibt es doch immer wieder auch gegenläufige Entwicklungen. Die doppelte Geschlechtsspezifizierung durch die Nennung beider Geschlechter im Deutschen ist ein Beispiel für eine geradezu drastische Erhöhung.

Ministerinnen und Minister, Diebinnen und Diebe …

Und sie ist eines der wenigen Beispiele, die gegen die oben formulierte Regel verstößt, dass sich Sprache wandelt, ohne dass dies intendiert wird. Für das so genannte Splitting haben sich zahlreiche Linguistinnen vehement eingesetzt und waren damit – vor allem in Bezug auf den öffentlichen Sprachgebrauch – höchst erfolgreich. Die sprachlichen Kosten werden aber hier nur dann erhöht, wenn es sich um einen Personenkreis handelt, der ein einigermaßen hohes Prestige besitzt. Deshalb sollte man von *Ministerinnen und Ministern*, *Ärztinnen und Ärzten* oder *Richterinnen und Richtern* sprechen. Bei *Handwerkerinnen und Handwerkern*, erst recht bei *Fenster-*

putzerinnen und Fensterputzern würde man eher nicht splitten und *Fixerinnen und Fixer* oder *Diebinnen und Diebe* wären vollkommen undenkbar. Dieser Personenkreis wäre es nicht wert, dass man ihn durch einen erhöhten sprachlichen Aufwand aufwertet. Vor allem Akademikerinnen wird diese Wertschätzung zuteil. In rituellen Situationen wäre es heute für einen Redner oder eine Rednerin undenkbar, sich diesem zusätzlichen sprachlichen Handicap zu entziehen. Selbst den konservativsten Politikern, weniger den Politikerinnen, gehen diese Paarformeln mittlerweile leicht über die Lippen. In geselliger Runde unter Männern (am Stammtisch oder im Bierzelt) würden sie aber wohl eher Anlass für Spott und Hohn sein.

Ein anderer interessanter Fall ist die Rechtschreibreform. Hier wurde versucht, die Signalkosten behutsam zu senken, indem man rechtschriftliche Handicaps, die besonders für Schreibanfänger, aber auch für wenig versierte Schreiber und Lerner des Deutschen als Fremdsprache eine ständige Fehlerquelle sind, zu entschärfen und durch logische, nachvollziehbare und leichter zu erlernende Regeln zu ersetzen. Ein Beispiel dazu: Beim Plural *Flüsse* muss man nach der neuen Regel im Singular die beiden <ss> beibehalten und *Fluss* schreiben. Nach der alten Regelung musste man jedoch zu einem <ß> wechseln, also *Fluß* schreiben, was wenig Sinn machte, da der Schreiber einen unnötigen und fehlerträchtigen Wechsel von <ss> zu <ß> vollziehen musste. Auch der Leser hatte mit der alten Schreibung größere Probleme, da er auf den Gedanken kommen konnte, man müsse *Fluß* mit einem langen <u> sprechen, ähnlich wie in *Fuß*. Die wackeren Reformer, die den Umgang mit geschriebenem Deutsch einfacher machen wollten, wurden teilweise wüst beschimpft, da sie einige der rechtschriftlichen Handicaps beseitigen oder zumindest

Schlechte Rechtschreiber haben geringe Chancen aufzusteigen

abmildern wollten. Aber die schriftsprachlichen Kosten dürfen aus der Sicht derer, die mit Schrift professionell umgehen können, unter keinen Umständen gesenkt werden. Auch wenn die gleichen Personen, denen es um den Erhalt der alten, schwierigeren Regeln geht, in informellen Mails alle Wörter klein schreiben und sich wenig um Fehler scheren: Es geht ihnen darum, dass die Latte, an der sich Orthographie messen lässt, auf einem möglichst hohen Niveau bleibt, damit sich – wenn es um den Zugang zu privilegierten Positionen in unserer Gesellschaft geht – gute von schlechten Rechtschreibern unterscheiden lassen. Da schlechte Rechtschreiber tendenziell aus unteren sozialen Schichten kommen, haben sie geringe Chancen aufzusteigen. In einer empirischen Untersuchung, an der ich gegenwärtig arbeite, zeigt sich, dass dieses Instrument hervorragend geeignet ist, Schüler sozial zu selektieren. Die Korrelationen zwischen sozialer Herkunft, dem Übergang nach der vierten Klasse auf eine Hauptschule, eine Realschule oder ein Gymnasium und die Anzahl der Rechtschreibfehler sind sehr hoch. Dieser selektierende Effekt wird von konservativen Eliten gewünscht, was Sie aber vehement bestreiten würden. Stattdessen führen sie alle möglichen Gründe gegen die Rechtschreibreform an: Sie führe zur Verarmung der Sprache und zur Kappung ihrer historischen Wurzeln; eine vereinfachte Schreibung sei ein Symptom für einen generellen Verfall unserer Kultur.

> Die Korrelationen zwischen sozialer Herkunft, dem Übergang nach der vierten Klasse auf eine Hauptschule, eine Realschule oder ein Gymnasium und die Anzahl der Rechtschreibfehler sind sehr hoch

Es ist bezeichnend für Sprachentwicklung und Sprachwandel, dass sich seit der Einführung der allgemeinen Schulpflicht, als alle Schichten der Bevölkerung das Lesen und Schreiben erlernten und es zu einer massenhaften Verbreitung von Schriftlichkeit kam, die sprachlichen Handicaps von der gesprochenen auf die geschriebene Sprache verlagert haben. Schriftlichkeit wurde nicht nur zu einem wesentlich größeren Handicap, weil man sehr viel Energie in ihren Erwerb investieren muss, sondern auch, weil man hier Abweichungen von der Norm schwarz auf weiß bekommt. Die Messlatte ist im Schriftlichen wesentlich stärker normiert und man kann sehr viel genauer als in der gesprochenen Sprache feststellen, wie qualifiziert jemand ist.

Während in allen indoeuropäischen Sprachen die Signalkosten mit Beginn der Neolithischen Revolution reduziert wurden – wenn auch in höchst unterschiedlichem Ausmaß –, ist dies in Sprachen von Stammesgesellschaften, etwa den Klick-Sprachen der Buschmänner, bislang nicht geschehen. Der extrem hohe Phonembestand von über 100 Phonemen mit ihren zahlreichen Klicks wurde augenscheinlich nicht reduziert, da in diesen Stämmen der Besitz eine weit geringere Rolle spielt als im Patriarchat. In Sammler- und Jägerkulturen ist das Machtgefälle zwischen Männern und Frauen normalerweise deutlich geringer als in patriarchal organisierten Ackerbau- und Viehzuchtkulturen. Männer beteiligen sich hier meist stärker an der Kinderaufzucht als in männlich geprägten Besitzkulturen.

Daraus erklärt sich die hohe Komplexität grammatischer und phonetischer Strukturen von Naturvölkern, wie etwa der Indianer Nordamerikas oder von Stammeskulturen auf Borneo oder am Amazonas – eine Komplexität, über die sich die ersten Anthropologen und Linguisten, die die Sprachen dieser Völker untersuchten, außerordentlich wundern mussten. Sie waren eher davon ausgegangen, dass die Sprachen von Stämmen, deren Kultur sich noch auf einer steinzeitlichen Stufe befindet, eine wesentlich einfachere Grammatik haben müssten als etwa das Englische.

Grammatische und phonetische Strukturen bei Naturvölkern haben eine hohe Komplexität

Während Stammesgesellschaften darauf angewiesen waren, ihre sprachlichen Signalkosten möglichst hoch zu halten und dies mit einer komplizierten Grammatik und aufwändigen Phonetik gut zu bewerkstelligen war, konnten Völker, die auf materiellen Besitz und technischen Fortschritt setzten, hochwertige

Brandzeichen am Vieh oder der Mercedes-Stern am Auto gelten in patriarchalen und materiellen Kulturen mehr als die kompetente Verwendung einer tabuisierten Zauberformel oder die Fähigkeit, ein Gedicht zu rezitieren

sprachliche Signale mit visuellen Signalen teilweise kompensieren: Brandzeichen am Vieh oder der Mercedes-Stern am Auto gelten in patriarchalen und materiellen Kulturen mehr als die kompetente Verwendung einer tabuisierten Zauberformel oder die Fähigkeit, ein Gedicht zu rezitieren.

Werther konnte und wollte nicht begreifen, warum Lotte ihn verschmähte und sich für den langweiligen Albert entschied. Mit Blick auf das Wohl ihres Nachwuchses war ihre Entscheidung jedoch richtig, da Albert ihr eher eine materiell gesicherte Existenz garantieren konnte als der schwärmerische Werther. Mit seiner höheren sprachlichen Kompetenz vermochte er Lotte nicht gänzlich für sich einzunehmen, obwohl sie seine einfühlsame Sprache und seinen Sinn für Poesie schätzte. Doch mit Sprache lassen sich in einer materiellen Kultur in der Regel Frauen nur dann erobern, wenn Sprache, Status und materieller Besitz im Einklang stehen. Auf Sprache und Schwärmerei allein lässt sich keine Existenz aufbauen. Familien, die in materiellem Wohlstand leben, können es sich jedoch leisten, mehr für die sprachliche Erziehung ihrer Kinder zu tun. Die elaborierte Sprache eines jugendlichen Verehrers signalisiert zumeist zuverlässig, dass er „aus gutem Hause kommt" und für einen gehobenen Status der zukünftigen Familie sorgen kann.

Die Koppelung von Reichtum und Sprachvermögen ist allerdings im deutschen Sprachraum erst relativ spät fester geworden. Noch im Mittelalter wurde der Fähigkeit, schreiben zu können, kein besonderer Wert zuerkannt. Adlige beherrschten diese Kunst normalerweise nicht, sondern hielten sich einen Schreiber in ihrem Haushalt. Erst mit dem Aufkommen des Bildungsbürgertums, das nicht nur mit dem Adel, sondern auch dem Besitzbürgertum konkurrierte, wurde wieder verstärkt Wert auf Sprache gelegt. Mit der Aufklärung, bürgerlich-humanistischen Bildungsidealen, klassischer Literatur und der Einführung der allgemeinen Schulpflicht mit Altgriechisch, Latein und Deutsch als Fächern mit dem höchsten Prestige stiegen die sprachlichen Signalkosten nach langer Zeit der Stagnation im deutschen Sprachraum wieder an. Wir können gespannt sein, wie es mit dem Deutschen weiter gehen wird.

Literatur

Bourdieu P (1987) Die feinen Unterschiede. Kritik der gesellschaftlichen Urteilskraft. (Franz. Orig.: 1979). Frankfurt a.M.: Suhrkamp.

Falk D (2004) The „putting the baby down" hypothesis: Bipedalism, babbling, and the baby slings. In: *Behavioral and Brain Sciences* 27: 526–534.

Goethe, JW von (1774) Die Leiden des jungen Werthers. In: Goethe JW von: Sämtliche Werke nach Epochen seines Schaffens (Münchner Ausgabe), Hrsg. von Karl Richter et al, Teilband 2.2, München 1987, S. 209f.

Gray RD, Atkinson QD. (2003) Language-tree divergence times support the Anatolian theory of Indo-European origin. In: *Nature* 426: 435–438.

Haeckel E (1866) Generelle Morphologie. II: Allgemeine Entwicklungsgeschichte der Organismen. Berlin.

Harris JR (1998) The Nurture a Assumption. Why Children Turn Out the Way They Do. New York: Touchstone.

Hausendorf H, Quasthoff U (1996) Sprachentwicklung und Interaktion. Eine linguistische Studie zum Erwerb von Diskursfähigkeiten. Opladen: Westdeutscher Verlag.

Hassenstein B (⁵2001) Verhaltensbiologie des Kindes. Heidelberg: Elsevier/ Spektrum Akademischer Verlag.

Hewlett BS (1991) Demography and childcare in preindustrial societies. In: *Journal of Anthropological Research* 47: 1–37.

Hewlett BS, Lamb ME, Leyendecker B, Schölmerich A (2000): Parental investment strategies among Aka foragers, Ngandu farmers and Euro-American urban-industrialists. In: Cronk L, Chagnon N, Irons W (Hrsg) Adaptation and Human Behavior. An Anthropological Perspective. Hawthorne, NY: Aldine de Gruyter. S. 155–178

Jonas D, Jonas D (1979) Das erste Wort. Wie die Menschen sprechen lernten. Hamburg: Hoffmann und Campe.

Labov W (1973) Sociolinguistic Patterns. Philadelphia: University of Pennsylvania Press

Papoušek M (1994) Vom ersten Schrei zum ersten Wort. Bern: Huber.

Piaget J (1972) Sprechen und Denken des Kindes. Düsseldorf: Schwann (Franz. Orig.: Le langage et la pensée chez l'enfant. Neuchâtel 1923).

Pinker S (1996) Der Sprachinstinkt. München: Kindler.

Portmann A (^{3}1969) Biologische Fragmente zu einer Lehre vom Menschen. Basel, Stuttgart: Schwabe.

Prechtl H (1984) Continuity of neural functions from prenatal to postnatal life. London: Spastics International Medical Publications.

Rohl D (1998) Legend. The Genesis of Civilisation. London: Random House.

Standley J (1996) A meta-analysis on the effects of music as reinforcement for education/therapy objectives. In: *Journal of Research in Music Education* 44(2): 105–133.

Tomatis AA (2002) Klangwelt Mutterleib. Die Anfänge der Kommunikation zwischen Mutter und Kind. München: dtv.

Wygotski LS (1971) Denken und Sprechen. Frankfurt/M. Fischer. (Russ. Orig.: 1934)

Zimmer DE (2005) Sprache in Zeiten ihrer Unverbesserlichkeit. Hamburg: Hoffmann und Campe.

Zum Schluss

Das Buch geht zu Ende. Unser Zeit-Shuttle fährt vorerst nicht mehr weiter. Sie können sich wieder abschnallen. Ich hoffe, es war nicht zu ruckelig für Sie. Die zahlreichen Wechsel zwischen Situationen aus unserer Zeit und Szenarien, die Tausende von Jahren zurückliegen, waren sicherlich etwas anstrengend. Sie haben viel gesehen, viel gehört, sich über vieles gewundert und wahrscheinlich auch über manches geärgert. Aber bei all den Erkundungen zwischen aufrechtem Gang, archaischen Tänzen, rituellen Gesängen, Grabbeilagen, Höhlenmalereien, Gesprächen beim Klassentreffen, Angeboten von Handwerkern oder Flirts im Café haben Sie hoffentlich nicht die Orientierung verloren. Unser Kompass war das Handicap und unser roter Faden die Kosten, die für Signale aufzuwenden sind, um erfolgreich kommunizieren zu können und sich im evolutionären Spiel um Ressourcen, Sexualpartner und Macht zu behaupten und seinen Genen zum Erfolg zu verhelfen.

> Unser Kompass war das Handicap und unser roter Faden die Kosten, die für Signale aufzuwenden sind, um erfolgreich kommunizieren zu können und sich im evolutionären Spiel um Ressourcen, Sexualpartner und Macht zu behaupten und seinen Genen zum Erfolg zu verhelfen

Aber Sie hatten möglicherweise während der ganzen Fahrt immer wieder Zweifel, ob wirklich das Handicap-Prinzip und die damit verbundenen Signalkosten als Kompass dienen können. Und auch die Welten, in die ich Sie geführt habe, erschienen Ihnen vielleicht zu kalt und berechnend und die Individuen zu egoistisch, an biologische Kosten-Nutzen-Mechanismen gebunden und ohne Moral. Ihr Bild von Menschlichkeit und ihre Vorstellung von Sprache als Mittel optimaler Verständigung wollten Sie sich nicht so ohne weiteres zerstören lassen. Es fällt Ihnen nach wie vor schwer zu akzeptieren, dass Sprache mit ihren zahlreichen Funktionen, mit der Fähigkeit, die Welt in Worte zu fassen und dem Denken auf die Sprünge zu helfen, im Kern auf einem raffinierten Werbungsdisplay beruht. Warten Sie deshalb noch einen Moment, bevor Sie aussteigen – ich möchte Ihnen zum Abschluss noch etwas sagen.

Menschen folgen zwar egoistischen Motiven, verhalten sich aber dennoch meist altruistisch und moralisch – oder besser: sie müssen sich so verhalten, denn sonst hätten Menschen im genetischen Spiel des Lebens keine Chance. Egoisten sind umso erfolgreicher, je altruistischer sie handeln – ein Paradoxon, über das man sich zunächst wundern mag, aber einer der zentralen Schlüssel zum Verständnis menschlichen Verhaltens, vor allem ihres Signalverhaltens.

Menschen senden aus Eigennutz ständig Werbebotschaften, mit denen sie ihre Tauglichkeit als kooperative Partner zum Besten geben. Sie rühren permanent die Werbetrommel in eigener Sache. Sprechen dient immer auch der Eigenwerbung. Man spricht oder schreibt, um auf sich aufmerksam zu machen. Hinter der Vielfalt möglicher Sprachproduktionen raunt eine heimliche Botschaft:

Ich existiere, also nimm mich wahr. Ich bin wichtig! Ich könnte auch für dich und dein Leben wichtig sein. Ich bin gut informiert! Ich habe meine Ohren überall! Ich spreche über etwas, das für dich relevant sein könnte! Also hör mir zu! Wähle mich zum Berater, zum Partner und vielleicht auch zu deinem Liebhaber, dann wird es dir besser gehen! Ich bin intelligent, witzig und gewitzt, nicht langweilig und kenne mich aus, ich bereichere dein Leben. Mit mir wirst du dich besser, stärker und attraktiver fühlen! Ich kann dir helfen! Du kannst dich auf mich verlassen, auch wenn es dir schlecht gehen sollte. Du solltest mein Angebot ernst nehmen! Hör doch, wie viel Spracharbeit ich für dich aufwende! Daran siehst du, wie ernst es mir ist. Ich suche nach treffenden Formulierungen, ich produziere meine Sprache nach anerkannten grammatischen Regeln, ich artikuliere deutlich nach den Normen meiner Sprachgemeinschaft. Du kannst mir also vertrauen! Halte meine Äußerungen in guter Erinnerung, auch dann, wenn wir auseinander gehen und du mich nicht mehr hören kannst, ja, selbst dann noch, wenn ich nicht mehr lebe!

Hinter all dem, was man tagtäglich sagt oder schreibt, in Gesprächen, Reden oder schriftlichen Texten, wird diese Werbebotschaft in mehr oder weniger überzeugender Form deutlich. Wer als intelligenter, erfahrener, kooperativer und empathischer Mensch akzeptiert werden möchte, wird dies – meist unbewusst – in seinem Sprachverhalten zum Ausdruck bringen. Im Spiel um genetischen Erfolg muss der sprachliche Einsatz stimmen. Seine Höhe hängt von den Fähigkeiten jedes Einzelnen ab.

Dabei zählt nicht nur die Qualität der Äußerungen, sondern auch die Quantität. Eine Botschaft, die man öfter hört, wird normalerweise eine tiefer gehende Wirkung erzeugen. Hinzu kommt, dass ein Zuhörer in der Zeit, in der er versucht, die Äußerungen eines Sprechers oder Schreibers zu erfassen, in seinen Handlungen stark eingeschränkt ist. Während man zuhört, besteht kaum die Möglichkeit, eigene Werbebotschaften zu senden. Wer eine Rede in förmlichem Rahmen hört, sitzt gar weitgehend bewegungslos, beinahe wie ein Kaninchen, das auf die sprichwörtliche Schlange starrt. Und je stärker ein möglicher Konkurrent daran gehindert wird, für sich zu werben, desto größer die Chance des Sprechers, sich selbst ins rechte Licht zu setzen.

Mit ihren sprachlichen Wahlsendungen agieren Menschen durchaus analog zur Werbung von Firmen oder politischen Parteien. Produktwerbung und politische Werbung ist mehr oder weniger erfolgreich, weil sie auf dem gleichen Prinzip beruht wie das latente Werbungsverhalten, das für menschliche Kommunikation konstitutiv ist. Hier wie dort wird mit ausreichend kostspieligen

Signalen kundgetan, dass man – kooperationsfähig und kooperationsbereit – am Markt präsent ist und etwas Relevantes anzubieten hat – etwas, das die Lebenschancen dessen, der die Werbebotschaft hört und auf das Angebot eingeht, erhöhen könnte.

Sich selbst ständig werbend zu Markte zu tragen ist sicherlich keine Vorstellung, die uns schmeichelt. Sie werden den Gedanken vielleicht sogar weit von sich weisen, andere sprachlich beeindrucken zu wollen. Niemand erwartet jedoch von Ihnen, dass Sie ständig in sprachlicher Hochform sind. Es ist meistens vollkommen ausreichend, nicht unter ein bestimmtes sprachliches Niveau zu sinken, um am Markt in Ihrer Preisklasse akzeptiert zu sein. Sie werden sich – als ein sprachlich interessierter Bildungsbürger – meist unbewusst darum bemühen, bestimmte sprachliche Mindestanforderungen zu erfüllen, die ihrem intellektuellen und sozialen Niveau entsprechen, also sich einigermaßen präzise mit einem adäquaten Wortschatz auszudrücken und einen Dialekt zu vermeiden, mit dem Zuhörer eine geringe Bildung verbinden könnten. Wenn es Ihnen dann hin und wieder noch gelingen sollte, eine eher seltene Metapher oder Redewendung treffend zu verwenden, liegen Sie bereits gut im Rennen um Anerkennung und Einfluss und werden nicht unter Wert gehandelt.

Bei all diesem Bemühen stehen Verstehen und Verständigung nicht im Vordergrund – weder für heutiges Sprachverhalten noch für vorsprachliche Stadien. Die Optimierung der Kommunikation zur besseren Verständigung war kein Motiv zur Evolution von Sprache. Auch hier wird die Analogie zur Produktwerbung deutlich: In kaum einer Werbeanzeige bekommen wir eine substanzielle Produktinformation. Entscheidend für den Erfolg einer Werbung ist vielmehr der Eindruck, der durch ihre Gestaltung sowie Art und Ort der Platzierung am Markt entstehen. Der Konsument erfährt, dass es ein Produkt gibt, dessen Firma offenbar so stark ist, sich das finanzielle Handicap einer aufwändigen Werbung leisten zu kön-

> **Die Optimierung der Kommunikation zur besseren Verständigung war kein Motiv zur Evolution von Sprache**

nen. Und er folgert daraus, dass sie dazu fähig ist, weil das Produkt, für das sie wirbt, seinem Anspruch, brauchbar, bedeutsam und qualitativ hochwertig zu sein, gerecht wird und deshalb am Markt ernst genommen werden muss. Deshalb wirkt Werbung. Nüchtern betrachtet erscheint es eigentümlich, mit dieser Handicap-Botschaft eine weitaus stärkere Wirkung zu entfalten als mit einer sachlichen Produktinformation. Werbung wirkt offenbar, weil sie dem allgemein menschlichen Prinzip entspricht, mit dem Menschen selbst Werbung für sich betreiben – nämlich weitgehend mit einer sprachlichen Strategie, die genaue Informationen für den Hörer nicht ins Zentrum rückt. Die Information tritt hinter die Form der Sprache als Botschaft zurück.

Die Notwendigkeit, seine genetische Fitness in immer größer werdenden archaischen Gruppen als zuverlässige „Mitarbeiter", als kompetente und liebevolle Mütter und Väter glaubhaft zu signalisieren und Trittbrettfahrern möglichst keine Chance zu geben, eine auf Kooperativität gegründete menschliche Gemeinschaft auszunutzen, war das zentrale Motiv zur Entwicklung von Sprache. Verstehen und Verständigung sind diesem Motiv nachgeordnet.

Sprachevolution habe ich als eine spezielle, hochkomplexe Form der Signalevolution verstanden, wobei sich Signale nach anderen biologischen Gesetzen entwickeln als physiologische Funktionen, die der Überlebensfähigkeit einer Art dienen. Zur Produktion von Signalen gilt das Prinzip eines möglichst geringen Kraftaufwandes nur teilweise – Signale müssen immer auch einen bestimmten Anteil enthalten, der aufwändig und kostspielig ist, da sie sonst von Hörern nicht ernst genommen oder schlicht überhört werden. Bei Arten, die stark auf Kooperation angewiesen sind, muss dieser Anteil hoch sein, da bei ihnen möglichst zuverlässig verhindert werden muss, dass Trittbrettfahrer und Schmarotzer, die die generelle Kooperationsbereitschaft ausnützen könnten, erfolgreich sind.

Sprache ist das denkbar komplexeste, anspruchsvollste und aufwändigste Signalsystem. In jeder einzelnen Sprache erscheinen Aussprache, Grammatik und Wortschatz vollkommen anders zu sein. Die Barriere, jemanden mit einer anderen Sprache zu verstehen, ist nahezu unüberwindbar. Bevor ein Fremder den Mund öffnet, um etwas zu sagen, erscheint uns seine Mimik und Gestik, sein ganzes Verhalten, meist verständlich, oft vertraut. Ein Mensch wie du und ich, möchte man meinen, mit ähnlichen Bedürfnissen, ähnlichen Ängsten und ähnlichen Fähigkeiten. Vielleicht nickt man sich freundlich zu, lächelt sich an und findet sich sympathisch. Aber plötzlich sagt dieser Fremde etwas in seiner Muttersprache und wir verstehen absolut nichts. Die Sprache, dieses fantastische Mittel zur Verständigung, signalisiert uns vollkommenes Nicht-Verstehen. Mit erstaunlicher Geschwindigkeit produziert der Fremde, der uns eben noch so vertraut erschien, ein Feuerwerk eigentümlicher Laute, von denen wir nicht einmal sagen können, ob es sich um Laute einer Sprache handelt oder um lautlichen Nonsens. Sprache führt in dieser Situation zur denkbar größten Barriere der Verständigung. Sie verhindert gegenseitiges Verstehen und wird zu einem höchst unangenehmen Handicap. Unterschiedliche Sprachen machen einem in dieser Begegnung schmerzhaft bewusst, wie ungeheuer fremd man sich ist oder besser: von der fremden Sprache gezwungen wird, sich als fremd zu erfahren. Wollte man sich einigermaßen mühelos miteinander unterhalten, müsste man monate-, vielleicht gar jahrelang die Sprache des anderen lernen. Und selbst dann bliebe mit einem fremden Akzent und anderen sprachlichen Eigentümlichkeiten eine gewisse Fremdheit bestehen.

Wer eine Fremdsprache lernt, weiß, wie ungeheuer schwierig es ist, sie so zu erlernen, dass er von der fremden Sprachgemeinschaft nicht sofort als Fremder erkannt wird. Aussprache, Grammatik, Wortschatz und sprachliche Handlungen enthalten unzählige Handicaps, an denen die Mitglieder einer Sprachgemeinschaft erkennen können, wer richtig dazugehört und wem man deshalb vertrauen könnte. Wer bereit wäre, die Anstrengung und den zeitlichen und kognitiven Aufwand auf sich zu nehmen, eine Fremdsprache zu erlernen, würde damit signalisieren, wie ernst es ihm ist, zu der entsprechenden Gemein-

schaft gehören zu wollen. Wenn
das Deutsch von Migranten oft unzureichend ist, dann sind sie offenbar nicht bereit, die hohen sprachlichen Kosten zu investieren, um
Deutsch so zu lernen, dass man
nicht mehr als Fremder erkannt
wird. Unbewusst wird damit signalisiert, ein Erwerb mit dem Ziel,

> Wer eine Fremdsprache
> lernt, weiß, wie unge-
> heuer schwierig es ist, sie
> so zu erlernen, dass er von
> der fremden Sprachge-
> meinschaft nicht sofort als
> Fremder erkannt wird

so sprechen zu können wie die Deutschen, lohne sich nicht. Man
würde – auch trotz größter sprachlicher Anstrengung – nicht
wirklich akzeptiert und immer ein Fremder bleiben.

Von denen, die zur Gemeinschaft gehören, kann man annehmen, dass man ihnen wieder begegnen wird und sie sich deshalb
voraussichtlich kooperativ verhalten und die eigene Hilfsbereitschaft nicht ausnutzen werden. Alle, die die gleiche Sprache haben, handeln nach der Maxime: „Man sieht sich immer zweimal
im Leben!" Sie sollten zumindest danach handeln, weil dies in
der evolutionären Erfahrung der Menschheit eine erfolgreiche
Strategie war. Selbst unter dem Eindruck einer exponentiell
wachsenden Weltbevölkerung, globaler Mobilität und Migration
sowie medialer Kommunikation über Telefon und Internet gerät
diese alte Maxime nicht unter Druck. Sicherlich ist es heute
so, dass immer mehr Menschen Fremdsprachen sprechen und
dementsprechend einen Akzent haben, an dem man leicht als
Fremder erkannt werden kann, aber zum Glück ist die Sprache
ein derartig komplexes Signalsystem, dass sie genügend andere
Handicaps bieten kann, die der Vertrauensbildung dienen und
Zuverlässigkeit signalisieren. Unter Akademikern, die weltweit
miteinander kooperieren, dient die englische Fachsprache ihrer
jeweiligen Disziplin als Code, der den Akzent als vertrauens-
bildendes Erkennungsmerkmal abgelöst hat. Wer die Anstrengung auf sich genommen hat, in einer langen Ausbildung eine
fachliche und eine entsprechende fachsprachliche Kompetenz zu
erwerben und noch dazu fähig ist, sie in der Fremdsprache Englisch adäquat zu kommunizieren, dem wird in der internationa-

len fachlichen Gemeinschaft Vertrauen geschenkt. Dennoch gibt es auch hier immer wieder schwarze Schafe, wie etwa den südkoreanischen Stammzellenforscher Woo-Suk Hwang, der seine Forschungsergebnisse gefälscht hat. Man wird deshalb Kosten und Handicaps auf einem hohen Niveau halten müssen, damit sich Täuschungen und Missbrauch nicht ausweiten.

Anders ist die Situation ungebildeter Menschen, die nur lokal agieren, keine Fremdsprache sprechen, in ihrem Dialekt oder einer regionalen Sprachvarietät verhaftet bleiben und keinen Zugang zu einer akademisch-fachsprachlichen Kommunikation haben. Sie sind Fremden gegenüber wesentlich skeptischer, oft sogar regelrecht fremdenfeindlich. Sicherlich gibt es dafür eine Reihe sozialpsychologischer Erklärungen, aber ein bislang nicht beachteter Grund liegt in ihrer mangelnden Fähigkeit, mit lexikalischen Signalen die Glaubwürdigkeit und Zuverlässigkeit von Fremden zu prüfen. Sie bleiben auf der Ebene der artikulatorischen Prüfung, ähnlich den Israeliten, die an dem schwierig auszusprechenden Wort *Schibboleth* erkennen mussten, ob jemand ein Freund oder ein Feind ist. Sie verhalten sich aus evolutionärer Perspektive angemessen, da Skepsis gegenüber Fremden sinnvoll ist. Wie sinnvoll, haben noch vor nicht allzu langer Zeit viele Ossis erfahren müssen, die von Wessis über den Tisch gezogen wurden.

Aus diesem Befund könnte man möglicherweise eine generelle Gesetzmäßigkeit ableiten: In Sprachgemeinschaften, die in häufigem Kontakt mit Anderssprachigen stehen und mit ihnen kooperieren müssen, treten Handicaps auf phonetischer wie auf grammatischer Ebene als Test für Zuverlässigkeit in den Hintergrund. Deshalb lassen sich in diesem Bereich die Kosten senken und Aussprache sowie Grammatik vereinfachen. Im Gegenzug muss dann aber der Wortschatz erweitert und die Möglichkeit, mit Wörtern Redewendungen und Metaphern zu bilden, ausgeweitet werden.

In der Entwicklung der englischen Sprache lässt sich diese Tendenz beobachten: Einem Abbau grammatischer Formen steht eine Ausweitung der Lexik und Phraseologie gegenüber. Dieser

Prozess begann, als Angeln und Sachsen mit Wikingern und Normannen in Kontakt kamen. Neben dem alten germanischen Wortschatz entstand parallel dazu ein romanischer: Viele Wörter germanischen Ursprungs bekamen ein romanisches Pendant. So trat etwa neben das ältere *work* das romanische *labour*. Die Aussprache des Englischen bietet zwar immer noch zahlreiche Handicaps, aber die Toleranz gegenüber Aussprachevarianten ist hoch, insbesondere gegenüber Varianten von Sprechern, die Englisch als Fremdsprache erlernt haben – wesentlich höher als im Französischen, deren Sprecher Normabweichungen in Aussprache und Grammatik von Fremden schlecht tolerieren können. Aussprache- und Grammatikkosten schlagen dementsprechend für Lerner des Englischen als Fremdsprache geringer zu Buche als beim Erlernen des Französischen, das in Phraseologie und Fachsprache weniger aufwändig ist.

Jede Sprache verfügt über zahlreiche grammatische Formen, die bestimmte kommunikative Funktionen erfüllen müssen. So hat ein /s/ am Ende eines englischen Nomens normalerweise die Aufgabe, einen Plural zu signalisieren. Im Deutschen ist das ebenfalls möglich, wie bei *Sofa – Sofas*, doch die deutsche Sprache verfügt über wesentlich mehr Möglichkeiten der Pluralbildung – neben dem /s/ gibt es die Endungen /e/, /n/, /en/ und /er/ sowie endungslose Plurale (*das Zimmer – die Zimmer*). Außerdem wird in einigen Fällen der Stammvokal zu einem Umlaut, wie bei *Hahn – Hähne*. Angesichts eines solch komplexen Regelwerkes stellt sich die Frage, warum ein derartiger grammatischer Aufwand getrieben wird, nur um ein Nomen in den Plural zu setzen. Zur Erfüllung der kommunikativen Funktion, den Unterschied zwischen Singular und Plural zu markieren, wäre ein einziges Unterscheidungsmerkmal für Sprecher wie Hörer sicherlich vollkommen ausreichend und bequemer als diese geradezu verwirrende Vielfalt. Das eigentümliche Ungleichgewicht zwischen Form und Funktion bereitet Personen, die Deutsch als Fremdsprache lernen, wenig Freude – es bedeutet ein beträchtliches Handicap bei dem Versuch, das Deutsche so zu beherrschen wie ein Muttersprachler.

Bei der Markierung des grammatischen Geschlechts oder Genus scheint das Deutsche ebenfalls einen höheren Aufwand als nötig zu treiben. Bei seinem *Bummel durch Europa* fiel dies auch Mark Twain auf:

> Ein Deutscher nennt einen Bewohner Englands einen Engländer. Zur Änderung des Geschlechts fügt er ein „-in" an und bezeichnet die weibliche Einwohnerin desselben Landes als Engländerin. Damit scheint sie ausreichend beschrieben, aber für einen Deutschen ist es noch nicht exakt genug, also stellt er dem Wort einen Artikel voran, der anzeigt, dass das nun folgende Geschöpf weiblich ist, und schreibt: „*Die* Engländerin". Meiner Ansicht nach ist diese Person überbezeichnet.   (Twain 1997, S. 536).

Hier fragt man sich nicht nur, ob ein unangemessen hoher Aufwand betrieben wird. Während der Plural um der Verständlichkeit willen grammatisch markiert werden sollte, stellt sich hier die Frage, warum im Deutschen überhaupt das Genus mit unterschiedlichen Artikeln angegeben werden muss? Warum heißt es *die Gabel*, *der Löffel* und *das Messer*? Ein schlichtes *de* im Nominativ anstelle der drei Artikel *der, die, das*, also *de Gabel, de Löffel* und *de Messer*, würde zur Verständigung völlig ausreichen. Vom Englischen würde auch niemand behaupten, es sei weniger funktional oder effizient, weil es lediglich über den Einheitsartikel *the* verfügt.[1]

---

[1] Um das Geschlecht einer Person zu identifizieren, ist es allerdings manchmal nützlich, wenn man weiß, ob es sich um eine Frau oder einen Mann handelt. Wenn man im Englischen von „the doctor" oder „the librarian" spricht, kann man das Geschlecht nicht erkennen. In diesen Fällen könnte eine Genus-Markierung sinnvoll sein, aber da der Bereich der Personenbezeichnungen überschaubar ist, ließe sich das Genus hier auch durch andere Mittel, etwa semantische, bewerkstelligen – und so wird es ja auch mit der Attribuierung „female" im Englischen gemacht, wenn es nötig erscheint.

Redundanz, ein sprachlicher Aufwand, der höher ist als zur Verständigung unbedingt notwendig, kann dazu dienen, Kommunikation bei Störungen, etwa durch Nebengeräusche, sicherer zu machen. Redundanz führt aber auch dazu, die sprachlichen Kosten zu erhöhen. So sorgen die drei Genera des Deutschen dafür, dass das Handicap möglicher Versprecher größer wird. Vor allem, wenn einem ein Nomen nicht sofort einfällt, man aber schon auf ein bestimmtes Genus eingestellt ist, beginnt man häufig mit dem entsprechenden Artikel, um anschließend festzustellen, dass das folgende Nomen – entgegen der eigenen Erwartung – doch ein anderes Genus besitzt. In diesem Fall muss man sich korrigieren und den falschen Artikel durch den richtigen ersetzen.

Da die grammatischen Kosten des Deutschen höher als die des Englischen sind, gilt die Fremdsprache Deutsch als schwierig zu lernen, Englisch dagegen als leicht. Für einen Anfängerkurs trifft das zweifellos zu – überall auf der Welt können Lerner im ersten Unterrichtsjahr erfahren, dass sie sich sehr viel schneller auf Englisch als auf Deutsch unterhalten können. Dennoch lässt sich nicht generell behaupten, Englisch sei einfacher als Deutsch. Auch wenn dies auf die Grammatik zutrifft, sind Wortschatz und Idiomatik im Englischen wesentlich umfangreicher als im Deutschen. Das Handicap für die Englischlerner wird deshalb erst für Fortgeschrittene höher, nämlich bei dem Bemühen, ein treffendes Wort oder eine passende Redewendung zu finden. Auch die englische Rechtschreibung ist sehr viel schwieriger als die deutsche.

So hält jede Sprache in unterschiedlichen Bereichen ihre Handicaps bereit. Ohne sie würde Sprache an Wert verlieren und ärmer werden. Aussprache, Wortschatz und Grammatik bergen auf spezifische Weise Handicaps, die das Risiko des Versprechens erhöhen und Sprecher an der Planung ihrer Sätze scheitern lassen. Aber sprachliche Handicaps sind nicht einfach ein lästiges Ärgernis, sondern für das Funktionieren von Sprache wichtig, da sie die Zuverlässigkeit dieses Signalsystems garantieren. Sprache würde nicht funktionieren, wenn sie es

Sprechern und Hörern so einfach und ökonomisch wie irgend möglich machen würde und den Weg des geringsten sprachlichen Aufwandes ginge. Handicaps dienen dazu, zu erkennen, ob und wie Sprecher in der Lage sind, sie zu meistern und so sprachliche Fähigkeiten zu signalisieren, die auf andere Qualität einer Person schließen lassen. Und Handicaps sorgen dafür, dass der Wert einer Sprache nicht unter das von einer Sprachgemeinschaft erwartete Maß sinkt.

Die Kosten und Handicaps beim Erwerb unterschiedlicher Fremdsprachen zu vergleichen und die einzelnen sprachlichen Ebenen wie Aussprache, Grammatik, Lexik und Idiomatik gegeneinander aufzurechnen, stellt für Linguisten und Spracherwerbsforscher eine bis heute unlösbare Aufgabe dar. Sie ist auch bislang nie ernsthaft in Angriff genommen worden, da es keine für alle sprachlichen Ebenen gemeinsame Maßeinheit gibt und die Anzahl der Variablen, die in diese Rechnung eingehen müssten, sehr hoch wäre. Auch wenn es deshalb möglicherweise nie zu einem einigermaßen objektiven Vergleichsmaß kommen wird, können Lerner, die mehrere Fremdsprachen erworben haben, subjektiv recht gut einschätzen, wie hoch die „Erwerbskosten" für einzelne Sprachen kognitiv zu Buche schlagen und welche Handicaps sie enthalten, die einen raschen und problemlosen Erwerb erschweren.

Beim Erwerb der Muttersprache kann man in ähnlicher Weise nach den Kosten und Handicaps fragen, die sich für ein Kind ergeben. Kinder werden jedoch – im Gegensatz zu älteren Fremdsprachenlernern – keine Auskunft darüber geben können, wie anstrengend oder problematisch der Erwerb von bestimmten Lauten oder grammatischen Strukturen für sie ist. Kinder erlernen ihre Muttersprache aber nicht mühelos, auch wenn man diesen Eindruck haben könnte. Sie benötigen – ganz im Gegenteil – viele Jahre mit sehr viel Übung, bis sie auf dem Niveau eines kompetenten Sprechers ihrer Sprachgemeinschaft angekommen sind. Und für manche Strukturen benötigen sie außergewöhnlich lange, bis sie beherrscht werden. In einer Sprache können dies Nebensatzkonstruktionen sein, in einer anderen der Konjunktiv und in einer dritten die Markierung von Höflichkeit.

Bei der Suche nach Entwicklungen, die der Sprache vorausgingen und es überhaupt möglich gemacht haben, dass sich ihre außergewöhnliche Komplexität in einer – evolutionär gesehen – kurzen Zeitspanne entwickeln konnte, bin ich auf den Tanz gestoßen, da tänzerische Bewegungsmuster nach ähnlichen Regeln funktionieren wie sprachliche, beide mit Kosten und Handicaps verbunden sind und schließlich auf die Zugehörigkeit einer Gemeinschaft wie auf die individuellen Fähigkeiten der Protagonisten verweisen. Die Abfolge von Tanzschritten wie die Abfolge von Wörtern in Sätzen entspricht keinem einfachen linearen Prinzip der Reihung. In beiden Fällen steht hinter der Abfolge ein ganzheitlich gestaltetes Muster, das einzelne Tanzschritte zu einer geschlossenen tänzerischen Figur und einzelne Wörter zu einem Satz werden lässt. Die Steuerung tänzerischer Verlaufsmuster war die zentrale phylogenetische Adaptation, die es ermöglichte, dass sich Grammatik in einem relativ kurzen Zeitraum entwickeln konnte: Zunächst im geschützten Rahmen von Ritualen, wo sich tänzerische Bewegungsmuster mit stimmlich-musikalischen verbanden und hier zu Mustern entwickelten, die eine starke Affinität zur Grammatik im heutigen Sinne bekamen.

Ich habe Sie mit unserem Shuttle zu archaischen Tanzplätzen gebracht, auf denen schon bald nach der Entwicklung zum aufrechten Gang die ersten Tanzschritte erprobt wurden. Das Medium, das den Transfer vom Tanz zur Sprache ermöglichte, war die Musik: In rituellen Tänzen zum Rhythmus von Trommeln entstanden die ersten komplexen Lautmuster, die nach einfachen grammatischen Regeln funktionierten. Im kostspieligen Schonraum von Ritualen, in denen die Verteilung von Macht und Ressourcen geregelt und repräsentiert wird, konnten sich lautliche Signale zu Tanzschrittsequenzen und Tänzen als regelhaft organisierte Muster entwickeln, die zunächst nicht dem Verstehen dienten. Sie waren vielmehr identitätsstiftender Ausdruck einer Gemeinschaft, die sich vor Trittbrettfahrern schützen musste, brachten aber auch die individuelle Qualität jedes einzelnen Mitglieds zum Ausdruck. Dies entspricht einer evolutionären Entwicklung, die auf sexueller Selektion beruht.

In rituellen Tänzen und Gesängen haben sich nicht nur grammatische Muster herausgebildet – auch die Bedeutung von einzelnen Wörtern konnte sich in Ritualen entwickeln, da hier Tiere und Gegenstände in verfremdeter Form in einem vom Alltag entrückten Kontext gesehen und mit bestimmten Lautketten assoziiert wurden. In alltäglicher Kommunikation, die sich parallel zur rituellen Kommunikation entwickelt hatte und bis in die Zeit des *Homo erectus* zurückreicht, enthielten lautliche Signale dagegen keine referenzielle Bedeutung, da mit Gesten auf all das, was im Gesichtskreis von Sprecher und Hörer lag, gezeigt wurde. Die lautliche Realisierung dieser protosprachlichen Signale enthielt einen Appell, die den Hörer zu einer bestimmten Handlung veranlassen sollte. Worauf sich diese Handlung bezog, ließ sich der jeweiligen Zeigegeste entnehmen. Diese protosprachliche Kommunikation erinnert an Touristen, die in einem fremden Land mit einer fremden Sprache in Geschäften auf Gegenstände zeigen, die sie kaufen möchten und dabei „da!" sagen. Der Handlungskontext ist eindeutig: Wörter wie *cake, pastel, dolce* oder *gâteau* müssen nicht gesagt werden, damit der gewünschte Kuchen über die Theke geht. Als das Prinzip der Namengebung im rituellen Kontext verstanden wurde, konnte es auch im Alltag seinen Siegeszug antreten: Alles, was man für relevant hielt, konnte nun eine lautliche Bezeichnung bekommen. Die Welt wurde in Worte gefasst.

Als es zum Transfer auf alltägliche Kommunikation kam, standen ausgereifte neuronale Elemente zur Steuerung von Grammatik zur Verfügung. Es stand gewissermaßen eine grammatische Paketlösung zum Abholen bereit, die aber noch an die speziellen Verhältnisse der Kommunikation im Alltag angepasst werden musste. Als dieses Paket aufgeschnürt wurde, eröffneten sich vollkommen neue, hoch differenzierte sprachliche Ausdrucksmöglichkeiten, die aber zunächst nicht optimal genutzt werden konnten. Es war etwa so, als hätte sich ein Computernutzer, der Texte bislang mit einem simplen Verarbeitungssystem schrieb, die neueste Version von *Word* installiert. Die faszinierenden neuen Möglichkeiten, die die neue Textverarbeitung bietet, nutzt er jedoch nicht alle, da er sie nicht benötigt, oder er nutzt sie nicht optimal, da er sich mit ihnen noch vertraut machen muss. Auch wenn er im Laufe der Zeit manche Funktionen besser durchschaut, manche umständlichen Wege verkürzt hat und mit den vielen Anwendungen gut zurecht kommt, hadert er doch immer wieder mit dem System, da es nicht immer so will, wie er es sich vorgestellt hat. Seine Komplexität stößt ihn immer wieder an Grenzen.

Archaische Menschen befanden sich in einer ähnlichen Situation wie dieser Computernutzer. Als sie das neue grammatische Sprachverarbeitungssystem, das sich im tänzerisch-musikalischen Modus entwickelt hatte, aufschnürten und zunehmend häufiger für ihre alltägliche Kommunikation einsetzten, kam es immer wieder zu „Betriebsstörungen" und „Abstürzen", da sie die komplexen Verarbeitungen von Wörtern in Sätzen und die vielfältigen Möglichkeiten morphologischer Markierungen in Flexion und Wortbildung, die nun mit der Grammatik zu bewerkstelligen waren, nutzen konnten, ohne aber ihre funktionale Notwendigkeit für die kommunikativen Bedürfnisse des Alltags immer zu erkennen. Grammatik wurde als ein aufwändiges modulares System relativ rasch adaptiert, ohne dass dem frühen *Homo sapiens* bewusst werden konnte, was sich mit diesem System alles bewerkstelligen ließ. Seine extreme Variabilität hat wahrscheinlich zunächst eher abgeschreckt, sodass zu Beginn der Entwicklung häufig feste, eingeschliffene Wortfolgen verwendet wurden. Im Laufe der Jahrtausende traute man sich zunehmend mehr zu, begann sich von den eingeschliffenen Mustern zu lösen und ging ein höheres sprachliches Wagnis ein, ähnlich wie ein Fremdsprachenlerner, der sich zunächst auch an eingeübten Mustern orientiert und dann mutiger wird und die grammatischen Möglichkeiten, die eine neue Sprache bietet, immer stärker nutzt. Je weiter ein Sprecher hier an die Grenzen sprachlicher Variabilität geht, desto größer wird sein Handicap und je besser er es meistert, desto höher steigt sein Ansehen in einer Gemeinschaft.

Nicht nur die grammatischen Formen wurden flexibler verwendet, auch die Funktionen, die mit der Grammatik ausgedrückt werden konnten, wurden zunehmend sinnvoller für kommunikative Zwecke genutzt. Die Diskrepanz zwischen einem hohen formalen grammatischen Aufwand und relativ einfachen kommunikativen Funktionen führte besonders zu Beginn der Sprachentwicklung zu problematischen Schieflagen, die mit der Herkunft der Grammatik aus rituellen Situationen zu erklären ist, in denen die komplexe Form wesentlich bedeutsamer war als ihre Funktion und Bedeutung.

Nach und nach kam man zwar besser mit der zunächst ungewohnten Grammatik zurecht, manche Schieflagen wurden ausgeglichen und Form und Funktion wurden besser aufeinander bezogen, aber der Kampf mit diesem System ist auch heute noch längst nicht abgeschlossen. Einerseits war es äußerst praktisch, dass ein Verarbeitungssystem aus einem anderen funktionalen Zusammenhang, dem Ritual, für den Alltag zur Verfügung stand und deshalb relativ rasch adaptiert werden konnte, andererseits führte der Umstand, dass Grammatik nicht im kommunikativen Alltag selbst entstanden war, sondern transferiert werden musste, zu den Anpassungsproblemen, Reibungsverlusten und Überforderungen, mit denen wir es bis heute zu tun haben. Das Gehirn mit seinen unterschiedlichen Bereichen, die Sprache und Denken verarbeiten, musste lernen, Spracherzeugungen, Sprachverstehen und Denkprozesse immer stärker aufeinander zu beziehen und zu integrieren. Der letzte große Integrationsschub ereignete sich vor über 3 000 Jahren, als die Fähigkeit langsam verloren ging, Stimmen zu hören und die ersten Schriftsysteme entstanden. Aber es ist nicht abzusehen, dass es jemals zu einer befriedigenden Integration kommen wird. Der Kampf mit unserer Grammatik wird nie zu Ende gehen, weil das System aus einem tänzerisch-musikalischen Modus in unseren Alltag importiert wurde. Aber genau dies ist unter der Prämisse der Handicap-Theorie erwünscht: Weil Grammatik so zahlreiche Handicaps bietet, sorgt sie dafür, dass der Wert der kommunizierten Signale auf einem hohen Niveau bleibt.

Wie einzelne Sprachgemeinschaften mit grammatischen Handicaps umgehen, ist höchst unterschiedlich. Manche versuchen sie aufrecht zu erhalten, andere dagegen bauen einige ab und erhöhen sie deshalb in anderen Bereichen, vor allem in der Lexik und Phraseologie, allen voran das Englische. Es hat am konsequentesten und pragmatischsten grammatischen Ballast abgeworfen. Altenglisch war eine stark flektierende Sprache. Seine Sprecher haben ausgiebigen Gebrauch von unterschiedlichsten grammatischen Formen gemacht, aber mittlerweile ist Englisch eine nahezu endungslose Sprache geworden. Wahrscheinlich ist eine Sprachgemeinschaft nur dann bereit, funktionslose grammatische Formalismen zu eliminieren, wenn radikale Maßnahmen aus pragmatischen Gründen erforderlich werden – etwa dann, wenn eine Sprache in einen intensiven Kontakt mit anderen Sprachen kommt und Einheimische wie Fremde gezwungen werden, die Sprache des anderen zu erlernen und deshalb ihre Grammatik vereinfachen, um den Lernerfolg zu erhöhen.

Isolierte Sprachgemeinschaften, die einen derartigen Druck nicht spüren, bleiben gerne bei ihrem alten, aufwändigen sprachlichen Verarbeitungssystem. Das kleine Volk der Litauer in einer geografischen Randlage Europas hat das extrem aufwändige Flexionssystem des Indogermanischen weitgehend erhalten. Jeder, der Litauisch als Fremdsprache erlernen möchte, kann an diesem extremen Formenreichtum verzweifeln – die von der litauischen Grammatik errichteten Hürden könnten nicht höher sein.[2]

Warum hat die litauische Sprachgemeinschaft nicht über die Jahrhunderte hinweg ihre Grammatik schrittweise vereinfacht? Hier kann man wieder auf den Computernutzer mit seinem neuen aufwändigen Schreibprogramm verweisen: Die Teile des Programms, die er nicht benötigt oder die ihm zu umständlich erscheinen, werden nicht gelöscht, weil er auf das Potenzial des

---

[2] Die deutsche Grammatik steht irgendwo zwischen der englischen und der litauischen. Obwohl Deutschland in der Mitte Europas liegt, war hier der Sprachkontakt bei weitem nicht so intensiv wie in Großbritannien.

Programms einfach zu stolz ist – ähnlich wie ein Porschefahrer, der den Motor aufheulen lässt, wenn er bei Rot an der Ampel steht, es aber beim Fahren nie wirklich eilig hat. Einfach das Gefühl zu haben, es mit einem starken Motor allen anderen zu zeigen, verschafft einem Genugtuung und Prestige. Da Litauer als relativ isolierte Sprachgemeinschaft nicht gezwungen waren, aufgrund von Sprachkontakt und besserer Erlernbarkeit für Fremde grammatischen Ballast abzuwerfen, kann jeder Litauer nach wie vor innerhalb seiner Gemeinschaft mit der individuellen Fähigkeit, eine überaus komplexe Grammatik zu beherrschen, Prestigepunkte sammeln.

Komplexität schafft Exklusivität, denn nicht jeder kann sich die Speicherung und Verwendung eines hoch gezüchteten Systems leisten. Je spezieller und komplizierter ein System ist, desto schwieriger ist es für Fremde, sich damit vertraut zu machen und es zu nutzen. Grundsätzlich ist jeder Sprachgemeinschaft daran gelegen, Exklusivität zu besitzen. Eine Sprache darf es Fremden, die sie lernen möchten, nicht zu einfach machen, denn dann ginge eine zentrale Funktion von Sprache verloren: die Möglichkeit ihrer Sprecher zu erkennen, wer zur eigenen Gruppe gehört und wer fremd ist. Deshalb enthalten auch Sprachen, deren Grammatiken teilweise einfachere Strukturen aufweisen, immer Anteile, die für Lerner kompliziert sind.

Noch eine letzte Bemerkung: Trotz zahlreicher Bezüge zu wissenschaftlichen Erkenntnissen, trotz mehr oder weniger gut begründeter Hypothesen und Annahmen: Ich habe Ihnen eine Geschichte vom Sprachursprung erzählt – eine Geschichte, nicht mehr, aber auch nicht weniger. Jeder, der sich mit der Evolution von Sprache beschäftigt, wird eine Geschichte erzählen müssen. Was immer Sie in Zukunft dazu lesen werden: Fragen Sie nach der Geschichte, die Ihnen jemand erzählen möchte. Manche Wissenschaftler schreiben derartig abstrakt, dass Sie ihre Geschichte nur schwer erkennen können. Aber erst dann, wenn Sie die Geschichte verstanden haben, können Sie entscheiden, ob sie plausibel ist, wie stark sie mit überprüfbaren

Forschungsergebnissen übereinstimmt und wie viel sie erklären kann – nicht nur über den Ursprung der Sprache, sondern
auch über ihren Wandel und ihre Gegenwart. Denn Ursprung,
Wandel und Gegenwart gehören zusammen und lassen sich nur
verstehen, wenn man alle drei mit einer gemeinsamen Theorie
erklären kann.

So, nun können Sie aus unserem Shuttle steigen, das Lesen
beenden und sich wieder an Gesprächen beteiligen. Möglicherweise werden Sie sich nun aber nicht mehr ganz so unbeschwert
unterhalten, wie sie es früher gewohnt waren. Vielleicht ertappen
Sie sich auch häufiger dabei, dass Sie doch mehr Eindruck schinden möchten, als Ihnen früher bewusst war. Vielleicht modifizieren Sie sogar Ihre Gesprächsstrategie und signalisieren Ihre
sprachlichen und kognitiven Kenntnisse und Fähigkeiten etwas
vorsichtiger.

Möglicherweise erzählen Sie auch Freunden und Kollegen
von diesem Buch, was Sie wiederum für Ihre Gesprächspartner interessanter machen könnte. Aber gehen Sie dabei
besser nicht zu sehr in die Einzelheiten, da sie sich unbeliebt
machen könnten, wenn Sie durchblicken lassen, wie vertraut
Ihnen nun Eigenwerbung und Imagepflege sind und mit welch
egoistischer Raffinesse altruistische Angebote kommunikativ
verpackt werden.

Wenn Sie Ihre intellektuelle Brillanz signalisieren möchten,
formulieren Sie lieber ein paar kritische Anmerkungen zu meinen Hypothesen.

Ob ich Sie von der Plausibilität meiner Geschichte überzeugt
habe, hängt nicht nur von der Logik und Stringenz meiner
Argumente ab. Denn wenn es stimmt, dass Glaubwürdigkeit
und Zuverlässigkeit einer Botschaft von ihrem verbalen Aufwand abhängt, dann kommen Ihnen möglicherweise Zweifel, da
dieser populärwissenschaftlich formulierte Text relativ wenig
sprachliche Handicaps enthält. Hätte ich zu jedem meiner Gedanken und Ideen zahlreiche Verbindungen zur Forschungsli-
teratur in Fußnoten und Literaturhinweisen gezogen, jede der
erwähnten älteren Theorien kritischer und umfassender darge-

stellt, durchgehend wissenschaftliche Termini verwendet und mich hin und wieder etwas komplizierter ausgedrückt, dann hätte der Text für manchen Leser ein größeres Gewicht bekommen. Aber dann wäre die Geschichte vielleicht nicht ganz so spannend geworden.

Printed by Books on Demand, Germany